全国地层多重划分对比研究

（35）

福建省岩石地层

主　编：李兼海
编　者：李兼海　王国平　郑铁藩
梁诗经　李超岭

中国地质大学出版社

内容简介

本书按照地层多重划分概念和原则，对福建省各类地层单位进行了全面系统的清理研究，划分出前泥盆纪、泥盆纪—中三叠世、晚三叠世—晚第三纪3个断代，建立各地层小区岩石地层单位名称及序列，提出本省采用的岩石地层单位78个，其中群级8个，组级67个，段级3个；建议不采用的地层名称86个。同时建立了福建省地层数据库，录入省内较完整的地层剖面489条以及全部岩石地层单位的原始定义、现在定义、沿革及参考文献，可随时提供地层数据的输出打印、地层信息的查询检索和岩石地层单位的命名监控等，是省内重要基础地质研究成果和进行1∶5万等大比例尺地质填图的必需工具书之一，亦可供广大地质工作者和科研、教学等有关人员参考。

图书在版编目(CIP)数据

福建省岩石地层/李兼海主编．—武汉：中国地质大学出版社，1997.7(2008.7重印)
(全国地层多重划分对比研究；35)
ISBN 978-7-5625-1267-7

Ⅰ．福…
Ⅱ．李…
Ⅲ．地层学—福建省
Ⅳ．P535.257

中国版本图书馆CIP数据核字(2008)第062444号

福建省岩石地层 李兼海 主编

责任编辑：刘粤湘 责任校对：胡义珍

出版发行：中国地质大学出版社(武汉市洪山区鲁磨路388号) 邮编：430074
电话：(027)67883511 传真：67883580 E-mail：cbb @ cug.edu.cn
经 销：全国新华书店 http://www.cugp.cn

开本：787毫米×1092毫米 1/16 字数：370千字 印张：14.125 插页1
版次：1997年7月第1版 印次：2008年7月第2次印刷
印刷：武汉教文印刷厂 印数：501—1000册

ISBN 978-7-5625-1267-7 定价：42.50元

序

100多年来，地层学始终是地质学的重要基础学科的支柱，甚至还可以说是基础中的基础，它为近代地质学的建立和发展发挥了十分重要的作用。随着板块构造学说的提出和发展，地质科学正经历着一场深刻的变革，古老的地层学和其他分支学科一样还面临着满足社会不断进步与发展的物质需要和解决人类的重大环境问题等双重任务的挑战。为了迎接这一挑战，依靠现代科技进步及各学科之间相互渗透，地层学的研究范围将不断扩大，研究途径更为宽广，研究方法日趋多样化，并萌发出许多新的思路和学术思想，产生出许多分支学科，如生态地层学、磁性地层学、地震地层学、化学地层学、定量地层学、事件地层学、气候地层学、构造地层学和月球地层学等等，它们的综合又导致了“综合地层学”和“全球地层学”概念的提出。所有这一切，标志着地层学研究向高度综合化方向发展。

我国的地层学和与其密切相关的古生物学早在本世纪前期的创立阶段，就涌现出一批杰出的地层古生物学家和先驱，他们的研究成果奠定了我国地层学的基础。但是大规模的进展，还是从1949年以后，尤其是随着全国中小比例尺区域地质调查的有计划开展，以及若干重大科学计划的执行而发展起来的。正像我国著名的地质学家尹赞勋先生在第一届全国地层会议上所讲：“区域地质调查成果的最大受益者就是地层古生物学。”1959年召开的中国第一届全国地层会议，总结了建国十年来所获的新资料，制定了中国第一份地层规范（草案），标志着我国地层学和地层工作进入了一个新的阶段。过了20年，地层学在国内的发展经历了几乎十年停滞以后，于1979年召开了中国第二届全国地层会议，会议在某种程度上吸收学习了国际地层学研究的新成果，还讨论制定了《中国地层指南及中国地层指南说明书》，为推动地层学在中国的发展，缩小同国际地层学研究水平的差距奠定了良好基础。这次会议以后所进行的一系列工作，包括应用地层单位的多重性概念所进行的地层划分对比研究、区域地层格架及地层模型的研究，现代地层学与沉积学相结合所进行的盆地分析以及1：5万区域地质填图方法的改进与完善等，都成为我国地层学进一步发展的强大推动力。为此，地质矿产部组织了一项“全国地层多重划分对比研究（清理）”的系统工程，在30个省、直辖市、自治区（含台湾省，不含上海市）范围内，自下而上由省（市、区）、大区和全国设立三个层次的课题，在现代地层学和沉积学理论指导下，对以往所建立的地层单位进行研究（清理），追溯地层单位创名的沿革，重新厘定单位含义、层型类型与特征、区域延伸与对比，消除同物异名，查清同名异物，在大范围内建立若干断代岩石地层单位的时空格架、编制符合现代地层学含义的新一代区域地层序列表，并与地层多重划分对比研究工作同步开展了省（市、区）和全国两级地层数据库的研建，对巩固地层多重划分对比研究（清理）成果，为地层学的科学化、系统化和现代化发展打下了良好基础。这项研究工作在部、省（市、区）各级领导的支持关怀下，全体研究人员经过5年的艰苦努力已圆满地完成了任务，高兴地看到许多成果已陆续要出版了。这项工作涉及的范围之广、参加的单位及人员之多、文件的时间跨度之长，以及现代科学理论与计算机技术的应用等各方面，都可以说是在我国地层学工作不断发展中具有里程碑意义的。这项研究中不同层次成果的出版问世，不仅对区域地质调查、地质图件的编测、区域矿产普查与勘查、地质科研和教学等方面都具有现实的指导作用和实用价值，而且对我国地层学的发展和科学化、系统化将起到积极的促进作用。

首次组织实施这样一项规模空前的全国性的研究工作，尽管全体参与人员付出了极大的辛勤劳动，全国项目办和各大区办进行了大量卓有成效和细致的组织协调工作，取得了巨大的成绩，但由于种种原因，难免会有疏漏甚至失误之处。即使这样，该系列研究是认识地层学真理长河中的一个相对真理的阶段，其成果仍不失其宝贵的科学意义和巨大的实用价值。我相信经过广大地质工作者的使用与检验，在修订再版时，其内容将会更加完美。在此祝贺这一系列地层研究成果的公开出版，它必将发挥出巨大社会经济效益，为地质科学的发展做出新的贡献。

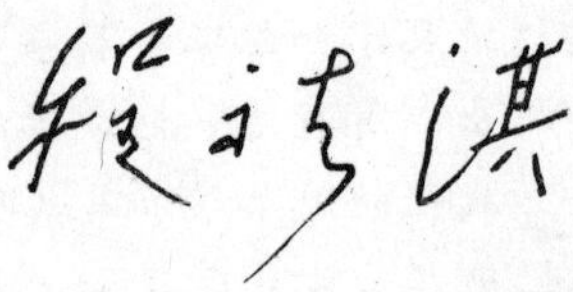

前言

地层学在地质科学中是一门奠基性的基础学科，是基础地质的基础。自从19世纪初由W史密斯奠定的基本原理和方法以来的一个半世纪中，地层学是地质科学中最活跃的一个分支学科，对现代地质学的建立和发展产生了深刻的影响，作出了不可磨灭的贡献，特别是在20世纪60年代由于板块构造学说兴起引发的一场“地学革命”，其表现更为显著。随着板块构造学的确立，沉积学和古生态学的发展，地球历史和生物演化中的灾变论思想的复兴和地质事件概念的建立，使地层学的分支学科，如时间地层学、生态地层学、地震地层学、同位素地层学、气候地层学、磁性地层学、定量地层学和构造地层学等像雨后春笋般地蓬勃发展，这种情况必然对地层学、生物地层和沉积地层等的传统理论认识和方法提出了严峻的挑战。经过20年的论战，充分体现当代国际地质科学先进思想的《国际地层指南》（英文版）于1976年见诸于世，之后在不到20年的时间里又于1979、1987、1993年连续三次进行了修改补充，陆续补充了《磁性地层极性单位》、《不整合界限地层单位》，以及把岩浆岩与变质岩等作为广义地层学范畴纳入地层指南而又补充编写了《火成岩和变质岩岩体的地层划分与命名》等内容。

国际地层学上述重大变革，对我国地学界产生了强烈冲击，十年动乱形成的政治禁锢被打开，迎来了科学的春天，先进的科学思潮像潮水般涌来，于是在1980年第二届全国地层工作会议上通过并公开出版了《中国地层指南及中国地层指南说明书》，阐述了地层多重划分概念。于1983年按地层多重划分概念和岩石地层单位填图在安徽区调队进行了首次试点。1985年《贵州省区域地质志》中地层部分吸取了地层多重划分概念进行撰写。1986年地质矿产部设立了“七五”重点科技攻关项目——“1∶5万区调中填图方法研究项目”，把以岩石地层单位填图，多重地层划分对比，识别基本地层层序等现代地层学和现代沉积学相结合的内容列为沉积岩区区调填图方法研究课题，从此拉开了新一轮1∶5万区调填图的序幕，由试点的贵州、安徽和陕西三省逐步推向全国。

1∶5万区调填图方法研究试点中遇到的最大问题是如何按照现代地层学的理论和方法来对待与处理按传统理论和方法所建立的地层单位？如果维持长期沿用的按传统理论建立的地层单位，虽然很省事，但是又如何体现现代地层学和现代沉积学相结合的理论与方法呢？这样就谈不上紧跟世界潮流，迎接这一场由板块构造学说兴起所带来的“地学革命”。如果要坚持这一技术领域的革命性变革，就要下决心花费很大力气克服人力、财力和技术性等方面的重重困难，对长期沿用的不规范化的地层单位进行彻底的清理。经过反复研究比较，我们认识到科学技术的变革也和社会经济改革的潮流一样是不可逆转的，只有坚持改革才能前进，不进则退，否则就将被历史所淘汰，别无选择。在这一关键时刻，地质矿产部和原地矿部直管局领导作出了正确决策，从1991年开始，从地勘经费中设立一项重大基础地质研究项目——全国地层多重划分对比研究项目，简称全国地层清理项目，开始了一场地层学改革的系统工程，在全国范围内由下而上地按照现代地层学的理论和方法对原有的地层单位重新明确其定义、划分对比标准、延伸范围及各类地层单位的相互关系，与此同时研建全国地层数据库，巩固地层清理成果，推动我国地层学研究和地层单位管理的规范化和现代化，指导当前和今后一个时期1∶5万、1∶25万等区调填图等，提高我国地层学研究水平。1991年地质矿产部原直管局将地层清理作为部指令性任务以地直发(1991)005号文和1992年以地直发(1992)014号文下发了《地矿部全国地层多重划分对比（清理）研究项目第一次工作会议纪要》，明确了各省（市、自治区）地质矿产局（厅）清理研究任务，并于1993年2月补办了专项地勘科技项目合同（编号直科专92-1），并明确这一任务分别设立部、大区和省（市、自治区）三级领导小组，实行三级管理。

部级成立全国项目领导小组

组长	李廷栋	地质矿产部副总工程师
副组长	叶天竺	地质矿产部原直管局副局长
	赵　逊	中国地质科学院副院长

成立全国地层清理项目办公室，受领导小组委托对全国地层清理工作进行技术业务指导和协调以及经常性业务组织管理工作，并设立在中国地质科学院区域地质调查处（简称区调处）。

项目办公室主任	陈克强	区调处处长，教授级高级工程师
副主任	高振家	区调处总工，教授级高级工程师
	简人初	区调处高级工程师
专家	张守信	中国科学院地质研究所研究员
	魏家庸	贵州省地质矿产局区调院教授级高级工程师
成员	姜　义	区调处工程师
	李　忠	会计师
	周统顺	中国地质科学院地质研究所研究员

大区一级成立大区领导小组，由大区内各省（市、自治区）局级领导成员和地科院沈阳、天津、西安、宜昌、成都、南京六个地质矿产研究所各推荐一名专家组成。领导小组对本大区地层清理工作进行组织、指导、协调、仲裁并承担研究的职责。下设大区办公室，负责大区地层清理的技术业务指导和经常性业务技术管理工作。在全国项目办直接领导下，成立全国地层数据库研建小组，由福建区调队和部区调处承担，负责全国和省（市、自治区）二级地层数据库软件开发研制。

各省（市、自治区）成立省级领导小组，以省（市、自治区）局总工或副总工为组长，有区调主管及有关处室负责人组成，在专业区调队（所、院）等单位成立地层清理小组，具体负责地层清理工作，同时成立省级地层数据库录入小组，按照全国地层数据库研建小组研制的软件及时将本省清理的成果进行数据录入，并检验软件运行情况，及时反馈意见，不断改进和优化软件。在全国地层清理的三个级次的项目中，省级项目是基础，因此要求各省（市、自治区）地层清理工作必须实行室内清理与野外核查相结合，清理工作与区调填图相结合，清理与研究相结合，地层清理与地层数据库建立相结合，“生产”单位与科研教学单位相结合，并强调地层清理人员要用现代地层学和现代沉积学的理论武装起来，彻底打破传统观点，统一标准内容，严格要求，高标准地完成这一历史使命。实践的结果，凡是按上述五个相结合去做的效果都比较好，不仅出了好成果，而且通过地层清理培养锻炼了一支科学技术队伍，从总体上把我国区调水平提高到一个新台阶。

三年多以来，参加全国地层清理工作的人员总数达400多人，总计查阅文献约24 000份，野外核查剖面约16 472.6 km，新测剖面70余条约300 km，清理原有地层单位有12 880个，通过清查保留的地层单位约4721个（还有省与省之间重复的），占总数36.6%，建议停止使用或废弃的单位有8159个（为同物异名或非岩石地层单位等），占总数63.4%，清查中通过实测剖面新建地层单位134个。与此同时研制了地层单位的查询、检索、命名和研究对比功能的数据库，通过各省（市、自治区）数据录入小组将12 880个地层单位（每个单位5张数据卡片）和10 000多条各类层型剖面全部录入，首次建立起全国30个（不含上海市）省（市、自治区）基础地层数据库，为全国地层数据库全面建成奠定了坚实的基础。从1994年7月—11月，分七个片对30个省（市、自治区）地层清理成果报告及数据库的数据录入进行了评审验收，到1994年底可以说基本上完成了省一级地层清理任务。1995—1996年将全面完成大区和总项目的清理研究任务。由此可见，这次全国地层清理工作无论是参加人数之多，涉及面之广，新方法新技术的应用以及理论指导的高度和研究的深度都可以堪称中国地层学研究的第三个里程碑。这一系统工程所完成的成果，不仅是这次直接参加清理的400多人的成果，而且亦应该归功于全国地层工作者、区域地质调查者、地层学科研与教学人员以及为地层工作做过贡献的普查勘探人员。全国地层清理成果的公开出版，必将对提高我国地层学研究水平，统一岩石地层划分和命名指导区调填图，加强地层单位的管理以及地质勘察和科研教学等方面发挥重要的作用。

鉴于本次地层清理工作和地层数据库的研建是过去从未进行过的一项研究性很强的系统工程，涉及的范围很广，时间跨度长达100多年，参加该项工作的人员多达300～400人，由于时间短，经费有限，人员水平不一，文献资料掌握程度等种种主客观原因，尽管所有人员都尽了最大努力，但是在本书中少数地层单位的名称、出处、命名人和命名时间等不可避免地存在一些问题。本书中地层单位名称出现的“岩群”、“岩组”等名词，是根据1990年公开出版的程裕淇主编的《中国地质图（1∶500万）及说明书》所阐述的定义。为了考虑不同观点的读者使用，本书对有“岩群”、“岩组”的地层单位，均暂以（岩）群、（岩）组处理。如鞍山（岩）群、迁西（岩）群。总之，本书中存在的错漏及不足之处，衷心地欢迎广大读者提出宝贵意见，以便今后不断改正和补充。

在30个省（市、自治区）地层清理系统成果即将公开出版之际，我代表全国地层清理项目办公室向参加30个省（市、自治区）地层清理、数据库研建和数据录入的同志所付出的辛勤劳动表示衷心的感谢和亲切的慰问。在全国地层清理项目立项过程中，原直管局王新华、黄崇轲副局长给予了大力支持，原直管局局长兼财务司司长现地矿部副部长陈洲其在项目论证会上作了立项论证报告，在人、财、物方面给予过很大支持；全国地层委员会副主任程裕淇院士一直对地层清理工作给予极大的关心和支持，并在立项论证会上作了重要讲话；中国地质大学教授、全国地层委员会地层分类命名小组组长王鸿祯院士是本项目的顾问，在地层清理的指导思想、方法步骤及许多重大技术问题上给予了具体的指导和帮助；中国地质大学教授杨遵仪院士对这项工作热情关心并给以指导；中国地质科学院院长、部总工程师陈毓川研究员参加了第三次全国地层清理工作会议并作了重要指示与鼓励性讲话；部科技司姜作勤高工，计算中心邬宽廉、陈传霖，信息院赵精满，地科院刘心铸等专家对地层数据库设计进行评审，为研建地层数据库提出许多有意义的建议。中国科学院地质研究所，南京古生物研究所，中国地质科学院地质研究所，天津、沈阳、南京、宜昌、成都和西安地质矿产研究所，南京大学，西北大学，中国地质大学，长春地质学院，西安地质学院等单位的知名专家、教授和学者，各省（市、自治区）地矿局领导、总工程师、区调主管、质量检查员和区调队、地研所、综合大队等单位的区域地质学家共600余人次参加了各省（市、自治区）地层清理研究成果和六个大区区域地层成果报告的评审和鉴定验收，给予了友善的帮助；各省（市、自治区）地矿局（厅）、区调队（所、院）等各级领导给予地层清理工作在人、财、物方面的大力支持。可以肯定，没有以上各有关单位和部门的领导和众多的专家教授对地层清理工作多方面的关心和支持，这项工作是难以完成的。在30个省（市、自治区）地层清理成果评审过程中一直到成果出版之前，中国地质大学出版社，特别是以褚松和副社长和刘粤湘编辑为组长的全国地层多重划分对比研究报告编辑出版组为本套书编辑出版付出了极大的辛苦劳动，使这一套系统成果能够如此快地、规范化地出版了！在全国项目办设在区调处的几年中，除了参加项目办的成员外，区调处的陈兆棉、其和日格、田玉莹、魏书章、刘凤仁多次承担地层清理会议的会务工作，赵洪伟和于庆文同志除了承担会议事务还为会议打印文稿，于庆文同志还协助绘制地层区划图及文稿复印等工作。

在此，向上面提到的单位和所有同志一并表示我们最诚挚的谢意，并希望继续得到他们的关心和支持。

全国地层清理项目办公室（陈克强执笔）

目　录

第一章
绪 论

地层学是地质学的基础，它是研究岩层的物质特征和属性的四度时空关系及其变化的科学。随着现代地层学和现代沉积学的发展，地层学已由“统一地层划分”发展为地层多重划分，这无疑是近30年来地层学取得的一次重大突破。

按照地层学的地层多重划分概念，即岩石有多少种特征和属性，便可划分为多少种不同的地层单位。一种特征的变化不一定与另一种特征的变化相一致。常用的地层单位有岩石地层、生物地层和年代地层三种，而岩石地层是最基本、最直观和实用的地层单位。以岩石地层单位为基本测图单位填制的地质图具有图面相对稳定、实用性强等优点，它是岩石地层单位在地表出露和分布状况的实际反映。因此，这种图一经测准，将不随人们的主观认识和不同解释而发生变化，它提供了一个稳定而客观的物质基础。

一、目的任务

地层多重划分对比研究的目的在于澄清以传统地层学的“统一地层划分”所引起的混乱局面，按地质矿产部(以下简称地矿部)的统一部署和要求，根据地层多重划分观点和新成果、新认识，以岩石地层单位为研究基础，重新明确现有地层单位的划分、对比标准、定义、延伸范围及各类地层单位的相互关系，提高科学性，消除混乱，转变观念，使大家在地层单位划分、命名、理解和应用上有共同的语言，为编制新一代地质图打下基础。同时，通过福建省地层数据库的建立，促进地层学研究和地层单位划分与管理的规范化、现代化，并可及时指导1：5万区域地质填图，提高我省区域地质研究程度和水平，有利于与国际地层研究接轨。

为此，福建省地质矿产局于1992年3月下达我队“福建省地层多重划分对比研究”任务书［闽地发(92)106号］，提出任务。在已进行的岩石地层清理的基础上，按照地矿部的统一要求，研究内容侧重以下几点：

(1) 对前泥盆纪变质岩进一步清理研究，重点核查部分层型剖面；

(2) 对中、新生代陆相地层和火山岩地层要充分考虑火山作用和堆积方式的特殊性，地层研究要与火山岩相构造分析的研究相结合，并同时总结出一套适合福建陆相地层和火山地层对比研究的方法；

(3) 对全省所有岩石地层单位重要层型剖面进行野外核查，特别是新建岩石地层单位的层型剖面，重要的参考剖面和重要的接触关系等有些需补测和修测，对年代较久，描述欠佳的剖面和有争议的变质岩层序，需补做野外工作或重新描述；

(4) 对全省各断代(除第四系)地层多重划分对比研究时，要很好研究岩石地层、生物地层、年代地层之间的关系。

同时指出，本项目研究成果将直接用于修编我省第四代地质图。

二、人员组成

根据以上任务要求，在局、队各级领导的重视关怀下，1992 年 7 月进一步增补调配有关人员，组成福建省地层清理研究组，负责完成本项目任务。随即，7 月下旬编写了《福建省地层清理研究设计书》，8 月下旬由地矿局组织对设计书进行了审查 [闽地发(92)335 号]，认为该设计书目标清楚，任务明确，安排较恰当，工作的指导思想及技术要求与全国总项目的要求基本相符，可以作为今后开展工作的依据。

研究组由负责单位——福建省区域地质调查队(简称福建区调队，下同)熟悉区域地层情况、长期从事区调和地层古生物研究的专业技术人员组成，在地矿局高天钧副总工程师直接领导下，设项目负责人：李兼海(高级工程师)、王国平(高级工程师)，成员：郑铁藩(高级工程师)、梁诗经(高级工程师)4 人，按分工协作原则开展工作。地层数据库的研建及数据录入由队微机组李超岭(工程师)负责，地质印刷厂林喜、林静协助完成。同时，在全国地层清理项目办公室和东南大区项目办公室的统一指导、组织、协调和仲裁下，使研究工作得以顺利进行，并按原设计要求提前 3 个月于 1994 年 9 月提交报告评审验收。

三、福建地层基本特征及地层综合区划

福建省位于中国东南沿海一隅，濒临西太平洋，地质构造复杂，岩浆活动频繁、强烈，成矿地质条件优越，是环太平洋成矿带中的重要成矿区之一。区内地层发育齐全，自元古宙至第四纪地层多有出露，在全省陆地面积 121 300 km^2 中，沉积岩和变质岩地层的总和与陆相火山岩地层约各占三分之一。按照全国项目办地层区划工作会议，福建全境属华南地层大区(Vl)东南地层区(Vl_5)的一部分，省内大致以政和-(广东)大埔断裂为界，西部属武夷地层分区(Vl_5^8)，东部属沿海地层分区(Vl_5^9)。根据岩性、岩相、建造类型、变质程度及构造运动特征等，省内除第四纪松散沉积层外，可划分为前泥盆纪、泥盆纪—中三叠世、晚三叠世—晚第三纪 3 个断代，各断代地层间皆以明显不整合为界，且地层分区性明显(图 1-1)。前泥盆纪地层划分为闽西南、闽西北、闽北、闽东及闽东南 5 个地层小区，均属巨厚的地槽型类复理石沉积，其中以闽西北及闽北震旦纪和前震旦纪地层出露广泛，岩石具区域性中浅变质特征，闽西南则以清流—长汀和三明—龙岩震旦纪及早古生代早中期地层发育较完整，岩石变质轻微，化石稀少；泥盆纪—中三叠世地层划分为闽西南、闽西北及闽东 3 个地层小区，其中以闽西南晚古生代准地台型细碎屑岩—碳酸盐岩沉积出露良好，古生物较丰富，是省内铁、锰、煤、石灰岩等沉积矿产重要含矿层位；晚三叠世—晚第三纪地层大致以政和-大埔断裂为界分为闽西和闽东 2 个地层小区，以陆相盆地沉积及火山喷发堆积为主，尤其是闽东大面积分布的晚侏罗世—早白垩世火山岩，岩石类型复杂，地层厚度巨大，是研究我国东南沿海中生代陆相火山岩地层的重要地区之一。

四、工作中遵循的基本原则及工作进程

本次地层对比研究中遵循的基本原则是严格按《国际地层指南》、《中国地层指南及中国

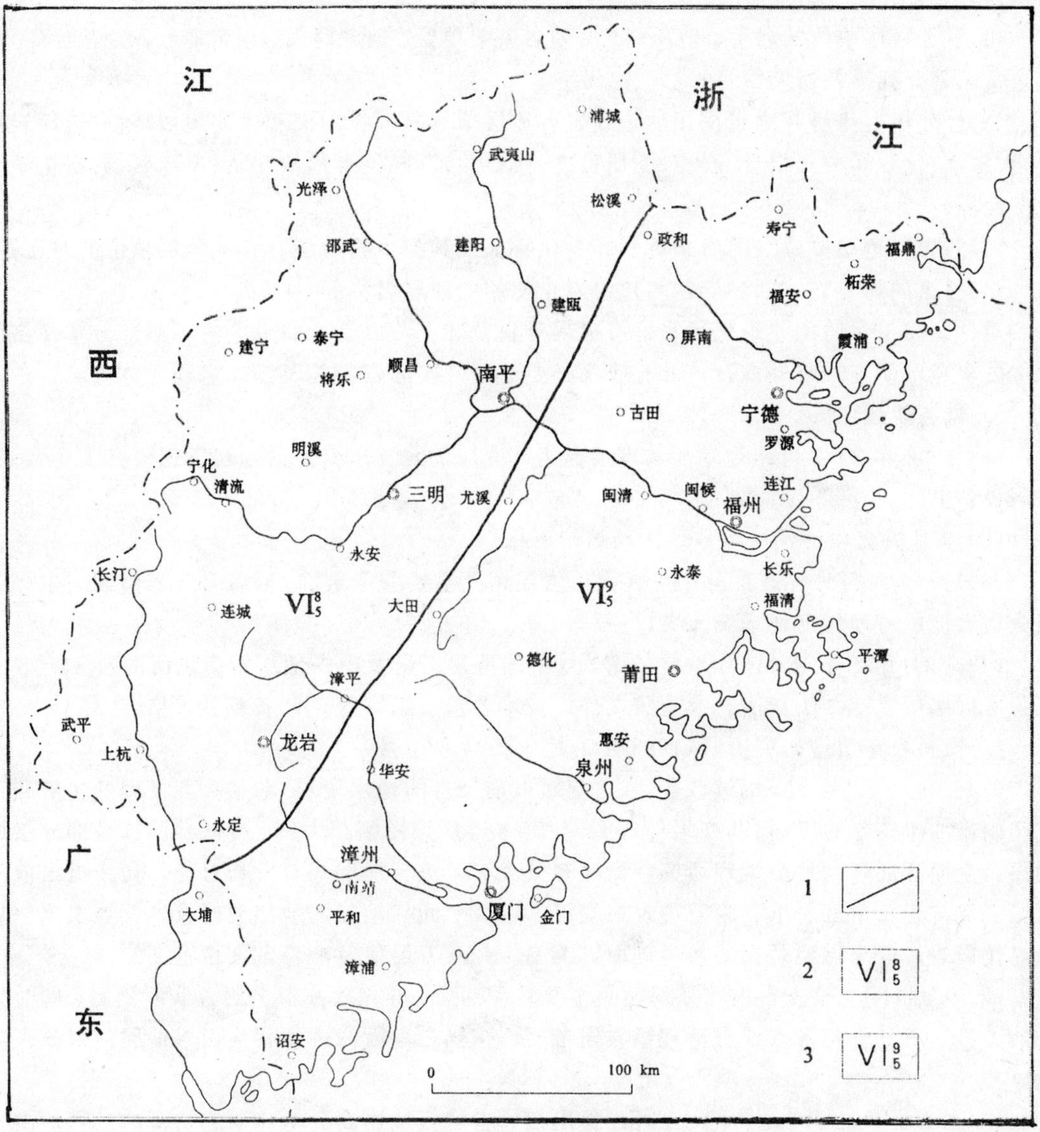

图 1-1 福建省岩石地层综合区划略图

1. 地层区划界线；2. 武夷地层分区；3. 沿海地层分区

地层指南说明书》对地层多重划分原理、地层术语的定义、地层命名和地层程序规则、正式与非正式岩石地层单位的使用等规定，认真学习和掌握地层多重划分概念、原则、方法和要求，随时注意克服“统一地层划分”观点的影响，强调观念的转变。此外，根据全国地层清理项目办公室下发的有关要求、细则、会议纪要等文件及时指导我们对比研究工作的进展。

地层对比研究的范围，除第四纪地层因研究程度低、分布局限暂不进行清理外，包括前震旦纪至第三纪全部岩石地层、生物地层及年代地层等。对比研究的重点是泥盆纪—中三叠世地层，其次是中生代陆相火山岩地层。对闽北前震旦纪变质岩地层，由于露头差，覆盖厚，岩性单一，缺乏稳定标志层，形变较复杂，同位素年龄跨度大，各家划分对比意见分歧，因此，仅作一般性清理，地层划分宜粗不宜细，各断代地层技术要求不搞一刀切。对比研究的具体内容包括：

(1)各类地层单位的名称、地质时代、创名人或单位、创名时间、创名地点、层型剖面、原始定义、划分标准及研究沿革；

(2)经分析对比研究确定采用的正式岩石地层单位的现在定义和主要地质特征(包括岩性组合、厚度、化石属种及组合、岩相、变质程度、接触关系、同位素地质年龄、古地磁、岩石化学及含矿性等)；

(3)各岩石地层单位空间展布范围和变化特征及其与生物地层、年代地层单位的对比；

(4)提出同物异名、同名异物和建议停止使用的地层名称。

对比研究工作的主导思想是在已有成果资料基础上，以综合研究为主，对部分重要层型和主要参考剖面进行野外核查，补充收集必要的野外实际资料。其工作进程大体为：

1. 准备阶段(1992 年 3—12 月)

(1) 1992 年 3—7 月组建地层清理研究组，参加全国及东南大区地层清理研究工作会议，编制设计书。

(2) 8 月提交项目设计由省地矿局组织审批。

(3) 9—11 月野外核查部分中生代火山岩层型及主要参考剖面，筹备召开东南区中生代陆相火山岩地层清理研究现场交流会议(福州)。

(4) 12 月组织学习《国际地层指南》、《中国地层指南及中国地层指南说明书》、《1：5 万沉积岩区地质填图方法指南》及有关文件、技术要求、细则等，制备各种表格。

2. 资料收集清理研究阶段(1993 年 1 月—1994 年 1 月)

(1) 1993 年 1—8 月，继续收集 1992 年底以前已有的地层资料(包括公开发表的文献和正式印刷或油印打字的区调、勘查报告)，结合 1：5 万区调图幅与大队、分队共同核查部分层型剖面，全面开展各类地层清理研究，试填有关表卡，进行地层综合分析对比，初步提出前泥盆纪、泥盆纪—中三叠世、晚三叠世—晚第三纪 3 个断代地层的地层分区及岩石地层单位划分对比简表，选定层型及主要参考剖面，编制 1：50 万层型及参考剖面位置图。

(2) 9—11 月，核查省内重要层型及主要参考剖面，补充收集部分野外实际资料，同时分赴浙、赣、粤三省与各省地层清理组共同考察、探讨东南沿海中生代火山岩地层的划分、对比。

(3) 1993 年 12 月—1994 年 1 月，提出福建省岩石地层划分对比研究初稿(方案)，由省地矿局和福建省地质学会联合主持预审，广泛征求、听取省内有关同行专家意见。

3. 成果编写、验收阶段(1994 年 2—9 月)

(1) 1994 年 2—6 月，完成经过清理研究确定本省采用的岩石地层单位填卡及建议废弃或停用的地层名称卡片，陆续提供微机录入、打印和校对。

(2) 7—9 月，编写报告并复制，提交省地矿局初审和最终评审。

4. 报告修改及资料归档阶段(1994 年 10 月—1995 年 5 月)。

(1) 1994 年 10—12 月，报告修改。

(2) 1995 年 1—4 月，按地矿部全国地层清理项目办公室统一要求进行报告统稿、审定、清抄、复印，提交出版社出版。

(3) 1995 年 5 月，资料编目归档。

本项目自 1992 年 3 月开始，至 1994 年 9 月完成供审稿并通过最终评审验收，评为优秀级(94.8 分)，历时 2 年半，全面完成了项目任务。报告编写人员分工为：第一章绪论由李兼海执笔，第二章郑铁藩执笔，第三章王国平执笔，第四章李兼海、梁诗经执笔，第五章结语由李兼海、王国平、郑铁藩、梁诗经共同完成，附录由李超岭、李兼海分别编写并通过微机查询检索、打印。全文由李兼海修改审定。

五、完成工作量及主要成果

通过清理研究，完成的工作量及主要成果有：

(1) 收集各种地层资料约100余份和实测地层剖面1 251条并填卡。

(2) 选用地层剖面489条，其中各类层型剖面69条(包括正层型49条，副层型3条，新层型2条，选层型10条，次层型5条，主要参考剖面420条。编制了1∶50万层型及参考剖面位置分布图。

(3)确立本省采用的岩石地层单位78个，其中群级8个，组级67个(新建15个)，段级3个(新建2个)；建议不采用的地层名称86个。

(4) 填制正式岩石地层单位卡片78套，共计1 276份，其中Ⅰ卡78份，Ⅱ卡75份，Ⅲ卡67份，Ⅳ卡978份，Ⅴ卡78份。填制停用地层名称卡片86份。

(5) 野外核查剖面15条，计50 km，采薄片10块，硅酸盐样品1个，同位素年龄样3个。

(6) 提交《陆相火山岩岩石地层清理研究基本要求》及《东南沿海中生代陆相火山岩地层野外考察专报》各一份，前者经多次讨论、修改后，作为全国项目办关于地层清理的两个文件之一下发[(1993)地科便字第44号]，后者提出东南沿海中生代火山岩岩石地层划分、对比简表，省际间已取得较多的共识，为东南各省地层划分对比构组了一个框架。

(7) 通过本次地层清理研究，对福建省原有的147个地层单位中，确立本省使用的岩石地层单位61个，占41.5%，本省不采用的86个，占58.5%，此外另新建17个岩石地层单位，较系统地建立了福建省前泥盆纪、泥盆纪—中三叠世、晚三叠世—晚第三纪3个断代的地层区划和各地层小区岩石地层单位名称及序列(表1-1)。首次以岩石地层为基础，对震旦纪及其以后的地层进行了生物地层、年代地层等地层多重划分对比。

(8) 首次对福建省石炭纪岩石地层时空分布进行了分析、探讨，明确指出经畲组在闽西南分布广泛，海水由粤东北入侵闽西南，随着时间的推移，经畲组由西向东从晚石炭世达拉期① —早二叠世栖霞期层位逐渐抬高，具有明显的穿时特点。

(9) 首次将福建晚侏罗世—白垩纪陆相火山岩地层划分为闽西和闽东两个地层小区，建立了各小区岩石地层单位名称及序列，进行了旋回划分与对比。指出晚侏罗世—白垩纪火山活动主要发生在晚侏罗世基末里期和早白垩世巴列姆—阿普第期，火山岩地层从内地(西北)向沿海(东南)略具穿时特点，而晚第三纪佛昙组则相反，其层位由沿海向内地逐步抬高。

(10) 首次建立了福建省地层数据库，共录入78个省内采用的岩石地层单位和86个省内不采用的地层单位。

---

① 本书地层时代“期”的名称依据王鸿祯等(1990)中国地层时代表，外国名如达拉期，不再用原文(如此表没有的，第一次出现中文名加原文)。

表 1-1　福建省岩石地层单位序列表

代	纪	世	武夷分区：闽西南小区	武夷分区：闽西北小区	武夷分区：闽北小区	沿海分区：闽东小区	沿海分区：闽东南小区
新生代	第三纪	晚第三纪	佛昙组				
		早第三纪					
中生代	白垩纪	晚世	赤石群：崇安组			石帽山群	石牛山组
			赤石群：沙县组				寨下组
		早世	均口组				黄坑组
			白牙山组				
			吉山组			吉山组	
	侏罗纪	晚世	兜岭群：坂头组			南园群	小溪组
			兜岭群：下渡组				赤水组
			兜岭群：园盘组				鹅宅组
							长林组
		中世	漳平组				
		早世	象牙群：潘坑组、下村组	梨山组			
	三叠纪	晚世	文宾山组	焦坑组		文宾山组	
			大坑村组				
		中世	安仁组				
		早世	溪口组：石碧溪段			溪口组：石碧溪段	
			溪口组：兰田段				
			溪口组：新祠段			溪口组：新祠段	
古生代	二叠纪	晚世	长兴组				
			罗坑组			罗坑组	
			翠屏山组				
			童子岩组				
		早世	文笔山组				
			鸣山组、泉上组				
			栖霞组			栖霞组	
	石炭纪	晚世	船山组				
			老虎洞组				
			经畲组			经畲组	
		早世	林地组			林地组	
	泥盆纪	晚世	安砂群：桃子坑组				
			安砂群：天瓦岽组				
		中早世					
	志留纪						
	奥陶纪	中晚世	罗峰溪组				
		早世	魏坊组				澳角群：亲营山组
	寒武纪	晚世	东坑口组				
		中早世	林田组				澳角群：岩雅组
元古宙	震旦纪	晚世	黄连组	龙头组	稻香组		
			南岩组	三溪寨组	龙北溪组		
		早世	丁屋岭组	宝石组、黄潭组	东岩组	沣地组	
			楼子坝组		吴墩组		
	前震旦纪		桃溪（岩）组	南山组	麻源群：南山组、大金山组、回向殿组；迪口组	葛坑组	
						卓地组	
						东华组	
				天井坪组			

第二章
前泥盆纪

福建省前泥盆纪变质岩地层发育，分布甚广，主要见于闽西南、闽西北地区，闽东及闽东南沿海亦有零星出露。赋存有铁、铜、铅锌、金、稀土、稀有金属及晶质石墨、硫铁矿、大理岩、白云岩、重晶石、白云母、钾长石、磷灰石等非金属矿以及矽线石、红柱石等高铝矿物矿产。根据福建省变质岩的时空展布、岩性、岩相和变质程度的相对一致性、构造变形特征及原岩建造、含矿性、接触关系、所处的大地构造位置等，将全省变质岩地层划分为5个四级地层小区(图2-1)。即以政和镇前-南靖梅林断裂为界，西部为武夷地层分区，包括闽西南、闽西北和闽北3个地层小区。断裂东部为沿海地层分区，包括闽东和闽东南2个地层小区。在系统分析原有地层单位基础上，全省前泥盆纪变质岩系按照岩石地层单位划分原则，建立群级地层单位2个，组级地层单位28个，各岩石地层分布、分区及层型剖面位置如图2-1所示，岩石地层序列见表2-1。

福建省前泥盆纪变质岩地层的研究，始自葛利普(Grabau,1924)把闽北一套变质岩系划归太古界和元古界，其后相继有王恒升、李春昱(1930)、王绍文(1930)、陈旭等(1941)、杨振翰等(1944)、黄汲清(1945)、高振西(1947)等对调查所及范围内变质岩系都作有地层划分和论著，但都没有形成完整的区域地层系统。

中华人民共和国成立后，特别是近30年来随着1∶20万、1∶5万区域地质(矿产)调查、专题调研及地质找矿工作的不断发展，全省变质岩的研究也相应取得了很大进展。首先，周仁沾(1950)把全省变质岩系划分为片麻岩系(太古代)、片岩系(元古代)和罗峰溪系(震旦纪)。1961年福建省地质研究所等① 对闽北一带变质岩地层自下而上划分为迪口群(早元古代片麻岩系)、龙北溪群(下部变质火山碎屑岩组、中部碳酸盐硅质岩组、上部云母片岩组，时代划归晚元古代)和邵武群(自下而上划分片理化长石石英砂岩组，千枚岩、千枚状砂岩组，碳酸盐岩、千枚岩组，时代划归前泥盆纪)。1959年后，随着1∶20万区域地质调查的开展，变质岩地层研究也不断深入，经福建省区域地层表编写组(1979)初步总结，已分别建立了闽西北、闽西南和闽东变质岩地层划分对比系统。此后，1∶5万区域地质调查和专题调研对福建变质岩地层研究不断深入，研究程度亦不断提高，较重要的成果有：福建省原地质三队宗淳虎(1980)发

① 福建省地质研究所、合肥工业大学，1961，福建省闽北变质岩系的划分及其时代问题。

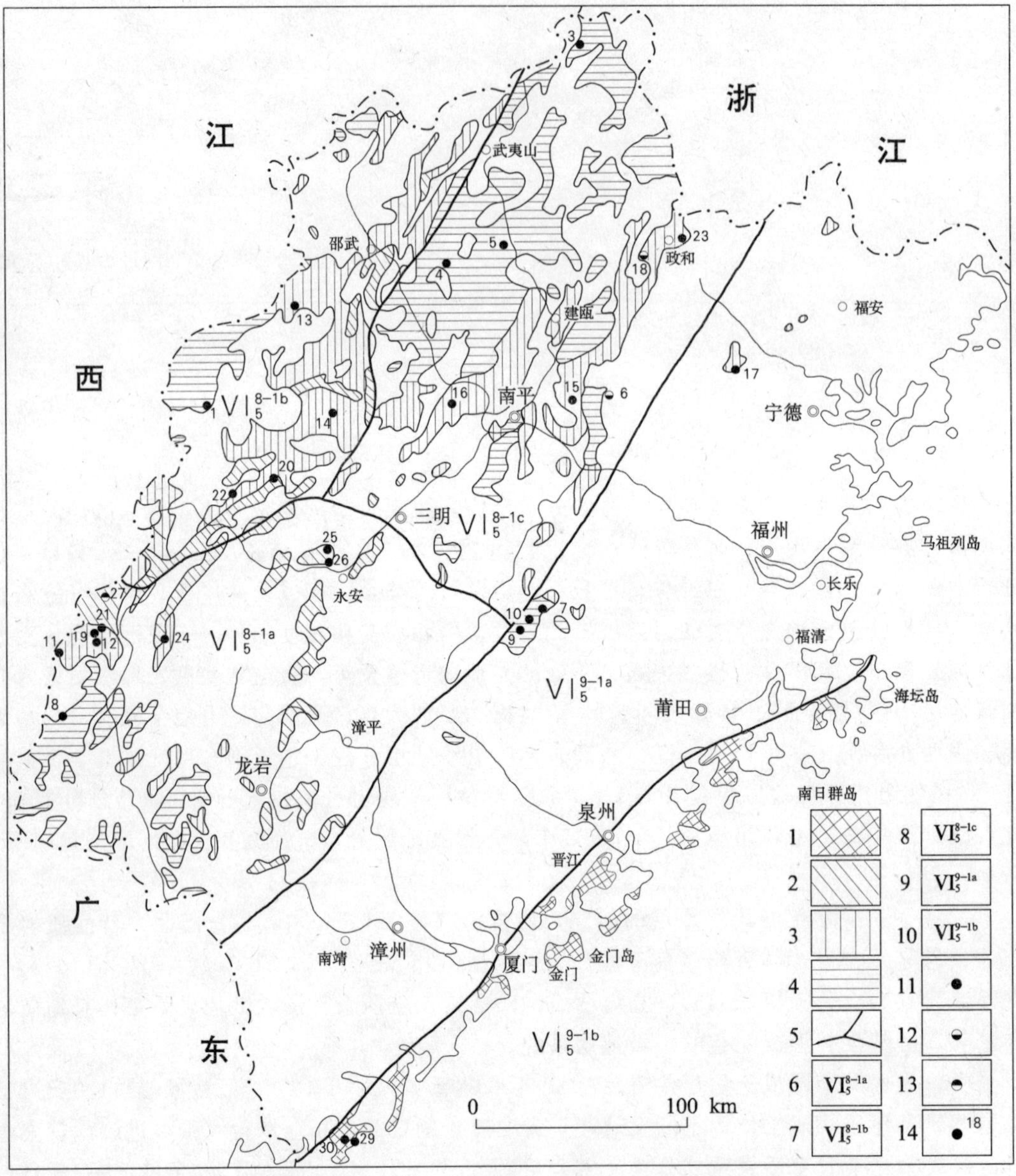

图 2-1 福建省前泥盆纪地层分布、分区及层型剖面位置图

1. 前泥盆纪地层(岩雅组、亲营山组)；2. 早古生代地层(林田组、东坑口组、魏坊组、罗峰溪组)；3. 震旦纪地层(楼子坝组、丁屋岭组、宝石组、黄潭组、东岩组、吴墩组、洋地组、龙北溪组、南岩组、三溪寨组、黄连组、龙头组、稻香组)；4. 前震旦纪地层(天井坪组、回向殿组、大金山组、南山组、迪口组、东华组、桃溪(岩)组、卓地组、葛坑组)；5. 地层区划界线；6. 闽西南地层小区；7. 闽西北地层小区；8. 闽北地层小区；9. 闽东地层小区；10. 闽东南地层小区；11. 正层型；12. 选层型；13. 新层型；14. 层型剖面位置及编号

表《闽北前震旦纪建瓯群细碧角斑岩系的发现及其特征》，福建区调队(1982)① 著有《福建省早古生代地层调查研究报告》。刘乃坤(1982)首次报道在福建省东部变质岩中零星发现了几丁虫及微古植物化石。福建省地质矿产局(1985)在总结前人资料基础上，提出了福建变质岩地层分区和各区地层划分对比系统，对变质岩地层作了较为系统的总结，其成果在省内外广泛引用。此后，闽北地质大队、福建区调队及天津地质矿产研究所又相继或联合进行专题调研。闽北地质大队(1985)② 著有《福建省闽北地区前寒武纪变质岩系研究报告》，天津地质矿产研究所等(1991)③ 著有《闽北前寒武纪变质岩岩层层序划分和构造演化》。上述成果均不同程度地提高了福建省前泥盆纪变质岩地层的研究程度，为本次地层清理和地层多重划分对比研究提供了良好的基础。尽管如此，福建省变质岩地层研究程度仍然很低，特别是闽西北、闽东一带震旦纪及前震旦纪地层，由于露头稀少，岩性组合较单一，缺乏稳定的标志层，加之构造破坏及岩浆活动较强，变质程度达高绿片岩至低角闪岩相，局部混合岩化。因此，地层名称及序列各家意见尚有分歧，经本次对比研究，现将福建省前泥盆纪地层按岩石地层单位、生物特征与地质年代分述如后。

第一节　岩石地层单位

天井坪组　AnZ*t*　(06-35-0001)

【创名及原始定义】 由福建区调队(1990)④所创，命名地点位于建宁县伊家乡天井坪村。傅树超等(1991)介绍。原指一套原岩属古岛弧型火山复理石建造的变粒岩、片岩夹斜长角闪岩类组合，划分为上、下二个岩性段，时代归属晚太古代。

【沿革】 70年代初，江西省区域地质调查大队(1973a)在建宁地区区调时将该区变质岩系划为震旦系；福建省区域地质测量队(简称福建区测队，下同)(1977f)划分为上、下震旦统；福建省地质矿产局(1985)亦划分为下震旦统丁屋岭组和上震旦统。现本书沿用。

【现在定义】 天井坪组指闽(西)北一套原岩为中酸性—基性火山复理石建造的厚层黑云斜长(或二长)变粒岩夹斜长角闪岩类及片岩、石英岩组合。未见顶底。

【层型】 正层型为建宁县西南约18.5 km伊家乡天井坪村剖面(116°44′,26°41′)(图2-1)，福建区调队傅树超等于1990年实测(图2-2)，现分层描述如下：

天井坪组　　总厚度＞262.6 m

9. 深灰色黑云斜长角闪岩夹灰色薄层角闪斜长变粒岩。黑云斜长角闪岩Sm-Nd全岩等时线年龄值为2 682±148 Ma。(未见顶)　＞6.9 m
8. 浮土掩盖　32.8 m
7. 厚层黑云斜长变粒岩　50.2 m
6. 浅灰色厚层黑云斜长变粒岩与长石石英岩互层，顶部为深灰色厚层角闪斜长变粒岩　32.4 m
5. 灰黄色中层黑云变粒岩夹薄层绿帘角闪长石石英岩　36.6 m
4. 灰黄色中薄层斜长黑云片岩　13.7 m

---

① 福建区调队，1982，福建省早古生代地层调查研究报告。
② 闽北地质大队，1985，福建省闽北地区前寒武纪变质岩系研究报告。
③ 天津地质矿产研究所、福建省区调队、闽北地质大队，1991，闽北前寒武纪变质岩岩层层序划分和构造演化。
④ 福建区调队，1990，1∶5万付坊、里心幅区域地质调查报告。

3. 灰黄色中薄层矽线黑云石英片岩夹薄层黑云斜长变粒岩 31.8 m

2. 薄层二云片岩夹浅灰绿色厚层黑云变粒岩，局部见糜棱岩 36.5 m

1. 构造片岩、糜棱岩，为韧性断层产物。(未见底) ＞21.7 m

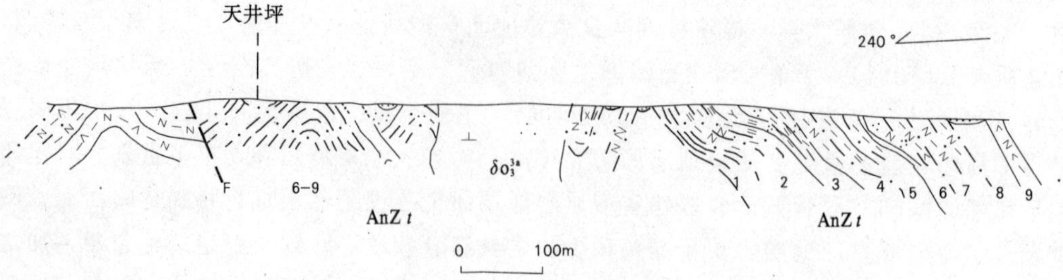

图 2-2 建宁县天井坪村天井坪组实测剖面图

建宁县伊家一带天井坪组厚仅260余米，地层出露不全。现列浦城县南偏西约28.5 km的石陂乡坵源村剖面(118°28′,27°40′)参考，该剖面由福建区调队张开毕等于1992年实测(图2-3)，分层描述如下：

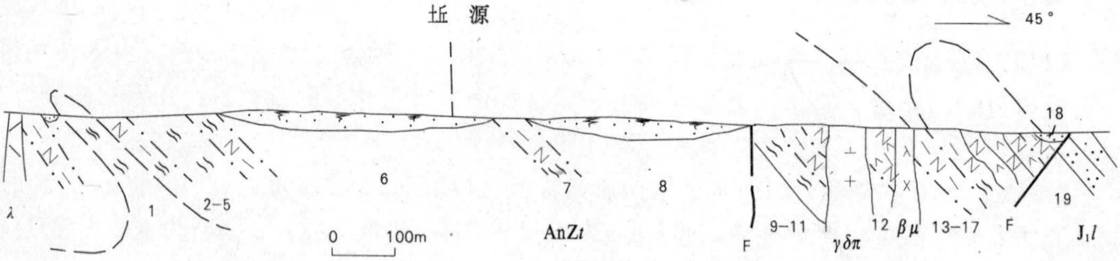

图 2-3 浦城县坵源天井坪组实测剖面图

上覆地层：**梨山组** 中粒石英砂岩

═══════ 断 层 ═══════

天井坪组 总厚度＞835.7 m

18. 浮土掩盖 ＞38.8 m

17. 厚层斜长角闪岩、(斜长)角闪片岩夹厚层黑云斜长变粒岩，具混合岩化 26.9 m

16. 厚层斜长变粒岩与斜长角闪岩互层，混合岩化，岩石遭受强烈糜棱岩化，斜长变粒岩已变成糜棱岩 45.2 m

15. 厚层黑云斜长变粒岩和斜长角闪岩、斜长角闪片岩互层，混合岩化 31.1 m

14. 厚层黑云斜长变粒岩与中厚层斜长角闪片岩互层，具混合岩化、糜棱岩化 19.1 m

13. 中厚层黑云斜长变粒岩夹条纹状黑云石英岩，混合岩化 19.9 m

12. 角闪斜长变粒岩，混合岩化 38.1 m

11. 深灰色黑云斜长变粒岩，混合岩化 27.0 m

10. 风化后呈土黄色黑云斜长变粒岩，混合岩化 22.2 m

9. 糜棱岩、超糜棱岩 31.8 m

8.	浮土掩盖	91.1 m
7.	黑云斜长变粒岩，混合岩化	59.4 m
6.	浮土掩盖	259.0 m
5.	黑云斜长变粒岩，混合岩化	21.1 m
4.	斜长浅粒岩，混合岩化、糜棱岩化	25.5 m
3.	糜棱岩	33.9 m
2.	黑云斜长变粒岩，混合岩化、糜棱岩化	20.1 m
1.	糜棱岩。(未见底)	>25.5 m

【地质特征及区域变化】 天井坪组总体为一套普遍含矽线石、铁铝榴石为特征的厚层—巨厚层变粒岩夹片岩、石英岩、斜长角闪(片)岩组合。岩性大致可分下部为灰、深灰、灰黑色(部分为灰黄色)中—中厚层黑云斜长变粒岩、黑云(二长)变(浅)粒岩、角闪斜长变粒岩与中—薄层斜长黑云片岩、斜长二云片岩、二云(石英)片岩互层夹长石(黑云)石英岩、石英岩凸镜体，局部夹有斜长角闪岩；上部为浅灰—深灰色中厚—厚(巨厚)层黑云斜长(二长)变粒岩、黑云变粒岩、斜长浅粒岩为主夹角闪斜长变粒岩、黑云斜长角闪(片)岩、长石石英岩、二云(白云)片岩，局部夹有少量透辉斜长角闪变粒岩。上述岩性组合特征反映出下部主要属火山沉积与砂泥质碎屑沉积相间出露之特点，上部则以一套火山岩夹正常(火山)碎屑沉积岩为特征。岩石总面貌为变质程度比较深，普遍出现低压高温变质矿物矽线石、石榴石(铁铝榴石)，混合岩化较强，出现混合质黑云斜长变粒岩、混合岩，具有面式混合岩化程度。在岩层中伟晶岩脉发育，形成伟晶岩型的钾长石、白云母、绿柱石等矿床。岩石构造形态、变形特征极为复杂，叠加褶皱发育，糜棱岩、超糜棱岩和糜棱岩化岩石十分普遍，韧性剪切带也十分发育。在浦城坵源剖面斜长角闪岩、(斜长) 角闪片岩获得 Sm－Nd 全岩等时线年龄值为 2 678±41 Ma①,建宁县伊家湾及客坊斜长角闪岩 Sm－Nd 全岩 等时线年龄值为 2 682±148Ma②)，胡雄健(1991)③ 重新计算为 2 380 Ma，其时代相当于晚太古代—早元古代，为现今福建省最老的地层，其上与麻源群回向殿组接触关系不明。

天井坪组分布局限，仅见于浦城县坵源一带和建宁县付坊、里心地区，向西延入江西境内(江西省区域地质调查大队,1973a)，岩性较单一稳定。岩性自下而上变粒岩类含量逐渐增多，片岩类逐渐减少，岩石层厚由中薄—薄层变为中厚—厚(巨厚)层，片岩层与变粒岩层比例由下部 1∶1～1∶2 至上部则为 1∶4～1∶6，显示了下部碎屑沉积物质较细，而上部则有变粗趋势。混合岩化程度下部比上部要强，出现较多矽线石、铁铝榴石等特征变质矿物。构造片岩、糜棱岩、超糜棱岩及糜棱岩化岩石等韧性剪切断层产物，下部亦比上部相应明显。变质程度上，浦城坵源一带和建宁付坊、里心地区都达到低角闪岩相，而建宁付坊、里心地区具面式混合岩化，相应来说变质程度更深一些。地层厚度多出露不全，浦城坵源大于 835.7 m，建宁地区在 262.6～855.3 m 以上。

麻源群 An*ZM* (06-35-0002)

【创名及原始定义】 为福建省地质矿产局(1985)创名，创名地点位于建阳县城东北 17 km 麻源村。系指震旦系之下一套巨厚的中浅变质岩系，自下而上划分为四个岩性段，时代归

① 福建区调队，1993，1∶5 万石陂、浒州幅区域地质调查报告。
② 福建区调队，1990，1∶5 万付坊、里心幅区域地质调查报告。
③ 胡雄健，1991，浙中变质基底的年代构造格架及年代地壳结构模式初论。浙江省地质科技情报。

属晚元古代早期。

【沿革】 麻源群为闽西北广泛分布的区域变质岩地层。福建区测队(1974a)称建瓯群并自下而上划分为迪口组、龙北溪组、大岭组、松源组和吴垱组，福建省区域地层表编写组(1979)改松源组为麻源组，福建省地质矿产局(1985)将建瓯群解体为上元古界下部麻源群(划分四个段)和下震旦统迪口组、龙北溪组以及上震旦统—下古生界。龚世福等(1987)沿用了麻源群，自下而上建立大金山组和南山组，时代归属前震旦纪；闽北地质大队(1993)①在大金山组含石墨片岩、变粒岩夹斜长角闪岩组合之下发现一套原岩为长石砂岩的近源碎屑沉积，岩性为黑云变粒岩、黑云斜长变粒岩组合，创名回向殿组，时代定为早元古代。本次对比研究，麻源群自下而上包括回向殿组、大金山组、南山组，时代划归前震旦纪。

【现在定义】 指吴墩组(或黄潭组)块状变粒岩组合之下的一套巨厚中浅变质岩系。其下未见底，其下与天井坪组接触关系不明。自下而上包括回向殿组黑云变粒岩、黑云斜长变粒岩组合，大金山组以含石墨为特征的片岩、变粒岩夹斜长角闪岩类组合，南山组上段以片岩为主夹变粒岩和下段以变粒岩为主夹片岩组合。

回向殿组 An*Zh* (06-35-0003)

【创名及原始定义】 闽北地质大队(1993)创名①，命名地点位于浦城县九牧乡回向殿村。本组系指一套原岩为长石砂岩的近源碎屑沉积，岩性为混合岩化黑云变粒岩、黑云斜长变粒岩组合。未见底，与下伏天井坪组接触关系不明，与上覆大金山组呈整合接触，时代划归早元古代。

【沿革】 回向殿组创名之前，福建区测队(1972b)和江西省区调大队(1980)分别将这一变粒岩组合划为前震旦系建瓯群上亚群第一段和前泥盆纪变质岩系，福建区测队(1977f)划为建瓯群大岭组，时代定为前震旦纪，福建省地质矿产局(1985)则划归上元古界麻源群第三段，本次对比研究将回向殿组隶属麻源群下部。

【现在定义】 指岩性为黑云变粒岩、黑云斜长变粒岩组合，局部出现混合岩化。未见底，上与大金山组含石墨片岩、变粒岩呈整合接触。

【层型】 正层型为浦城县城西北约 26 km 九牧乡回向殿村剖面(118°27′,28°10′)(图 2-1)，闽北地质大队吴其昌等于 1992 年实测(图 2-4)，现分层描述如下：

上覆地层：**大金山组下段** 褐灰色中—薄层含石墨矽线黑云片岩

——————整 合——————

回向殿组	总厚度>596.6 m
6. 浮土掩盖	18.4 m
5. 灰黑—灰褐色弱混合岩化斜长石英黑云片岩(岩石向富黑云斜长变粒岩过渡)	17.0 m
4. 浮土掩盖	226.2 m
3. 混合岩化黑云变粒岩夹薄层含磷灰石石榴石黑云变粒岩及二云斜长变粒岩	129.4 m
2. 混合岩化黑云变粒岩，下部夹黑云斜长变粒岩	167.0 m
1. 混合岩化石榴石黑云斜长变粒岩	>38.6 m

【地质特征及区域变化】 本组仅分布于浦城县九牧乡回向殿村和水北街乡陈源村两处，

① 闽北地质大队，1993，1∶5万渔梁、永兴幅区域地质调查报告。

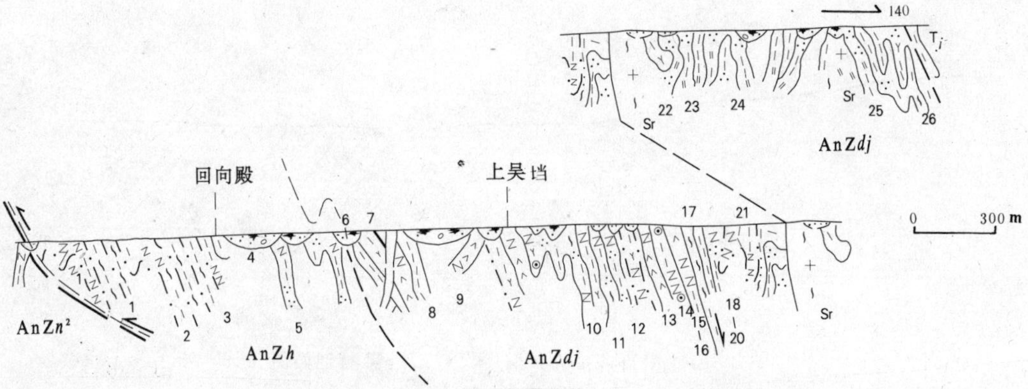

图 2-4　浦城县九牧—杉坊回向殿组—大金山组实测剖面图

岩性单一、稳定，在回向殿一带以黑云变粒岩为主，黑云斜长变粒岩次之，夹有薄层含磷灰石石榴石黑云变粒岩。底部见石榴石黑云斜长变粒岩，自上而下混合岩化强度增强，地层厚度达 596.6 m，往南至陈源地区岩性则以具糜棱岩化为特征的条纹(带)状黑云斜长变粒岩为主，下部夹细纹状斜长浅粒岩，偶夹斜长二云片岩，条带状黑云斜长变粒岩普遍含石英条带约 5%。厚度大于 333.0 m。

本组未获地质时限资料，根据整合于前震旦纪大金山组之下的一套原岩为长石砂岩的近源碎屑沉积。时代暂置前震旦纪。

大金山组　AnZ*dj*　(06-35-0004)

【创名及原始定义】　闽北地质大队(1985)① 创名，龚世福等(1987)介绍，创名地点位于建阳县西南约 21 km 大金山。系指一套原岩为含有机质、砂泥质复理石建造，其变质建造以含晶质石墨为特征的片岩、变粒岩，下部夹斜长角闪岩类组合，局部夹有薄层大理岩或凸镜体。以斜长角闪岩类的出现与否，进一步划分为上、下两个岩性段，时代划归前震旦纪。

【沿革】　大金山组创名前，福建省 713 队② (1970)、福建区测队(1972a、b)曾划为建瓯群上亚群，福建区测队(1974a)划归前震旦系建瓯群松源组，福建省地质矿产局(1985)划归麻源群第三段，时代定为晚元古代。大金山组创名后，闽北地质大队(1993)③ 又将大金山组下部不含石墨的一套黑云变粒岩、黑云斜长变粒岩组合称为回向殿组。本次对比研究，大金山组归属麻源群中部。

【现在定义】　岩性为一套以含晶质石墨为特征的片岩、变粒岩，下部夹斜长角闪岩类组合，局部偶夹大理岩凸镜体或薄层。划分为下段含晶质石墨片岩、变粒岩夹斜长角闪岩类组合，顶部以斜长角闪(片)岩作为与上段分界标志；上段为含晶质石墨片岩夹变粒岩组合。本组未见底，以含晶质石墨层的出现为主要特征与上覆南山组呈整合接触。

【层型】　正层型为建阳县城西南约 21 km 的大金山剖面(117°47′,27°17′)(图 2-1)，闽北地质大队龚世福等于 1985 年实测(图 2-5)，现分层描述如下：

① 闽北地质大队，1985，福建省闽北地区前寒武纪变质岩系研究报告。
② 福建区测队在 1970—1972 年间曾称福建省 713 队。
③ 闽北地质大队，1993，1∶5 万渔梁、永兴幅区域地质调查报告。

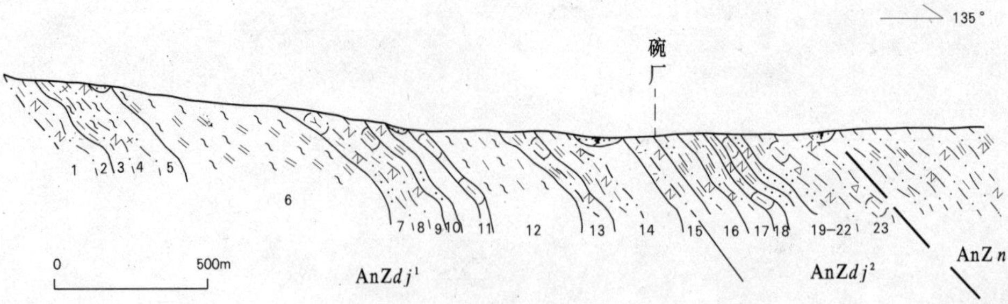

图 2-5 建阳县大金山—碗厂大金山组实测剖面图

上覆地层：**南山组** 灰黑色黑(二)云斜长变粒岩，中上部夹斜长云母石英片岩。局部混合岩化强烈，底部浮土掩盖

—————— 整 合 ——————

大金山组	总厚度＞1 445.5 m
上段	厚度 474.7 m
23. 含石墨电气石黑云斜长变粒岩夹灰绿色云母斜长石英片岩	92.2 m
22. 白云石英片岩	40.6 m
21. 二云变粒岩夹石英二云片岩	26.8 m
20. 灰绿色二云斜长变粒岩，局部混合岩化	48.4 m
19. 斜长二云片岩夹黑云斜长变粒岩	42.0 m
18. 含石墨斜长云母石英片岩夹矽线二云片岩及混合质二云变粒岩	51.3 m
17. 灰—暗灰色斜长二云片岩夹黑云变粒岩，顶部含石墨和矽线石	73.4 m
16. 黑云斜长变粒岩夹石英云母片岩	100.0 m
下段	厚度＞970.8 m
15. 深灰色绢云母化斜长角闪片岩，呈凸镜状	3.0 m
14. 黑云斜长变粒岩夹云母片岩	136.3 m
13. 灰、深灰色云母片岩夹含石墨黑云斜长变粒岩	81.2 m
12. 条痕状混合岩夹黑云变粒岩	159.5 m
11. 碎裂黑云斜长变粒岩及石墨片岩	7.5 m
10. 暗灰色斜长云母石英片岩	15.3 m
9. 灰褐色含石墨云母斜长变粒岩	72.8 m
8. 黑云斜长变粒岩夹混合花岗岩	76.1 m
7. 灰黑色含矽线石石墨石英云母片岩	24.0 m
6. 条带状混合岩	120.0 m
5. 浮土掩盖	129.8 m
4. 混合质黑云斜长变粒岩	81.0 m
3. 混合质黑云片岩	25.2 m
2. 浮土掩盖	51.9 m
1. 灰黑色黑云斜长变粒岩。(未见底)	＞7.2 m

【地质特征及区域变化】 大金山组主要分布于闽北小区浦城、武夷山、建阳一带，另在

松溪渭田、大黄沙、建瓯洽历一禾呈地区亦有零星出露，向北延入江西境内(江西省区域地质调查大队,1980)。

本组岩性组合特征各地变化不大，基本可以对比，总体上呈两个NE向带状展布。浦城杉坊一建阳大金山条带，以浦城九牧和建阳书坊、麻沙、莒口、大金山出露较全，均可划分上下两段，在武夷山桃棋、村尾仅出露本组上段。岩性组合以含石墨、矽线石为特征的云母(石英)片岩、变粒岩夹(含石墨)条痕状混合岩及石墨矿层。下段以灰、灰黑色含石墨和不含石墨的云母片岩、石英片岩及变粒岩为主夹1～4层灰绿色斜长角闪(片)岩及条痕状混合岩、条带状混合岩，在浦城登俊、富岭和建阳书坊、下湖一带均见夹有透辉透闪大理岩、白云质大理岩及含石墨石英岩之凸镜体或薄层，与下伏回向殿组呈整合接触；上段以含矽线石石墨石英二云片岩、斜长二云石英片岩为主，夹含石墨富云变粒岩及黑云斜长变粒岩，偶见含石墨角闪变粒岩薄层，本段中、下部见有数层石墨工业矿体。本组出露最大厚度达1 783.6～1 832.1 m。但各地出露厚度变化较大，浦城杉坊下段大于400.1 m，上段大于352.0 m；建阳莒口下段大于919.5 m，上段大于210.1 m；麻沙下段大于1 169.4 m，上段大于958.8 m；大金山下段大于970.8 m，上段大于474.7 m。松溪渭田一南平条带，以建瓯洽历一禾呈剖面为例，仅出露本组上段，岩性组合以含石墨、蓝晶石为特征的黑云(二云)斜长变粒岩、二云(黑云)二长变粒岩夹二云(黑云)钾长变粒岩、含黑云蓝晶石二长浅粒岩及铁铝榴石蓝晶石黑云片岩、蓝晶石石英岩，出露厚度大于1 319.3 m。

从变质程度上看，西部条带(浦城一建阳条带)岩石中常见有矽线石、石榴石、十字石等特征变质矿物，东部条带(松溪一南平条带)则常见有蓝晶石、铁铝榴石等特征变质矿物，显示了本组变质程度较深，达低角闪岩相。混合岩化强度上，本组上段混合岩化强度较弱，局部夹条带状混合岩；下段除夹有斜长角闪岩类外，混合岩化较强，夹较多的条痕(带)状混合岩及混合花岗岩。此外，本组内部韧性剪切断层发育，常见糜棱岩和糜棱岩化岩石。

本组已获同位素测年资料有：建阳县黄洲坝斜长角闪岩Sm-Nd模式年龄值为1 152±19 Ma(陈云钊,1992)，建阳麻沙一莒口斜长角闪岩和黑云斜长变粒岩Sm-Nd全岩等时线年龄值为2 116±22 Ma(袁忠信等,1991)，浦城九牧斜长角闪岩Sm-Nd全岩等时线年龄值为1 355±95 Ma①，建瓯洽历一禾呈变粒岩混合锆石U-Pb一致曲线上交点年龄值为1851 Ma(李根坤等,1988)，浦城包处侵入于本组超基性岩体Sm-Nd全岩等时线年龄值1 566.9 Ma①，时代属早一中元古代。

南山组　AnZ*n*　(06-35-0005)

【创名及原始定义】　闽北地质大队(1985)②创名，龚世福等(1987)介绍，创名地点位于建阳县城东5 km南山村，属麻源群之上部。系指闽(西)北地区原岩为一套砂泥质类复理石建造，变质建造以云母(石英)片岩为主夹少量变粒岩组合，划分为上、下两个岩性段。

【沿革】　福建区测队(1974a)曾划为建瓯群松源组，福建省区域地层表编写组(1979)划为建瓯群麻源组，时代定为前震旦纪，福建省地质矿产局(1985)划归上元古界麻源群第一段。本次对比研究，南山组归属麻源群上部。

【现在定义】　指整合于大金山组之上的一套变粒岩、片岩组合，划分为下段以变粒岩为主夹片岩组合，上段以片岩为主夹变粒岩组合。变粒岩及片岩以含有沿片理贯入的石英细脉

① 闽北地质大队，1993，1∶5万渔梁、永兴幅区域地质调查报告。
② 闽北地质大队，1985，福建省闽北地区前寒武纪变质岩系研究报告。

体为主要特征。上未见顶。

【层型】 正层型为建阳县城东约 5 km 南山至黄垱剖面(118°04′,27°22′)(图 2-1)，由闽北地质大队龚世福等于 1985 年实测(图 2-6)，现分层描述如下：

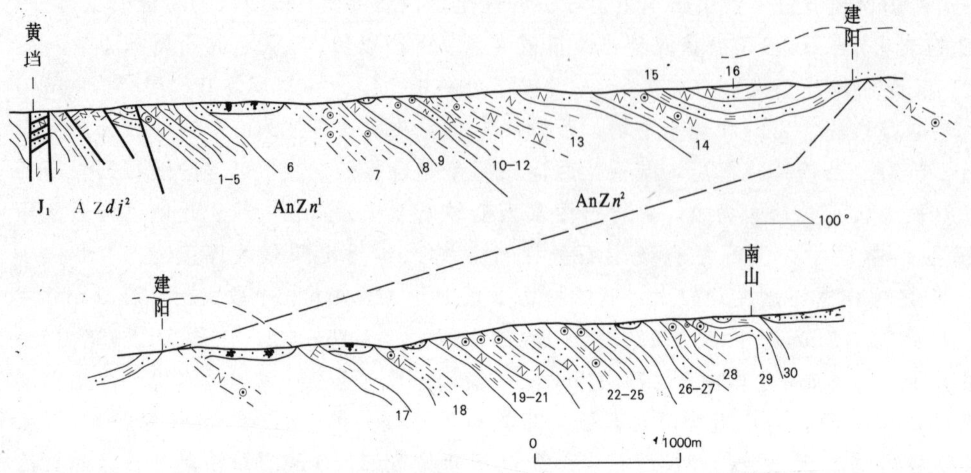

图 2-6 建阳县南山—黄垱麻源群南山组实测剖面图

南山组	总厚度＞3 801.8 m
上段	厚度＞2 728.2 m
30. 石英云母片岩夹云母石英片岩。(未见顶)	＞96.4 m
29. 灰绿色含石榴石斜长黑云石英片岩夹薄层石榴石黑云变粒岩	14.0 m
28. 风化呈褐红色石榴石斜长黑云片岩夹云母片岩	200.2 m
27—26. 强风化呈褐黄色云母石英片岩夹石英岩，下部浮土掩盖	63.2 m
25. 石英黑云片岩，局部夹斜长云母片岩	250.5 m
24. 强风化呈褐红色石榴石斜长(石英)黑云片岩	48.1 m
23. 风化为灰白色石榴石黑云变粒岩	9.8 m
22. 风化呈灰白色斜长二云石英片岩夹富云斜长变粒岩	155.5 m
21. 石榴石(富)黑云斜长变粒岩	109.8 m
20. (含石榴石)斜长黑云片岩，底部浮土掩盖	53.7 m
19. 斜长石英云母片岩夹凸镜状石榴石黑云斜长变粒岩	68.0 m
18. 浮土掩盖，局部见黑云变粒岩及石榴石斜长黑云石英片岩	423.6 m
17. 蓝晶石黑云片岩	44.6 m
16. 褐黑色强风化为褐红色斜长石英黑(二)云片岩夹（石榴石）黑云斜长变粒岩	409.5 m
15. 云母石英片岩	69.5 m
14. 斜长石英黑云片岩，夹(石榴石)斜长变粒岩薄层或凸镜体	384.4 m
13. 强风化为灰白色条带状黑云变粒岩	108.0 m
12. 斜长黑云石英片岩夹黑云(斜长)变粒岩，局部黑云母增多与石英呈相间条带	30.7 m
11. 含石榴石斜长石英黑云片岩	52.0 m
10. 石榴石黑云(斜长)变粒岩与石榴石斜长（石英）黑云片岩互层，形成粗细相间的韵律层	136.7 m
下段	厚度＞1 073.6 m

9. 浮土掩盖　95.0 m

8. 风化呈褐黄色斜长云母石英片岩　83.3 m

7. 含石榴石富黑云变粒岩　123.1 m

6. 浮土掩盖　243.3 m

5. （斜长）石英黑云片岩，局部夹黑云斜长变粒岩　171.8 m

4. 浮土掩盖　181.3 m

3—2. 矽线斜长石英黑云片岩夹凸镜状斜长石英岩　111.8 m

1. 含石榴石斜长石英黑云片岩夹黑云变粒岩　＞64.0 m

══════ 断　层 ══════

下伏地层：**大金山组上段**　含石墨矽线石石英二云片岩夹含石墨斜长二云石英片岩，顶部浮土掩盖

此外，浦城县后洋、里公桥南山组较发育，列后以作补充参考。后洋剖面(118°18′，27°52′)由闽北地质大队黄金明等于1992年10月实测(图2-7)，分层如下：

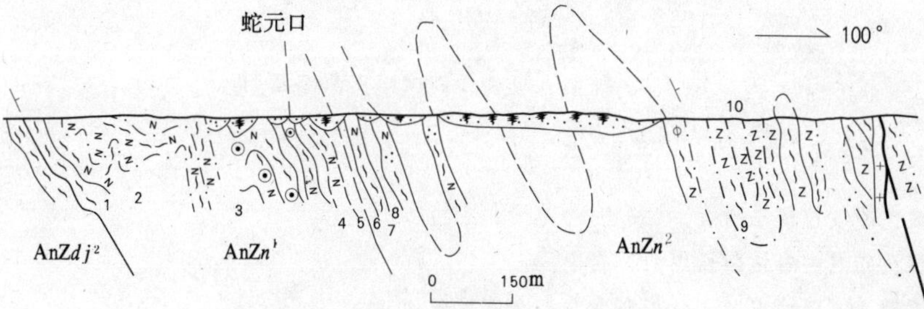

图 2-7　浦城县后洋(蛇元口)南山组实测剖面图

南山组　总厚度＞235.4 m

上段　厚度＞106.4 m

10. 压碎黑云斜长变粒岩。(未见顶)　＞7.2 m

9. 褐灰—灰黑色中厚层黑云斜长变粒岩夹褐黄色薄层斜长石英黑云片岩　30.3 m

8. 浮土掩盖　8.2 m

7. 褐黄色中薄层斜长黑云片岩　39.3 m

6. 浮土掩盖　21.4 m

下段　厚度129.0 m

5. 浮土掩盖　21.4 m

4. 浅灰色厚层黑云斜长变粒岩　13.6 m

3. 褐灰色中厚层石榴石斜长黑云片岩，局部浮土掩盖　88.7 m

2. 混合岩化褐灰—褐黄色黑云斜长变粒岩　3.4 m

1. 薄层斜长黑云片岩，下部夹混合岩化黑云斜长变粒岩　1.9 m

———— 整　合 ————

下伏地层：**大金山组上段**　含石墨黑云片岩

里公桥剖面(118°19′,28°03′)由闽北地质大队吴其昌等于1990年11月实测(图2-8)，分层如下：

南山组　总厚度＞581.6 m

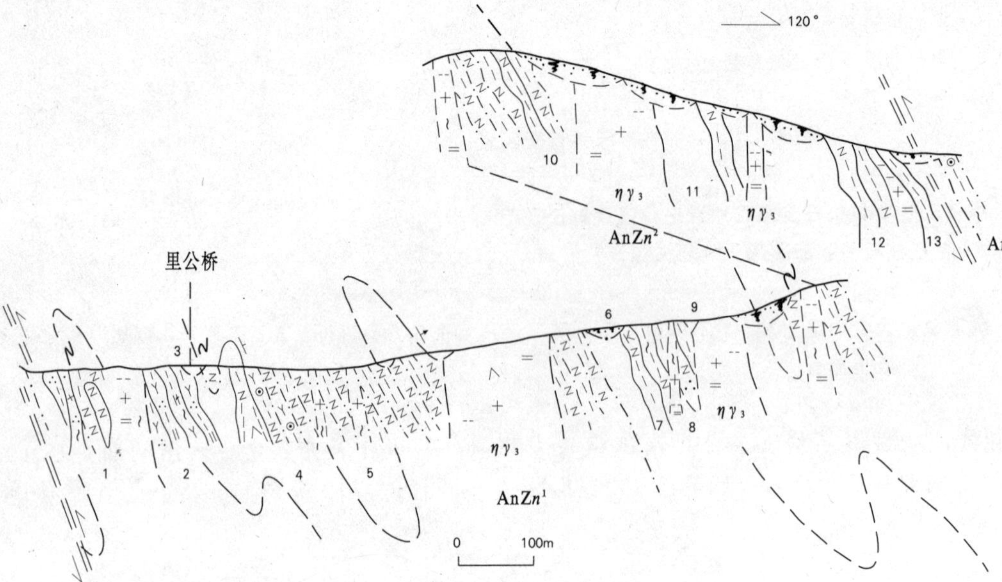

图 2-8　浦城县里公桥南山组实测剖面图

上段	厚度＞386.5 m
13. 褐黄色矽线石黑云片岩。(未见顶)	＞12.6 m
12. 褐黄色弱混合岩化斜长黑云片岩	38.8 m
11. 浮土掩盖，中部见 2.3 m 厚褐黄色斜长黑云片岩	175.0 m
10. 浅灰色黑云斜长变粒岩夹薄层斜长黑云片岩	43.5 m
9. 浮土掩盖	3.8 m
8. 褐黄色混合岩化斜长石英黑云片岩	36.0 m
7. 褐黄色钾化斜长黑云片岩	50.6 m
6. 浮土掩盖	26.2 m
下段	厚度＞195.1 m
5. 灰黑色黑云斜长变粒岩，中部夹斜长黑云片岩	76.7 m
4. 灰黑色含矽线石石榴石斜长黑云片岩(向变粒岩过渡)	33.1 m
3. 浮土掩盖	5.0 m
2. 混合岩化含矽线石石英二云片岩	46.9 m
1. 灰色混合岩化黑云斜长变粒岩。(未见底)	＞33.4 m

【地质特征及区域变化】　本组集中分布于闽(西)北光泽、武夷山、浦城、建阳及顺昌一带，松溪东坪、南平市峡阳、杜溪及沙县下柳源地区亦有零星出露，各地岩性相对稳定，但出露多不完整。下段以变粒岩为主，岩石中常见分异型钩状、倒钩状石英细脉条带或凸镜体十分发育，形成无根褶皱，局部见有糜棱岩化；上段以片岩为主，岩石中普遍含石榴石和少量蓝晶石特征变质矿物。变质程度达高绿片岩相和低绿片岩相。地层厚度变化较大，自581.6～6 253.8 m 不等。其接触关系，下段底界以条纹(细纹)状黑云斜长变粒岩与下伏大金山组顶界的中层黑云斜长变粒岩夹含石墨黑云石英片岩(或厚层细纹状含石墨黑云斜长变粒岩、角闪斜长变粒岩夹中薄层二云片岩)分界，呈整合接触。在大历口地区顶界以薄层斜长二云片岩与

上覆吴墩组底界厚层黑云斜长变粒岩分界，呈整合接触。在楼前地区上段顶界以灰绿色薄层石英云母片岩与上覆黄潭组底界肉红色厚层钾长浅粒岩分界，呈平行不整合接触。南山组未获可靠的同位素年龄值和微古植物资料，依据岩性组合、接触关系与下伏大金山组呈整合接触，其层位在顺昌县岚下—南平市杜溪剖面整合于早震旦世吴墩组之下，在明溪县楼前—寒塘剖面平行不整合于早震旦世黄潭组之下，时代暂置前震旦纪。

迪口组　AnZ*d*　(06-35-0006)

【创名及原始定义】 由福建省地质研究所等(1961)① 于建瓯市迪口村创名迪口群而来。泛指建瓯迪口一带出露的前震旦纪片麻岩系，由黑云母钠更长石片麻岩、黑云母花岗片麻岩夹薄层石英片岩、钠更长石黑云母片麻岩和黑云母角闪石片麻岩及大理岩凸镜体组成。总厚3 370 m。

【沿革】 迪口群创名后，福建区测队(1962)② 将其划为前震旦系建瓯群小桥片麻岩组，福建省 307 地质队(1968)③改称迪口组，福建区测队(1974a)将迪口组划为建瓯群中最下一个层位，其后，福建省地质矿产局(1985)仍沿用迪口组一名，但时代置于早震旦世，代表政和-大埔断裂以东变质岩系的最下部层位。而龚世福等(1987)又改称南山组，置于麻源群上部，时代定为前震旦纪。本次对比研究仍用迪口组。

【现在定义】 为一套巨厚的以黑云斜长(或二长)变粒岩（片麻岩）为主，夹少量片岩、石英岩及斜长角闪(片)岩组合，岩石均有不同程度的混合岩化。未见顶底。

【层型】 迪口组创名时未指定层型剖面，现以建瓯县迪口—星田剖面(118°31′,26°48′)为选层型(图 2-1)，福建区测队黄泉祯等于 1973 年实测(图 2-9)，现分层描述如下：

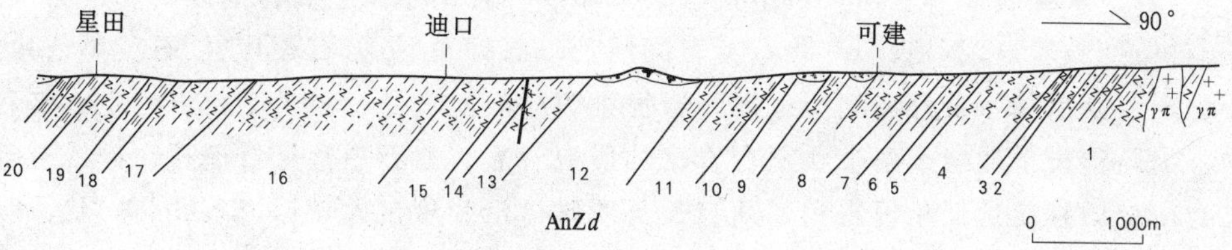

图 2-9　建瓯县迪口—星田迪口组实测剖面图

迪口组	总厚度＞5 879.8 m
20. 二云片岩，局部含石英较多，向二云石英片岩过渡，中部夹黑云斜长变粒岩，上部浮土掩盖。(未见顶)	＞420.1 m
19. 浅灰色薄层黑云斜长变粒岩	175.6 m
18. 浅灰色薄层绿泥二云片岩	153.8 m
17. 灰色薄层二云斜长变粒岩，下部夹少量二云石英片岩	489.9 m
16. 浅灰色黑云斜长变粒岩，顶部为厚约 30 m 的石英岩，中部混合岩化较强，含矽线石、钙铁榴石，多见长英质脉体贯入	1 112.0 m
15. 灰色二云斜长变粒岩，局部混合岩化较强，含矽线石	392.3 m

① 福建省地质研究所、合肥工业大学，1961，福建省闽北变质岩系的划分及其时代问题。
② 福建区测队，1962，1∶20 万建瓯幅中间性区域地质调查报告。
③ 福建省 307 地质队，1968，建瓯龙北溪磷矿点地质初查报告。

14. 薄层含长石黑云石英片岩，沿片理有石英细脉贯入，岩石风化呈褐红色，底部为断层所切 >79.0 m

13. 灰色黑云二长变粒岩，局部混合岩化强烈，多见云朵状长英质脉体贯入，中部夹(厚数十米)黑云斜长片麻岩 333.9 m

12. 浮土掩盖，局部出露黑云斜长变粒岩 339.1 m

11. 灰色细纹状黑云斜长变粒岩，上部夹矽线黑云片岩，沿片理有长英质脉体贯入 221.1 m

10. 黑云二长变粒岩，含较多伟晶岩团块，上部夹一薄层灰绿色二云片岩 91.3 m

9. 浮土掩盖 176.8 m

8. 灰色黑云斜长变粒岩，沿片理有较多云朵状长英质脉体贯入，中部浮土掩盖 358.9 m

7. 灰色二云(黑云)斜长变粒岩，下部混合岩化强烈，局部夹（厚数米）斜长片麻岩 134.3 m

6. 浮土掩盖，下部为灰色混合质含长石黑云石英片岩 256.8 m

5. 黑云二长变粒岩，顶部为花岗岩侵入，下部强烈混合岩化，形成混合岩，岩石中偶见矽线石及黑云片岩残留体 103.8 m

4. 灰黑色黑云斜长变粒岩，中部有较多花岗斑岩脉侵入，局部出现含黑云二长浅粒岩 427.6 m

3. 浅灰色二云斜长变粒岩，下部夹薄层灰绿色斜长角闪(片)岩及黑云角闪片岩 52.0 m

2. 灰色黑云片岩，下部夹薄层浅灰色含长石黑云片岩 43.4 m

1. 灰、灰黑色黑云(二云)斜长变粒岩，上部偶夹灰白色石英岩，沿片理多见长英质脉体贯入，局部形成混合质变粒岩，底部为花岗斑岩侵入 >518.1 m

【地质特征及区域变化】 本组分布于建瓯—南平一带，各地岩性出露虽不完整，但基本上较为稳定。迪口组岩性组合，在建瓯迪口一带主要以黑云(二云)斜长(二长)变粒岩(片麻岩)为主，夹二云(石英)片岩、含长石黑云石英片岩、矽线黑云片岩及薄层石英岩、斜长(黑云)角闪(片)岩。未见底，其上与吴墩组接触关系不明。往南至南平高村地区，岩性为以(混合质)黑云斜长变粒岩与(石榴石)片状石英岩间层，夹(石榴石)黑云石英片岩、石英黑云片岩。由迪口向北至建瓯后坪—苦竹、大历地区，岩性则以(混合质)黑云斜长变粒岩为主，夹斜长黑云片岩、(石英)云母片岩及条带状混合岩、均质混合岩。岩石中常见石榴石、矽线石等特征变质矿物，变质程度达低角闪岩相，并有长英质脉体沿片理贯入，形成条纹(带)状、眼球状混合岩、均质混合岩，显示了本组变质程度较深，混合岩化较强，局部形成条带式混合岩化。地层厚度由于各地出露不全，差异较大，建瓯迪口大于 5 879.8 m，往北至建瓯后坪—苦竹大于 2 475.4 m，南平高村大于 824.5 m。

本组在建瓯—南平一带获得黑云斜长变粒岩(片麻岩)碎屑锆石 $^{207}Pb/^{206}Pb$ 法年龄值为 1 805～1 851 Ma(李根坤等，1988)，时代属早—中元古代。

东华组 AnZ*dh* (06-35-0007)

【创名及原始定义】 由福建区调队 (1991)① 创名，命名地点位于尤溪县中仙乡东华村。系指整合于卓地组之下的绿片岩组合。岩性为一套海底喷发的基性火山岩建造，由拉斑玄武质岩石变质而成的角闪片岩、阳起片岩为主夹片岩、变(浅)粒岩组合，时代归属中元古代。

【沿革】 该绿片岩组合，福建区测队(1977b)曾划为前震旦系建瓯群东岩组，福建区测队 (1977a) 划为建瓯群麻源组，福建省地质矿产局 (1985) 划归上元古界麻源群第二段，各家划分归属意见不一，本次对比研究，沿用东华组一名，代表闽东地层小区的绿片岩组合，时

① 福建区调队，1991，1：5 万街面、中仙幅区域地质调查报告。

代划归前震旦纪。

【现在定义】 指一套拉斑玄武质岩石变质而成的角闪片岩、阳起片岩为主，夹片岩、变(浅)粒岩组合。未见底，与上覆块状变粒岩组合的卓地组呈整合接触。

【层型】 正层型为德化县杨梅乡小岭村剖面(118°16′,25°56′)(图 2-1)，由福建区调队王国金等于 1991 年实测(图 2-10)，现分层描述如下：

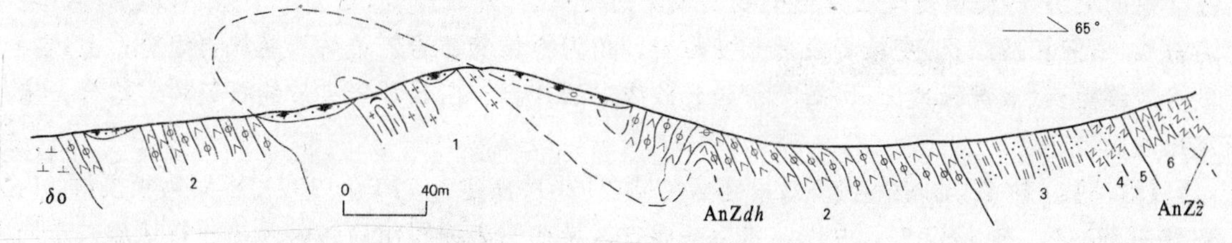

图 2-10 德化县小岭东华组实测剖面图

上覆地层：**卓地组** 深灰色黑云斜长变粒岩、黑云二长变粒岩

——————— 整 合 ———————

东华组 总厚度＞265.9 m

6. 灰绿色中厚层绿泥石化角闪黑云片岩，顶部见 4 m 厚之灰绿色块状斜长角闪岩 16.7 m

5. 灰黄色厚层斜长浅粒岩，具变余流动构造 13.9 m

4. 灰、浅灰色厚层黑云斜长变粒岩 11.0 m

3. 灰黄色中薄层二云石英片岩，具变余砂状结构 55.3 m

2. 灰绿色绿帘角闪片岩，中厚—厚层状，发育变余斑状结构 114.3 m

1. 灰绿色厚层黑云透闪片岩，块状构造，变余斑状结构，中上部浮土掩盖。(未见底) ＞54.7 m

本剖面第 1、2、6 层岩石经同位素年龄采样，测得 Sm-Nd 全岩等时线年龄值为 1 970±85 Ma，第 2、6 层经化学分析 SiO_2 含量 48.07%～49.88%，CaO、MgO 含量高，而 K_2O、Na_2O 低，可能为基性火山岩变质而成。

【地质特征及区域变化】 东华组集中分布于闽东地层小区，以尤溪县东华大坪、德化县小岭以及安溪县华地等地出露良好，其岩性以一套绿片岩组合为其特征，但各地略有差异。德化小岭一带以黑云透闪片岩、绿帘角闪片岩、阳起片岩为主，中上部夹云母石英片岩、(黑云)斜长浅(变)粒岩，顶部为角闪黑云片岩和斜长角闪岩，在小岭剖面东西两侧还出现绿泥片岩、透闪(阳起)片岩，镜下见“残斑”具橄榄石外形。安溪华地则以(含磷灰石)阳起(绿泥)绿帘片岩、斜长(钠长)阳起片岩、绿泥(绿帘)阳起片岩为主，夹白云片岩、白云(绢云)石英片岩。其顶界以灰绿色块状斜长角闪岩、斜长阳起片岩与上覆卓地组底部深灰色黑云斜长变粒岩、黑云二长变粒岩整合接触。

东华组岩石变质程度较深，岩石中常见有角闪石、透闪石、阳起石、绿帘石、绿泥石等特征变质矿物，显示其变质程度达低绿片岩相—高绿片岩相。地层厚度由于出露不完整，各地也有所差异，德化小岭 265.9 m，安溪华地 350.7 m，此外，东华组(包括卓地组)岩石中 Au 元素含量大大高于克拉克值(游天寿，1992)，Au 的地球化学高异常星罗棋布，现已发现多处金矿(化)点，金矿在成因上可能和早—中元古代基性火山活动有关。

本组获同位素年龄资料少，德化小岭剖面斜长角闪岩、角闪片岩、黑云透闪片岩 Sm-Nd

全岩等时线年龄值 1 970±85 Ma。另安溪华地剖面(黑云)阳起片岩、绿帘阳起片岩，产微古植物 *Protoleiosphaeridium* sp. 等，时代相当早—中元古代。

桃溪(岩)组　AnZ*tx*　(06-35-0008)

【创名及原始定义】 由李兼海等(1994)创名,创名地点位于武平县桃溪乡。系指闽西南一套巨厚的火山-砂泥质复理石建造的变质较深的变粒岩、片岩组合,划分二个(岩)段,下(岩)段为斜长(或钾长或二长)变粒岩及黑云变粒岩、角闪斜长变粒岩、透辉石变粒岩组合；上(岩)段为矽线黑云(或绢云或二云)石英片岩、矽线二云片岩、白云片岩夹矽线石英片岩组合，未见顶底。

【沿革】 桃溪(岩)组创名前,福建区测队(1970)、福建省 713 队(1971)皆划为板溪群，内部分三个亚群，时代定为元古代，尔后福建省区域地层表编写组(1979)及福建省地质矿产局(1985)改称楼子坝群,时代分别划属前震旦纪和早震旦世,本次对比研究将楼子坝群浅变质岩相改称楼子坝组,深变质岩相划为桃溪(岩)组，并进一步分为上、下二个(岩)段,时代划归前震旦纪。

【现在定义】 同原始定义。

【层型】 正层型为武平县东北 31 km 桃溪乡剖面(116°06′,25°24′)(图 2-1),福建区测队边绍志等于 1966 年实测(图 2-11)，现分层描述如下：

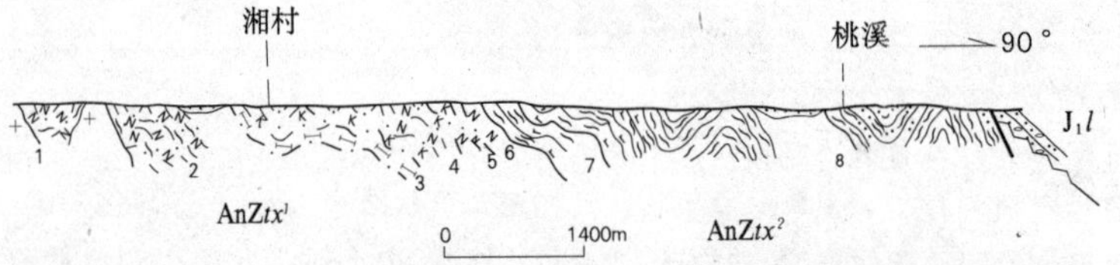

图 2-11　武平县湘村—桃溪地区桃溪(岩)组实测剖面图

桃溪(岩)组	总厚度>3 665.2 m
上(岩)段	厚度>943.7 m
8. 灰、灰绿色绢云石英片岩夹长石变粒岩，局部见混合质条带状含黑云斜长变粒岩，眼球状混合岩、条痕状混合岩、条带状混合岩。(遇断层,未见顶)	>288.1 m
7. 灰、灰绿色矽线黑云石英片岩、矽线二云片岩夹矽线石英片岩及黑云斜长变粒岩,局部见混合质条带状矽线钾长变粒岩	655.6 m
下(岩)段	厚度>2 721.5 m
6. 灰、浅灰及肉红色条带状斜长变粒岩，顶部夹云母片岩	303.7 m
5. 条带状黑云钾长变粒岩	51.7 m
4. 灰及肉红色厚层—块状钾长变粒岩、二长变粒岩、含黑云微斜长石变粒岩夹混合质条带状角闪斜长变粒岩	1 547.4 m
3. 灰绿色透辉石变粒岩	37.7 m
2. 灰、浅灰及肉红色斜长变粒岩、黑云斜长变粒岩、含黑云二长变粒岩夹矽线黑云变粒岩及含矽线石榴黑云钾长变粒岩	781.0 m
1. 混合花岗岩。(未见底)	

【地质特征及区域变化】 桃溪(岩)组主要分布于闽西南地层小区的武平桃溪、贤坑、湘坑，上杭茶地、稔田及永定光坑、古木、池溪、合溪等地，向西延至江西省寻邬地区（江西省区域地质调查大队，1973b）。

本(岩)组由于岩性出露不完整，地层厚度各地差异较大，下岩段岩性组合在武平桃溪以(含黑云)斜长变粒岩、(矽线石、石榴石)黑云钾长变粒岩、二长变粒岩为主夹角闪斜长变粒岩、透辉石变粒岩，由桃溪往南至贤坑、向北至湘坑，岩性以(混合质)含黑云斜长变粒岩、(混合质)含黑云长石变粒岩、斜长变粒岩为主夹(含矽线)黑云变粒岩，出露厚度一般为 2 721.5～5 023.7 m；上(岩)段桃溪地区以矽线黑云石英片岩、矽线二云片岩、矽线石英片岩、绢云石英片岩为主夹混合质黑云斜长变粒岩、长石变粒岩，局部夹矽线钾长变粒岩，往北至湘坑则为白云片岩、二云石英片岩夹变粒岩，往南至贤坑为矽线云母石英片岩夹变粒岩，继续往东南至上杭稔田则为混合质黑云石英片岩、矽线黑云(石英)片岩与黑云变粒岩、含角闪黑云变粒岩、混合质黑云变粒岩互层，出露厚度一般为 505.6～3 407.4 m。

桃溪(岩)组为闽西南最老地层，岩石变质较深，普遍出现矽线石、石榴石、角闪石等特征变质矿物，变质程度达低角闪岩相，大部分具不同程度条带式混合岩化。

本(岩)组获得部分同位素年龄资料：永定县光坑细碧岩、变质中基性火山岩 Sm-Nd 全岩等时线年龄值 1 825±129 Ma，永定县古木黑云斜长变粒岩和池溪变质火山岩的混合锆石 U-Pb 一致曲线年龄值分别为 1 777 Ma 和 1 678.5 Ma（马金清等，1993)，时代相当早—中元古代。

卓地组　AnZ*z*　(06-35-0009)

【创名及原始定义】 由福建区调队(1991)① 创名。命名地点位于德化县葛坑乡卓地村。系指整合于东华组之上，葛坑组之下的一套原岩为中酸性火山复理石建造的黑云斜长变(浅)粒岩为主夹石英片岩、绢云片岩及石英岩组合，时代归属中元古代。

【沿革】 福建区测队(1977a)曾划为前震旦系建瓯群麻源组，福建省地质矿产局(1985)划归上元古界麻源群第二段，本次对比研究沿用卓地组一名，时代划归前震旦纪。

【现在定义】 指整合于葛坑组之下的一套原岩为中酸性火山复理石建造，岩性以中—厚层(云母)黑云斜长变(浅)粒岩为主，夹中薄层石英片岩、绢云片岩及块状石英岩组合。下未见底，顶部以葛坑组浅灰色薄层绢云片岩分界。

【层型】 正层型为德化县坑口—葛(割)坑卓地村剖面(118°09′,25°51′)(图 2-1)，福建区调队陈金良等于 1989 年实测(图 2-12)，现分层描述如下：

上覆地层：**葛坑组**　浅灰、灰黄色中薄层绢云片岩

——————— 整　合 ———————

卓地组	总厚度＞427.6 m
10. 灰黄色中—厚层长石浅粒岩，含石英脉体，中下部为浮土掩盖	40.4 m
9. 深灰色碳酸盐化变晶糜棱岩，具变晶糜棱结构	12.2 m
8. 浅灰色厚层黑云二长变粒岩	81.3 m
7. 浅灰色中薄层绢云石英片岩，条带状构造，变余砂状结构	20.7 m
6. 浅灰色中薄层斜长绢云片岩，含石英脉体，条带状构造	26.0 m

① 福建区调队，1991，1：5 万街面、中仙幅区域地质调查报告。

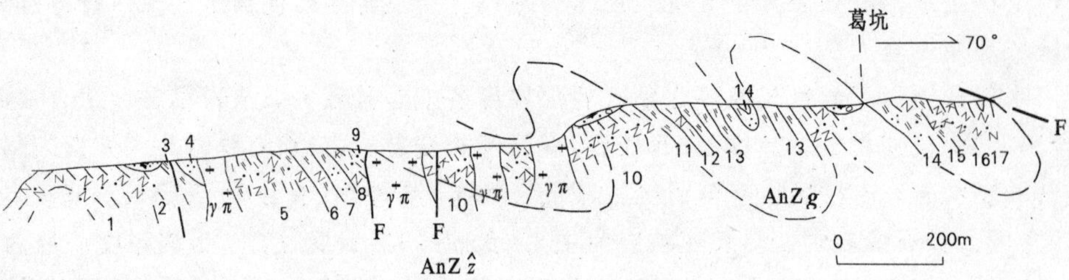

图 2-12 德化县坑口—葛坑卓地组及葛坑组实测剖面图

5.	浅灰、浅灰黄色中厚层云母斜长变粒岩，含石英脉体，变余砂状结构	107.2 m
4.	浅灰色厚层石英岩，变余砂状结构	16.2 m
3.	浅灰黄色中厚层黑云斜长变粒岩，顶部浮土掩盖	65.0 m
1.	浅灰色中厚层斜长浅粒岩，含石英脉体。（未见底）	>54.4 m

【地质特征及区域变化】 卓地组集中分布于闽东地层小区德化县坑口、葛坑、赤涂寨、小岭和尤溪县大坪、西华、溹头一带。

本组各地出露多不完整且零星，岩性亦有变化。德化坑口、小岭一带为黑云斜长(二长)变粒岩、斜长浅粒岩为主夹绢云(石英)片岩，与下伏东华组呈整合接触，由此往东北至尤溪东华—牛隔岭地区，则以白云(斜长)变粒岩、黑云二长变粒岩为主夹白云(石英)片岩。此外，在德化吉安、坑口、扶炉乾及尤溪西华、溹头等地见夹变质流纹岩、英安岩、变质火山岩(岩石中见长石、石英残斑或晶屑)。地层厚度由于出露不完整，各地厚度不等，德化坑口一带大于427.6 m，溪板洋 257.7 m，往东北至尤溪东华地区大于 214.9 m。

本组同位素年龄资料极少，德化县坑口剖面黑云斜长变粒岩 U-Pb 混合锆石 $^{207}Pb/^{206}Pb$ 模式年龄值为 1 097 Ma①，另德化赤涂寨地区产微古植物 *Polyedrosphaeridium* sp.，*Protoleiosphaeridium* sp.，*Leiominuscula* sp. 等。时代暂置前震旦纪。

葛坑组 AnZ*g* (06-35-0010)

【创名及原始定义】 由福建区调队(1991)①创名，创名地点位于德化县葛(割)坑乡。系指整合于卓地组之上的一套原岩以砂泥质为主夹少量火山碎屑复理石建造，以片岩类为主夹变粒岩组合，时代归属中元古代。

【沿革】 福建区测队(1977a)曾划为前震旦系建瓯群麻源组，福建省地质矿产局(1985)划为上元古界麻源群第二段，本次对比研究沿用葛坑组一名，时代划归前震旦纪。

【现在定义】 岩性以薄—中薄层绢云(白云)片岩、绢云(白云)石英片岩为主，局部夹(黑云)斜长变粒岩、二云钠长变粒岩、黑云二长变粒岩组合。上未见顶，与下伏卓地组厚层长石浅粒岩或白云(斜长)变粒岩呈整合接触。

【层型】 正层型为德化县坑口—葛坑剖面(118°09′,25°50′)(图 2-1)，福建省区调队陈金良等于 1989 年实测(图 2-12)，现分层描述如下：

① 福建区调队，1991，1∶5 万街面、中仙幅区域地质调查报告。

葛坑组 总厚度>242.7 m

17. 灰黄色厚层斜长变粒岩。(未见顶) >19.1 m

16. 桔红色中厚层黑云二长变粒岩，局部见条带状构造 19.2 m

15. 浅灰绿色二云钠长变粒岩，变余砂状结构 27.9 m

14. 灰黄色中薄层绢云石英片岩，条带状构造 33.9 m

13. 灰黄、砖红色薄层绢云片岩，具条带状构造 85.7 m

12. 浅灰黄色黑云斜长变粒岩 28.8 m

11. 浅灰、灰黄色绢云片岩，片理发育，具条带状构造 28.1 m

——————— 整 合 ———————

下伏地层：**卓地组** 灰黄色中厚层长石浅粒岩

【地质特征及区域变化】 葛坑组主要分布于闽东地层小区德化县葛坑和尤溪县东华两地区，在德化西墘、扶枫林、古迹口等地亦有零星出露。由于出露不全，各地岩性和厚度有所差异，但仍基本可以对比。

德化坑口—葛坑地区，岩性以绢云石英片岩、绢云片岩为主夹斜长变粒岩，顶部夹黑云二长变粒岩、二云钠长变粒岩，往东北至尤溪东华村—牛隔岭岩性则以二云(白云)石英片岩、(角闪)白云片岩，继续往北至尤溪溪坪以白云石英片岩、白云片岩为主夹白云(绢云)变粒岩，局部偶见条带状石英岩、硅质灰岩及一层 7 cm 厚之黄铁矿层。地层厚度由于出露不完整，各地变化较大，一般为大于 158.4～242.7 m，局部达 1 276 m。

本组未获可靠同位素年龄资料，福建区测队(1977a)在德化县赤涂寨地区于本组片岩中采获微古植物 *Trematosphaeridium* sp.，*Leiominuscula* sp.，*Laminarites* sp. 等。时代暂置前震旦纪。

楼子坝组 *Zlz* (06-35-0011)

【创名及原始定义】 由福建省区域地层表编写组(1979)创楼子坝群而来，创名地点位于长汀县西南 30 km 楼子坝村。原指长汀、上杭地区发育的一套巨厚、岩性单一的海相砂、泥质及硅质沉积为主的地层，时代定为前震旦纪。未见底，上与震旦系下统丁屋岭组呈假整合或不整合接触。岩石分深浅两变质岩相，浅变质岩为变质砂岩、千枚岩、板岩、硅质岩组成，中部夹富含钙质板岩、砂岩及泥灰岩凸镜体，普遍含磷；深变质岩为各种变粒岩夹云母片岩，部分为混合岩。

【沿革】 见桃溪(岩)组沿革。

【现在定义】 属海相砂泥质类复理式建造。岩性为一套巨厚的变质细砂岩、变质粉砂岩、千枚岩及板岩组合。楼子坝地区上、下部夹有硅质岩，中部夹钙质细砂岩。未见下伏地层出露，其上为丁屋岭组平行不整合所覆。

【层型】 正层型为长汀县城西南 30 km 楼子坝—曹屋剖面(116°04′,25°41′)(图 2-1)，福建省区测队王铭生等于 1966 年实测(图 2-13)，现分层描述如下：

上覆地层：**丁屋岭组** 紫红、灰白色变质复成分砾岩

－－－－－－ 平行不整合 －－－－－－

楼子坝组 总厚度>6 317.1 m

36. 灰绿色中厚层变质中细粒石英砂岩夹变质粉砂岩及少量灰、灰黑色高碳质千枚岩。石

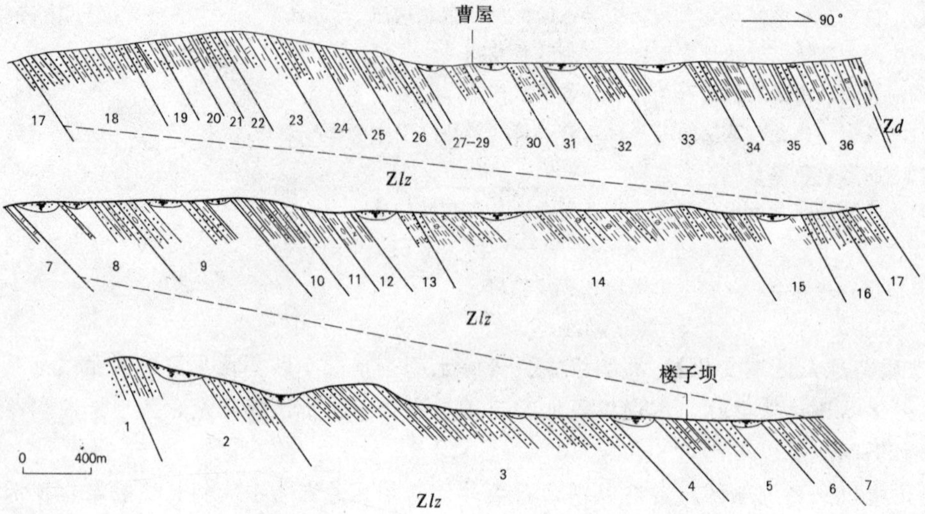

图 2-13　长汀县楼子坝—曹屋楼子坝组实测剖面图

英砂岩含钙、磷，风化呈黄绿色　212.2 m

35. 灰绿色中—薄层变质石英细砂岩、变质粉砂岩及千枚岩，组成韵律层，沿层面见石英质条带　234.4 m

34. 灰白、银灰色中—薄层变质中—细粒石英砂岩、粉砂岩及千枚岩，偶夹紫色硅质岩　109.3 m

33. 黄绿色薄层变质粉砂岩、千枚岩，下部偶夹白色硅质岩，中下部多浮土掩盖　359.5 m

32. 灰绿色中厚层变质细砂岩、变质粉砂岩与千枚岩互层，偶夹白色硅质岩，组成明显韵律层，下部浮土掩盖　250.8 m

31. 黄绿、灰绿色中—厚层变质细砂岩与千枚岩互层，顶部间夹白色硅质岩，水平层理发育，组成由粗—细小韵律层　104.8 m

30. 浮土掩盖，底部灰绿色中—薄层变质石英细砂岩夹硅质岩，砂岩中微含磷　136.7 m

29. 绿色薄板状千枚岩与变质粉砂岩互层，偶夹薄层硅质岩，中下部浮土掩盖　317.1 m

28. 灰、灰绿色薄层绢云千枚岩夹变质细砂岩及粉砂岩，底部夹薄层硅质岩　67.0 m

27. 灰绿色中—厚层变质细砂岩，偶夹千枚岩　32.3 m

26. 黄绿、灰绿、褐红色中薄层变质粉砂岩及千枚岩，下部偶夹中厚层变质中细粒砂岩　123.1 m

25. 灰绿、黄绿色中厚层变质细砂岩与板状千枚岩、变质粉砂岩互层，见大量硅质条带，顶部夹薄层硅质岩　106.7 m

24. 灰绿、暗绿色中厚层变质石英细砂岩夹变质钙质细砂岩、粉砂岩及千枚岩　95.7 m

23. 灰绿、紫灰、紫色薄板状变质粉砂岩与千枚岩互层，微细水平层理发育。富含铁质　167.6 m

22. 灰绿色薄—中厚层变质中—细粒砂岩、变质粉砂岩，偶夹千枚岩　66.7 m

21. 黄绿、银灰、灰黑色薄层千枚岩夹变质粉砂岩，下部夹白色硅质岩，水平层理发育　43.9 m

20. 灰绿色中薄层变质粉砂岩夹千枚岩，风化后呈紫红色　66.6 m

19. 灰绿色中厚层变质含钙质石英细砂岩，夹少量变质粉砂岩及板岩　91.4 m

18. 灰绿色中—厚层变质中粗粒石英砂岩夹薄层变质粉砂岩、千枚岩，风化后呈黄红、紫红、黄褐色，韵律层发育 329.2 m

17. 灰黄、黄绿色中层变质细砂岩、粉砂岩与灰黑色薄层千枚岩互层，常组成由粗—细小的韵律层 147.6 m

16. 灰绿色薄板状变质细砂岩(上部含钙质)夹少量千枚岩 134.9 m

15. 黄绿色薄—中厚层变质粉砂岩夹千枚岩，含少量硅质条带，中部浮土掩盖 246.0 m

14. 灰绿、灰黑色薄层千枚岩夹中厚层变质细砂岩及变质粉砂岩、板岩，中部普遍含钙、含磷，偶见星点状黄铁矿 736.9 m

13. 暗灰、灰绿色中厚层变质钙质中细粒砂岩，间夹变质石英细—粉砂岩及含磷千枚岩，韵律层理发育，下部浮土掩盖 197.9 m

12. 灰绿色薄—中厚层变质细砂岩夹千枚岩，下部夹厚层含磷硅质岩 57.9 m

11. 黄红色薄—中层变质粉砂—细砂岩与千枚岩互层 34.9 m

10. 灰、灰白色中—薄层硅质岩间夹千枚岩及少量变质粉砂岩，水平层理发育 67.8 m

9. 灰、灰绿色中—薄层变质石英细砂岩夹千枚岩，中部及上部浮土掩盖，下部夹一薄层含磷硅质岩 212.6 m

8. 灰色薄层变质石英粉砂—细砂岩(局部中细粒砂岩)，夹少量千枚岩及变质粉砂岩，下部浮土掩盖 206.5 m

7. 黄绿色中薄层变质粉砂岩、含磁铁矿绢云千枚岩，间夹硅质岩，微细水平层理发育 107.0 m

6. 黄绿色中—薄层变质细砂岩、粉砂岩与千枚岩互层，底部以变质中细粒石英砂岩为主 74.6 m

5. 青灰色中层变质细砂岩夹变质粉砂岩及薄层乳白色硅质岩，顶部浮土掩盖 174.0 m

4. 浮土掩盖 105.6 m

3. 灰、灰绿色中—厚层变质细砂岩夹少量变质粉砂岩及千枚状页岩，中部夹一层白色条带状硅质岩 567.3 m

2. 浅黄红色变质细砂岩与变质粉砂岩互层夹一层千枚状页岩，中部浮土掩盖 278.2 m

1. 浅青灰色中层变质石英砂岩，见角岩化，沿片理多见石英脉贯入。(未见底) ＞52.4 m

【地质特征及区域变化】 楼子坝组分布于闽西南长汀、上杭地区，岩性较单一，各地基本可以对比。在长汀楼子坝地区能较明显地划分出上中下三部分(或三个岩性段)，其他地区由于划分标志不明显难以区分。楼子坝地区下段(1—10层)为中薄—中厚层变质细砂岩、变质粉砂岩、千枚岩间层，夹变质硅质岩，上部千枚岩含磁铁矿，其顶以一层厚约60 m硅质岩作为与中部变质细砂岩的分界；中段(11—26层)为薄—中厚层变质细砂岩、变质粉砂岩、千枚岩、板岩间层夹变质钙质细砂岩、变质中粗粒石英砂岩及少量硅质岩，偶夹泥灰岩凸镜体(或团块)，局部含磷，品位极低，其以夹变质钙质细砂岩为特征；上段(27—36层)为中薄—中厚层变质(石英)细砂岩、千枚岩、变质粉砂岩互层，夹硅质岩、硅质千枚岩，顶部含磷极低，偶夹高碳质千枚岩团块，其顶界以上覆丁屋岭组底部紫红、灰白色变质复成分砾岩的出现分界，呈平行不整合或不整合接触。总厚度大于6 317.1 m。由长汀楼子坝往东南至上杭同康、再口地区，岩性亦为一套浅变质细碎屑岩，主要岩性为中薄层(细砂质)千枚岩、(粉砂质)绢云千枚岩与变质中细粒(长石)石英砂岩、变质不等粒石英砂岩间层夹变质砂质硅泥岩、碳质板岩及变质粉砂岩，与上覆丁屋岭组接触关系不明，总厚度大于2 423.3～2 566.9 m。

福建区测队(1970)在长汀县楼子坝剖面曾采获微古植物 *Protoleiosphaeridium* sp.，*Trachysphaeridium* sp.，*Micrhystridium* sp.，*Archaeohystrichosphaeridium* sp. 等。这些生物组

合的特征是个体小，以光面球藻为主，占整个组合 63%，曾见于我国北方长城系串岭沟组，但部分分子如 *Micrhystridium* 亦见于峡东的陡山沱组及灯影组。其时代暂置早震旦世早期。

丁屋岭组 *Zd* **(06-35-0012)**

【创名及原始定义】 福建省区域地层表编写组(1979)创名，创名地点位于长汀县西南 14 km 丁屋岭村。原指一套海相泥砂质粗碎屑沉积，岩性为变质砾岩、钙质砂岩、变质粉砂岩、千枚状页岩、板岩等，偶夹硅质岩，局部尚夹变质火山岩。下与前震旦系楼子坝群呈平行不整合或不整合，上与震旦系上统南岩组呈整合接触，总厚度 1 546 m。

【沿革】 福建区测队(1970)曾参照湖北峡东地区震旦系的划分，定为下震旦统南沱组；福建省区域地层表编写组(1979)经核对资料，认为这套海相泥砂质粗碎屑沉积在长汀、上杭、永定、漳平等地具有代表性，但其岩性组合与南沱组含义不尽相符，而创建丁屋岭组，时代归属早震旦世，其后在省内广为沿用。

【现在定义】 指一套海相泥砂质粗碎屑沉积，岩性为变质细砂岩、钙质细砂岩、变质粉砂岩夹千枚岩及硅质岩，局部夹变质火山岩组合。底部以一层厚 3～15 m 的变质复成分砾岩、含砾砂岩与下伏楼子坝组顶界灰绿色中层变质中细粒石英砂岩分界，呈平行不整合接触；其顶界以灰绿色薄层变质细砂岩，偶夹变质粉砂岩与上覆南岩组底部黄绿、灰绿色中厚层变质细砂岩与灰黑色薄层千枚岩互层分界，呈整合接触。

【层型】 正层型为长汀县城西南 14 km 丁屋岭—黄连剖面(116°15′,25°44′)(图 2-1)，福建区测队王铭生等于 1966 年实测(图 2-14)，现分层描述如下：

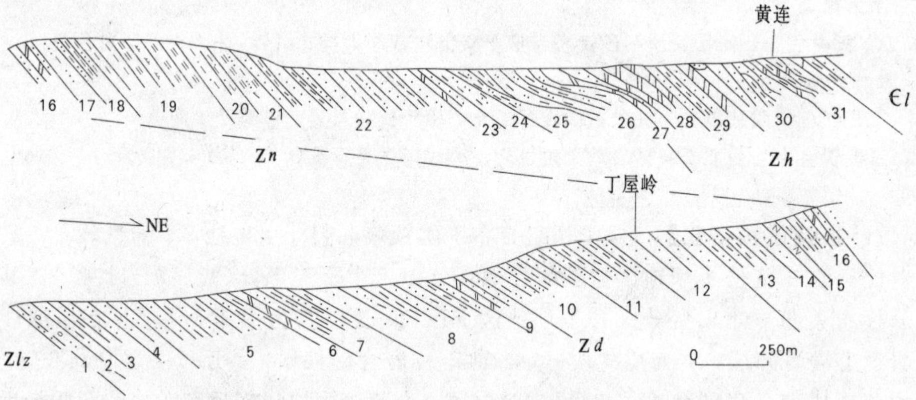

图 2-14 长汀县丁屋岭—黄连丁屋岭组—南岩组—黄连组实测剖面图

上覆地层：南岩组 黄绿、灰绿色中厚层变质细砂岩与灰黑色薄层千枚岩互层，顶部为厚约 3 m 的黄白色硅质岩

——————— 整 合 ———————

丁屋岭组 总厚度 1 531.4 m

12. 灰绿色薄层变质细砂岩，偶夹变质粉砂岩 154.3 m
11. 黄绿色薄板状变质粉砂岩，间夹灰绿色千枚岩，上部偶夹中厚层变质细砂岩 224.7 m
10. 黄绿、褐红色中层变质细砂岩夹少量变质粉砂岩，偶夹千枚岩 197.7 m
9. 灰、灰绿色薄板状变质细砂岩及粉砂岩，下部夹一层厚约 40 cm 之硅质岩 75.1 m

8. 暗灰、灰绿色薄板状变质细砂岩(中上部含钙质)夹变质粉砂岩及灰黑色千枚岩 301.8 m

7. 黄绿色中薄层变质粉砂岩夹暗灰色千枚岩，偶夹变质细砂岩，上部夹1 m厚之灰白色硅质岩，中部浮土掩盖 129.1 m

6. 上部为黄绿色薄层变质粉砂岩夹黄白色硅质岩，下部为黄灰、灰黑色条带状硅质岩 24.6 m

5. 灰绿色中—薄层变质钙质细砂岩、石英粉砂岩，间夹灰绿色绢云千枚岩，沿砂岩层面偶夹不规则(厚1～3 mm)含磷条带 188.5 m

4. 浮土掩盖，中部见灰绿色薄板状变质粉砂岩夹千枚岩 80.6 m

3. 暗紫色厚层变质粉砂岩及泥岩，中部夹黄白色变质长石石英细砂岩 95.6 m

2. 黄白、黄褐色变质粗粒长石石英砂岩夹少量黑、灰绿色变质粉砂岩 46.5 m

1. 黄绿色厚层变质含砾石英砂岩及砂砾岩，夹黄白、灰黑色变质砂岩 12.9 m

——————— 平行不整合 ———————

下伏地层：**楼子坝组** 灰绿色中层变质中细粒石英砂岩

【地质特征及区域变化】 本组分布于闽西南长汀、上杭一带，永定长塘里、漳平上坍亦有出露。各地岩性组合及厚度变化较大。长汀丁屋岭地区为一套中—薄层(板状)变质细砂岩、钙质细砂岩、变质粉砂岩为主夹千枚岩、硅质岩，下部常见变质砂泥岩及变质长石石英砂岩，底部变质砂砾岩(或变质复成分砾岩)与下伏楼子坝组局部呈微角度不整合接触，出露稳定，厚3～15 m，向西北延入江西境内，为本组底界之标志。由丁屋岭往东南至上杭许竹坑、张芬一带，岩性则以中薄—中厚层变质石英(杂)砂岩、细砂岩、变质砂质泥岩、千枚状板岩为主，夹变质凝灰质细砂岩、变质沉凝灰岩、变质晶屑凝灰岩。继续往东南至永定长塘里，转向东北至漳平上坍，其岩性则以薄—中厚层变质火山碎屑岩、变质流纹岩、变质沉凝灰岩、变质晶屑凝灰岩、变质晶玻屑凝灰岩为主，夹千枚岩、变质细砂岩、变质粉砂岩。上述资料表明，丁屋岭组岩性组合从长汀往东南至上杭到永定、漳平由正常粗碎屑沉积逐渐变为以火山物质为主的沉积，地层厚度则相对变薄，长汀丁屋岭 1 531.4 m，上杭张芬 696.5 m，碧砂坑 467.5 m，许竹坑 444.1 m，永定长塘里 467.1 m，漳平上坍 181.1 m。

本组在长汀丁屋岭村南采获微古植物 *Protoleiosphaeridium* sp. 一属，时代暂置早震旦世晚期。

宝石组 *Zb* (06-35-0013)

【创名及原始定义】 李兼海等(1994)创建，创名地点位于泰宁县新桥乡宝石村。指闽西北一套原岩属砂泥质、泥灰质碳酸盐岩(硅质岩)岩系，为复杂的绿片岩夹石英岩、变粒岩组合。主要岩性为斜长(阳起)角闪片岩、(石英)阳起片岩、阳起绿帘片岩、绿帘绿泥片岩及角闪(斜长)变粒岩、阳起角闪(或绿帘)石英岩，局部地区夹有透辉岩、大理岩凸镜体。其层位与黄潭组中下部块状变粒岩呈整合过渡接触。

【沿革】 福建省713队(1970)未将此绿片岩单独划出而称为震旦系下统；福建省地质矿产局(1985)亦归属在震旦系下统丁屋岭组中；闽北地质大队(1989)① 单独划出称为前寒武纪绿片岩组合段。本书沿用宝石组。

【现代定义】 同原始定义。

【层型】 正层型为泰宁县城北偏西约22.5 km新桥乡宝石村剖面(117°05′,27°05′)(图2-

① 闽北地质大队，1989，1∶5万泰宁、上青幅区域地质调查报告。

1)，闽北地质大队李文德等于1989年实测(图2-15)，现分层描述如下：

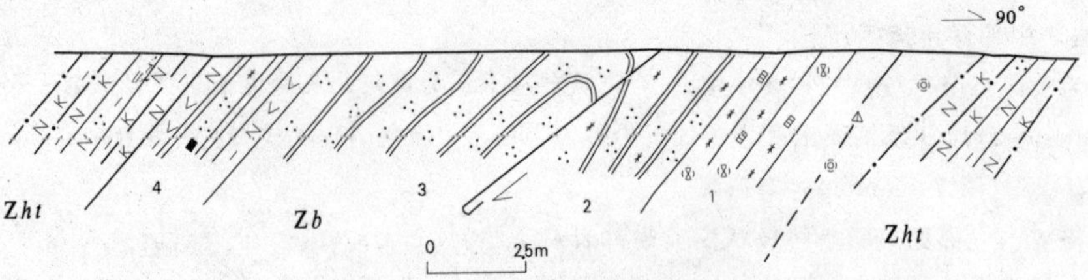

图2-15　泰宁县新桥乡宝石村宝石组实测剖面图

上覆地层：黄潭组　深灰—灰白色细纹状黑云二长变粒岩夹斜长石英二云片岩

——————整　合——————

宝石组	总厚度＞7.5 m
4. 灰褐色斜长黑云角闪片岩夹灰白色磁铁矿阳起石英岩	0.9 m
3. 灰白色石英岩	＞2.7 m

══════断　层══════

2. 灰、灰绿色阳起石英岩	＞1.4 m
1. 灰绿色黄铁矿化绿泥阳起片岩，其下与黄潭组二长变粒岩呈断层接触	＞2.5 m

【地质特征及区域变化】　宝石组分布于闽西北泰宁县宝石、大元、杨铭上和邵武市桂林、登高等地。岩性组合总体特征为一套复杂的较特殊的绿片岩夹石英岩、变粒岩组合。在宝石村剖面东北约1 250 m的公路上，露头良好，岩性为斜长角闪片岩、阳起角闪片岩、绿泥阳起片岩、绿泥绿帘斜长黑云片岩及绿帘阳起黑云变粒岩、角闪(斜长)变粒岩、阳起(角闪)石英岩，局部夹有阳起石岩、绿泥透闪透辉岩、含透闪滑石大理岩及大理岩凸镜体。由于出露不完整，岩性及厚度各地都有所变化，由泰宁宝石往东北至邵武桂林—登高一带，则以角闪变粒岩、角闪(斜长)变粒岩为主，出露厚度大于129 m。

本组岩石变质较深，常见阳起石、绿帘石、角闪石、绿泥石等特征变质矿物，局部见较弱混合岩化，变质程度达低绿片岩相—高绿片岩相。本组未获古生物和同位素年龄资料，但岩石组合特征及层位关系与闽北地层小区东岩组大致相当，时代暂置早震旦世。

黄潭组　*Zht*　(06-35-0014)

【创名及原始定义】　李兼海等(1994)创建，命名地点位于将乐县黄潭乡。原指闽西北一套变质中酸性火山碎屑岩建造的块状变粒岩组合。岩性以块状二长变(浅)粒岩、斜长变粒岩、钾长变(浅)粒岩为主，夹黑云变粒岩、钠长变粒岩及白云(石英)片岩、斜长黑云(石英)片岩，偶夹变质砂岩，其上被三溪寨组整合覆盖，其下与前震旦系南山组上段呈平行不整合接触。

【沿革】　福建省713队(1970)、福建区测队(1977f)曾将该变粒岩组合划为震旦系下统。福建省地质矿产局(1985)改划丁屋岭组，时代定为早震旦世。福建区调队(1987)① 又改划为吴墩组，时代属早震旦世。闽北地质大队(1989)② 称为块状变粒岩组合段，时代定为前寒武

① 福建区调队，1987，1∶5万万安、将乐、元坑幅区域地质调查报告。
② 闽北地质大队，1989，1∶5万泰宁、上青幅区域地质调查报告。

纪。本次对比研究认为本区以块状二长变粒岩、钾长变粒岩为主的组合与闽北地层小区吴墩组以钠长变粒岩为主的组合层位大致相当，岩性组合存在一定差异，故采用黄潭组一名，时代归属早震旦世。

【现在定义】　同原始定义。未见底，其顶部为三溪寨组整合所覆。

【层型】　正层型为将乐县城西南约 16 km 黄潭—西溪剖面(117°19′,26°41′)(图 2-1)，福建区调队郑承构等于 1987 年实测(图 2-16)，现分层描述如下：

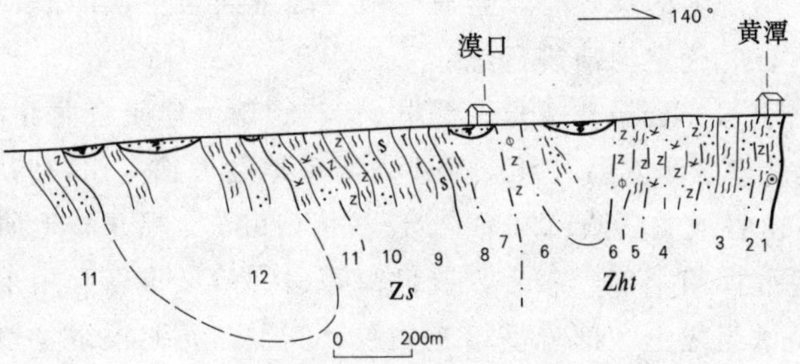

图 2-16　将乐县黄潭乡黄潭组实测剖面图

上覆地层：**三溪寨组**　浅褐色白云石英片岩

——————　整　合　——————

黄潭组	总厚度＞371.2 m
6. 含绿帘钠长变粒岩与长石石英岩互层，韵律条带发育，偶夹变质石英细砂岩	26.0 m
5. 厚层白云钾长变粒岩，见韵律条带	50.3 m
4. 厚层二长浅粒岩，上部呈薄层状，均具韵律构造，单韵律层厚 2～4 mm，层理平直	138.6 m
3. 由下而上为暗灰色厚层白云石英片岩、白云片岩夹薄层变质细砂岩，顶部浮土掩盖	129.9 m
2. 灰黄色厚层白云长石浅粒岩，见条纹构造，上部为变质凝灰质细砂岩	23.6 m
1. 灰绿色薄层含石榴石黑云石英片岩，片理揉皱发育。(未见底)	＞2.8 m

【地质特征及区域变化】　黄潭组分布于闽西北建阳、邵武、泰宁、将乐、明溪及清流、宁化一带。将乐—泰宁一带以(黑云)二长变（浅）粒岩、黑云斜长变粒岩 、混合质斜长浅粒岩为主及黑云(白云)钾长变粒岩、黑云变粒岩夹斜长石英黑云(二云)片岩及黑云斜长(长石)石英岩，往西南至明溪楼前、王坊以及宁化方田一带则以斜长变粒岩、黑云斜长(二长)变粒岩和黑云钾长变粒岩为主夹云母石英片岩、二云片岩，其下与南山组灰绿色薄层石英云母片岩呈平行不整合接触。在明溪三溪寨—清流黄山寮地区，则出现块状变质流纹质晶玻屑凝灰岩、变质沉凝灰岩、变质石英角斑岩为主夹变质霏细岩、变质凝灰质千枚岩。总之，大致以黄潭—楼前—方田一线为界，其西北侧本组以二长(斜长)变(浅)粒岩为主，其东南侧则以钾长变粒岩为主。地层厚度各地由于出露完整性不一，差异较大，建阳交溪 1 340 m，将乐黄潭 371.2 m，泰宁宝石 127.5 m，邵武登高 198.1 m，往西南至明溪楼前 925 m，三溪寨 1 634.2 m，宁化方田 2 173.7 m，济村 1 284.4 m。

本组已获同位素年龄资料：宁化方田钾长变粒岩常规锆石 U-Pb 一致曲线结晶年龄值 665 Ma，宁化溪源—东坑块状黑云二长变粒岩与黑云斜长变粒岩 Rb-Sr 全岩等时线年龄值为 737 Ma，将乐黄潭长石浅粒岩自形锆石 U-Pb 一致曲线上交点年龄值 1 949 Ma，下交点年龄值 533

Ma，但根据岩性组合及其层位与闽北地层小区吴墩组基本可以对比，时代暂置早震旦世较为合适。

东岩组 ***Zdy*** **(06-35-0015)**

【创名及原始定义】 由福建省地质三队(1974)① 创名，其后著有《关于建瓯群建立东岩组的意见》一文(福建省地层会议文件汇编，1976)，创名地点位于建瓯市东南 34 km 东岩村。原指建瓯群龙北溪组之上的绿片岩，属海底喷发之细碧岩变质而成，层位在建瓯群龙北溪组之上、大岭组之下，时代定为前震旦纪。

【沿革】 东岩组绿片岩最初福建区测队(1974a)划为建瓯群龙北溪组上段，福建省地质三队创名东岩组后，福建区测队(1977f)、福建省区域地层表编写组(1979)相继沿用。80 年代初，宗淳虎(1980)、福建省地质三队(1980)②、任散培(1983)、福建省地质矿产局(1985)等曾将其一度废弃而重归龙北溪组上部。尔后，龚世福等(1987)又重新起用东岩组。本次对比研究认为东岩组层位在吴墩组之上，部分呈相变关系，其上与龙北溪组呈整合接触，岩石组合特征明显，对地层划分对比和矿产普查具有重要意义，故建议沿用。

【现在定义】 属一套细碧角斑质岩石的变质岩，主要由绿帘石、阳起石、角闪石、绿泥石、钠长石等矿物组成的绿片岩夹大理岩组合。未见底，其上为龙北溪组底部变粒岩或云母片岩整合所覆。

【层型】 正层型为建瓯县东岩铜矿区剖面(118°24′,26°45′)(图 2-1)，福建地质三队于 1974 年实测(未见原始剖面图)，现将分层岩性描述如下：

上覆地层：**龙北溪组** 石英云母片岩

——————— 整 合 ———————

东岩组	总厚度＞764 m
20. 绿泥绿帘片岩，夹钠长绿泥片岩	60 m
19. 方解石绿帘片岩	6 m
18. 绿帘片岩、钠长绿帘片岩，含铜矿	63 m
17. 绿帘片岩，普遍含方解石，局部具铜矿化	60 m
16. 大理岩	5 m
15. 绿帘片岩，具薄的似层状铜矿化	74 m
14. 大理岩	25 m
13. 绿泥绿帘片岩	22 m
12. 大理岩，上部夹绿帘片岩	23 m
11. 绿帘片岩	22 m
10. 钠长绿泥片岩，夹有绿帘钠长片岩，有时过渡为绿泥云母片岩	36 m
9. 方解石绿泥片岩	5 m
8. 阳起绿帘片岩	14 m
7. 钠长绿泥片岩和钠长阳起片岩为主，夹绿帘透辉片岩及阳起钠长片岩	70 m
6. 绿帘透辉片岩，夹薄层阳起钠长片岩和石榴石片岩	48 m
5. 绿泥阳起片岩夹透辉绿帘片岩	13 m

① 福建省地质三队，1974，1：5 万迪口、夏道幅区域地质调查中间性报告。
② 福建省地质三队，1980、1：5 万迪口、夏道幅区域地质调查报告。

4. 绿泥钠长片岩，具方解石化　21 m

3. 透辉绿帘片岩　44 m

2. 钠长阳起片岩、钠长角闪片岩夹大理岩　39 m

1. 绿帘透辉片岩夹透辉阳起片岩和阳起透辉片岩。(未见底)　>114 m

此外，南平市东北约 13 km 的北山村剖面(118°17′,26°41′)，东岩组出露良好，可列为参考，由福建省地质三队任敖培等于 1979 年 11 月实测(图 2-17)，现分层描述如下：

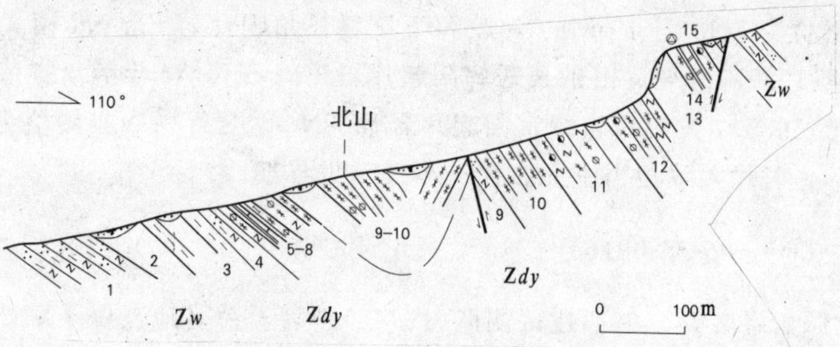

图 2-17　南平市北山东岩组实测剖面图

东岩组　总厚度>349.1 m

15. 暗绿色绿帘阳起片岩。(遇断层,未见顶)　>50.6 m

14. 大理岩夹绿帘阳起片岩条带，含 *Polyedrosphaeridium* sp.　13.9 m

13. 钠长阳起片岩(中部浮土掩盖)　34.1 m

12. 暗绿色阳起绿帘片岩　17.5 m

11. 暗绿色黝帘钠长阳起片岩　64.4 m

10. 灰绿色绿帘阳起片岩　64.8 m

9. 灰绿色石英黑云钠长片岩　3.5 m

8. 钠长阳起片岩　62.0 m

7. 绿帘透辉阳起片岩　33.6 m

6. 大理岩夹绿帘透辉岩条带　3.5 m

5. 蚀变钠长绿帘阳起片岩　1.2 m

……………………接触关系不明……………………

下伏地层：吴墩组　黑云片岩夹钠长石英黑云片岩

【地质特征及区域变化】　东岩组分布于闽北政和、建瓯、南平一带，松溪溪东、建阳水吉、顺昌大历口地区亦有零星出露。本组岩性及厚度各地均有变化，从南往北，由南平徐岭—前小杜一带岩性以阳起片岩类和角闪片岩为主，绿帘片岩类次之，夹磁铁矿绿泥(蛇纹)石岩、透辉石英岩、糖粒状石英岩、角闪阳起石英岩及变粒岩、片岩、透辉岩，厚度大于 592.7～817.6 m。往北至南平北山地区则以阳起片岩类为主，夹阳起绿帘片岩、大理岩及石英黑云钠长片岩，厚度大于 349.1 m。往北至建瓯东岩一带则以绿帘片岩类和阳起片岩类为主，夹绿帘透辉片岩、黑云石英钠长片岩及绿帘石化大理岩，厚度大于 373.0～764.0 m。往北至建瓯吕源到政和马面山、水磊头地区均以角闪片岩类为主，夹大理岩凸镜体，厚度大于 452.6～150.7～101.4 m。总之，本组以一套绿片岩夹大理岩组合特征明显，易于区别，岩石变质程度达低绿片岩相—高绿片岩相。其下与吴墩组以钠长变粒岩为主的块状变粒岩组合呈整合或横向上呈渐变过渡关系。

东岩组在政和马面山(龚世福等,1987;王命恒等,1985)、高堀绿片岩夹大理岩凸镜体中产微古植物 *Trematosphaeridium minutum*,*Scaphita* sp.,*Micrhystridium* sp.;几丁虫类 Chitinozoans。南平北山绿片岩夹大理岩中含微古植物 *Polyedrosphaeridium* sp.。此外,本组所获同位素地质年龄值跨度大,政和马面山角闪变粒岩的变质角闪石 ^{40}Ar-^{39}Ar 坪年龄值为1 129.4±169.4 Ma(甘晓春等,1993),建瓯西坑变石英角斑岩单锆石 U-Pb 稀释法近一致线5个年龄的加权平均值为 773.8±2.6 Ma,建瓯叶坑变石英角斑岩单锆石 U-Pb 稀释法拟合的不一致线上交点年龄值为 1 110±19 Ma①,政和下坑斜长角闪片岩 Sm-Nd 模式年龄值为 800±50 Ma(徐一伟等,1990),南平黄田钠长透辉阳起片岩角闪石 K-Ar 年龄复查值为 650.9 Ma(福建省地质矿产局,1985),尤溪峰岩绿帘阳起片岩 Sm-Nd 全岩等时线年龄值为 1 599±88 Ma(黄春鹏等,1991),时代大致相当中元古代—早震旦世早期。

吴墩组 Zw (06-35-0016)

【创名及原始定义】 由福建区测队(1974a)创名,命名地点位于顺昌县东南 9 km 吴墩村。原指整合在建瓯群松源组之上的一套灰、浅灰绿色中层变质石英细砂岩为主,夹灰、浅灰绿色中薄层变质粉砂岩、绿泥石英片岩、绢云千枚岩及少量硅质岩、含碳质页岩的地层,厚度大于 1 205 m。

【沿革】 吴墩组创名后,福建区测队(1977f)、福建省区域地层表编写组(1979)、福建省地质矿产局(1985)等相继沿用,其含义不变,时代归属前震旦纪,或早震旦世。闽北地质大队(1985)② 对顺昌县吴墩—上凤原吴墩组剖面进行修测后,认为吴墩组以一套原岩为中酸性火山复理石建造,岩性以钠长变粒岩为主的岩石组合,因而修改了原吴墩组岩石定名,并认为其上与龙北溪组呈整合或平行不整合接触,时代定为早震旦世(龚世福等,1987)。

【现在定义】 指一套原岩为中酸性火山复理石建造,岩性以钠长变粒岩为主,夹钠长云母石英片岩及斜长石英白云片岩、二云石英片岩组合。未见底,其上以含黑云变粒岩夹细纹状钠长变粒岩与上覆龙北溪组含石榴石二云石英片岩或二云变粒岩分界,呈平行不整合接触。中上部与东岩组绿片岩夹大理岩组合呈相变关系。

【层型】 正层型为顺昌县东南 9 km 吴墩—上凤村剖面(117°51′,26°47′)(图 2-1),福建区测队(1974)实测,其后闽北地质大队龚世福等于 1985 年进行修测(图 2-18),现分层描述如下:

上覆地层:**龙北溪组下段** 含石榴石二云石英片岩,底部为二云变粒岩

——————— 平行不整合 ———————

吴墩组	总厚度>1 204.5 m
7. 含黑云变粒岩夹细纹状钠长变粒岩	61.2 m
6. 厚层黑云变粒岩	127.7 m
5. 富二云钠长变粒岩夹钠长石英二云片岩或钠长二云石英片岩,具变余晶屑结构,黄铁矿呈星散状分布	95.4 m
4. 细纹状黑(二)云钠长变粒岩夹钠长石英二云片岩与钠长二云石英片岩	310.9 m

① 孙大中等,1991,闽北前寒武纪变质岩岩层层序划分和构造演化。地矿部地质行业科学技术定向基金研究成果报告。

② 闽北地质大队等,1985,福建省闽北地区前寒武纪变质岩系研究报告。

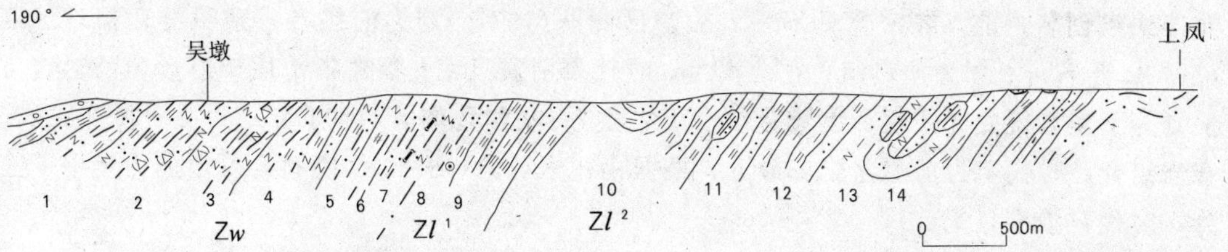

图 2-18　顺昌吴墩—上凤吴墩组修测剖面图

3. 钠长二云石英片岩与富二云钠长变粒岩互层，见钠长石、石英晶屑呈孤立状分布，大小多在 0.3～1.5 mm，一般变晶矿物多小于 0.1 mm　46.6 m

2. 含电气石富黑云钠长变粒岩，下部夹钠长二云石英片岩，具变余晶屑结构，钠长石晶屑呈尖棱角状、阶梯状、细纹状构造清楚　168.9 m

1. 斜长石英白云片岩与二云石英片岩为主，夹富二云钠长变粒岩，具变余晶屑结构，钠长石呈尖棱角状、阶梯状构造。（未见底）　＞393.8 m

【地质特征及区域变化】　吴墩组分布于闽北松溪、政和、建瓯、顺昌、南平一带，浦城里公桥、前洋和大田元沙、苏桥亦有零星出露。本组岩性和厚度各地均有变化。

以政和马面山—建瓯—南平杜溪一线为界，西侧吴墩组以（混合质）黑云斜长变粒岩、黑云钠长变粒岩、（混合质）黑云变粒岩为主夹斜长云母片岩、斜长石英黑云片岩、钠长云母石英片岩，厚度大于 1 204.5～1 581.8 m，顺昌大历口、岚下一带，其下与南山组薄层斜长二云片岩呈整合接触；东侧则以钠长变粒岩、钠长片岩、二长变粒岩为主，但北部建瓯大岭地区岩性以黑云（石英）钠长片岩和黑云石英钠长变粒岩为主夹云母钠长石英片岩及云母（石英）片岩，厚度大于 596.7～924.0 m，南部南平凤池—店口一带则以钠长变粒岩、（绿帘石化）黑云（石英）钠长变粒岩与石英黑云钠长片岩、（绿帘）黑云钠长片岩间层，夹钠长黑云（石英）片岩及绿帘石英黑云片岩，厚度 836.8 m。南平黄田—坑口地区以黑云钠长变粒岩、黑云钠长片岩、黑云二长变粒岩为主夹黑云石英二长片岩，厚度 1 461.8 m。南平西山地区则为条纹状云母二长变粒岩、浅粒岩、黑云变粒岩和石英钠长片岩为主夹云母（石英）片岩，顶部夹变质流纹岩、变质石英粗安岩，厚度 630.9～1 048.5 m。往南至大田苏桥一带岩性为二云二长变粒岩、黑云钾长变粒岩间层夹斜长变粒岩、石英云母片岩，厚度 1 529.8 m。

本组所获地质时限资料较少，政和马面山含微古植物 *Trematosphaeridium holtedahlii*, *Taeniatum* sp.，*Scaphita* sp.；几丁虫 Chitinozoans。根据岩性组合特征和接触关系，其层位与闽西北地层小区黄潭组基本相当，并可对比，时代暂定早震旦世。

洋地组　*Zp*　（06-35-0017）

【创名及原始定义】　李兼海等（1994）创名，命名地点位于屏南县城东南约 19 km 黛溪乡洋地村。洋地组原指闽东一套海相砂泥质—钙镁质岩建造，为一套（含铅锌矿化）绿帘透辉岩、变粒岩、片岩夹大理岩及石墨片岩组合。下部以黑云（斜长）变粒岩、黑云（石英）片岩为主夹薄层石墨片岩；中部为条带（条纹）状绿帘透辉岩与（黑云）斜长变粒岩互层；上部为铅锌矿化石英石榴石大理岩夹薄层绿帘透辉岩，底部有混合岩化。其下与前震旦系葛坑组，其上与震旦系稻香组接触关系不明。

【沿革】　对零星出露于闽东地层小区的这一套含铅锌矿化变粒岩、片岩夹大理岩组合，在洋地组创名之前，各家意见不一。福建区测队(1977c)划为前震旦系建瓯群；福建区测队(1977f)自下而上划为迪口组、龙北溪组，时代属前震旦纪；福建省地质矿产局(1985)自下而上划为下震旦统龙北溪组和上震旦统—下古生界；福建区调队(1993)①划为混合质变粒岩、混合岩组合，时代定为前泥盆纪。最近，根据福建区调队(1994)② 资料，可划分为上中下三部分，时代暂置震旦纪。

【现在定义】 同原始定义。

【层型】 正层型为屏南县城东南约 19 km 黛溪乡洋地村剖面(119°09′,26°49′)(图 2-1)，福建区调队朱福生等于 1991 年实测(图 2-19)，现分层描述如下：

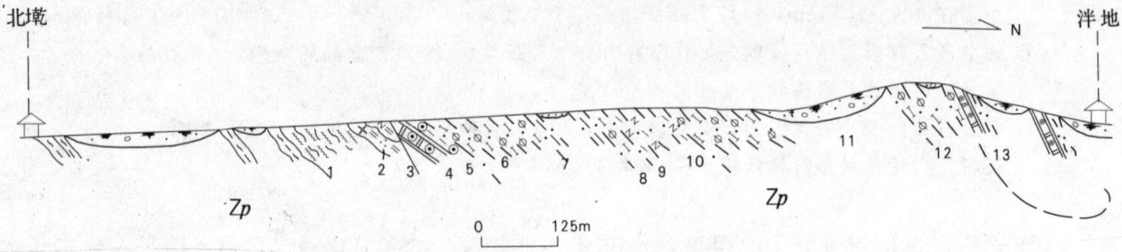

图 2-19 屏南县黛溪乡北乾—洋地洋地组实测剖面图

洋地组	总厚度>839.2 m
13. 灰白、灰色中厚—中薄层铅锌矿化石英石榴石大理岩夹薄层绿帘透辉岩(未见顶)	>66.0 m
12. 灰色中厚—薄层绿帘透辉岩夹薄层变粒岩	95.0 m
11. 上部浮土掩盖，下部浅灰色中薄层条纹状斜长变粒岩	225.3 m
10. 灰绿、灰褐色中厚—薄层绿帘透辉岩夹薄层变粒岩	90.3 m
9. 灰色中—薄层黑云斜长变粒岩	37.5 m
8. 灰绿色中—薄层绿帘透辉岩夹变粒岩	9.3 m
7. 黄褐色中厚—薄层条纹状黑云变粒岩	94.0 m
6. 灰褐、灰绿色中厚—薄层条带状绿帘透辉岩夹薄层变粒岩	91.0 m
5. 浅灰—深灰色中厚层含石榴石黑云变粒岩	40.5 m
4. 黑褐色(层状)石榴石矽卡岩	8.4 m
3. 浅黄褐色中薄层绢云母化黑云斜长变粒岩夹云母石英片岩、薄层石墨片岩	17.4 m
2. 黄褐色中—薄层绢云母化十字石(?)黑云石英片岩夹碳质薄层	10.1 m
1. 灰白色条纹状混合岩	>54.4 m

【地质特征及区域变化】 洋地组零星分布于闽东地层小区寿宁南洋，周宁吾凤楼、首章，屏南黛溪、洋地及古田鹤塘等地。本组由于出露零星，岩性、厚度各地虽有差异，但基本仍可对比。以屏南洋地地区出露较完整，厚度大于 839.2 m。由洋地往东北至周宁吾凤楼、首章一带，洋地组仅有下部出露，岩性组合由于受多期次的构造叠加、韧性断层发育，尤其是底部受眼球、片麻状花岗岩影响，混合岩化强烈，形成条纹状、条痕状、片麻(或眼球)状混合岩，岩石普遍发生较强烈的混合岩化和糜棱岩化，形成糜棱岩和糜棱岩化混合质岩石。岩性

① 福建区调队，1993，1∶5 万霍童、九都幅区域地质调查报告。
② 福建区调队，1994，福建省寿宁—华安火山基底隆起带 Au、Ag、Pb、Zn、Cu 成矿地质条件及找矿前景研究。

主要为糜棱岩化混合质黑云斜长(钾长)变粒岩和绢英岩化二长变粒岩夹混合质角闪斜长变粒岩及糜棱岩化条痕状、片麻状或眼球状混合岩，厚度404.4～835.8 m。周宁往北至寿宁南洋地区只出露洋地组之中上部组合，主要为白云岩及少量绿帘透辉岩、石墨片岩。古田鹤塘附近，在断裂带中见洋地组岩性为绿帘透辉变粒岩，变余层理清楚。

本组所获地质时限资料极少，仅在周宁吾凤楼钻孔变质岩中获微古植物 *Protoleiosphaeridium* sp.，*P. sorediphorme*，*Trematosphaeridium* sp.，*Lophosphaeridium* sp.，*Trachysphaeridium* sp.，*Laminarites* sp. 等(福建区测队，1977c)。根据上述古生物及岩性组合、变质程度和含矿性特点，时代暂置震旦纪。

龙北溪组 *Zl* (06-35-0018)

【创名及原始定义】 龙北溪群由福建省地质研究所等1961年① 创名，创名地点位于建瓯市东南35.5 km龙北溪村。原指不整合于迪口群之上的一套巨厚的海相硅质、钙镁质、泥砂质建造，自下而上划分为变质火山碎屑岩组，厚270 m；碳酸盐硅质岩组，厚480 m；云母片岩组，厚440 m。

【沿革】 福建区测队(1962)② 自下而上建小桥片麻岩组、连地片岩组、龙北溪石英碳酸盐岩组，时代定为前寒武纪。福建省307地质队(1968)③ 将建瓯龙北溪一带整合于迪口组之上，郑魏组之下的一套海相含磷、钙镁质、硅质、砂泥质建造称之为龙北溪组，时代定为前震旦纪。福建区测队(1974a)将龙北溪组又细分上、中、下三个段，归属前震旦纪建瓯群中下部。福建省区域地层表编写组(1979)曾将龙北溪组上段单独划出称为东岩组，随后又一度被废弃④，因而龙北溪组的含义范围变化不定，福建省地质矿产局(1985)将龙北溪组划分上中下三部分，时代定为早震旦世。龚世福等(1987)专题调研后，重新起用东岩组，并将其下的龙北溪组修订其含义后，进一步划分为上、下两段，时代定为晚震旦世。本书赞同龚世福等(1987)龙北溪组含义及时代归属。

【现在定义】 指一套海相含钙、镁、硅质、砂泥质建造。岩性划分为下段云母石英片岩、石英云母片岩夹黑云斜长变粒岩及石英岩；上段为含磷灰石、磁铁矿、滑石、石墨为特征的薄层条带状石英岩、块状透辉石英岩夹大理岩及片岩。上未见顶，其下与以绿片岩夹大理岩组合的东岩组呈整合接触。

【层型】 创名时未指定标准剖面，选层型为政和县城西南约8 km马面山—富竹庄剖面(118°46′,27°21′)(图2-1)，由闽北地质大队郑德家等于1985年8月实测，后于1985年12月龚世福等修测(改编)(图2-20)，现分层描述如下：

龙北溪组	总厚度>1 954.7 m
上段	厚度>904.8 m
30. 滑石云母片岩。(未见顶)	>9.7 m
29. 灰白色块状石英岩，局部见变余砂状结构	44.2 m
28. 灰黄色云母石英片岩	78.0 m
27. 暗灰色条纹状石英岩夹块状变质石英砂岩	124.6 m
26. 棕黄色斜长二云石英片岩，石英呈砂屑状	15.9 m

① 福建省地质研究所、合肥工业大学，1961，福建省闽北变质岩系的划分及时代问题。
② 福建区测队，1962，1∶20万建瓯幅中间性区域地质调查报告。
③ 福建省307地质队，1968，建瓯龙北溪磷矿点地质初查报告。
④ 福建省地质三队，1980，1∶5万迪口、夏道幅区域地质调查报告。

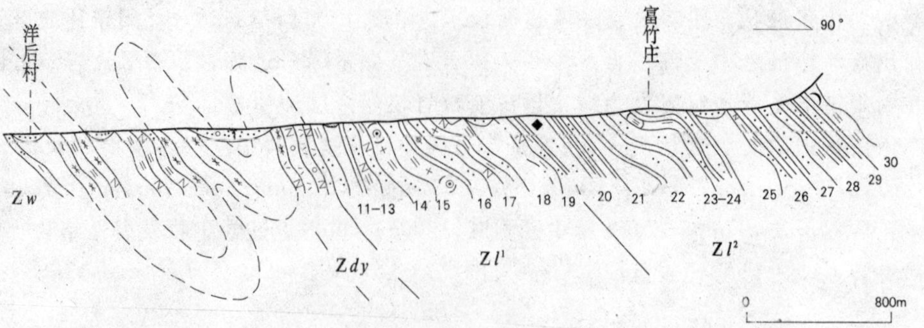

图 2-20　政和县马面山—富竹庄龙北溪组实测剖面图

25.	浮土掩盖	130.1 m
24.	灰白色条纹状含磷灰石石英岩	114.0 m
23.	浅灰黑色含石墨黑云石英片岩	7.8 m
22.	灰白、暗灰色条纹状石英岩，质地致密	80.6 m
21.	灰白色云母片岩夹薄层云母变粒岩，上部浮土掩盖	72.7 m
20.	暗灰色条纹状石英岩夹棕黄色石英云母片岩及片状含磁铁矿、石榴石、磷灰石石英岩。条纹宽 1～5 mm，多为含铁质的暗色石英组成	227.2 m

下段　厚度 1 049.9 m

19.	灰黑色黑云斜长变粒岩，顶部为薄层黑云石英片岩	149.2 m
18.	浮土掩盖	201.9 m
17.	浅灰色斜长云母石英片岩夹十字石黑云片岩，岩层中有斜长斑岩脉穿插	168.8 m
16.	绿帘石英岩	16.4 m
15.	浅灰色含石榴石、十字石石英云母片岩	196.3 m
14.	石英黑云片岩，风化呈砖红色，向上石英含量增加为黑云斜长石英片岩	74.3 m
13.	条纹状白云母斜长石英岩夹薄层石英云母片岩	80.0 m
12.	浮土掩盖	93.7 m
11.	条纹状云母石英片岩夹斜长变粒岩	69.3 m

——————整　合——————

下伏地层：东岩组　暗灰色斜长角闪阳起片岩

【地质特征及区域变化】　龙北溪组分布于闽北松溪、政和—建瓯、南平一带，浦城梅树坑、建阳东山、顺昌上风、大历口、尤溪梅仙亦有零星出露。岩性及厚度各地略有变化。建瓯—南平一线以东：政和马面山—富竹庄地区本组下段为含石榴石、十字石石英云母片岩、斜长云母石英片岩、石英黑云片岩和(黑云)斜长变粒岩夹条纹状石英岩及黑云片岩，厚度大于 1 049.9 m；上段以含磷灰石、磁铁矿为特征的条纹状、块状石英岩夹含石墨(黑云)石英片岩、滑石云母片岩，厚度大于 904.8 m。南至建瓯龙北溪，下段以白云(石英)片岩为主间夹薄层(条带状)糖粒状石英岩及二云斜长变粒岩，厚度大于 1 246.3 m；上段为薄层质纯石英岩、白云质大理岩为主夹云母石英片岩及黑云斜长变粒岩，含磷，厚度大于 610.8 m。南平芹山一带，仅出露本组上段，岩性则以条带状透辉石英岩和蛇纹石化透辉大理岩、含水镁石大理岩为主，夹(方解)透辉磷灰岩、含磷灰石方解石透辉岩及少量云母钠长石英片岩，厚度大于 499.9 m。

在西坑矿区尚见夹有变质流纹岩。建瓯—南平一线以西：顺昌吴墩—上风地区，下段为(含石榴石)二云石英片岩夹云母片岩，底部为一层二云变粒岩，与下伏吴墩组含黑云变粒岩呈平行不整合接触，厚度 384.0 m；上段以二云石英片岩、石英二云片岩、斜长黑云石英片岩为主夹含锰石英岩凸镜体，局部夹黄铁矿薄层和大理岩凸镜体，厚度大于1 135.2 m。综上所述，本组在建瓯—南平一线以东下段片岩中变粒岩夹层从北往南增多，上段石英岩从北往南减少，大理岩以南平地区最为发育，地层厚度从北往南也相应由厚变薄。

本组岩石常见有黑云母、白云母及透辉石、磷灰石，偶见石榴石、十字石等特征变质矿物，变质程度达低绿片岩相—高绿片岩相。

政和马面山—富竹庄地区本组下段斜长云母石英片岩含微古植物 *Scaphita* sp.，*Polyporata* sp.，*Pecomorpha*；几丁虫 Chitinozoans 等。根据与下伏地层接触关系、岩性组合及含矿性等特征与闽西北地层小区三溪寨组基本可以对比，时代暂置晚震旦世。

南岩组 *Zn* (06-35-0019)

【创名及原始定义】 由福建省区域地层表编写组(1979)创名，创名地点位于长汀县西南15 km 南岩村。原指一套灰黑、灰绿色变质砂岩、千枚状页岩夹钙质砂岩、硅质板岩及磷块岩条带组成，厚度 1 082 m。局部地区夹白云质灰岩凸镜体及黄铁矿层，上与黄连组，下与丁屋岭组均呈整合接触。

【沿革】 创名之前，福建区测队(1970)曾称陡山沱组。创南岩组后省内一直沿用。

【现在定义】 指一套海相钙硅质、砂泥质细碎屑沉积。岩性为变质(钙质)细砂岩、变质粉砂岩、千枚岩间夹硅质岩、硅质粉砂岩、变质砂泥岩及磷块岩条带。局部地区偶见白云质灰岩凸镜体及黄铁矿层，含磷层。其下与丁屋岭组灰绿色薄层变质细砂岩，偶夹变质粉砂岩分界，其上与黄连组灰白、黄白色硅质岩分界，均呈整合接触。

【层型】 正层型为长汀县西南 14 km 丁屋岭—黄连剖面(116°15′,25°44′)(图 2-1)，福建区测队王铭生等于 1966 年实测(图 2-14)，现分层描述如下：

上覆地层：**黄连组** 灰绿色薄层千枚岩、变质细砂岩，底部为灰白、黄白色硅质岩

——————— 整 合 ———————

南岩组	总厚度 1 082.4 m
26. 灰绿色薄板状变质钙质细砂岩夹薄层千枚岩，上部夹层增多	91.1 m
25. 黄绿、灰绿色薄层千枚岩夹少量含硅质粉砂岩	32.2 m
24. 灰绿色变质钙质细砂岩夹变质粉砂岩及千枚岩，岩石中普遍含磷	34.2 m
23. 灰黄、灰绿色中—薄层变质细砂岩间夹变质硅质粉砂岩及灰白色硅质岩	32.6 m
22. 暗灰、灰绿色中—薄层变质细砂岩夹变质粉砂岩及少量灰绿色千枚岩，中下部变质含钙质中粒砂岩	300.3 m
21. 灰黑色薄层条带状千枚岩夹褐红色薄层变质粉砂岩	35.2 m
20. 浮土掩盖，顶部见灰白、黄白色薄层硅质岩，底部为淡绿、暗灰色薄层变质砂质泥岩	38.8 m
19. 银灰、灰黑、黄绿色薄层千枚岩与褐红色变质细砂岩及粉砂岩互层	145.8 m
18. 黄红色薄层变质粉砂岩与灰黑色千枚岩互层，夹薄层硅质页岩及白色硅质岩	33.8 m
17. 黄绿色薄层变质粉砂岩及细砂岩，间夹灰绿、灰黑色千枚岩	32.5 m
16. 黄红、灰黑色薄层千枚岩及变质粉砂岩，间夹灰黑色变质细砂岩及少量千枚状硅质	

页岩和薄层硅质岩 130.0 m

15. 黄白、灰白、灰黑色条带状硅质岩，上部条带清楚，偶夹灰绿色千枚岩 30.2 m

14. 灰绿色中厚层变质中粒含长石石英砂岩及细砂岩，间夹薄层变质粉砂岩及千枚岩 51.2 m

13. 黄绿、灰绿色中厚层变质细砂岩与灰黑色薄层千枚岩互层，顶部为厚约 3 m 的黄白色硅质岩 94.5 m

——————— 整　合 ———————

下伏地层：**丁屋岭组**　灰绿色薄层变质细砂岩，偶夹变质粉砂岩

【地质特征及区域变化】　本组分布于闽西南长汀南岩、横坑，上杭张芬、碧砂坑及永定长塘里，漳平上坶等地。以长汀丁屋岭地区为代表，其岩性为中—薄层变质细砂岩、变质钙质细砂岩和千枚岩、变质粉砂岩间层，夹(条带状)硅质岩、变质中粒含钙质砂岩及少量硅质页岩、硅质粉砂岩、变质砂质泥岩，厚度 1 082.4 m。南岩村之东大埔、横坑地区岩性基本相似，但下部硅质岩夹层较多，偶见白云质灰岩凸镜体及黄铁矿薄层，上部夹两层磷块岩(单层厚数厘米～10 cm)，厚度 1 102.1 m。至上杭碧砂坑，岩性为青灰、灰绿色中厚—厚层变质中细粒石英砂岩、细粒杂砂质砂岩与千枚状板岩、绢云千枚岩、变质细砂质泥岩间层夹变质凝灰质细砂岩，厚度大于 391.1 m。继续往东南至永定长塘里，岩性以薄层变质砂质(硅)泥岩、变质(千枚状)泥岩为主夹硅质岩、变质石英细砂岩，偶夹变质晶屑凝灰岩，厚度大于 292.5 m。综上所述，本组岩性各地相对稳定，仅长汀地区含钙质，硅质岩夹层较多，偶见白云质灰岩凸镜体及黄铁矿薄层，在上杭碧砂坑见夹有变质凝灰质细砂岩，永定长塘里见夹有变质晶屑凝灰岩，显示了从长汀往南至永定长塘里，由正常细碎屑沉积逐渐转向夹火山物质沉积。地层出露厚度相应变薄。

在长汀南岩西北之长塅、马屋磜等地采获微古植物 *Leiominuscula minuta*, *Lophominuscula* cf. *prita* 等，这些藻类化石多见于湖北峡东地区陡山沱组。因此，根据化石资料、岩性组合特征、含矿性、上下接触关系，其层位可与闽西北地层小区三溪寨组大致相当，和赣南坝里组可进行对比。时代划归晚震旦世早期。

三溪寨组　*Zs*　(06-35-0020)

【创名及原始定义】　由李兼海等(1994)创建，创名地点位于明溪县盖洋乡三溪寨村。系指闽西北晚震旦世早期一套海相钙硅质、砂泥质建造，以含黄铁矿层为主要特征。岩性为绢云千枚岩夹条带状硅质岩、白云质大理岩凸镜体及黄铁矿薄层，局部变质程度较深，形成含磁铁矿(石墨)黑云石英片岩夹黑云(斜长)变粒岩组合。其上与龙头组变质沉凝灰岩分界呈整合接触，其下与黄潭组变质晶玻屑凝灰岩、变质石英角斑岩或二长、钾长变粒岩呈整合接触。

【沿革】　创名之前，该地层福建区测队(1966a)曾划为震旦系上段。福建区测队(1977f)和福建省地质矿产局(1985)均划归上震旦统。闽西地质大队(1986)①划归上震旦统第二段。福建区调队(1987)② 则划为丁屋岭组(包括上下两段)，时代定为早震旦世。闽北地质大队(1989)③ 划分为石英变粒岩组合段和片岩组合段，时代归属前寒武纪。由此可见，地层划分及命名较为混乱。

【现在定义】　同原始定义。

---

① 闽西地质大队，1986，1∶5 万泉上、清流幅区域地质调查报告。
② 福建区调队，1987，1∶5 万万安、将乐、元坑幅区域地质调查报告。
③ 闽北地质大队，1989，1∶5 万泰宁、上青幅区域地质调查报告。

【层型】 正层型为明溪县城西北约15.5 km盖洋乡三溪寨村剖面(117°03′,26°25′)(图2-1)，闽西地质大队黄德贤等于1980年实测(图2-21)，现分层描述如下：

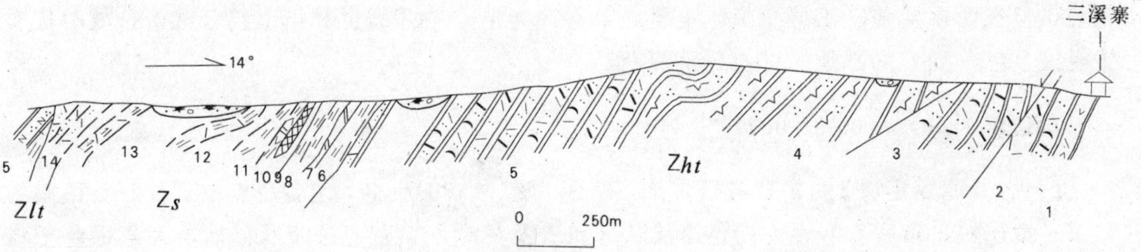

图2-21 明溪县三溪寨—雷西—张地三溪寨组实测剖面图

上覆地层：**龙头组** 灰白、棕黄色厚层变质沉凝灰岩夹变质流纹岩

——————整 合——————

三溪寨组 总厚度373.4 m

13. 浮土掩盖，局部见有灰白色块状凝灰质绢云千枚岩 259.1 m

12. 浮土掩盖，局部见青灰色中—薄层绢云千枚岩夹薄层条带状硅质岩 35.6 m

11. 浅灰色薄层绢云千枚岩夹白云质大理岩凸镜体 0.8 m

10. 棕褐色块状褐铁矿层(黄铁矿风化后呈铁帽) 0.7 m

9. 灰白色致密块状白云质大理岩 0.7 m

8. 银灰色薄层绢云千枚岩 51.9 m

7. 灰白色块状硅质岩 0.3 m

6. 灰—灰黑色绢云千枚岩 24.3 m

——————整 合——————

下伏地层：**黄潭组** 浅肉红、浅黄色块状变质晶玻屑凝灰岩，顶部有一薄层含黄铁矿绢云岩

【地质特征及区域变化】 本组广泛分布于闽西北地层小区，以邵武、建宁、泰宁、将乐、明溪、清流、宁化一带发育，长汀谢地亦有出露。岩性组合特征以明溪盖洋、枫溪—宁化龙头、治平、谢地一线分南、北两个地区。南区(浅变质区)岩性以中薄层（凝灰质）绢云千枚岩、粉砂质绢云板岩和千枚状粉砂岩、黑云母化变质粉砂岩为主夹白云质大理岩凸镜体、条带状硅质岩及凸镜状(或薄层)黄铁矿。北区(深变质区)岩性以含磁铁矿(石墨)为特征的黑云石英片岩、(石英)黑云片岩为主夹(绿帘石化)黑云(斜长)变粒岩、含磁铁矿电气石石英岩、斜长石英岩、绿泥石英岩、含石墨石英黑云片岩、蛇纹石透闪大理岩及黄铁矿层。

南区岩性及厚度基本稳定，从宁化行洛坑至治平开子山一带，千枚状粉砂岩、绢云千枚岩、板岩中普遍夹黄铁矿层和硅质岩，局部夹凝灰质细砂岩及碳质页岩、大理岩。地层厚度一般为123～433.7 m，局部最厚达987.2 m。北区岩性亦相对稳定，从泰宁儒家坪至将乐黄潭、宁化社下，岩性以含磁铁矿(石墨)为特征的黑云石英片岩、(石英)黑云片岩为主夹变粒岩、石英岩及黄铁矿层，局部夹蛇纹石透闪大理岩、含铁锰质石墨片岩，地层厚度变化较大，自238.7～1 465 m不等。此外，局部地区本组岩性常表现为变质深浅不一，在邵武王亭以浅变质的千枚状粉砂岩、变质砂岩为主夹石英岩、大理岩及黄铁矿层，枫林—锡溪一带则以变质较深的黑云斜长变粒岩和云母石英片岩夹大理岩及黄铁矿层。本区地层厚度一般为298～394.4 m。

本组同位素年龄资料甚少，宁化泉上绢云千枚岩 Rb-Sr 全岩等时线年龄值为 605.7±57.6 Ma。另根据岩性组合特征、层序关系及含矿特点，其层位与闽北地层小区龙北溪组大致相当，但在明溪楼前、王坊一带，本组之上直接为早—中寒武世林田组整合覆盖，故时代暂置晚震旦世早期，局部地区可能延至晚期。

黄连组 *Zh* (06-35-0021)

【创名及原始定义】 福建省区域地层表编写组(1979)创名，创名地点位于长汀县西南约 11 km 黄连村。指一套岩性为白色厚层状硅质岩及灰绿、紫灰色条带状硅质岩夹灰绿色千枚岩、板岩，偶夹灰岩凸镜体。厚 356 m。下与南岩组，上与寒武系下统呈整合接触。

【沿革】 福建区测队(1970)曾将该硅质岩为主的地层划为震旦系上统灯影组。创黄连组后，省内外一直沿用。

【现在定义】 为一套灰、灰白、灰绿色薄—中层硅质岩、条带状硅质岩为主，夹变质细砂岩、变质粉砂岩及千枚岩。与下伏南岩组及上覆林田组均以硅质岩分界，呈整合接触。

【层型】 正层型为长汀县西南约 14 km 丁屋岭—黄连剖面(116°15′,25°44′)(图 2-1)，福建区测队王铭生等于 1966 年实测(图 2-14)，现分层描述如下：

上覆地层：**林田组下段** 灰黑色薄层千枚岩间夹灰绿色中—薄层变质细砂岩

——————— 整 合 ———————

黄连组 总厚度 355.7 m

31. 灰绿、灰白、黄白色薄—中层泥质硅质岩，上部偶夹灰绿色薄层变质细砂岩及千枚岩 74.6 m
30. 灰绿色中薄层变质细砂岩间夹灰绿色薄层千枚岩及厚层变质中粒砂岩，下部浮土掩盖 93.4 m
29. 黄绿色薄—厚层变质细砂岩、粉砂岩，上部夹灰白色薄层硅质岩及灰绿色千枚岩 132.7 m
28. 灰白色薄—中层条带状硅质岩 46.3 m
27. 灰绿色薄层千枚岩、变质细砂岩，底部为灰白、黄白色硅质岩 8.7 m

——————— 整 合 ———————

下伏地层：**南岩组** 灰绿色薄板状变质钙质细砂岩夹薄层千枚岩，上部夹层增多

【地质特征及区域变化】 黄连组仅出露于长汀丁屋岭、横坑一带。岩性组合特征基本稳定，硅质岩组合对比标志明显，厚度大于 259.4～355.7 m 不等。该岩性组合与赣南老虎塘组灰白色硅质岩可以对比，时代定为晚震旦世晚期。

龙头组 *Zlt* (06-35-0022)

【创名及原始定义】 由李兼海等(1994)创建，创名地点位于宁化县湖村乡龙头村。系指闽西北晚震旦世晚期一套以火山碎屑岩为主的砂泥质建造。岩性以变质沉凝灰岩、变质晶玻屑凝灰岩为主，夹千枚状粉砂岩、绢云千枚岩组合，与下伏三溪寨组呈整合或平行不整合接触，与上覆林田组呈整合接触。

【沿革】 创名前，福建区测队(1977f)、福建省地质矿产局(1985)、闽西地质大队

(1986)①、福建区调队(1987)② 均划归上震旦统。

【现在定义】 同原始定义。

【层型】 正层型为宁化县城东北约 24.7 km 湖村乡龙头—清流县北坑剖面(116°54′,26°20′)(图 2-1)，闽西地质大队黄德贤等于 1982 年实测(图 2-22)，现分层描述如下：

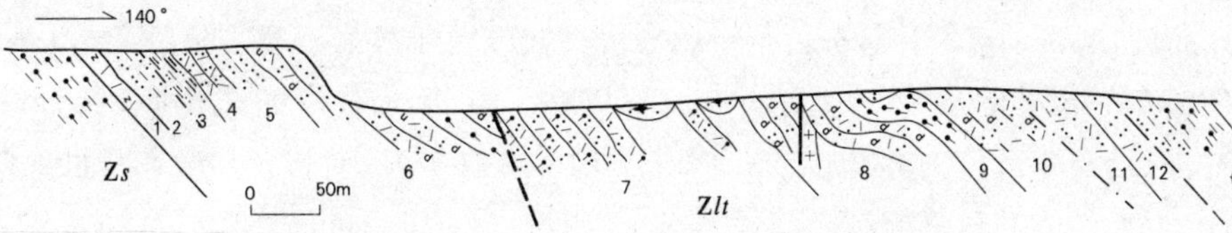

图 2-22 宁化县龙头—清流县北坑龙头组实测剖面图

上覆地层：**林田组下段** 千枚状粉砂岩、灰黑色变质细砂岩、绢云千枚岩

——————— 整　合 ———————

龙头组	总厚度 507.0 m
12. 青灰色变质晶玻屑凝灰岩	6.8 m
11. 灰色，风化呈砖红色千枚状凝灰质粉砂岩	42.8 m
10. 青灰色，风化呈砖红色厚层变质沉凝灰岩	45.3 m
9. 灰白色芝麻点状黑云母角岩化硅质绢云千枚岩	4.6 m
8. 灰、灰黑色，风化呈浅土黄、棕黄、灰白色厚层—块状变质沉凝灰岩，上部见有云煌岩脉侵入	50.2 m
7. 青灰色，风化呈浅黄色厚—巨厚层变质晶玻屑凝灰岩	154.3 m
6. 灰带黄色厚层变质沉凝灰岩夹绢云千枚岩及千枚状粉砂岩	103.6 m
5. 灰—浅黄色芝麻点状黑云母角岩化千枚状粉砂岩	17.5 m
4. 青灰色风化呈灰黄色厚层黑云母角岩化变质晶玻屑凝灰岩	16.8 m
3. 斑点状黑云母角岩化粉砂质绢云千枚岩	12.0 m
2. 灰黄色薄层千枚状粉砂岩	22.9 m
1. 深灰色块状变质霏细岩	30.2 m

——————— 整　合 ———————

下伏地层：**三溪寨组** 暗绿色斑点状黑云母角岩化绢云千枚岩

【地质特征及区域变化】 龙头组分布于闽西北泰宁、将乐、明溪、清流、宁化一带，总体呈 NE 向展布。本组岩性各地变化较大，清流岭下—拔口地区以黑云母化变质晶玻屑凝灰岩、变质沉凝灰岩、变质凝灰岩、变质熔结凝灰岩为主夹少量变质粉砂质绢云千枚岩(葛如庚等,1984)，往北至明溪枫溪一带为中厚—厚层变质凝灰质细砂岩、粉砂岩、变质沉凝灰岩、变质凝灰岩、变质流纹质晶屑凝灰岩间夹变质石英细砂岩、粉砂岩、千枚岩，偶夹条带状石英岩。至将乐黄潭地区岩性为厚层变质石英细砂岩与中薄层(绢云)千枚岩互层夹中薄层变质凝灰质细砂岩。将乐大源—增源地区则为条纹(条带)状黑云(斜长)变粒岩和斜长(电气石)云母石英片岩互层夹角闪变粒岩、黑云钾长变粒岩及角闪绿帘长石石英岩。总之，本组岩性由西

① 闽西地质大队，1986，1：5 万泉上、清流幅区域地质调查报告。
② 福建区调队，1987，1：5 万万安、将乐、元坑幅区域地质调查报告。

南往东北变质火山碎屑岩层减少，代之以一套变质细砂岩、变质粉砂岩、千枚岩为主，夹较多的变质凝灰质细砂岩组合，局部地区变质较深形成各种变粒岩、片岩夹石英岩。地层厚度变化较大，一般为73.5～2 443.6 m。岩石中普遍可见白云母、黑云母、绿泥石为主及绿帘石、角闪石等特征变质矿物，变质程度达低绿片岩相—高绿片岩相。

本组所获地质时限资料较少，将乐黄潭—光明一带，本组下部绢云千枚岩产微古植物 *Trematosphaeridium* sp.，上部灰白色变质砂岩夹灰绿色千枚岩产微古植物 *Trematosphaeridium holtedahlii*，*T. minutum*，*Polyporata obsoleta* 等。宁化行洛坑变质沉凝灰岩锆石 U-Pb 和谐线下交点结晶年龄值为 $643\pm^{73}_{78}$ Ma（朱玉磷等，1986）。时代归属晚震旦世晚期。

稻香组　*Zdx*　（06-35-0023）

【创名及原始定义】　陶忠耀(1983)创名，创名地点位于政和县城东北约 3.5 km 稻香村。系指出露于政和县城关、星溪、稻香—铁山一带在龙北溪组或东岩组细碧角斑岩建造之上的浅变质岩系。

【沿革】　创名之前，福建区测队(1972b)曾划为下三叠统溪口组（?）。创名后，福建省地质矿产局(1985)划归上震旦统—下古生界。闽北地质大队(1987)① 沿用稻香组一名，时代划归晚震旦世—寒武纪。本书沿用稻香组，归属晚震旦世，

【现在定义】　指出露于政和县城关、星溪、稻香—铁山一带的浅变质岩系，属一套中性火山-泥硅质建造。岩性为绿帘(阳起)石化安山质凝灰岩和凝灰质泥岩、(泥质)硅质岩、硅质泥岩夹凝灰质细砂岩、粉砂岩组合。顶底出露不全，接触关系不明。

【层型】　正层型为政和县东北约 3.5 km 稻香—高堀剖面(118°53′,27°23′)(图 2-1)，由闽北地质大队陶忠耀等于 1983 年 9 月实测(图 2-23)，现分层描述如下：

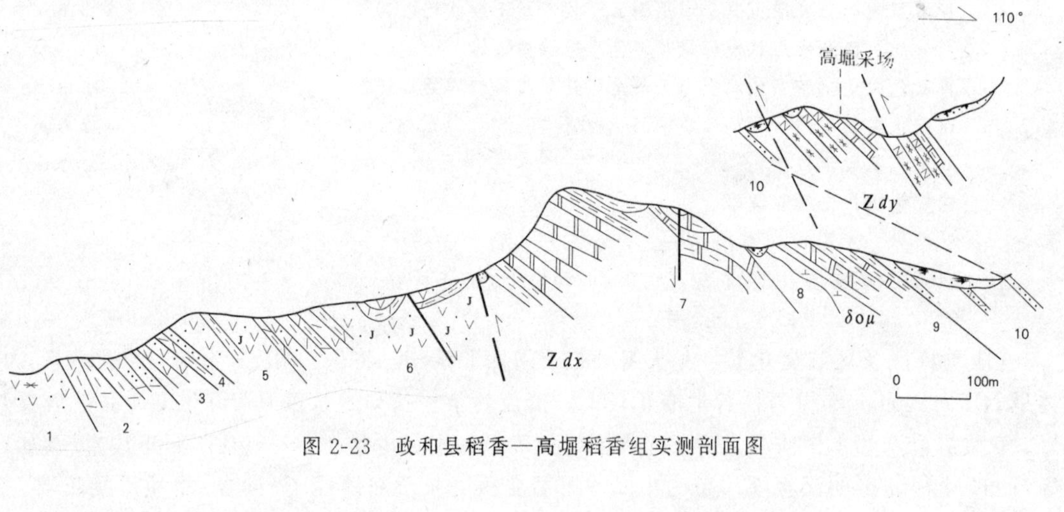

图 2-23　政和县稻香—高堀稻香组实测剖面图

稻香组　　　　　　　　　　　　　　　　　　　　　　　　　总厚度＞596.4 m

10. 浅灰色中厚层凝灰质细砂岩(局部片理化)，上部浮土掩盖(其上与东岩组推测呈断层接触)　　＞64.6 m

9. 浅灰色硅质岩、泥质硅质岩，顶部灰黄—浅灰色泥岩　　64.7 m

① 闽北地质大队，1987，1∶5 万政和、川石、后山幅区域地质矿产调查报告。

8.	浮土掩盖	5.4 m
7.	中上部硅质泥岩、泥质硅质岩、硅质岩互层，下部薄层泥岩	84.0 m
6.	绿帘阳起石化安山质晶屑凝灰岩与凝灰质泥岩(上部过渡为泥岩)互层	162.4 m
5.	草绿、黄绿色绿帘阳起石化安山质凝灰岩夹凝灰质泥岩	50.0 m
4.	上部为凝灰质粉砂岩，下部为凝灰质泥岩	3.6 m
3.	阳起石化安山质凝灰岩	21.3 m
2.	薄层凝灰质泥岩(局部含角砾)，上部凝灰质粉砂岩	76.8 m
1.	阳起石化安山质凝灰岩。(未见底)	>63.6 m

【地质特征及区域变化】 稻香组分布于闽北、闽东地层小区的政和城关、星溪、稻香、铁山，建瓯南洋、顺昌曲村、将乐廖坊以及尤溪溪圤、华山上等地，岩性、厚度各地变化较大，但基本仍可对比。本组岩性各地出露不完整，顶底出露不全，与上下地层接触关系不明(或呈断层接触)。政和星溪—稻香地区，下部以(绿帘)阳起石化安山质（晶屑）凝灰岩、沉凝灰岩间夹薄层绿泥绢云千枚岩、粉砂质泥岩、凝灰质粉砂岩；上部为硅质岩、泥质硅质岩、硅质泥岩，顶部夹凝灰质细砂岩，厚度大于 493.5～596.4 m。顺昌曲村—将乐廖坊一带，则为中厚层千枚状粉砂岩、变质(长石)石英细砂岩和(斜长)白云(二云)石英片岩夹凝灰质细砂岩、变质英安质含晶屑凝灰岩、斜长浅粒岩，偶夹变质硅泥岩、透闪石岩，厚度大于 2 058.7 m。尤溪溪圤—华山上地区，岩性为变质石英细砂岩、变质粉砂岩、绢云千枚岩夹变质(砂质)泥岩、硅质岩，底部有一厚 24.3 m 之变质安山岩，厚度大于 131.9～1 099 m。

本组与闽西北龙头组层位相当，岩性组合、变质、变形程度相似。政和星溪采获微古植物 *Trematosphaeridium holtedahlii*, *Protosphaeridium timofeev*, *Laminarites antiquissimus*；可疑几丁虫 ?Chitinozoans。顺昌曲村一带产微古植物 *Trematosphaeridium holtedahlii*, *T. minutum* 等。政和稻香阳起石化安山质凝灰岩 Sm-Nd 模式年龄值为 800±50 Ma(徐一伟等，1990)，时代暂置晚震旦世晚期。

林田组 $\in l$ (06-35-0024)

【创名及原始定义】 福建区调队(1982)① 创名，李兼海等 1983 年在《福建地质》介绍，原称林田群，创名地点位于长汀县东南 25 km 林田村。属一套继承在震旦系之上的海相细碎屑沉积，岩性划分为上、下两段。下段灰、深灰色厚层变质石英细砂岩夹变质粉砂岩、碳质板岩或千枚岩及硅质岩，组成两个由粗到细的沉积旋回；上段灰、深灰色中薄层变质石英细砂岩、泥质细砂岩与深灰、灰黑色变质粉砂岩、硅质泥岩、千枚岩互层夹少量浅灰色薄层硅质岩及结晶灰岩凸镜体。其下与黄连组，其上与东坑口组皆为整合接触。

【沿革】 林田组最初福建区测队(1965)曾划为下古生界罗峰溪群第一、第二段，福建区测队(1970)和福建省区域地层表编写组(1979)则划为寒武系下统和中—上统，创林田群后在省内一直沿用，本次对比研究改称林田组。

【现在定义】 属一套海相细碎屑沉积。划分为下段灰、深灰色厚层变质(含长石)石英细砂岩夹变质粉砂岩、碳质板岩或千枚岩及硅质岩，组成两个由粗到细的沉积旋回，复理石韵律清楚；上段灰、深灰色中薄层变质石英砂岩夹薄层变质粉砂岩、千枚状页岩、碳质板岩等。上未见顶，与下伏黄连组硅质岩整合接触。

---

① 福建区调队，1982，福建省早古生代地层调查研究报告。

【层型】 正层型为长汀县城东南 25 km 林田—茜坑剖面(116°34′,25°45′)(图 2-1),由李兼海等于 1979 年实测(图 2-24),现分层描述如下:

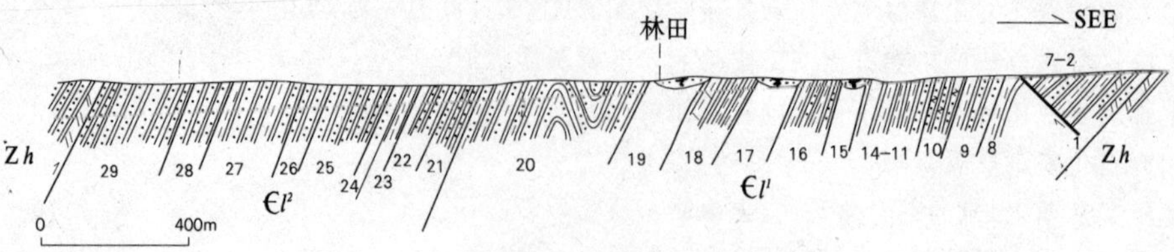

图 2-24 长汀县林田—茜坑林田组实测剖面图

林田组 总厚度>2 295.5 m

上段 厚度>749.8 m

29. 灰色厚—巨厚层变质石英细砂岩,局部含星散状黄铁矿(上部与上震旦统黄连组呈断层接触) >171.9 m

28. 灰色厚—巨厚层变质中粒石英砂岩,偶夹灰黑色千枚状页岩 60.3 m

27. 灰色厚层变质石英细砂岩夹千枚状粉砂岩及灰黑色薄层碳质板岩 86.3 m

26. 灰色厚—巨厚层变质中粒石英砂岩,含少量长石及黄铁矿,局部夹千枚状页岩 64.5 m

25. 灰色厚层变质石英砂岩夹少量变质粉砂岩,底部粉砂岩含黄铁矿 106.0 m

24. 灰色厚层变质石英细砂岩,中部夹一层厚 2 m 的黑色变质粉砂岩 68.9 m

23. 黑色厚—巨厚层千枚状砂质页岩夹少量变质石英细砂岩,砂质页岩含星散状黄铁矿 70.3 m

22. 灰、灰黑色厚层变质粉砂岩与千枚状页岩互层,夹少量变质石英细砂岩 46.3 m

21. 灰色厚—巨厚层变质中(细)粒石英砂岩,偶夹变质粉砂岩及黑色千枚状页岩 75.3 m

下段 厚度 1 545.7 m

20. 黑色薄层变质粉砂岩与千枚状含碳质硅质页岩互层,局部夹变质石英细砂岩 239.8 m

19. 浮土掩盖 209.7 m

18. 灰、灰黑色千枚状含硅质页岩,下部夹变质石英细砂岩 130.1 m

17. 浮土掩盖 152.4 m

16. 灰色千枚状页岩与变质不等粒石英砂岩互层 112.9 m

15. 浮土掩盖 86.8 m

14. 浅灰色变质中细粒石英砂岩与千枚状页岩互层 40.0 m

13. 黑色厚层千枚状含碳质板岩 46.1 m

12. 灰黑色厚层千枚状砂质板岩 51.5 m

11. 灰色厚层变质不等粒石英砂岩,含少量长石 9.4 m

10. 深灰色中厚层变质长石石英细砂岩,顶部为千枚状页岩,底部为厚约 8 m 的变质含砾石英砂岩,偶见黑色碳质板岩小砾及石英岩、花岗岩、英安岩等小岩屑 128.0 m

9. 灰黑色薄层千枚状板岩,下部与深灰色变质细砂岩互层 64.2 m

8. 黑色薄层千枚状页岩 15.1 m

7. 褐黄色中厚层变质石英细砂岩,含极少量长石,顶部为断层 >14.1 m

6. 黑色薄层千枚状碳质板岩,板理发育,质软污手 16.3 m

5. 深灰色薄层变质粉砂质泥岩 25.5 m

4. 深灰色中厚层变质石英细砂岩,下部含少量长石,风化后呈紫红色 9.0 m

3. 灰白色薄层变质细砂质粉砂岩,风化后呈黄褐、浅紫色 35.9 m

2. 灰色中薄层变质石英细砂岩,底部偶夹灰黑色薄层变质泥岩 44.3 m

1. 黄灰、深灰色中厚层变质中细粒长石石英砂岩夹极薄层(厚 0.2～0.8 m)灰黑色千枚

状页岩 114.6 m

——————整　合——————

下伏地层：**黄连组**　灰白色变质硅质岩

【地质特征及区域变化】　林田组主要分布于闽西，大致沿邵武—长汀和永安—龙岩两个分别为NE、NNE向狭长条带状展布。建阳五福羊、光泽长源、瓜溪亦有零星出露。

长汀林田地区本组下段发育较完整，岩性可分为两个由中薄—中厚层变质中细粒石英砂岩、细砂岩，与薄层千枚状板岩、碳质板岩及变质粉砂质泥岩间层的沉积旋回，厚度1 545.7 m。由林田往东北至宁化治平—永安涓坑—清流茹坑—将乐增源—泰宁香岭等地，岩性均以中厚—厚层变质中细粒石英砂岩为主(普遍含长石碎屑)夹变质粉砂岩、千枚岩（含碳质）及含碳硅质岩、硅质板岩。泰宁香岭地区主要由变质不等粒长石石英砂岩组成，偶夹高碳质板岩或石煤凸镜体。将乐大源—增源地区变质程度较深，主要以厚—中厚层二云(或白云或黑云)石英片岩、二云(或白云)片岩和变质中细粒（长石）石英砂岩间层，夹变质粉砂岩、变质凝灰质砂岩、碳质(绢云)千枚岩及少量黑云变粒岩。地层厚度一般为223.3～977.3 m，最厚达1 509.1 m。本组上段在长汀林田地区以厚—巨厚层变质中细粒(细粒)石英砂岩为主夹千枚状砂质页岩、千枚状粉砂岩及千枚状(含)碳质板岩，厚度大于749.8 m。长汀丝毛坪、永安涓坑、李坊及宁化萧坊地区，均以变质中细粒石英砂岩与薄层千枚状粉砂岩、(硅质)板岩为主，夹少量变质硅质粉砂岩，中上部偶夹大理岩凸镜体及重晶石矿层。其上与东坑口组整合接触。将乐大源—增源地区变质较深，则为中厚层变质(含长石)石英细砂岩与二云(黑云)石英片岩、二云片岩互层夹变质凝灰质砂岩及碳质云母片岩、碳质千枚岩。厚度大于261.8～2 560 m不等。

总之，林田组岩性、厚度各地虽不甚一致，但基本上可以相互对比，变质程度由西南往东北略有变深趋势。此外，本组上段是福建省重晶石矿的含矿层位，矿层与硅质岩、大理岩关系密切。

林田组在长汀冷水井、丝毛坪，宁化石碧岭等地采获 *Protospongia* sp.；长汀大源坝—丝毛坪产几丁虫？*Desmochitina* sp,？*Conochitina* sp.；清流茹坑、员山背产微古植物 *Protosphaeridium* sp.，*Baltisphaeridium* sp.；宁化龙下采获微古植物 *Lieominuscula* sp.，*Trachysphaeridium simplex*。时代暂置早—中寒武世。

东坑口组　$\in d$　(06-35-0025)

【创名及原始定义】　福建区调队(1982)① 创名，李兼海等1983年在《福建地质》介绍，原称东坑口群，创名地点位于永安市西北17 km东坑口。指一套岩性较单一的灰至浅灰色厚层变质石英砂岩为主，夹少量薄层灰黑至黑色千枚状页岩或板岩。其下与林田组，其上与魏坊组均呈整合接触。

【沿革】　东坑口组福建区测队(1965)划为下古生界罗峰溪群第三段，福建区测队(1970)和福建省区域地层表编写组(1979)均划归寒武系中—上统。创东坑口群后，时代置于晚寒武世，在省内沿用。闽西地质大队(1988)② 曾将其层位置于魏坊群之上，时代定为中奥陶世。本次对比研究改称东坑口组。

【现在定义】　岩性为较单一的灰—浅灰色厚—巨厚层变质中细粒(细粒)含碳质碎屑（或

① 福建区调队等，1982，福建省早古生代地层调查研究报告。
② 闽西地质大队，1988，1∶5万安砂、贡川幅区域地质调查报告。

泥片或碳化膜）石英（杂）砂岩，夹少量薄层灰黑色千枚岩或千枚状粉砂岩。底以深灰色厚层变质石英(杂)砂岩与下伏林田组灰黑色中薄层千枚岩夹变质粉砂岩分界，顶与上覆魏坊组浅灰、灰黑色变质粉砂岩、千枚岩(或含碳质千枚状页岩或板岩)分界，均呈整合接触。

【层型】 正层型为永安市西北 17 km 东坑口剖面(117°18′,26°07′)（图 2-1)，由李兼海等于 1980 年 10 月实测(图 2-25)，现分层描述如下：

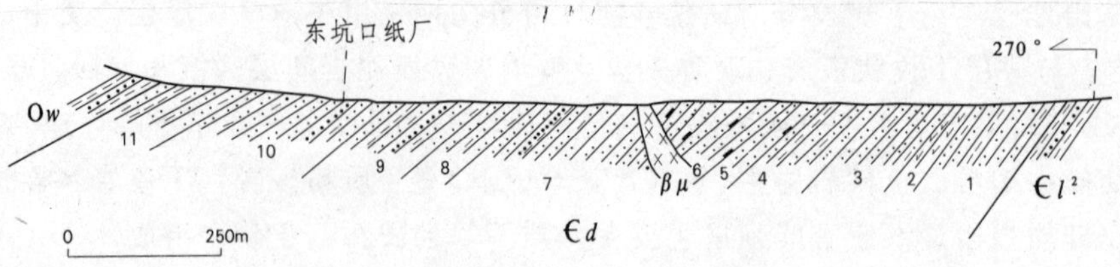

图 2-25 永安市东坑口东坑口组实测剖面图

上覆地层：**魏坊组** 浅灰、灰黑色变质粉砂岩、千枚岩夹变质细砂岩，波状层理及沉积韵律发育

——————— 整 合 ———————

东坑口组 总厚度 1 189.0 m

11. 深灰色中薄层含碳质碎屑变质中细粒石英(杂)砂岩，上部偶夹灰黑色薄层千枚岩 93.4 m
10. 灰色厚层变质石英细砂岩，局部含少量碳质碎屑，裂面常见钙质薄膜，下部夹粉砂质细砂岩，上部碳质碎屑增多，粒度变粗，渐过渡为变质中细粒石英(杂)砂岩 177.7 m
9. 灰色中厚层变质中细粒石英(杂)砂岩，偶夹灰黑色薄层千枚岩及浅灰色变质粉砂岩，砂岩中局部含碳质碎屑，量不等，高者达 20%～25%，硅泥质胶结 102.1 m
8. 浅灰色厚层变质中细粒石英(杂)砂岩，普遍含碳质碎屑，上部夹少量灰黑色千枚岩 55.2 m
7. 浅灰色中厚层变质中细粒石英(杂)砂岩，偶夹极薄层千枚状粉砂岩，局部含碳质碎屑，量不等，最高可达 20%～25%，偶见强烈风化蚀变之辉绿岩脉 261.1 m
6. 深灰色厚层变质中粒石英(杂)砂岩，富含碳质碎屑，量约 5%～10%，薄片状，大者达 $1\times2\ cm^2$ 80.9 m
5. 浅灰色巨厚层变质石英细砂岩，含少量片状碳质碎屑，分布不均，偶夹极薄层灰黑色粉砂质千枚岩 47.8 m
4. 灰色中厚层变质中细粒石英(杂)砂岩，偶含碳质碎屑，夹灰黑色薄层千枚岩 95.1 m
3. 浅灰色厚层变质中细粒石英(杂)砂岩，底部夹厚 1 m 的灰色变质中—中粗粒石英(杂)砂岩，碳质碎屑多沿层面不规则分布 119.8 m
2. 灰黑色厚层变质泥硅质细粉砂岩，局部夹变质细砂岩及灰黑色薄层千枚岩 26.5 m
1. 深灰色厚层变质石英(杂)砂岩，偶夹灰黑色薄层千枚岩。千枚岩含变质石英砂岩小凸镜体，石英(杂)砂岩粒度不等，含碳质碎屑，分布不均匀 129.4 m

——————— 整 合 ———————

下伏地层：**林田组上段** 灰黑色中薄层千枚岩夹变质粉砂岩

【地质特征及区域变化】 东坑口组主要分布于闽西邵武—长汀和永安—龙岩一带，与林田组毗邻出露，呈 NE 和 NNE 向两个狭长条带展布。建阳五福羊、三明楼源、柳城、黄沙、叶坑、砂坪等地亦有零星出露。本组岩性各地基本稳定，均以中厚—厚层块状含碳质碎屑的变质中—细粒石英(杂)砂岩、细砂岩为主，夹少量薄层千枚岩、变质泥硅质细—粉砂岩，砂岩偶见含少量长石，地层厚度 389.8～1 189 m，宁化萧坊最厚达 1 422.1 m。

东坑口组在长汀丝毛坪采获 *Protospongia* sp.。龙岩火德坑产微古植物 *Protoleiosphaeridium* sp., *Trematosphaeridium* sp., *Trachysphaeridium* sp., *Leiosphaeridium* sp., *Archaeohystrichosphaeridium* sp., *Polyporata* sp. 等；几丁虫 *Clavachitina* sp., *Conochitina* sp., *Desmochitina* sp. 等，鉴定者认为该组合与俄罗斯地台上寒武统微古植物十分相似。此外，清流茹坑亦产微古植物 *Trachysphaeridium* sp., *Trachyminuscula* sp., *Leiominuscula* sp.，故时代暂置晚寒武世。

魏坊组 Ow (06-35-0026)

【创名及原始定义】 由福建区调队(1982)① 创名，李兼海等 1983 年介绍，原称魏坊群，创名地点位于永安市城西北约 15 km 魏坊村。指整合于罗峰溪群之下和东坑口群之上的一套海相硅泥质沉积。岩性由灰、灰黑色薄层千枚岩、千枚状(粉砂质)泥岩、泥硅质岩或硅质岩，夹变质石英砂岩组成。

【沿革】 福建区测队(1965)曾划为下古生界罗峰溪群第四、第五段，福建区测队(1970)和福建省区域地层表编写组(1979)均划为奥陶—志留系下段。魏坊群创名后，沿用至今。本书改称魏坊组。

【现在定义】 为一套产笔石的海相含砂硅泥质沉积，岩性以灰、灰黑色薄层千枚岩、绢云千枚岩、千枚状(泥质)硅质岩、硅泥岩、千枚状泥岩为主，夹变质石英细砂岩组合。其底界以灰绿色厚—巨厚层绿泥绢云千枚岩与下伏东坑口组灰绿、紫灰色变质中细粒石英(杂)砂岩整合接触，顶界以灰色薄层千枚状泥质硅质岩(或条带状硅质粉砂岩)与上覆罗峰溪组灰黑色厚层变质石英细砂岩整合接触。

【层型】 正层型为永安市西北约 15 km 魏坊村剖面(117°18′,26°05′)(图 2-1)，李兼海等于 1980 年 10 月实测(图 2-26)，现分层描述如下：

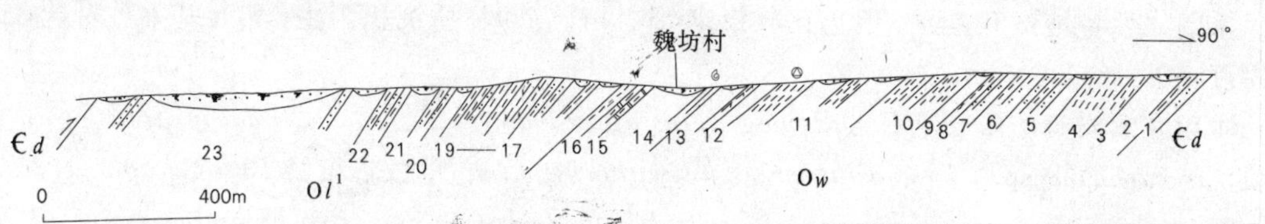

图 2-26 永安市魏坊魏坊组—罗峰溪组实测剖面图

上覆地层：**罗峰溪组下段** 灰黑色薄层千枚岩与变质石英细砂岩互层，微细水平层理清晰

——————— 整 合 ———————

魏坊组　　　　总厚度 814.6 m

16. 灰黑色薄层千枚状泥质硅质岩与薄层碳质泥岩互层　　14.7 m
15. 灰绿、灰白色薄层千枚状泥质硅质岩，偶见星散状黄铁矿，上部夹少量千枚状泥岩　34.2 m
14. 浮土掩盖　　106.2 m
13. 灰黑色中薄层千枚状泥岩夹千枚状页岩，产笔石 *Didymograptus* sp., *Climacograptus* sp.　　5.6 m
12. 上部浮土掩盖，下部为灰黑色薄层千枚岩，微细水平层理发育，产微古植物 ?*Veryachi-*

① 福建区调队，1982，福建省早古生代地层调查研究报告。

um sp. 129.4 m

11. 浮土掩盖，中部见薄层千枚状泥岩风化露头 167.6 m

10. 灰黑色薄层千枚岩，风化呈页片状，偶夹变质中细粒长石石英砂岩 63.9 m

9. 浮土掩盖 13.2 m

8. 灰黑色中薄层绿泥绢云千枚岩，中部夹一层变质长石石英细砂岩 15.9 m

7. 灰绿色中厚层变质中细粒长石石英砂岩，上部夹一层浅黄绿色中薄层千枚状泥岩 9.1 m

6. 灰白色薄层千枚岩夹变质石英细砂岩 40.1 m

5. 灰色中薄层变质石英细砂岩，偶夹灰黑色千枚岩，底部浮土掩盖 44.7 m

4. 浅灰色薄层含黄铁矿绢云千枚岩，微细水平层理发育 25.6 m

3. 灰黑色千枚状泥岩夹灰白色变质石英细砂岩 44.8 m

2. 浮土掩盖(偶见硅质岩转石，另据罗坑西剖面与此相同层位为薄层灰色泥硅质岩夹灰黑色千枚岩) 76.9 m

1. 灰绿色厚—巨厚层绿泥绢云千枚岩，韵律层理发育，中部夹变质石英细砂岩 22.7 m

——————— 整　合 ———————

下伏地层：**东坑口组**　灰绿、紫灰色变质中细粒石英(杂)砂岩

【地质特征及区域变化】　魏坊组分布局限，仅见于闽西南永安、龙岩、长汀一带及清流廖坊等地。其岩性各地有所差异。永安魏坊以薄层(绢云)千枚岩、千枚状（粉砂质）泥岩和泥质硅质岩或硅质岩、变质碳质泥岩、千枚状泥质粉砂岩夹变质中细粒长石石英杂砂岩，厚度 814.6 m。龙岩火德坑则为薄层千枚状含硅质(碳质)泥岩与变质粉砂岩、绢云千枚岩间层，夹变质细砂岩及两层(含)碳质粉屑灰岩凸镜体(厚约 1.4,1.5 m)，厚度大于 301.1 m。长汀大源坝—坝下地区则为薄层千枚状页岩、千枚状粉砂质页岩、泥质板岩、条带状含碳质千枚岩、变质(泥质)粉砂岩间夹中薄—中厚层变质(中)细粒石英砂岩及条带状变质(含泥)硅质岩、条带状硅质粉砂岩，厚度 752.2 m。

本组岩性各地虽有差异，但仍比较稳定，均以硅(砂)泥质沉积为主，相互基本可对比，地层厚度 748.8～908.9 m。

本组在永安魏坊采获笔石 *Didymograptus* aff. *hirundo*, *D.* sp., *Climacograptus* sp.；几丁虫 *Eisenachitina* sp., *Desmochitina* sp., *Cyathochitina* sp.；微古植物 *Protoleiosphaeridium* sp., *Leiosphaeridium* sp., *Paleamorpha* sp., *Membranohercus* sp., *Brocholaminaria* sp., *Taeniatum* sp., *Lignum* sp. 等。时代为早奥陶世。

罗峰溪组　*Ol*　(06-35-0027)

【创名及原始定义】　王绍文(1930)根据永安市西北 27 km 罗峰溪村出露于安砂石英砂岩之下的一套千枚岩地层创名罗峰溪千枚岩，上部多紫色，下部多灰绿色，状似绿泥片岩，惟纹理完全呈千枚岩组织，富丝绢光泽。岩层中有时含无数灰质结核，大如蚕虫，水溶解成无数椭圆形小孔。下部有薄层砂岩。厚度约 1 000～1 500 公尺，时代置于中奥陶世。

【沿革】　陈旭等(1941)、杨振翰等(1944)沿用这一地层名称，将罗峰溪千枚岩分为三部分，时代改定震旦纪。高振西(1947)将此称为大悲山系，时代划归早古生代。福建区测队(1965)将晚泥盆世之下的浅变质岩统称罗峰溪群，划分八个段，时代定为早古生代。福建区测队(1970)划为奥陶—志留系第二至六段。福建省区域地层表编写组(1979)将闽西南地层小

区，划归奥陶—志留系。福建区调队(1982)[①] 经专题调研重新厘定罗峰溪群含义，并划分上、下两个岩性段，定其时代为中晚奥陶世之后，省内一直沿用。唯闽西地质大队(1988)[②] 将李坊—魏坊地区的罗峰溪群置于东坑口群之上，时代划归晚奥陶世。本次对比研究改称罗峰溪组。

【现在定义】 划分为下段灰、灰黑色薄层(碳质)板岩、变质粉砂岩与中厚层变质中—细粒(含长石)石英(杂)砂岩间层，夹条带状硅质岩，偶夹千枚状页岩；上段灰、灰绿色厚—巨厚层变质中—细粒(含长石)石英(杂)砂岩为主，夹薄层碳质(或泥质)板岩及变质粉砂岩，底部砂岩中含黑色碳质泥岩碎屑。其下以灰、灰绿色厚层变质中—细粒(或细粒)石英(杂)砂岩与下伏魏坊组深灰色薄层硅质岩(或黑色薄层条带状硅质粉砂岩)整合接触，未见顶。

【层型】 创名地点因建水库被水淹没，新层型为长汀县城西北 7 km 的大源坝—坝下剖面(116°17′,25°54′)(图 2-1)，福建区测队王铭生等于 1966 年实测(图 2-27)，现分层描述如下：

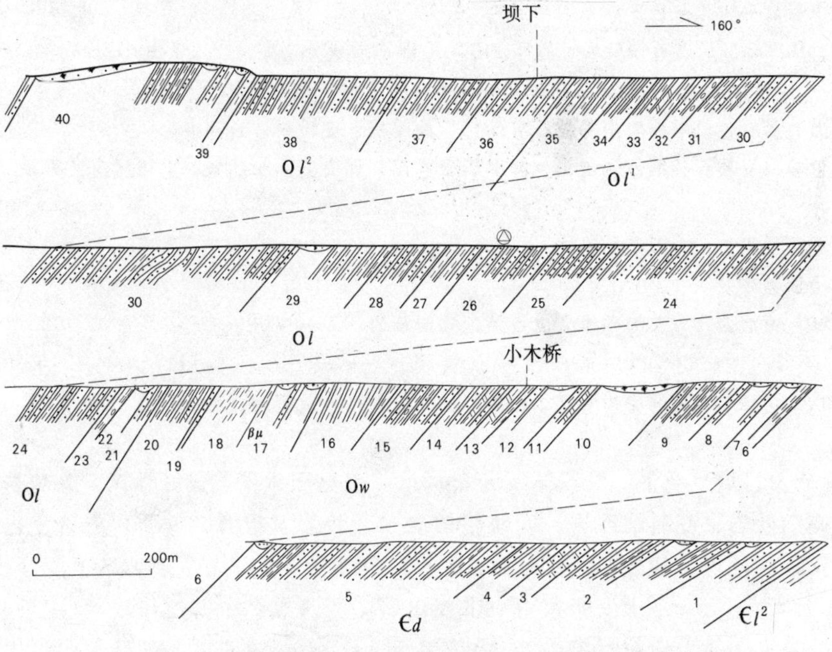

图 2-27 长汀县大源坝—坝下东坑口组—罗峰溪组实测剖面图

罗峰溪组 总厚度＞2 205.3 m

上段 厚度＞839.9 m

40. 浮土掩盖(偶见黑色薄层板岩及条带状变质粉砂岩露头及碎块)。(未见顶) ＞276.0 m

39. 黑色薄层变质粉砂岩、板岩，下部夹少量灰黑色变质石英细砂岩 63.1 m

38. 灰色厚—巨厚层变质中细粒石英砂岩，偶夹灰黑色薄层板岩。板岩中含大量粉砂质条带及团块 253.8 m

37. 灰黑色厚层变质石英细砂岩与黑色碳质板岩互层，下部夹变质粉砂岩，条带状层理发育，间宽 3～4 mm 157.1 m

① 福建区调队，1982，福建省早古生代地层调查研究报告。
② 闽西地质大队，1988，1∶5 万安砂、贡川幅区域地质调查报告。

36. 灰色厚层变质石英细砂岩，含少量黑色板岩碎屑 89.9 m

下段 厚度 1 365.4 m

35. 黑色薄层板岩与灰黑色变质粉砂岩、变质细砂岩互层 46.6 m
34. 灰色厚层变质含长石石英细砂岩 30.0 m
33. 黑色薄层板岩、变质粉砂岩与灰白、灰黑色条带状硅质岩互层，偶夹变质石英砂岩 39.0 m
32. 灰绿色厚层变质石英细砂岩，底部为厚约 2 m 的变质砾岩，砾石成分为变质砂岩及黑色泥岩，滚圆度差，砂质胶结 27.8 m
31. 黑色薄层含碳质板岩夹少量暗灰色变质石英细砂岩 56.8 m
30. 暗灰、灰黑色厚层变质中细粒石英砂岩，局部含少量长石及碳质碎屑，偶夹高碳质板岩及褐色变质砂岩凸镜体及团块 235.9 m
29. 黄绿、黄褐色中薄层变质粉砂岩、细砂岩夹黑色千枚状页岩，上部浮土掩盖 148.7 m
28. 黄绿色中薄层变质石英细砂岩夹黄绿、黑色变质粉砂岩 64.1 m
27. 黑色板岩夹少量灰色变质石英细砂岩 39.3 m
26. 灰、灰绿色变质石英细砂岩，节理发育，上部泥质成分增高，产几丁虫 *Conochitina incerta*，*Desmochitina* sp.，*Cyathochitina* sp.，*Linochitina* sp.， 93.1 m
25. 灰黑、灰绿色厚层变质中细粒石英砂岩，偶夹黑色变质粉砂岩及板岩 80.0 m
24. 灰色厚层变质石英细砂岩与黑色薄层板岩互层，偶夹变质粉砂岩，韵律层理极为发育 402.6 m
23. 黑色薄层板岩，含砂质凸镜体 20.9 m
22. 浮土掩盖 55.2 m
21. 灰绿色厚层变质石英细砂岩夹少量黑色砂质板岩 25.4 m

——————— 整　合 ———————

下伏地层：**魏坊组**　黑色薄层板岩夹少量条带状硅质粉砂岩及变质石英细砂岩

【地质特征及区域变化】　罗峰溪组分布局限，仅见于永安、长汀地区。总的岩性为变质(含长石)石英杂砂岩、变质细砂岩、变质粉砂岩和千枚岩、板岩、硅质岩的重复出现，组成一套韵律层发育的复理石建造，划分为上、下两个岩性段。长汀大源坝地区下段厚度 1 365.4 m，上段厚度大于 839.9 m。永安张家山一带仅出露下段灰黑色中薄层千枚状(碳质)页岩和条带状硅质粉砂岩夹变质中细粒石英砂岩，厚度大于 581.9 m。永安龙头地区下段以中薄层变质(千枚状)泥质粉砂岩、变质粉砂质泥岩、变质含砂质泥岩为主夹厚层变质中细粒石英砂岩，厚度 177.6 m；上段为厚—巨厚层变质中细粒(长石)石英杂砂岩夹千枚岩、千枚状泥岩，其上被天瓦岽组不整合所覆，厚度 41.0 m。总之，本组岩性各地基本一致，均可以对比，地层厚度从西南往东北略有变薄趋势。

永安大湖地区采获几丁虫 *Euconochitina* sp.，*Conochitina* sp.，*Desmochitina* sp.，*D. monilis*，*Rhabdochitina* sp.，*Lagenochitina* sp.，*Cyathochitina* sp.；微古植物 *Lophosphaeridium* sp.，*Leiofusa* sp.，*Polyporata* sp.。长汀大源坝地区除采获几丁虫外，微古植物主要有 *Trachysphaeridium* sp.，*Protoleiosphaeridium* sp.，*Leiomarginata* sp.，*Micrhystridium* sp.，其次有 *Trachydiacrodium* sp.，*Archaeohystrichosphaeridium* sp. 等，其时代暂置中晚奥陶世较为合适。

澳角群　AnDA　(06-35-0028)

【创名及原始定义】　澳角群由福建省地质科学研究所王振民等(1991)① 创名，创名地点位于东山县城南约 12 km 澳角村。系指福建沿海出露的一套中浅变质岩系，岩石类型包括各种片岩类、变粒岩类、片麻岩(包括各种混合岩和混合花岗岩类)和斜长角闪岩类及少量石英岩组合。时代定为早古生代。

【沿革】　福建区测队(1974b、1977f)、福建省区测队变质岩组(1982)以及福建省地质矿产局(1985)均划为上三叠统—侏罗系。闽东南地质大队(1987)② 划归前奥陶系。本次对比研究，沿用澳角群一名，改定时代为前泥盆纪，并进一步划分为岩雅组和亲营山组。

【现在定义】　指出露于福建东南沿海的一套中浅变质岩系，包括下部以变(浅)粒岩为主的岩雅组和上部以含矽线石片岩为主的亲营山组。

岩雅组　AnDy　(06-35-0029)

【创名及原始定义】　李兼海等(1994)创名，创名地点位于东山县城东南约 7.5 km 岩雅村。系指闽东南沿海出露的一套原岩为火山-砂泥质建造。岩性以钾长、二长(或斜长)变(浅)粒岩为主夹(红柱)矽线黑云片岩组合，部分混合岩化较强，形成混合质变粒岩及混合岩。未见底，其顶部以厚层二长浅粒岩与上覆亲营山组底部矽线二云片岩分界，两者接触关系不明。

【沿革】　岩雅组创名之前，福建区测队(1974b)以及福建省地质矿产局(1985)均划为上三叠统—侏罗系。王振民等(1991)创澳角群，归属其下部，时代定为早古生代。本次对比研究，时代改定前泥盆纪。

【现在定义】　同原始定义。

【层型】　正层型为东山县城东南约 7.5 km 亲营山—岩雅剖面(117°28′,23°40′)(图 2-1)，由福建区测队李昌泽等于 1979 年 6 月实测(图 2-28)，现分层描述如下：

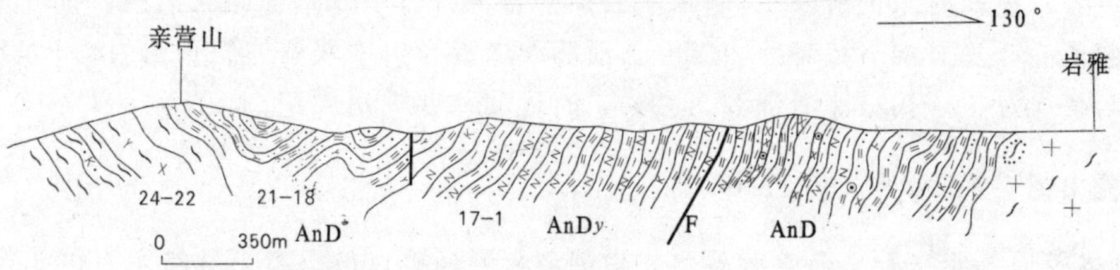

图 2-28　东山县亲营山—岩雅岩雅组—亲营山组实测剖面图

上覆地层：亲营山组　矽线二云片岩

·························· 接触关系不明 ··························

岩雅组	总厚度>1 243.1 m
17. 二云(二长)浅粒岩，下部有花岗质脉体贯入	200.9 m
16. 红柱云母片岩	14.8 m
15. 钾长浅粒岩	19.5 m

---

① 王振民、黄辉，1991，福建沿海澳角群概论。福建省地质科学研究所地质科学技术文集(一)台湾海峡两岸地质与矿产。

② 闽东南地质大队，1987，1∶5 万湄洲湾地区(枫亭、惠安、笏石、莆栖幅)区域地质调查报告。

14.	(石榴)斜长变粒岩	47.5 m
13.	中粒混合花岗岩	35.8 m
12.	浮土掩盖	52.5 m
11.	硅化糜棱岩	78.3 m
10.	黑云变粒岩与变质石英砂岩互层	137.2 m
9.	混合质(含角闪)二长浅粒岩	183.3 m
8.	红柱矽线黑云片岩	42.9 m
7.	均质混合岩	60.5 m
6.	(混合质)钾长浅粒岩	290.7 m
5.	矽线黑云片岩	9.9 m
4.	均质混合岩	30.5 m
3.	红柱矽线黑云片岩	3.3 m
2.	钾长浅粒岩	19.7 m
1.	均质混合岩。(未见底)	>15.8 m

【地质特征及区域变化】 岩雅组分布于闽东南沿海晋江、龙海、东山、云霄一带，福清高山沙埔、莆田忠门双告山、烟墩山等地亦有零星出露。本组岩性各地基本相似，但由西南向东北混合岩化增强，厚度变化较大。东山岩雅地区以混合质钾长(二长)浅粒岩和黑云变粒岩、(石榴石)斜长变粒岩为主夹片岩、混合岩，厚度679.1～1 243.1 m以上。往东北至龙海深垵—岛美地区则以条痕状、片麻状、眼球状混合岩为主夹混合质浅粒岩、(角闪)黑云斜长变粒岩及辉石角闪二长变粒岩残留体，厚度444.7～509.8 m以上。至晋江石刀山地区为混合质斜长(二长)变粒岩，夹条痕状、片麻状、眼球状混合岩，厚度1 701.2～2 217.1 m以上。至莆田烟墩、福清高山沙埔一带，岩性则以均质混合岩和片麻状、条痕状混合岩为主，夹有(黑云)角闪斜长变粒岩、黑云斜长变粒岩、斜长角闪岩残留体。

本组获得地质时限资料较少，晋江唐公山一带混合岩中残留体斜长角闪岩Sm-Nd全岩等时线年龄值509±20 Ma(黄辉等，1989)，福清沙埔混合岩中残留体斜长角闪岩Rb-Sr全岩等时线年龄值483±21 Ma(沈渭洲等，1991)，时代属寒武—奥陶纪。

亲营山组 AnD*q* (06-35-0030)

【创名及原始定义】 李兼海等(1994)创名，创名地点位于东山县城东南约3.5 km亲营山。系指闽东南沿海出露的一套浅变质的有机质、砂泥质-火山碎屑建造。岩性以一套含矽线石(红柱石)为特征的云母(石英)片岩夹变(浅)粒岩，偶夹石墨二云石英片岩组合。未见顶，与下伏岩雅组接触关系不明。

【沿革】 创名之前，福建区测队(1974b、1977e)以及福建省地质矿产局(1985)均划归上三叠统—侏罗系。闽东南地质大队(1987)① 划归前奥陶纪。王振民等(1991)创澳角群后归属其上部，时代定为早古生代。本次对比研究，时代改定前泥盆纪。

【现在定义】 同原始定义。

【层型】 正层型为东山县城东南约7.5 km亲营山—岩雅剖面(117°28′，23°40′)(图2-1)，福建区测队李昌泽等于1979年6月实测(图2-28)，现分层描述如下：

① 闽东南地质大队，1987，1∶5万湄洲湾地区(枫亭、惠安、笏石、莆栖幅)区域地质调查报告。

亲营山组	总厚度＞861.3 m
24. 浅肉红色中粒黑云母混合花岗岩。(未见顶)	＞17.1 m
23. 均质混合岩夹混合质变粒岩	125.4 m
22. (矽线)云母石英片岩	108.1 m
21. 混合质变粒岩与(石墨)二云石英片岩间层	197.8 m
20. 矽线红柱二云石英片岩	90.7 m
19. 混合质红柱矽线钾长浅粒岩，下部花岗质脉体贯入	130.4 m
18. 矽线二云片岩	191.8 m

························ 接触关系不明 ························

下伏地层：**岩雅组**　二云(二长)浅粒岩，下部有花岗质脉体贯入

【地质特征及区域变化】　亲营山组分布于闽东南沿海东山亲营山，龙海港尾，莆田忠门港里、东庄红山，福清高山锦城及平潭北厝上楼等地。由东山亲营山往东北至龙海深坡—岛美地区，岩性为含矽线二云石英片岩夹少量黑云斜长变粒岩及云母片岩，厚度183.3～1 020.8 m以上。至莆田港里为白云石英片岩、(含)矽线白云石英片岩与混合二长花岗岩间层夹矽线石英片岩，厚度大于1 568.0 m。往北至福清高山—平潭上楼，岩性则以片麻状混合岩、眼球(变斑)片麻状混合岩、均质混合岩夹富铝红柱黑云(二云)变粒岩及绢云(白云)片岩、(含矽线)黑云石英片岩、矽线云母片岩、混合质黑云片岩残留体。总之，本组岩性基本稳定，仅福清高山、平潭上楼混合岩化较强。地层厚度因各地出露不完整，变化较大。

亲营山组是福建省重要的矽线石(红柱石)等高铝矿物矿床的含矿层位，矽线石矿床主要分布于低角闪岩相区，矽线石矿富集程度与区域性热动力变质、混合岩化强度有着成因上的内在联系。

本组地质时限资料少，东山冬古亲营山地区石墨片岩和石英云母片岩中采获微古植物15属15种(黄辉等,1988)，主要分子有 *Leiominuscula* sp.，*Leiosphaeridia* sp.，*Trematosphaeridium* sp.，*Micrhystridium* sp.，*Hystrichosphaeridium* sp.，*Lophosphaeridium* sp.，*Cymatiosphaera* ? sp.，*Multiplicisphaeridium* ? sp.，*Lignum* sp.；几丁虫 Chitinozoans 有9个形态类型，它们个体小，形态简单，无装饰及附连物。此外，莆田县忠门港里矽线白云石英片岩 Sm-Nd 全岩等时线年龄值 463±15 Ma(黄辉等,1989)，时代属晚寒武—早奥陶世。

第二节　生物特征及地质年代

(一) 震旦纪

1. 闽西南地层小区

闽西南地层小区震旦纪岩石地层单位自下而上划分为楼子坝组、丁屋岭组、南岩组、黄连组，总体为一套海相砂泥质—泥砂质粗碎屑—钙硅质、砂泥质细碎屑—硅质为主夹砂泥质沉积。

楼子坝组在长汀楼子坝剖面已获微古植物 *Protoleiosphaeridium* sp.，*Trachysphaeridium* sp.，*Micrhystridium* sp.，*Archaeohystrichosphaeridium* sp.，*Taeniatum* sp.，*Microconcentrica* sp.，*Brocholaminaria* sp.，*Paleamorpha* sp.，*Lignum* sp. 等。这些微古植物化石组合的特征是个体小，多数在10 μm以下，以 *Protoleiosphaeridium* 为主，占整个组合63%。这一组合曾见于前苏联尤尔马金群(Yurmatin)及我国北方长城纪串岭沟组，但部分分子如 *Micro-*

hystridium 亦见于峡东的陡山沱组及灯影组。在层位上，其上与丁屋岭组呈不整合或平行不整合接触。根据岩性及生物组合、接触关系等，时代暂置早震旦世早期较合适。

丁屋岭组，目前仅在长汀丁屋岭村南获微古植物化石 *Protoleiosphaeridium* sp. 一属，其下与楼子坝组呈不整合或平行不整合接触，这一间断面说明闽西南小区楼子坝组沉积之后地壳曾有短暂抬升和剥蚀，形成丁屋岭组底砾岩，根据该砾岩层特征及接触面性质和区域对比，应是澄江运动的反映（福建省地质矿产局，1985）。其上与南岩组呈整合接触。丁屋岭组的岩性组合及层位与赣南含陆源火山碎屑以砾质岩石为特征的沙坝黄组基本可以对比，时代暂归早震旦世晚期。

南岩组在长汀南岩西北长塅、马屋磜已获微古植物 *Leiominuscula minuta*，*Lophominuscula* cf. *prita*，*Margominuscula antiquia* 等，这些微古植物化石多见于湖北峡东地区陡山沱组。本组为闽西南磷、硫的重要含矿层位，其下与丁屋岭组，其上与黄连组，均呈整合接触。根据岩性组合，产微古植物化石及含矿性分析，岩性与赣南坝里组基本可以对比，层位与闽西北地层小区三溪寨组大致相当，时代暂置晚震旦世早期。

黄连组分布范围小，工作程度较低，目前尚未取得可信的古生物化石及同位素年龄资料，但岩性组合特殊且稳定，以硅质岩为主，与华南地区震旦纪晚期岩石组合特征一致，其下与南岩组整合接触，其上被产原始海绵骨针的早中寒武世林田组整合覆盖，西延与赣南震旦纪晚期老虎塘组灰白色硅质岩组合可以对比，时代为晚震旦世晚期。

2. 闽西北地层小区

闽西北地层小区震旦纪岩石地层单位，自下而上划分为黄潭组、宝石组、三溪寨组、龙头组，总体为一套砂泥岩、泥灰质（硅质）中酸性火山细碎屑为主的沉积。

黄潭组已获少数同位素年龄资料，宁化方田钾长变粒岩常规锆石 U-Pb 一致曲线结晶年龄值 665 Ma，宁化溪源、东坑黑云二长变粒岩与黑云斜长变粒岩 Rb-Sr 全岩等时线年龄值 737 Ma，其下与前震旦纪南山组呈平行不整合接触，其上被三溪寨组整合覆盖，岩性组合特征及层位与闽北地层小区吴墩组基本可以对比。

宝石组分布局限，工作程度低，目前尚未取得可靠的古生物化石和同位素年龄资料，其岩性为一套既复杂又特殊的绿片岩组合，其层位与黄潭组中下部块状变粒岩呈整合或横向上呈相变过渡关系，岩石组合特征与闽北地层小区东岩组基本上可以对比，时代暂置早震旦世早期。

三溪寨组工作程度较低，所获地质时限资料极少，仅有宁化泉上绢云千枚岩 Rb-Sr 全岩等时线年龄值为 605.7 ± 57.6 Ma。在层序关系上，其下与黄潭组呈整合接触，其上与龙头组呈整合或平行不整合接触，或直接为早中寒武世林田组整合覆盖。岩性组合以千枚岩、硅质岩、大理岩及黄铁矿层为特征。但各地变质程度不一，南区变质较浅以千枚岩为主，北区变质较深多有黑云石英片岩。其层位与闽西南地层小区南岩组和闽北地层小区龙北溪组相当，时代暂置晚震旦世早期，局部可能延至晚期。

龙头组所获地质时限资料较少，将乐黄潭—光明地区产微古植物 *Trematosphaeridium holtedahlii*，*T. minutum*，*Polyporata obsoleta* 等，这些化石主要见于我国南方晚震旦世；另在宁化行洛坑变质沉凝灰岩获锆石 U-Pb 和谐线下交点结晶年龄值 $643\pm^{73}_{78}$ Ma。其下与三溪寨组呈整合或平行不整合接触，其上被产原始海绵骨针的林田组整合覆盖。故时代属晚震旦世晚期。

3. 闽北地层小区

闽北地层小区震旦纪岩石地层单位自下而上划分为吴墩组、东岩组、龙北溪组、稻香组，总体为一套基性—中酸性火山喷发—钙、镁、硅、砂泥质沉积，火山活动相对强烈。

吴墩组仅在政和马面山地区获微古植物 *Trematosphaeridium holtedahlii*，*Scaphita* sp.，*Taeniatum* sp. 和几丁虫 Chitinozoans。这些化石常见于我国南方震旦纪—寒武纪。其层序关系与下伏前震旦纪南山组呈整合接触，中上部与东岩组呈整合或横向上呈相变过渡关系，其上与龙北溪组呈整合或平行不整合接触。岩石组合特征与闽西北地层小区黄潭组大致相当，原岩皆为中酸性火山岩，时代暂置早震旦世。

东岩组在政和马面山—富竹庄、稻香—高堀、南平北山已获微古植物 *Trematosphaeridium minutum*，*Scaphita* sp.，*Micrhystridium* sp.，*Asperatopsophosphaera* sp.，*Polyedrosphaeridium* sp.，*Quadratimorpha* sp.，*Polyporata* sp.，*Pecomorpha* sp.，*Turuchanica* sp.，*Membranohercus* sp.；几丁虫 Chitinozoans。同位素年龄有政和下坑—暗桥斜长角闪片岩 Sm-Nd 模式年龄值 800±50 Ma；南平黄田钠长透辉阳起片岩角闪石 K-Ar 年龄复查值为 650.9 Ma；建瓯西坑变石英角斑岩单锆石 U-Pb 年龄为 773.8±2.6 Ma。这些微古植物大都常见于我国南方震旦纪—寒武纪，同位素年龄时代大致为早震旦世，层序关系与其下的吴墩组呈相变关系，其上与龙北溪组呈整合接触。岩石组合特征及层位与闽西北地层小区宝石组基本相当，其时代暂置早震旦世。

龙北溪组在政和马面山—富竹庄已获微古植物 *Scaphita* sp.，*Polyporata* sp.，*Pecomorpha*；几丁虫 Chitinozoans。这些化石组合中主要为船形藻、多孔体及梳状体，几丁虫少见，常见时代为震旦纪—寒武纪，主要为晚震旦世。本组分别与下伏东岩组呈整合接触，与吴墩组呈整合或平行不整合接触，其上与稻香组接触关系不明。岩性组合特征及含矿性与闽西北地层小区三溪寨组基本可以对比，均以一套钙硅质岩及含矿层为特征，时代暂置晚震旦世。

稻香组在政和稻香、顺昌曲村一带已获微古植物 *Trematosphaeridium holtedahlii*，*T. minutum*，*Protosphaeridium timofeev*，*Laminarites antiquissimus*，*Lignum striatum*；可疑几丁虫？Chitinozoans。上述这些化石组合主要见于我国南方震旦系，部分见于青白口系和蓟县系或寒武系，个别分子跨时较长至奥陶纪。总的看来这些化石分子个体一般呈圆形、椭圆形，直径为 25～80 μm，中等偏大型。由于其顶底层位关系不清，目前仅据微古植物化石资料，时代暂置晚震旦世晚期。

4. 闽东地层小区

闽东地层小区震旦纪岩石地层单位，由于大面积中生代火山岩覆盖，出露零星，研究粗略，自下而上划分为泮地组和稻香组。总体为一套含富钙(镁)砂泥质-中酸性火山碎屑砂泥(硅)质沉积。

泮地组在周宁吾凤楼钻孔变质岩中获微古植物 *Protoleiosphaeridium* sp.，*P. sorediphorme*，*Trematosphaeridium* sp.，*Lophosphaeridium* sp.，*Trachysphaeridium* sp.，*Taeniatum* sp.，*Turuchanica* sp.，*Brocholaminaria* sp.，*Laminarites* sp.，*Paleaomorpha* sp.，*Membranohercus* sp.，*Retinarites* sp.，*Lignum* sp. 等，这些化石组合，常见于我国南方震旦纪，部分分子跨时较长为震旦纪—陶奥纪。本组根据岩性组合、变质程度及含矿性特点和闽北地层小区龙北溪组有相似之处，但是混合岩化、糜棱岩化发育和龙北溪组也有所不同，其下与前震旦纪葛坑组，其上与震旦纪稻香组接触关系不明，时代暂置震旦纪。

5. 年代地层与岩石地层单位划分、对比

当前对于一个适用于国际或国内的地质年代划分尚无统一的标准，现参照《中国同位素地质年代表》(1986)、王鸿祯等(1990)《中国地层时代表》及程裕淇等(1994)《中国区域地质概论》等资料和多数地质工作者的意见，结合福建省具体情况，确定震旦纪底界年龄为800 Ma，震旦纪与寒武纪的分界年龄为570 Ma，早晚震旦世之间的界线年龄为700 Ma。震旦系划分为下震旦统和上震旦统(表 2-2)。

表 2-2 福建省震旦纪年代地层与岩石地层单位划分对比表

地质年代 Ma	年代地层单位		岩石地层单位					
	系	统	闽西南地层小区	闽西北地层小区		闽北地层小区		闽东地层小区
	寒武系	中下统	林田组	林田组				
570	震旦系	上统	黄连组	龙头组 ·649Ma		稻香组 ·800Ma		稻香组
610			南岩组	三溪寨组		? 龙北溪组		? 洋地组
700		下统	丁屋岭组	·665Ma ·737Ma 宝石组	黄潭组	吴墩组 ·773Ma ·1100Ma	·650.9Ma 东岩组 ·800Ma ·1129Ma ·1599Ma	
740			楼子坝组 ?					
800	前震旦系		桃溪(岩)组	麻源组	南山群	麻源群	南山组	? 葛坑组

必须指出，福建震旦纪地层基本是一套巨厚的地槽型海相砂泥质为主的沉积，伴随有多次火山喷发，加之后期的多期次岩浆活动，构造叠加破坏，岩石遭受强烈的变质重结晶作用、混合岩化及糜棱岩化作用，原岩面貌大为改观，地层划分对比极为困难。此外，目前各个岩石地层单位所获得微古植物化石和同位素年龄值均跨时很长，微古植物化石组合从前震旦纪—寒武纪，同位素年龄值从1 100～650.9 Ma，且可信程度较低。因此，年代地层的划分及与岩石地层的对比只能是粗略或示意性的。

(二) 早古生代

1. 闽西南及闽西北地层小区

早古生代地层以闽西南发育较完整，闽西北零星出露。岩石地层单位自下而上划分为林田组、东坑口组、魏坊组、罗峰溪组，总体为一套地槽型砂泥质、砂质、含砂硅泥质、泥砂质复理式沉积。

林田组在长汀冷水井、丝毛坪、宁化石碧岭已获原始海绵骨针 *Protospongia* sp.。宁化龙下、清流茹坑、员山背，采获微古植物 *Leiominuscula* sp.，*Trachysphaeridium simplex*，*T.*

sp.，*Protosphaeridium* sp.，*Baltisphaeridium* sp，。长汀丝毛坪采获几丁虫？*Desmochitina* sp.，? *Conochitina* sp. 等。以上化石，原始海绵骨针时代为寒武纪，微古植物化石和几丁虫常见时代为震旦纪—寒武纪。在层序关系上，与下伏晚震旦世黄连组或龙头组呈整合接触，其上被东坑口组整合覆盖。其岩石特征是林田组下段变质碎屑岩中含碳质板岩或千枚岩，偶见石煤凸镜体；上段发育钙硅质岩层。从古生物化石、岩石组合及层位关系分析，林田组时代归属早中寒武世无大问题，上段与下段分别与赣西南崇义地区牛角河组、高滩组可以对比，层位与寒武系下、中统相当。

东坑口组在长汀丝毛坪采获 *Protospongia* sp.，龙岩火德坑、清流茹坑获得微古植物 *Protoleiosphaeridium* sp.，*Trematosphaeridium* sp.，*Trachysphaeridium* sp.，*Trachydiacrodium* sp.，*Triangumorpha* sp.，*Leiosphaeridium* sp.，*Leiofusa* sp.，*Leiominuscula* sp.，*Archaeohystrichosphaeridium* sp.，*Acanthodiacrodium* sp.，*Hystrichosphaeridium* sp.，*Hystrichotriangulatum* sp.，*Micrhystridium* sp.，*Polyporata* sp.，*Quadratimorpha* sp.，*Nigrilaminarites* sp.，*Lignum* sp.；几丁虫 *Clavachitina* sp.，*Conochitina* sp.，*Desmochitina* sp. 等。上述这些微古植物化石组合和俄罗斯地台上寒武统微古植物化石组合十分相似。在层序关系上，其下与林田组，其上与魏坊组均呈整合接触，因此，东坑口组时代暂归晚寒武世。其岩性组合基本上与赣南水石组可以对比，层位大致相当于寒武系上统。

魏坊组在永安魏坊已获笔石 *Didymograptus* aff. *hirundo*，*D.* sp.，*Climacograptus* sp.，? *Dicellograptus*sp.；几丁虫 *Eisenachitina* sp.，*Desmochitina* sp.，*Cyathochitina* sp. 等；微古植物 *Protoleiosphaeridium* sp. *Leiosphaeridia* sp.，*Taeniatum* sp.，*Paleamorpha* sp.，*Membranohercus* sp.，*Brocholaminaria* sp.，*Lignum* sp. 等。笔石所反映的时代为早奥陶世晚期—中奥陶世早期，几丁虫和微古植物化石组合亦属奥陶纪。魏坊组为一套硅质、泥砂质细碎屑沉积，下与东坑口组、上与罗峰溪组均呈整合接触，故时代置于早奥陶世较合适。其岩石组合与赣西南茅坪组—对尔石组基本可以对比，层位大致相当于奥陶系下统。

罗峰溪组产几丁虫及微古植物化石丰富。永安大湖地区采获几丁虫 *Euconochitina* sp.，*Conochitina* sp.，*Desmochitina* sp.，*D. monilis*，*Rhabdochitina* sp.，*Lagenochitina* sp.，*Cyathochitina* sp.；微古植物 *Leiosphaeridia* sp.，*Lophosphaeridium* sp.，*Leiofusa* sp.，*Veryachium* sp.，*Polyporata* sp.。长汀大源坝地区采获几丁虫 *Conochitina incerta*，*Desmochitina* sp.，*Cyathochitina* sp.，*Linochitina* sp. 等；微古植物主要有 *Trachysphaeridium* sp.，*Protoleiosphaeridium* sp.，*Leiomarginata* sp.，*Micrhystridium* sp.，其次有 *Trachydiacrodium* sp.，*Archaeohystrichosphaeridium* sp.，偶有出现 *Asperatopsophosphaera umishanensis*，*Zonosphaeridium* sp. 等，其组合特点是：①个体大小不一，大者达 50 μm 以上，小者仅 10 μm 左右；②纹饰复杂，有鲛面、糙面、刺面并出现环壁；③*Leiomarginata* 在组合中占多数，新出现了 *Trachydiacrodium*，*Leiomarginata*，*Zonosphaeridium*，同时，*Trachysphaeridium* 达 50 μm，*Micrhystridium* 数量显著增多，时代为奥陶纪。而上述几丁虫中 *Conochitina incerta* 首次见于波罗的海卡拉道克(Caradoc)地层中，其它地区晚奥陶世地层也相继发现，其余属种皆见于奥陶系。在层序关系上，其下与魏坊组整合接触，其上被晚泥盆世天瓦岽组不整合所覆，因此，罗峰溪组时代归属中晚奥陶世是恰当的，岩性组合特征可与赣西南石口组进行对比，其层位大致相当于奥陶系中—上统。

2. 闽东南地层小区

闽东南小区早古生代岩石地层单位称澳角群，包括下部岩雅组和上部亲营山组，总体为一套火山-有机质、砂泥质碎屑沉积，由于岩石变质较深，所获地质时限资料较少，同位素地质年龄及微古植物化石均反映其时代为寒武纪—奥陶纪，由于众所周知的原因，目前尚不能排除有震旦纪或更老地层存在。因此，澳角群时代暂置于前泥盆纪较合适。

第三节 问题讨论

一、地层区划

依照福建省变质岩的空间展布、宏观岩石特征、岩性组合的特殊性、变质和构造变形程度的复杂性及岩石地层所处大地构造位置的相对一致性，将全省前泥盆纪变质岩地层划分为闽西南、闽西北、闽北、闽东和闽东南5个地层小区，各小区总体呈NE向展布。目前，除闽西南和闽东南地层小区岩石组合、变质程度等各具特点，自成小区外，闽北地层小区与其西侧闽西北及东侧闽东地层小区有诸多相似之处。例如，早震旦世闽西北宝石组与闽北东岩组岩石组合基本相同，均为一套绿片岩夹石英岩、大理岩，同时，该绿片岩与闽东地层小区东华组绿片岩组合岩性亦大体相似，目前仅据同位素年龄将东华组划属前震旦纪。闽西北黄潭组与闽北吴墩组，原岩皆以中酸性火山岩为主，前者多为二长、钾长变粒岩，后者多为钠长变粒岩。晚震旦世早期闽西北三溪寨组与闽北龙北溪组主体岩性亦相似，为一套钙、镁、硅质岩夹片岩、变粒岩、以含黄铁矿、磁铁矿为特征，晚期局部有火山活动，形成龙头组与稻香组。由此，有人主张将闽北地层小区并入闽西北地层小区，亦即前泥盆纪地层划分为4个地层小区，其与闽东地层小区的界线移至松溪—建瓯—南平以西。

二、岩石组合及地层划分对比

1. 变粒岩组合

前震旦纪地层变粒岩发育，出现的层位多，自下而上见于天井坪组、回向殿组、南山组、卓地组以及震旦纪黄潭组、吴墩组，这些不同层位变粒岩组合无明显区分标志，在缺乏连续剖面及缺少上下岩石地层单位时，地层划分及对比难免有误。

2. 绿片岩组合

绿片岩组合见于前震旦纪东华组和震旦纪东岩组、宝石组，它们之间岩性上虽存在一定差异，但总体岩石组合面貌较为相似，目前仅根据同位素年龄数值将东华组与东岩组和宝石组划分开，分别置于前震旦纪和震旦纪，但它们之间是否属一个年代的岩石地层单位，仍需进一步探讨。

3. 宝石组与东岩组层位问题

宝石组与东岩组均为一套绿片岩组合夹钙硅质岩，层位基本相当。目前资料表明，宝石组与黄潭组中下部变粒岩呈相变过渡关系，分布局限；东岩组与吴墩组中上部变粒岩亦为整合过渡关系，其分布多见于松溪—南平一带。这两套绿片岩组合与其上下变粒岩的层位是不固定的，地层厚度亦变化较大，原岩多属火山成因，因此，宝石组与东岩组是否分别作为黄潭组和吴墩组变粒岩中的一个段级(绿片岩段——非正式地层单位,或宝石段、东岩段——正式地层单位)岩石地层单位更为合理，值得探讨。

4. 龙头组与稻香组的层位、时代问题

龙头组为一套变质火山碎屑岩夹千枚岩、粉砂岩，目前仅根据其上为早中寒武世林田组整合所覆和部分微古植物化石资料确定其时代为晚震旦世晚期。就整个华南所知，震旦纪晚期发育厚达1 700余米的火山碎屑岩实属罕见，闽西北分布亦很零星；稻香组为一含中酸性火山岩夹硅泥岩，目前缺乏顶、底接触关系资料，部分微古植物化石跨时较长，特别是政和县稻香阳起石化安山质凝灰岩Sm-Nd模式年龄值为800 Ma，稻香组是否属东岩组的一部分，值得怀疑。因此，龙头组与稻香组层位及时代归属仍值得进一步研究。

三、同位素年龄值应用

福建省前震旦纪变质岩地层已获同位素年龄资料，大多数为Sm-Nd全岩等时线年龄，少数采用锆石U-Pb一致曲线上交点年龄值以及碎屑锆石$^{207}Pb/^{206}Pb$年龄值。各岩石地层单位所获同位素年龄数值归纳如下：天井坪组斜长角闪岩Sm-Nd全岩等时线年龄值为2 678～2 380 Ma；大金山组斜长角闪片岩、斜长角闪岩和黑云斜长变粒岩Sm-Nd全岩等时线年龄值1 355～2 116 Ma；迪口组黑云斜长变粒岩(片麻岩)碎屑锆石$^{207}Pb/^{206}Pb$年龄值1 805～1 851 Ma；东华组黑云透闪片岩、角闪片岩、斜长角闪岩Sm-Nd全岩等时线年龄值1 970 Ma；桃溪(岩)组黑云斜长变粒岩、变质火山岩混合锆石U-Pb一致曲线年龄值1 678～1 777 Ma，细碧岩和变质中基性火山岩Sm-Nd全岩等时线年龄值1 825 Ma；卓地组黑云斜长变粒岩混合锆石$^{207}Pb/^{206}Pb$模式年龄值1 097 Ma。上述这些同位素年龄资料除Sm-Nd全岩等时线年龄值可信度较大外，其他方法测试年龄值多有争议。尽管如此，Sm-Nd全岩等时线年龄值跨度亦大，从1 300到2 600 Ma，多集中在1 800～2 600 Ma间，其它方法测试年龄值也多集中在1 600～2 000 Ma，此外，赵风清、金文山等(1994)①在建宁地区麻源群亦获得3个(石榴)黑云斜长变粒岩的Sm-Nd模式年龄值分别为1 841 Ma、2 082 Ma、2 293 Ma，由此看来，本区十分缺乏震旦纪以前800～1 300 Ma中—晚元古代年龄数据。为此，漫长的地质历程与震旦纪前迄今尚未发现可信的地层不整合接触关系是难以解释的。本书之所以未按同位素年龄值将上述岩石地层单位地质时代分别置于晚太古代、早元古代、中元古代(长城纪或蓟县纪)或晚元古代青白口纪，而统称前震旦纪，即保留我们目前对变质岩同位素年龄值应用的看法，同时也更能反映出福建省前震旦纪地层地质调查研究程度较低的真实性。

孙大中等(1991)②对建瓯西坑、叶坑震旦纪东岩组变石英角斑岩中单锆石进行了较详细的测年工作，据15次单锆石U-Pb稀释法测定结果(表2-3)，认为无色透明短柱状晶形好的3颗锆石(29—31)拟合的不一致线上交点年龄值1 100±19 Ma，代表岩石的结晶年龄，虽然后期变化发生铅丢失，仍属比较精确可信；4颗磨圆较好的碎屑锆石(22—25)$^{207}Pb/^{206}Pb$年龄值2 142～2 415 Ma，可能代表老蚀源区(基底)的岩石年龄值；而5个灰白色透明度差、有裂纹的锆石(17—21)加权平均值年龄值773.8±2.6 Ma，可能为一次动力构造热事件的反映。笔者认为，单个U-Pb样品所获得的$^{206}Pb/^{238}U$、$^{207}Pb/^{235}U$、$^{207}Pb/^{206}Pb$三个比值表面年龄值接近一致时(小于10%)，才说明该样品U-Th-Pb保持封闭体系，初始铅的扣除也合理，此年龄值方可作为样品的结晶年龄。由此可知，上述三组年龄数值中，5个灰白色不透明碎裂状锆石年龄值均位于一致线附近，加权平均年龄值773.8±2.6 Ma更可能反映岩石的结晶年龄。而另两组数据则可能不同程度地混入老蚀源区基底岩石成分。

① 赵风清、金文山等，1994，华南北区深部地壳结构及演化研究报告。
② 孙大中等，1991，闽北前寒武纪变质岩岩层层序划分和构造演化。地矿部地质行业科学技术定向基金研究成果报告。

表 2-3 闽北前寒武纪岩石单锆石测年结果

序号	样品编号	锆石特征	浓度			原子比率					表面年龄		
			U (×10⁻⁶)	Th (×10⁻⁶)	普通Pb (Pg)	Pb^{206}/Pb^{204}	Pb^{208}/Pb^{206}	Pb^{206}/U^{238}	Pb^{207}/U^{235}	Pb^{207}/Pb^{206}	Pb^{206}/U^{238}	Pb^{207}/U^{235}	Pb^{207}/Pb^{206}
17	F89937	西坑变石英角斑岩 灰白色不透明碎裂状晶体	894	127	33	2201	0.2204	0.1256(15)	1.0704(163)	0.0618(5)	763	739	668
18		灰白色不透明碎裂状晶体	475	64	110	1258	0.2240	0.1168(6)	1.0521(55)	0.0654(1)	712	730	786
19		灰白色不透明碎裂状晶体	468	64	100	1312	0.2229	0.1183(6)	1.0581(55)	0.0649(1)	721	733	770
20		灰白色不透明碎裂状晶体	481	66	170	969	0.2246	0.1174(6)	1.0502(51)	0.0649(5)	716	729	770
21	F89067	叶坑变石英角斑岩 灰白色不透明碎裂晶体	850	117		3609	0.2	0.1249(14)	1.1000(140)	0.0640(35)	758	755	739
22		淡紫色不透明碎裂晶体	807	248		16943	0.1	0.2943(30)	5.7840(600)	0.1430(2)	1670	1940	2258
23		淡紫色不透明碎裂晶体	1418	324	-	4962	0.1	0.2138(21)	3.9300(380)	0.1330(2)	1246	1625	2142
24		淡紫色不透明碎裂晶体	683	410		406	0.3	0.4167(43)	8.9749(980)	0.15600(47)	2240	2410	2415
25		淡紫色不透明碎裂晶体	307	158		215	0.1	0.3690(80)	6.9000(2520)	0.136(3)	2025	2090	2172
26		无色透明针状晶体	2443	199		349	0.0	0.0732(8)	0.5620(70)	0.05600(41)	455	455	440
27		无色透明针状晶体	968	54		29912	0.1	0.0578(13)	0.3969(100)	0.05000(34)	363	339	184
28		无色透明针状晶体	589	45		1237	0.1	0.0753(30)	0.4509(210)	0.043(1)	468	378	−144
29		无色透明短柱状晶体	908	61		5102	0.2	0.0631(8)	0.6774(110)	0.07800(75)	394	525	1144
30		无色透明短柱状晶体	588	35		1201	0.1	0.0551(14)	0.6087(270)	0.080(3)	346	483	1200
31		无色透明短柱状晶体	1175	135		669	0.1	0.1024(17)	1.0870(190)	0.07700(34)	629	747	1121

四、福建早古生代地层若干问题探讨

1. 东坑口组的时代问题

东坑口组为一套岩性较单一的厚—巨厚层含碳质泥岩碎屑的变质中细粒石英砂岩区别于其下林田组上段变质细砂岩、千枚岩、泥岩之互层和其上以千枚岩、硅质岩、硅泥岩互层之魏坊组，顶底皆为整合接触，根据其上下岩层所含化石定其时代为晚寒武世。

闽西地质大队(1988)①、朱玉磷等(1988、1990)根据东坑口创名剖面的小构造研究，发现局部存在的反向递变层理和劈理关系等，认为整个地层序列倒转，由此认为东坑口组层位在魏坊组之上，时代改划中奥陶世。

本次对比研究对1∶5万安砂、贡川、清流、泉上等图幅中明溪下村—各水口、宁化萧坊、清流茹坑、永安安砂、永安朝阳伐木场等实测地层剖面进行认真研究，在东坑口组变质(杂)砂岩之下均为一套千枚状粉砂岩、绢云千枚岩或变质石英砂岩地层，其组合特征与林田组上段极为相似，而与魏坊组以粉砂岩、千枚岩、硅质岩、硅泥岩组合明显不同。因此，东坑口组层位仍暂置于魏坊组之下，时代归属晚寒武世较妥。至于永安东坑口剖面中或其它早古生代地层剖面中，不排除局部岩层有倒转的可能性。

2. 福建有否志留纪地层？

福建早古生代地层具有明显的继承性沉积特点，从早寒武世至晚奥陶世沉积范围在逐渐缩小，罗峰溪组仅在永安曲丰、魏坊及长汀坝下等几个盆地中心分布，沉积物特征及部分微量元素特征亦反映早古生代基本属于一个断续的海退过程，这可能就是震旦纪之后的武夷隆起在逐步扩大，考虑到武夷山两侧及其邻区(浙江龙泉，江西金溪、宁都、龙南，广东兴宁、梅县、紫金、惠州等)均无志留纪地层，因此，福建西部(武夷山东侧)很可能缺失志留纪沉积，即使在个别盆地中心有沉积，亦可能由于加里东褶皱隆升而剥蚀殆尽。福建东部因大面积中生代火山岩地层覆盖，早古生代地层变质较深，目前已发现微古植物、几丁虫等化石和早古生代同位素地质年龄数据，是否有志留纪沉积和保存尚难定论。

3. 澳角群时代问题

澳角群实指闽东南沿海的变质岩地层，对其原岩时代归属一直争议较大。80年代以前即有震旦纪和中生代之争，1991年王振民等创澳角群定其时代为早古生代，本次对比研究认为，沿海变质岩可能为一个复杂的构造块体，目前虽获得一些寒武—奥陶纪微古植物、几丁虫等化石和同位素年龄资料，但仍不能完全排除有震旦纪或更老地层存在。由此，将澳角群时代暂定为前泥盆纪较妥。需要讨论的是沿海确有不少中生代地层的变质岩，特别是局部变质较浅地段，其岩石组合特征与晚三叠世—中侏罗世碎屑沉积岩和晚侏罗世南园群中酸性火山岩极为相似，只是具不同程度的片理化而已，而这些浅变质岩又常与深变质的片岩、变粒岩乃至混合岩呈过渡关系。因此，闽东南沿海应该存在一次中生代晚期(前白垩纪)的强烈变质作用。

---

① 闽西地质大队，1988，1∶5万安砂、贡川幅区域地质调查报告。

第三章
泥盆纪—中三叠世

福建泥盆纪—中三叠世地层发育，主要分布在闽西南，是在加里东运动后，经较长时期剥蚀而形成的一套由碎屑岩、碳酸盐岩夹煤层的沉积。因产煤、铁、锰及石灰石等多种矿产，是福建最重要的经济地层，因而早就为广大地质工作者所瞩目，研究程度相对较高。经本次地层对比研究，泥盆纪—中三叠世地层大致以福安-南靖断裂和德化—南平—泰宁一线为界，划分为闽西南、闽西北及闽东三个地层小区(图3-1)，尤以闽西南地层小区地层分布广泛，出露完整，永安、漳平、龙岩一带为福建省多数层型剖面所在地区；闽西北地层小区仅有光泽杨家、建阳虞墩、建瓯房村口等局部地区残存；闽东地层小区则由于中生代大面积火山岩系覆盖，亦仅见福鼎南溪、长泰钟魏等地呈“天窗式”露出。按岩石组合特征，自下而上划分20个岩石地层单位，其中包括群级1个，组级16个，段级3个。各岩石地层分布及层型剖面位置如图3-1所示，岩石地层序列见表3-1。

第一节　岩石地层单位

安砂群　DA　(06-35-0051)

【创名及原始定义】　由王绍文(1930)根据永安安砂一带所建的“安砂石英砂岩”得名，创名地点位于永安市西北约25 km安砂乡。原义指常覆于奥陶纪罗峰溪千枚岩之上，石炭纪梓山煤系之下的石英砾岩、石英砂岩，下粗上细，厚1 000～1 500 m的岩层。

【沿革】　侯德封等(1935)又根据南靖县城附近出露的石英砂砾岩创“南靖石英岩”，时代定为石炭纪。陈旭等(1941)、周仁沾(1950)称南靖石英岩为南靖系，时代分别划为中石炭纪前和石炭—泥盆纪。福建区测队(1965)把南靖系上部含早石炭世化石的旋回单独划出，创名林地组，其中下部称南靖群，并划分为上下两亚群。此后一段时间，南靖群一名在省内广为引用，但据其岩性组合及相对层位对比，实为安砂群的同物异名。由于南靖石英岩在长期使用过程中含义较紊乱，命名地点又实系侏罗纪砂岩之误，因而，福建区测队(1976)① 废南

① 福建区测队，1976，关于福建泥盆系的时代及其地层名称的商榷。福建省地层会议文件汇编。

靖群名，并自下而上创建天瓦岽组、桃子坑组，此后省内一直沿用，本次对比研究归属安砂群。

【现在定义】 指不整合于前泥盆纪变质岩系之上，平行不整合于林地组之下的一套石英砾岩、石英砂岩、粉砂岩，组成下粗上细的两个较大的旋回，即下部天瓦岽组，上部桃子坑

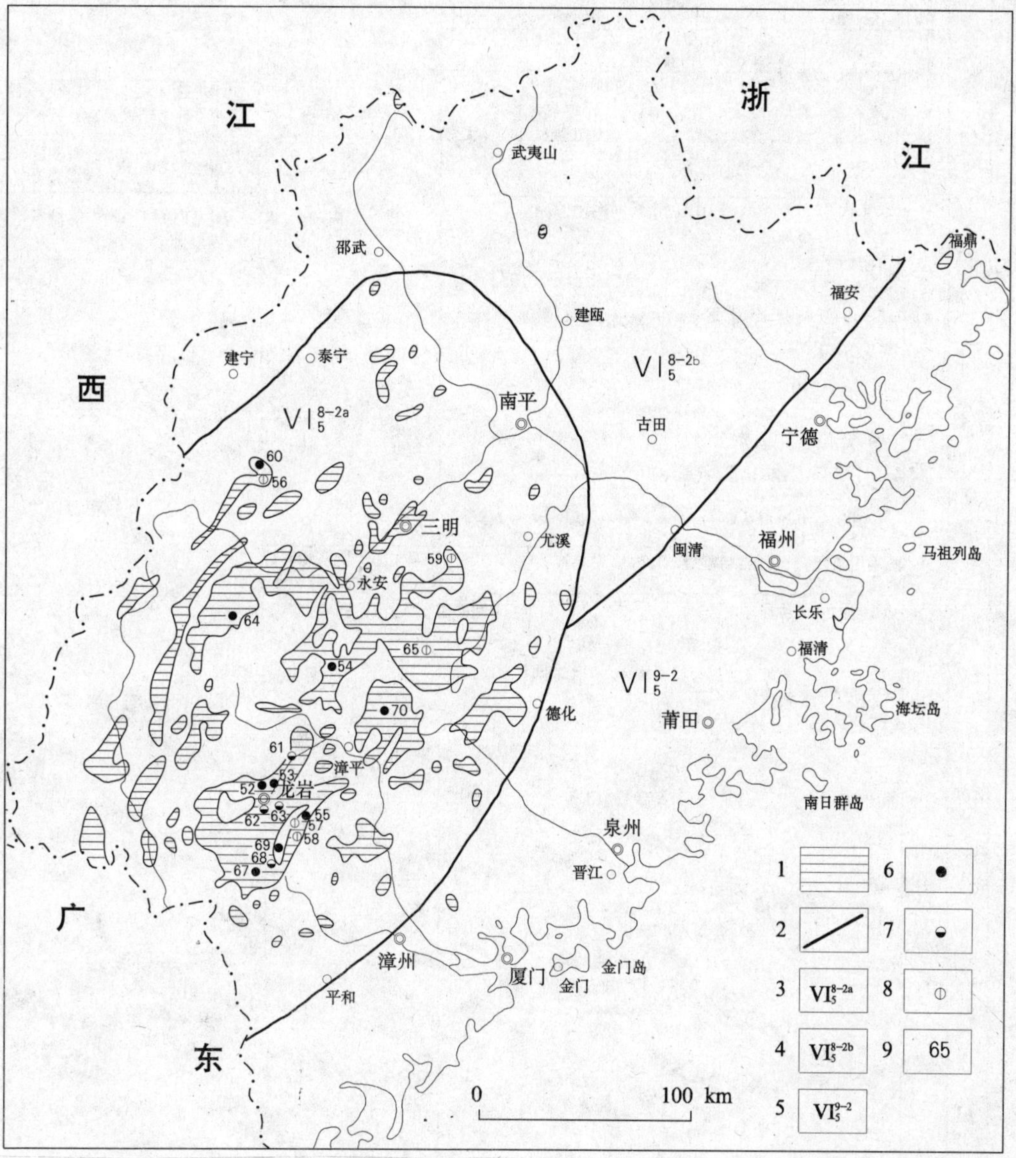

图 3-1 福建省晚古生代—中三叠世岩石地层分布、分区及层型剖面位置图

1. 地层分布范围；2. 地层分区界线；3. 闽西南地层小区；4. 闽西北地层小区；5. 闽东地层小区；6. 正层型；7. 选层型；8. 次层型；9. 岩石地层单位层型剖面编号：52. 天瓦岽组；53. 桃子坑组；54. 林地组；55. 经畲组；56. 老虎洞组；57. 船山组；58. 栖霞组；59. 鸣山组；60. 泉上组；61. 文笔山组；62. 童子岩组；63. 翠屏山组；64. 罗坑组；65. 长兴组；67. 溪口组石碧溪泥岩段；68. 溪口组新祠角岩段；69. 溪口组兰田灰岩段；70. 安仁组

表 3-1 福建省泥盆纪—中三叠世岩石地层序列表

地层分区 / 岩石地层 / 地质年代			闽西南小区	闽西北小区	闽东小区
中生代	三叠纪	晚世	文宾山组(Tw)；焦坑组(Tj)；大坑村组(Td)		
		中世	安仁组(Ta)：上段(Ta^b)：紫红色砂岩、粉砂岩；下段(Ta^a)：钙质砂岩		
		早世	溪口组(Tx)：石碧溪泥岩段：泥岩、粉砂岩、细砂岩上部变粗，含双壳类；兰田灰岩段：灰岩、砂质灰岩，含双壳类；新祠角岩段：条带状钙硅泥岩，硅泥岩、角岩、粉砂岩，含双壳类		溪口组(Tx)：新祠角岩段：条带状角岩化硅泥岩、粉砂岩；石碧溪泥岩段：细砂岩、粉砂岩、泥岩，含双壳类
晚古生代	二叠纪	晚世	罗坑组(Pl)：粉砂岩、泥岩为主，底部为细砂岩，含腕足，菊石，双壳类；长兴组：灰岩含䗴、腕足类、牙形刺 翠屏山组(Pcp)：砂岩、粉砂岩夹煤层、煤线，底部为砂砾岩、粗砂岩，含植物为主	?	罗坑组(Pl)：细砂岩、粉砂岩、泥岩，含腕足类、双壳类 ?
		早世	童子岩组(Pt)：三段(Pt^3)：细砂岩、粉砂岩、泥岩夹煤层，含腕足类、双壳类、植物；二段(Pt^2)：泥岩、粉砂岩、含结核，含腕足、菊石；一段(Pt^1)：砂岩、粉砂岩、泥岩夹煤层，含腕足类、菊石、双壳类、植物 文笔山组(Pw)：泥岩、粉砂岩，含结核，中上部夹细砂岩，含腕足类，菊石 鸣山组(Pm)：薄层硅质岩，含䗴；泉上组(Pqŝ)：细碎屑岩夹灰岩硅质岩，含腕足类、[illegible] 栖霞组(Pq)：灰黑色薄层含燧石灰岩，中部局部夹泥岩、粉砂岩，含䗴	文笔山组(Pw)：粉砂岩、泥岩，含腕足类	? 栖霞组(Pq)：硅质岩、矽卡岩 ?
	石炭纪	晚世	船山组(CPĉ)：灰色厚层纯灰岩，含䗴、珊瑚 老虎洞组(Clh)：白云岩、白云质灰岩、含䗴、珊瑚；经畲组(CPj)：砂泥岩、硅质岩夹灰岩，含䗴、珊瑚 上部：砂岩、粉砂岩，西部含煤线、含植物；下部：砂砾岩、砂岩	?	经畲组(CPj)：泥岩、粉砂岩夹灰岩，含䗴、腕足类 林地组(Cl)：变质粉砂岩、砂砾岩，含碳质千枚岩，含植物
		早世	林地组(Cl)：		
	泥盆纪	晚世	安砂群(DA)：桃子坑组(Dtz)：上段(Dtz^2)：砂岩为主，含植物；下段(Dtz^1)：石英砾岩为主，含植物 天瓦岽组(Dt)：上段(Dt^2)：砂岩为主，含植物；下段(Dt^1)：石英砾岩为主		?
		早中世			

组。下以石英砾岩为底，与下伏变质岩系不整合接触，上以粉砂岩、细砂岩与上覆林地组底部石英砂砾岩呈平行不整合接触。

天瓦岽组　D*t*　(06-35-0052)

【创名及原始定义】　福建区测队(1976)[①]创名，创名地点为龙岩市铁山乡林邦村北 3 km 的天瓦岽。原义指天瓦岽—桃子坑剖面的 1—21 层，分上下两段。下段为灰白、黄白色厚层石英砾岩，夹石英砂岩、粉砂岩，砾石滚圆度较好，砾径 1～3 cm，硅质胶结，岩性坚硬，常呈陡壁地貌，厚 430.7 m，上段为灰紫色薄层泥质粉砂岩，中下部夹石英砂砾岩，厚 496.4 m。下与罗峰溪组变质岩不整合接触，上与桃子坑组整合接触。

【沿革】　见安砂群沿革部分。本组创名后一直沿用，其层位相当于福建区测队(1965—1972)各 1∶20 万区调图幅所划之南靖群下亚群

【现在定义】　指不整合于前泥盆纪变质岩系之上，整合于桃子坑组之下的一套粗碎屑沉积，下粗上细，常组成一个较大旋回，分上下两段：下段为灰白、黄白色厚层石英砾岩夹砂岩、粉砂岩，常呈陡壁地貌；上段为灰紫色薄层粉砂岩夹石英砂岩、砂砾岩。其下以石英砾岩与下伏变质岩系分界，上以粉砂岩与桃子坑组底部砾岩层为分界标志。

【层型】　正层型为龙岩市东北 9 km 林邦村北 3 km 的天瓦岽—桃子坑剖面(117°03′，25°13′)(图 3-1)，由陈泽霖等 1975 年实测(图 3-2)，现分层描述如下：

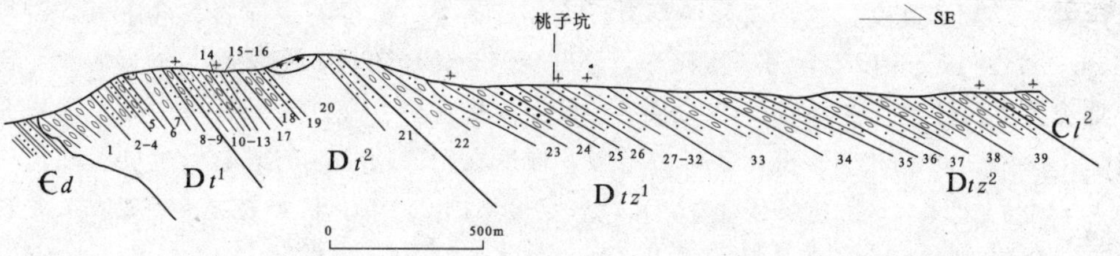

图 3-2　龙岩市桃子坑天瓦岽组、桃子坑组实测剖面图

上覆地层：**桃子坑组**　白色砂砾岩、砾岩

——————　整　合　——————

天瓦岽组　　总厚度 877.10 m

上段　　厚度 496.40 m

21. 紫红色薄层千枚状粉砂岩　61.50 m
20. 浮土掩盖　141.20 m
19. 灰紫色薄层千枚状粉砂岩　12.60 m
18. 浅灰绿色中厚层砂岩夹多层粉砂岩、砾岩　24.40 m
17. 浮土掩盖　40.30 m
16. 灰紫色薄层粉砂岩，上部夹一层砂砾岩　17.70 m
15. 黄白色厚层石英砂砾岩夹砾岩　5.90 m
14. 灰紫色薄层千枚状粉砂岩，底部为黄白色石英砂岩，产植物 *Cyclostigma* sp.　100.50 m
13. 黄白色厚层石英砾岩　5.50 m
12. 浮土掩盖　20.80 m
11. 灰紫色粉砂岩夹多层黄白色石英砂砾岩，粉砂岩薄层状，产植物 *Cyclostigma* cf. *kil-*

① 福建区测队，1976，关于福建泥盆系的时代及其地层名称的商榷。福建省地层会议文件汇编。

torkense 15.60 m

10. 浮土掩盖 50.40 m

下段： 厚度 380.70 m

9. 灰白色厚层石英砾岩夹灰绿色厚层含砾中粒石英砂岩 14.90 m
8. 灰紫色薄层千枚状粉砂岩 9.30 m
7. 灰白色厚层石英砾岩 36.00 m
6. 浮土掩盖 30.60 m
5. 黄白色厚层石英砂砾岩夹砾岩 32.50 m
4. 紫红色薄层千枚状粉砂岩 20.10 m
3. 灰白色石英砾岩夹砂砾岩 14.50 m
2. 下部为黄色薄层粉砂岩，上部为灰紫色薄层粉砂岩 18.80 m
1. 灰白、黄白色厚层石英砾岩夹砂砾岩 204.00 m

~~~~~~~~~~ 不 整 合 ~~~~~~~~~~

下伏地层：**东坑口组** 灰绿色绿泥绢云石英片岩

【地质特征及区域变化】 该组广布于闽西南，岩性由石英砾岩、石英砂砾岩、石英砂岩、粉砂岩组成一个下粗上细的旋回，其中包含数个小旋回。下段以石英砾岩为主夹石英砂岩、粉砂岩；上段以粉砂岩为主夹石英砂岩、砂砾岩。总厚 259～1 028 m。下段厚层砾岩之砾石多以白色为主，常见玫瑰红色，成分主要为石英及石英岩，少量为变质岩、硅质岩，一般大小1～5 cm，个别 10 cm 以上，圆一次圆形，分选良好，含量约 30%～70%，硅质胶结，致密坚硬。地貌上常呈陡壁。各地岩性基本稳定，仅在上杭丘辉、横江于砂砾岩中夹灰岩、大理岩凸镜体。由南往北，岩性变粗，砂砾岩增多，厚度在闽西南盆地的龙岩、上杭、永定一带较厚，达 714～1 028 m（上杭官庄 1 028 m，永定笔架山 714 m，连城芷溪 800.9 m，龙岩桃子坑 930.7 m），向西至长汀龙头坊为 429.3 m，向北至清流石下为 259 m，大田广平为 331 m。由盆地中心向西、北、东边缘减薄。上杭黄潭、半天岗，龙岩桃子坑、庵山，连城将军山，安溪汤内坂等地，本组上段砂岩、粉砂岩中采获植物化石 *Leptophloeum rhombicum*，*L.* sp.，*Cyclostigma* cf. *kiltorkense*，? *C.* sp.，*Sublepidodendron* sp. 等。时代属晚泥盆世。

桃子坑组 D*tz* (06-35-0053)

【创名及原始定义】 福建区测队(1976)① 创名，创名地点为龙岩市林邦村北 3 km 的桃子坑。原义指天瓦岽—桃子坑剖面的 22—39 层，分上下两段：下段为灰白色厚层石英砂砾岩、砾岩、上部夹粉砂岩，产植物化石 *Leptophloeum rhombicum*，*Cyclostigma* sp.，厚 301.3 m；上段为灰紫、紫红色薄层泥质粉砂岩夹灰白、黄白色石英砾岩、砂砾岩，厚 459.1 m。上与林地组平行不整合接触。

【沿革】 见安砂群沿革部分，该组创名后一直沿用，其层位相当于福建区测队(1965—1972)各 1∶20 万区调图幅所划之南靖群上亚群。

【现在定义】 指整合于天瓦岽组之上，平行不整合于林地组之下的一套碎屑沉积，下粗上细，常组成一个较大的沉积旋回，可划分为上下两段：下段为灰白、黄白色厚层石英砾岩，石英砂砾岩夹灰绿、灰紫色薄层千枚状粉砂岩；上段为灰紫、紫红色薄层粉砂岩夹砂砾岩、石

① 福建区测队，1976，关于福建泥盆系的时代及其地层名称的商榷。福建省地层会议文件汇编。
~~~~~~~~~~

英砾岩。其下以石英砾岩与天瓦岽组上部粉砂岩为界，上以粉砂岩与林地组砂砾岩分界。

【层型】 正层型为龙岩市东北 9 km 林邦村北 3 km 的天瓦岽—桃子坑剖面（117°03′，25°13′）（图 3-1），由陈泽霖等 1975 年实测（图 3-2），现分层描述如下：

上覆地层：**林地组** 下部厚层白色石英砾岩，上部粉砂岩，产植物 *Lepidodendropsis* sp.

——————— 平行不整合 ———————

桃子坑组	总厚度 754.40 m
上段	厚度 453.10 m
39. 灰紫色粉砂岩夹二层浅灰绿色厚层砾岩，粉砂岩产植物：*Leptophloeum* sp.	125.00 m
38. 下部砂岩、砂砾岩夹粉砂岩，上部为砾岩、粉砂岩互层	52.50 m
37. 灰紫色薄层粉砂岩	39.20 m
36. 浅灰绿、灰白色薄层石英砾岩、砂砾岩夹粉砂岩，组成由粗到细旋回	18.90 m
35. 紫红、灰绿色薄层粉砂岩，底部为细砂岩，粉砂岩具弱千枚岩化	50.50 m
34. 灰白色厚层石英砂岩、砂砾岩，上部夹一层粉砂岩	27.10 m
33. 灰紫色薄层粉砂岩、细砂岩夹三层砂砾岩	139.90 m
下段	厚度 301.30 m
32. 黄白色砂砾岩夹砾岩	8.90 m
31. 灰紫色薄层粉砂岩夹中粒石英细砂岩及黄白色石英砂砾岩，产植物 *Sublepidodendron mirabile*	38.10 m
30. 灰白色石英砾岩	12.70 m
29. 浮土掩盖	7.50 m
28. 灰紫色薄层粉砂岩	14.60 m
27. 灰白色厚层石英砂砾岩	20.90 m
26. 灰紫色薄层粉砂岩，中上部夹灰紫色石英粗砂岩、中粒砂岩，粉砂岩具弱千枚岩化	71.20 m
25. 灰白、黄白色厚层石英砂砾岩	11.10 m
24. 下部厚层石英砂砾岩，上部砂砾岩夹粉砂岩	39.50 m
23. 灰紫色粉砂岩夹浅灰绿色石英砾岩，粉砂岩为薄层状，具弱千枚岩化，顶部产植物 *Leptophloeum rhombicum*	24.00 m
22. 下部为灰白色砂砾岩与砾岩互层，上部为砂岩、砂砾岩夹砾岩	52.80 m

——————— 整　合 ———————

下伏地层：**天瓦岽组** 紫红色薄层千枚状粉砂岩

【地质特征及区域变化】 本组广泛分布于闽西南，岩性由石英砾岩、石英砂砾岩、石英砂岩、粉砂岩组成一个下粗上细的旋回，其中包含数个小旋回。下段以厚层石英砾岩、石英砂砾岩为主，夹灰绿、灰紫色薄层千枚状粉砂岩；上段以灰紫、紫红色薄层粉砂岩为主夹石英砾岩、石英砂砾岩。与上覆林地组多呈平行不整合接触。总厚 195～1 460 m。下段砾岩中，砾石以灰白色石英为主，少见玫瑰红色，砾径一般 1～2 cm，次圆—浑圆状，砂质胶结。地貌上常呈中缓坡地形，与天瓦岽组下段砾石相比，砾径变小，砾石含量减少。往北到清流石下、大田广平等地，岩性稍粗，砂砾岩增多。各地岩性基本可对比。本组上下段均含化石，下段在龙岩桃子坑产植物 *Sublepidodendron* cf. *mirabile*, *Leptophloeum rhombicum*, *Cyclostigma*? sp.，连城将军山采获孢粉 *Leiotriletes* sp.，*Clamospora* sp.，*Gulisporites* sp.，*Punctatisporites* sp.，*Retusotriletes* sp. 等。上段在龙岩桃子坑、连城将军山、永定笔架山等地产植物 *Lep-*

tophloeum sp.，*Lepidodendropsis* sp.，*Cyclostigma* sp. 等。厚度在闽西南盆地中心的龙岩桃子坑厚 754.4 m，上杭官庄 773.2 m，永定笔架山 1 460.9 m，向北至清流石下 285 m，大田广平 215 m。由盆地中心向周围变薄。时代属晚泥盆世。

林地组　*Cl*　(06－35－0054)

【创名及原始定义】　福建区测队(1965)创名，创名地点为漳平市双洋乡林地村。原义指“南靖系”上部含植物化石 *Neuropteris* sp.，*Pecopteris*? sp. 的一个旋回单独分出，划归下石炭统，以漳平林地最为发育而命名。岩性以黄白色石英砾岩、砂砾岩、粗砂岩为主，顶部夹少量砂页岩，构成一个明显的沉积旋回，下与南靖群呈整合关系。

【沿革】　该组自创名以后，一直沿用至今，各家划分标准基本一致。

【现在定义】　指平行不整合于桃子坑组之上、经畲组之下的一套石英砂岩、石英砂砾岩为主，夹粉砂岩、泥岩，局部夹碳质页岩及煤线的地层，构成一个下粗上细的沉积旋回。底部以石英砾岩、石英砂砾岩与下伏桃子坑组分界，上以经畲组底部石英岩、含砾钙质砂岩分界。

【层型】　正层型为漳平市双洋乡西北 8 km 的林地村剖面(117°19′,25°41′)(图 3－1)，由王铭生等（1965）测制(图 3－3)，现分层描述如下：

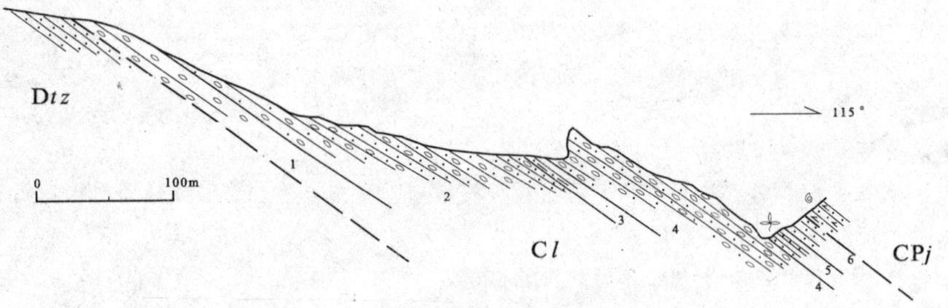

图 3－3　漳平市林地林地组实测剖面图

上覆地层：**经畲组**　浅灰、微带红色含砾钙质砂岩、石英岩（剖面附近钻孔岩心中灰岩产䗴 *Fusulinella* sp.，*Fusulina quasicylindrica*）

——————— 平行不整合 ———————

林地组　　总厚度 181.70 m

6. 灰白、灰紫色石英粗砂岩、砾状砂岩，顶部为一层 20 cm 砂砾岩　　8.00 m
5. 灰紫色、黄色千枚状泥岩夹灰黄色厚层石英砂砾岩，产植物 *Neuropteris* sp.，*Pecopteris*? sp.　　8.50 m
4. 灰白色厚—巨厚层石英砂砾岩、石英砾岩　　57.00 m
3. 紫灰、紫红色泥质页岩　　2.20 m
2. 白、黄白色厚层石英砂砾岩、石英砾岩、石英粗砂岩，下部砾岩多，往上砂砾岩和粗砂岩为主　　105.00 m
1. 黄色泥质石英砾岩　　1.00 m

——————— 平行不整合 ———————

下伏地层：**桃子坑组**　黄色中厚层石英细砂岩和紫灰、灰白、灰绿色厚层泥质页岩和粉砂岩间层

【地质特征及区域变化】 林地组主要分布于闽西南，另在光泽杨家、福鼎南溪等地也有零星出露。岩性以石英砂砾岩、石英砾岩、含砾粗砂岩、石英砂岩为主，夹粉砂岩、泥岩，局部夹碳质页岩、煤线和局部可采煤层，厚度 136 m 到大于 810 m 不等。砾石成分以石英砂岩为主，砂泥质胶结，常风化呈砂糖粒状，地貌上常成低缓小山丘。各地岩性有一定变化。武平岩前—上杭庐丰—长汀陂角一线以西，本组上部夹碳质页岩或煤线，局部有可采煤层。此线往东，岩性逐渐变粗，粉砂岩、泥岩逐渐减少。地层厚度在闽西南盆地中心部位较厚：龙岩庵山为 809.9 m，永定笔架山大于 785.8 m，上杭太古 716.0 m，连城芷溪大于 558.7 m。向盆地边缘变薄：长汀陂角为 239.7 m，永安大湖 199.7 m，大田广平 303.4 m。与下伏桃子坑组多呈平行不整合接触，其上常与经畲组底部硅质岩、钙硅质碎屑岩呈平行不整合。在大田太华、前坪一带及德化贵德垵、永春张垄等地，本组普遍具不同程度变质。大田大合、德化贵德垵变质石英砾岩、变质石英砂岩、石英岩中夹石英云母片岩、二云片岩、绿帘片岩、黑云斜长变粒岩、浅粒岩。常见石英砾石压扁拉长。

在清流清溪，长汀陂角、龙头坊，上杭庐丰、太古，连城兰桥、芷溪，龙岩经畲、林邦及漳平林地等地采获植物化石 *Neuropteris*，*Rhodeopteridium*，*Sublepidodendron* 等，大田大合、上杭庐丰、长汀陂角还产孢粉。时代属早石炭世晚期至晚石炭世早期，由西南向东北略具穿时现象。

经畲组 CP*j* (06-35-0055)

【创名及原始定义】 福建区测队(1977b)创名，创名地点为龙岩市东南 15 km 曹溪乡经杨(畲)村。原义指平行不整合于下石炭统林地组之上，整合于上石炭统船山灰岩之下的一套粉砂岩、砂质泥岩、角砾状灰岩、硅质岩，局部夹火山岩，底部常见硅质岩和铁锰层的岩层，时代为中石炭世，为黄龙组同期异相。

【沿革】 创名后广为引用，但在不同地区划分不一。杨良彩(1980)① 将漳平洛阳一带经畲组划为林地组；福建区调队(1987)② 将将乐、顺昌一带的经畲组划为中下石炭统；福建区调队(1989)③ 将漳平—永安一线以东的经畲组划归船山组，将福鼎南溪的经畲组划为中下石炭统；邱礼仪等(1984)将德化、永春一带的经畲组划为“阳山群”；福建区调队(1991)④ 将德化经畲组划为船山—栖霞组；福建省地质矿产局(1985)将闽西南经畲组统称黄龙组。其后，省内 1∶5 万区调图幅多划为黄龙组。岩石地层划分颇多紊乱。本书按创名定义沿用经畲组。

【现在定义】 指平行不整合于林地组之上，整合于船山组之下的一套硅泥质角砾岩、泥岩、粉砂岩及硅质岩、灰岩、铁锰质岩，局部夹火山岩的地层。下以硅质岩、钙硅质碎屑岩或灰岩与林地组分界；上与船山组生物灰岩分界。

【层型】 正层型为龙岩市东南 15 km 曹溪乡经杨(畲)村剖面(117°10′,25°03′)(图 3-1)，由伍永昌等(1978)重测(图 3-4)，现分层描述如下：

上覆地层：船山组 浅灰色厚—巨厚层夹少量中层微晶生物灰岩，产䗴 *Triticites irregularis*，*T. pusillus*，*Pseudofusulina* sp. 等，下部浮土掩盖

———— 整 合 ————

① 杨良彩，1980，福建洛阳铁矿地质特征及其成因初步探讨。福建省地质科技情报，(1)。
② 福建区调队，1987，1∶5 万将乐、万安、元坑幅区域地质调查报告。
③ 福建区调队，1989，福建省石炭纪岩相古地理及有关矿产远景预测（供审稿）。
④ 福建区调队，1991，1∶5 万德化、赤水幅区域地质调查报告。

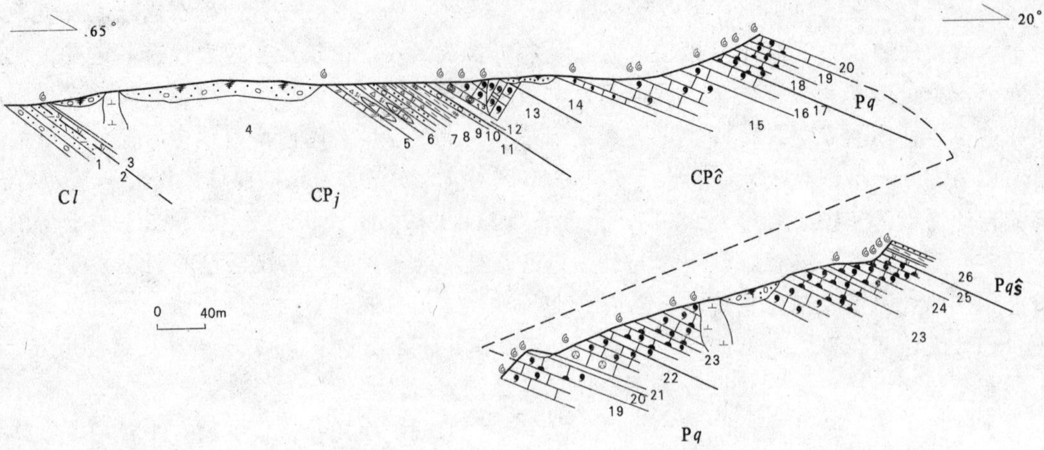

图 3-4　龙岩市经畲村经畲组—泉上组实测剖面图

经畲组　　　　　　　　　　　　　　　　　　　　　　　　　总厚度 167.60 m

11. 灰色中层含细砂屑微晶生物屑灰岩　　　　　　　　　　　　0.50 m

10. 灰色薄层含海绿石（?）泥岩，下部夹一层灰色砾屑灰岩，产䗴 *Pseudostaffella*? sp.　　　　7.40 m

9. 黄灰色中薄层泥岩，中下部为硅泥质角砾岩，顶为一层 0.4 m 灰色砾屑灰岩，产䗴 *Fusulina* sp.　　　　8.30 m

8. 灰色薄层绢云母粉砂岩　　　　　　　　　　　　　　　　　1.70 m

7. 灰色豆状凝灰岩　　　　　　　　　　　　　　　　　　　　2.80 m

6. 褐灰色硅泥质角砾岩，夹二层凸镜状微晶生物屑灰岩及砾屑灰岩，顶部为一层 0.5 m 厚薄层粉砂岩　　　　15.40 m

5. 灰白色砾屑灰岩，产䗴 *Fusulina* sp.，*Fusiella* sp.，*Profusulinella* sp.，*Fusulinella* sp.；珊瑚 *Caninia* sp.，*C. lipoensis*；腕足类 *Dielasma juresanense*，*Brachythyrina* sp. 及腹足类、海百合茎等　　　　0.60 m

4. 浮土掩盖　　　　　　　　　　　　　　　　　　　　　　127.20 m

3. 乳白色硅化硅质岩，底为铁锰质硅质岩，产䗴 *Pseudostaffella sphaerica* var. *cuboides* 及海百合茎、珊瑚碎片等　　　　3.70 m

—————— 平行不整合 ——————

下伏地层：**林地组**　深灰色薄层凝灰质中细粒石英砂岩及粉红色砂屑粉砂岩

【地质特征及区域变化】　本组广泛分布于邵武—南平一线以南，德化—南靖一线以西的闽西南地区，福鼎南溪也有零星出露。岩性为碎屑岩夹灰岩、硅质岩、铁锰质岩，局部含火山岩。由于本组为省内晚古生代第一次较大规模海侵早期的产物，各地沉积环境较复杂，岩性、岩相、厚度变化较大(图 3-5)。武平、长汀一带以硅质岩为主夹碎屑岩，厚 44～156.2 m；龙岩黄庄全为角砾状硅质岩，厚 54.4 m；宁化地区为硅质岩、碎屑岩互层，厚 10.9～107.5 m；永安地区为灰岩、碎屑岩互层，厚 24.8～43.6 m。在闽西南盆地边部的将乐、顺昌、南平及永春张垄等地，大多为砂砾岩夹硅质岩或灰岩凸镜体，厚 6～19.7 m。本组厚度，由南往

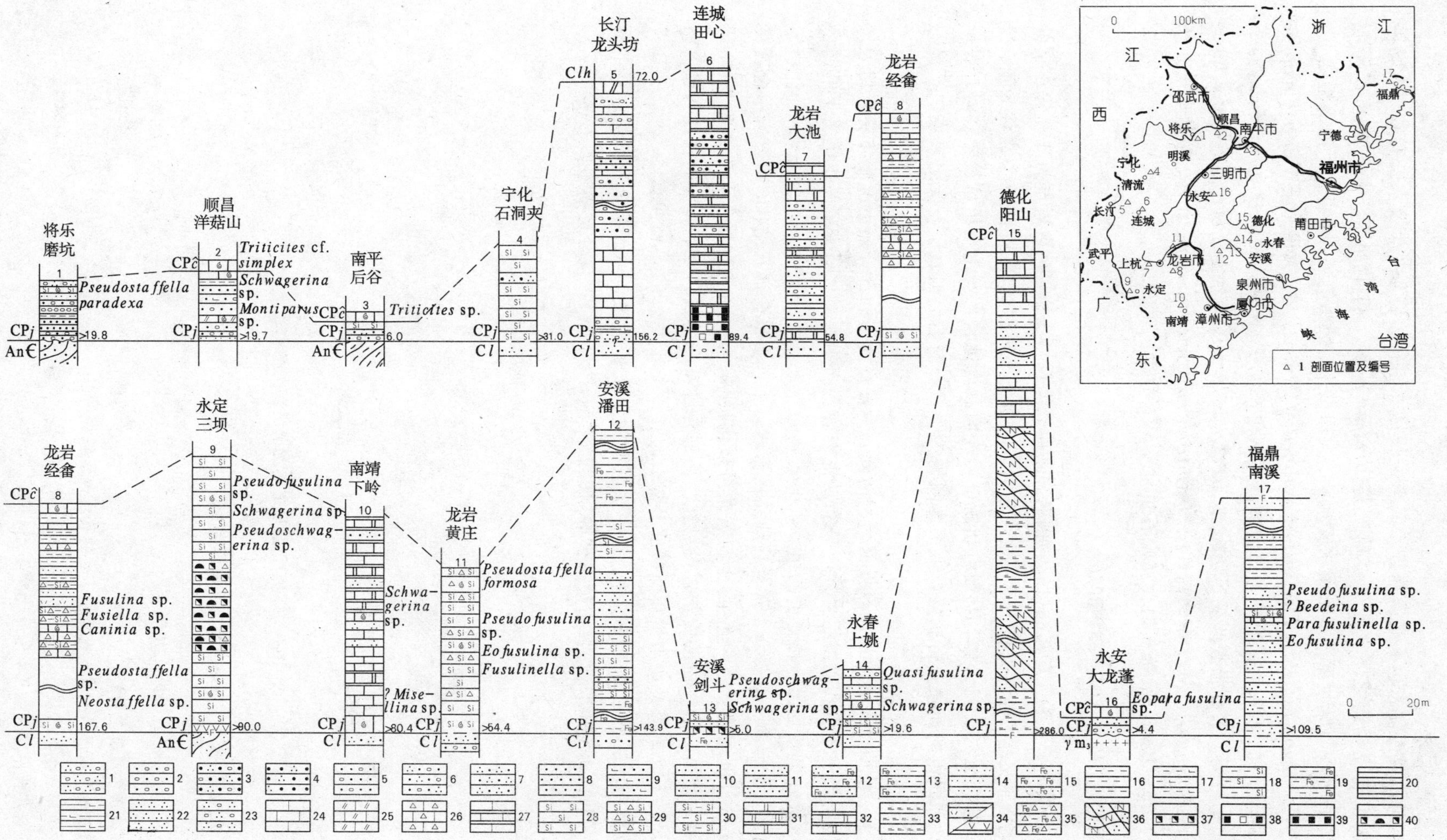

图 3－5　福建省经畲组柱状对比图

1. 石英砾岩；2. 砂砾岩；3. 含砾石英粗砂岩；4. 石英粗砂岩；5. 含砾砂岩；6. 含砾石英砂岩；7. 石英砂岩；8. 砂岩；9. 钙质砂岩；10. 细砂岩；11. 石英细砂岩；12. 含铁质石英细砂岩；13. 泥质石英细砂岩；14. 粉砂岩；15. 含铁质粉砂岩；16. 泥岩；17. 钙质泥岩；18. 硅质泥岩；19. 铁质泥岩；20. 页岩；21. 钙质页岩；22. 石英岩；23. 含砾石英岩；24. 灰岩；25. 白云质灰岩；26. 角砾状灰岩；27. 大理岩化灰岩；28. 硅质岩；29. 角砾状硅质岩；30. 泥质硅质岩；31. 大理岩；32. 矽卡岩；33. 绢云母千枚岩；34. 凝灰岩/安山岩；35. 硅泥质角砾岩；36. 长英角岩；37. 褐铁矿层；38. 含磁铁黄铁矿层；39. 磁铁矿层；40. 铁锰矿层

北，不断变薄，由西往东也有减薄趋势。武平—长汀—宁化—将乐一带及永安安砂—大湖等地，本组伏于老虎洞组之下，武平岩前产䗴 *Profusulinella*，宁化泉下、长汀陂角产珊瑚 *Caninia*，*Chaetetes*；龙岩、漳平一带及永安槐南、大田广平、顺昌等地，本组伏于船山组之下，龙岩雁石产䗴 *Pseudostaffella*，*Fusulina*，*Fusulinella*，*Fusiella* 等，大田广平产䗴 *Schwagerina*，*Eoparafusulina*；在闽西南盆地边部的顺昌洋菇山产䗴 *Triticites*，*Montiparus*，*Schwagerina*，*Schubertella* 等，永春张垄产䗴 *Schwagerina*，*Quasifusulina*，永定三坝产䗴 *Pseudoschwagerina*，*Sphaeroschwagerina*，南靖高杵门产䗴 *Misellina*，*Schwagerina*。此外，福鼎南溪亦产䗴 *Neostaffella*，*Beedeina* 等。时代属晚石炭世—早二叠世。

老虎洞组　Clh　（06－35－0056）

【创名及原始定义】　夏邦栋(1959)创名，原称老虎洞白云岩，创名地点为江苏省江宁县淳化老虎洞。原义指“原黄龙组下部一层白云岩，应划分出来称老虎洞白云岩，岩性为灰、浅灰或暗灰钙质白云岩、白云岩，具细粒状断口，表面具溶蚀沟。与上覆粗晶灰岩之间有底砾岩，与下伏和州组的泥质灰岩相接，上下之间均为平行不整合，时代下石炭纪末或中石炭纪初”。

【沿革】　长期以来省内地质界根据生物时代，一直将此组和部分船山组质纯灰岩划为黄龙组，致使所划黄龙组和船山组界线，只能以生物确定。本次对比研究将船山组之下的白云岩、白云质灰岩单独划出，称老虎洞组。

【现在定义】　为一套褐灰、灰色粉细晶白云岩，中、下部含燧石结核，白云岩中含石英砂粒。其下与和州组呈平行不整合，上与黄龙组整合接触。福建省内指整合于经畲组之上、船山组之下的一套白云岩、白云质灰岩夹灰岩，局部含燧石的地层。以其特殊的岩性与经畲组碎屑岩夹灰岩、硅质岩及船山组质纯灰岩分界。

【层型】　正层型剖面在江苏省。省内次层型为宁化县西北 34 km 泉上乡石灰窑下剖面(116°54′，26°27′)(图 3－1)，由吴小林等(1979)测制(图 3－6)，现分层描述如下：

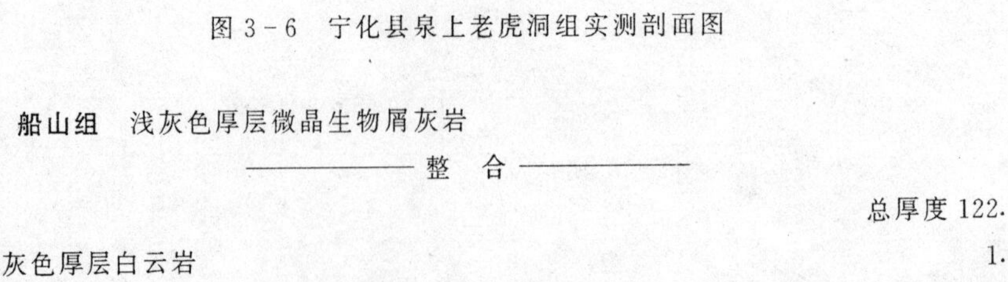

图 3－6　宁化县泉上老虎洞组实测剖面图

上覆地层：**船山组**　浅灰色厚层微晶生物屑灰岩

——————　整　合　——————

老虎洞组	总厚度 122.40 m
27. 浅紫灰色厚层白云岩	1.10 m
26. 浅灰黄色薄层白云岩，底为 0.3 m 的紫红色角砾状灰岩	0.80 m
25. 灰色厚层生物屑灰岩	1.10 m
24. 浅紫灰色厚层含白云质角砾状灰岩	2.40 m

23. 紫灰色厚层角砾状白云岩 4.00 m

22. 浅灰色厚层生物屑灰岩，产䗴 *Fusulinella colaniae*，*F. pseudoschwagerinoides* 0.70 m

21. 灰色厚层结晶灰岩，产䗴 *Fusulinella mosquaensis*，*Beedeina konnoi*，*B.* sp.，*Fusulina* sp.，*Ozawainella crassiformis*，*O.* sp. 0.70 m

20. 紫红色巨厚层角砾状白云岩 6.40 m

19. 灰色厚层微晶生物屑灰岩，产䗴 *Fusulina cylindrica*，*F. cylindrica* var. *domodedovi*，*F. quasicylindrica*，*Ozawainella* sp.；有孔虫 *Bradyina* sp. 2.60 m

18. 深灰色厚层碎裂微晶灰岩 11.90 m

17. 浅灰色巨厚层微晶生物屑灰岩，含少量不规则的燧石条带，产䗴 *Neostaffella sphaeroidea* var. *cuboides*，*N. paradoxa*，*N. kremsi*，*Beedeina pakhensis*，*Fusulinella pseudoschwagerinoides*；珊瑚 *Ivanovia simplex*；牙形刺 *Idiognathodus magnificus*，*I. delicatus*，*Neognathodus bassleri*，*N. dilatus* 32.80 m

16. 紫灰色厚层白云岩 13.50 m

15. 浅灰色巨厚层含生物屑微晶灰岩，产䗴 *Beedeina schellwieni*，*Neostaffella sphaeroidea* var. *cuboides*；牙形刺 *Idiognathodus magnificus* 5.60 m

14. 浅灰色巨厚层含生物屑微晶灰岩，产䗴 *Fusulinella bocki*，*Beedeina mayiensis*；珊瑚 *Caninia* sp. 7.80 m

13. 浅灰色厚层微晶生物屑灰岩，含少量乳白色硅质团块，产䗴 *Beedeina lanceolata*，*B. magnusa*，*B. konnoi*，*B. mayiensis*，*B.* sp.；牙形刺 *Diplognathodus coloradoensis*，*Idiognathodus delicatus* 4.00 m

12. 灰黑色中厚层微晶生物屑灰岩 1.20 m

11. 浅灰色中厚层含白云质灰岩，产䗴 *Fusulinella pseudoschwagerinoides* 1.50 m

10. 浅紫灰色厚层白云岩 1.50 m

9. 灰色厚层含白云质灰岩，产䗴 *Fusulinella microlocura*；牙形刺 *Neognathodus bothrops*，*Adetognathodus* sp.，*Hindeodella* sp. 1.20 m

8. 浅灰色厚层生物屑亮晶灰岩，产䗴 *Beedeina konnoi*，*B. elshanica* var. *timanica*，*B. elshanica* var. *vaskinensis*，*B. paraschellwieni*，*B. magnusa*，*B. lanceolata*，*B. schellwieni*，*Fusulinella parebocki*，*F. paraschubertelloides*，*Fusiella praetypica*；牙形刺 *Idiognathodus* sp.，*Neognathodus bassleri*；珊瑚 *Chaetetes lungtanensis* 1.90 m

7. 暗灰色中薄层条带状生物屑微晶灰岩，产䗴 *Fusulinella bluxa*，*F. coloniae*，*F. mosquaensis*，*Eofusulina* sp.；牙形刺 *Diplognathodus coloradoensis* 1.50 m

6. 紫灰色厚层白云岩 1.50 m

5. 灰色厚层含生物屑微晶灰岩，产䗴 *Profusulinella parva*，*P.* sp.，*Fusiella praetypica*；有孔虫 *Climacammina* sp.；牙形刺 *Idiognathodus delicatus* 1.50 m

4. 紫灰色厚层白云岩，夹红白色硅质岩凸镜体，产䗴 *Profusulinella* sp.；有孔虫 *Climacammina* sp.；牙形刺 *Diplognathodus coloradoensis*，*Idiognathodus* sp. 3.00 m

3. 紫灰、灰黄色厚层白云岩，产有孔虫 *Bradyina* sp.，*Climacammina* sp. 1.80m

2. 紫灰色厚层白云岩，底部为暗紫色含白云质砂质灰岩，产䗴 *Pseudostaffella* cf. *nibelensis*，*Eostaffella*? sp. >10.10 m

——————— 整　合 ———————

下伏地层：**经畲组**　石英细砂岩夹含铁砂岩、硅质岩，产珊瑚 *Caninia* sp.，*Chaetetes lungtanensis*

【地质特征及区域变化】　该组分布于武平—长汀—宁化—将乐一线呈狭长的NE向带状

展布，永安安砂、大湖一带也有零星出露。岩性上各地基本稳定可比，但地层厚度变化较大，自 4.0～170 m 不等(图 3-7)。南部武平岩前以白云岩为主，产藻类 *Ungdanella* sp.，珊瑚 *Caninia* sp. 等；厚 168.7 m。向北至长汀龙头坊、陂角、宁化湖村一带以白云质灰岩为主夹硅质岩，产䗴 *Fusulinella* sp.，珊瑚 *Brachythyris* sp. 等，厚 70～77.2 m。宁化泉上为白云岩与灰岩互层夹白云质灰岩、硅质岩，产䗴下部为 *Profusulinella* sp.，*Pseudostaffella* sp.，*Eostaffella* sp.，中上部产 *Beedeina* sp.，*Fusulina* sp.，*Fusulinella* sp. 及牙形刺 *Idiognathodus* sp.，*Diplognathodus* sp.，*Neognathodus* sp.，*Ozarkodina* sp. 等，厚 122.4 m。永安坑边为白云质灰岩夹灰岩，产䗴 *Fusulina* sp.，厚 59.3 m。将乐洞前为白云质灰岩，厚 4.0 m。时代属晚石炭世。

纵观全区，老虎洞组由南往北，岩性由白云岩为主，渐变为以白云质灰岩为主，厚度由厚变薄。

船山组　CPĉ　(06-35-0057)

【创名及原始定义】　丁文江(1919)创名，称船山灰岩，创名地点为江苏句容县东昌街北赣船山。原义指“L_2 石灰岩中常含有孔虫。故有以有孔虫石灰岩名之。然含有孔虫之石灰岩并非专属此层。故余名之曰船山石灰岩。因李氏捡得有孔虫 *Schwagerina* 后为之记。即在船山，而其上盖有二叠纪化石之煤系。船山石灰岩(L_2)为上石炭纪。”

【沿革】陈旭等(1941)在清流地质调查时首次在省内引用船山石灰岩一名，后广为引用。福建区调队曾根据生物化石，将部分质纯灰岩的船山组划归黄龙组①，或将部分含燧石灰岩的栖霞组也归入船山组②。

【现在定义】　为灰色厚层结晶含藻球灰岩、生物屑灰岩夹深灰色中、厚层微晶灰岩，下与黄龙组连续沉积，上与栖霞组呈平行不整合。福建省内指整合于经畲组之上，栖霞组燧石灰岩之下的一套灰、深灰色中厚层质纯灰岩的地层。以厚层质纯灰岩与下伏经畲组碎屑岩夹灰岩、硅质岩分界，其上与栖霞组燧石灰岩分界。

【层型】　正层型剖面在江苏省。省内次层型为龙岩市东南 15 km 曹溪乡经杨(畲)村剖面(117°10′,25°03′)(图 3-1)，由伍永昌等（1978）重测(图 3-4)，现分层描述如下：

上覆地层：栖霞组　灰、深灰色中厚层含燧石微晶生物屑灰岩，产䗴 *Pseudoschwagerina* sp.，*Triticites* sp.，*Schwagerina* sp. 等

——————— 整　合 ———————

船山组　　总厚度 87.60 m

17. 灰色厚层亮晶—泥晶生物屑灰岩，产珊瑚 *Lophophyllum* sp.　　6.80 m
16. 浮土掩盖　　9.70 m
15. 灰色厚—巨厚层含生物屑微晶灰岩，产䗴 *Pseudofusulina uralica* var. *sphaerica*，*Schwagerina* sp.，*Sphaeroschwagerina* cf. *moelleri*，*Paraschwagerina primaeva*，*Triticites* sp.；珊瑚 *Caninia* sp.；有孔虫 *Climacammina* sp.，*Geinitzina* sp. 等　　36.10 m
14. 下部为灰色中层生物屑微晶灰岩，中上部为厚层微晶生物屑灰岩，产䗴 *Rugosofusulina* cf. *cylindrica*，*Triticites bellus* 等　　10.40 m
13. 浅灰色厚—巨厚层夹少量中层微晶生物屑灰岩，产䗴 *Triticites irregularis*，*T. pusil-*

① 福建区调队，1989，福建省石炭纪岩相古地理及有关矿产远景预测（供审稿）。
② 福建区调队，1982，1：5 万龙岩、适中、坎市幅区域地质调查报告。

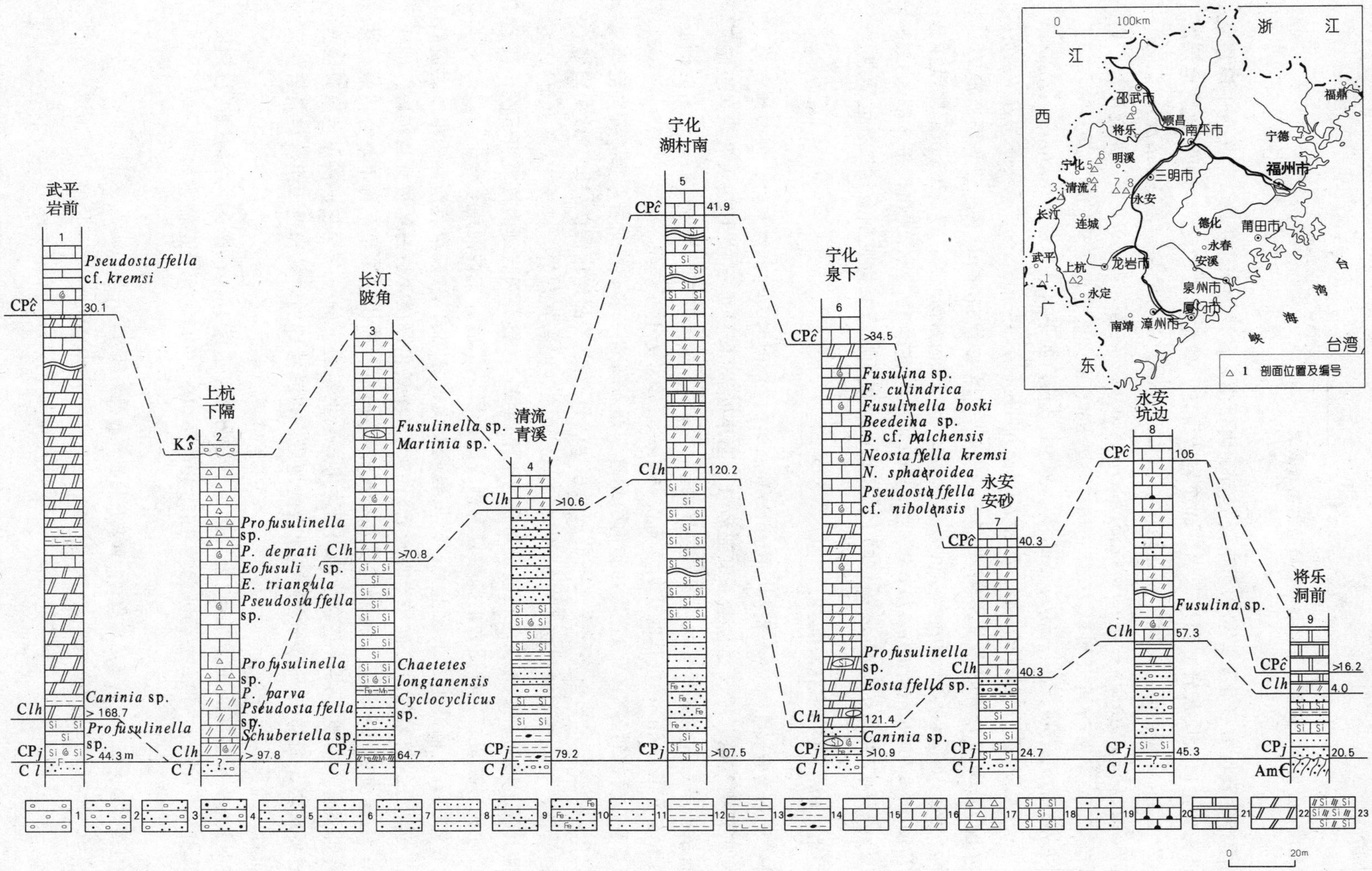

图 3－7　福建省老虎洞组柱状对比图

1. 砾岩；2. 砂砾岩；3. 石英砂砾岩；4. 含砾石英粗砂岩；5. 含砾石英砂岩；6. 砂岩；7. 石英砂岩；8. 细砂岩；9. 石英细砂岩；10. 含铁石英细砂岩；11. 粉砂岩；12. 泥岩；13. 钙质泥岩；14. 含黄铁矿结核泥岩；15. 灰岩；16. 白云质灰岩；17. 角砾状灰岩；18. 硅质灰岩；19. 砂屑灰岩；20. 含燧石结核灰岩；21. 大理岩；22. 白云岩；23. 铁锰矿层

lus, *Pseudofusulina* sp. 等　　16.70 m

12. 浮土掩盖　　7.90 m

——————整　合——————

下伏地层：**经畲组**　灰色中层含细砂屑微晶生物屑灰岩

【地质特征及区域变化】　船山组广泛分布于闽西南，岩性为灰、灰白、灰黑色中厚层灰岩，局部夹少量白云质灰岩、泥质灰岩、硅质岩凸镜体。各地岩性稳定，均可对比。地层厚度自16.2～122.5 m不等，由闽西南盆地中心向边部变薄。龙岩经畲产䗴 *Montiparus*, *Triticites*, *Schwagerina*, *Paraschwagerina*, *Sphaeroschwagerina* 等，厚89.6 m；龙岩小池产䗴 *Nankinella*, *Verbeekina* 等及珊瑚 *Hayasakaia*，厚86.2 m；永定燕子岩产䗴 *Sphaeroschwagerina*, *Eoparafusulina*, *Pseudofusulina* 等，厚97.8 m；武平岩前产䗴 *Pseudostaffella*，厚大于30.1 m；永安坑边产䗴 *Triticites*, *Pseudoschwagerina* 等，厚105 m；宁化泉下产䗴 *Fusulina*, *Fusulinella*, *Montiparus* 及牙形刺 *Anchignathodus*，厚大于34.3 m；将乐玉华洞产䗴 *Triticites*, *Eoparafusulina*, *Pseudoschwagerina*, *Sphaeroschwagerina* 等，厚77.3 m；顺昌洋菇山产䗴 *Triticites*, *Pseudoschwagerina*，厚122.5 m；将乐洞前厚16.2 m；大田广平产䗴 *Schwagerina*, *Triticites*, *Quasifusulina* 等，厚108.1 m。时代为晚石炭世晚期至早二叠世早期。

栖霞组　P*q*　(06-35-0058)

【创名及原始定义】　李希霍芬（Richthofen，1912）创名，称栖霞灰岩，创名地点为江苏省南京东郊栖霞山。原义指泥盆系五通砂岩与南京砂岩（即钟山层）之间一大套深灰至暗灰色夹燧石结核厚层灰岩、灰岩及泥灰岩等序列，产珊瑚、腕足类和海绵等化石，命名为栖霞灰岩(Hsihsia kalkstein)，定其时代为下石炭纪，南京砂岩为上石炭纪。

【沿革】　侯德封等(1935)首次在省内引用栖霞燧石灰岩一名，指龙岩一带“石炭纪南靖石英岩之上，二叠纪大羽植物煤系之下的灰黑色含燧石灰岩。”福建区测队(1965)改栖霞燧石灰岩为栖霞组，并将燧石灰岩之上的硅质岩（鸣山组）或砂泥岩夹灰岩、硅质岩（泉上组）亦划归栖霞组上部。1982年，该队将栖霞组划分为上下两段①，燧石灰岩划为栖霞组下段，其上硅质岩或砂泥岩夹灰岩、硅质岩的地层划为栖霞组上段。尔后，省内沿用至今。

【现在定义】　栖霞组自下而上为：碎屑岩或夹煤；臭灰岩层（灰黑色沥青质中厚层泥晶灰岩）；下硅质层（灰黑色薄层硅质岩夹灰岩）；灰岩（深灰色厚层含燧石结核微晶灰岩、生物屑灰岩）；上硅质层（灰黑色中薄层硅质岩夹灰岩）。与下伏船山组多呈平行不整合接触，其上与孤峰组整合。福建省内指整合于船山组之上，泉上组之下的一套深灰、灰黑色中薄层含燧石灰岩夹灰岩，局部夹细碎屑岩或硅质岩的地层。以其特殊的岩性和船山组质纯灰岩、泉上组砂泥岩、硅质岩分界。

【层型】　正层型剖面在江苏省。省内次层型为龙岩市东南15 km曹溪乡经杨（畲）村剖面(117°10′, 25°03′)（图3-1），由伍永昌等1978年实测（图3-4），现分层描述如下：

上覆地层：**泉上组**　灰色薄层硅质岩，黄灰色钙质泥岩及粉砂岩，产䗴 *Pseudofusulina fusiformis*, *P. kraffti* var. *magna*, *Pisolina* sp., *Schwagerina* sp.

——————整　合——————

① 福建区调队，1982，1∶5万龙岩、适中、坎市幅区域地质调查报告。

栖霞组　　总厚度 149.90 m

25. 灰黑色中薄层燧石条带含泥质生物碎屑灰岩夹少量硅质岩、粉砂岩，产䗴 *Eoparafusulina ovata*, *E. truncata*, *E. pararegularis*, *E. alta*, *E. contracta*, *Triticites pseudosimplex*, *T. pusillus*, *Schwagerina* sp., *Nankinella* sp., *Pisolina* sp., *Pseudofusulina pseudosuni*, *P. kueichowensis*, *P. wangmoensis*, *P. gruperensis* 等　11.00 m

24. 深灰色中薄层燧石条带泥晶生物屑灰岩，夹薄层灰岩，产䗴 *Sphaerulina* sp., *Pisolina* sp., *Staffella moellerana*, *Pseudofusulina kraffti* var. *magna*, *P. fusiformis*, *Schwagerina tschernyschewi* 等　35.40 m

23. 深灰色中薄层燧石条带含生物屑泥晶灰岩，产珊瑚 *Promichelina* sp. 等　34.90 m

22. 下部浅灰色巨厚层泥晶含凝块石球粒灰岩，中上部为深灰色中厚层泥晶生物屑灰岩，产䗴 *Pseudoschwagerina* sp., *Triticites parvus*, *T.* cf. *simplex*, *Eoparafusulina* sp.；珊瑚 *Nephelophyllum hexagonus*, *N. simplex* 等　28.20 m

21. 浮土掩盖　0.50 m

20. 深灰色中厚层含燧石生物屑泥晶灰岩，产䗴 *Eoparafusulina truncata*, *Triticites parvulus*, *T.* cf. *simplex*, *T. bellus* 等　12.60 m

19. 灰色厚层生物屑微晶灰岩，产䗴 *Zellia* sp., *Pseudoschwagerina* sp., *Sphaeroschwagerina* cf. *moelleri*, *Eoparafusulina ovata*, *Triticites minimus*, *T. parvus*；珊瑚 *Koninckocarinia* cf. *yishanensis* 等　13.80 m

18. 灰、深灰色中厚层含燧石微晶生物屑灰岩，产䗴 *Pseudoschwagerina* sp., *Triticites* sp., *Schwagerina* sp. 等　13.50 m

——————整　合——————

下伏地层：**船山组**　灰色厚层亮晶—泥晶生物屑灰岩，产珊瑚 *Lophophyllum* sp.

【地质特征及区域变化】　广泛分布于闽西南，岩性为深灰，灰黑色中薄层含燧石灰岩夹灰岩，局部夹泥岩、粉砂岩、硅质岩。岩性基本稳定。由南往北，由西往东，粉砂岩、泥岩有逐渐增多趋势。厚度西南厚，东北薄。南部永定燕子岩厚度大于 404.9 m，往东北至大田广平厚 112.5 m，将乐玉华洞厚度大于 98.9 m，南平埂头厂厚仅 18.5 m。本组所产生物化石，各地有一定差异。龙岩经畲产䗴 *Pseudoschwagerina*, *Sphaeroschwagerina*, *Triticites*, *Eoparafusulina* 等及珊瑚 *Nephellophyllum*, *Koninckocarinia* 等。龙岩苏邦产䗴 *Cancellina*, *Verbeekina* 等；珊瑚 *Hayasakaia*。永定东中、燕子岩一带产䗴 *Cancellina*, *Verbeekina*, *Yangchienia* 等。漳平岭兜产䗴 *Misellina*, *Sphaerulina* 等。大田广平产䗴 *Parafusulina*, *Sphaerulina* 等。时代为早二叠世早期。

鸣山组　P*m*　(06-35-0059)

【创名及原始定义】　刘季辰(1926)创名，称鸣山层，创名地点为江西省乐平市城南7 km之鸣山煤矿区。原义指"……大部为石英砂岩及砂质页岩，石性坚硬，不易风化，恒成百公尺左右之山岭……。此层属煤系之底层，时代隶属石炭纪。"刘氏所划上述岩性，经后人证实为硅质岩层。

【沿革】　高振西(1947)将此组归入文笔山页岩内；福建区测队(1966—1976)各 1∶20 万区调图幅均从高氏划分。福建区测队(1965、1977b)划归栖霞组上部，1982 年后划为栖霞组上段。本组和泉上组互为相变。本次对比研究首次引用此名。

【现在定义】　为一套深灰至黑色硅质岩、硅质页岩夹少量微晶灰岩、钙质页岩，下与小江边组、上与乐平组皆整合接触。福建省内指整合于栖霞组之上，文笔山组之下的一套灰白、灰黑色中薄层硅质岩层。以其特殊的岩性与下伏栖霞组燧石灰岩、上覆文笔山组粉砂岩、泥岩分界。

【层型】 正层型剖面在江西省。省内次层型为大田县城北 42 km 广平乡坑口剖面(117°50′,26°08′)(图 3-1)，由李希敏(1965)实测(图 3-8)，现分层描述如下：

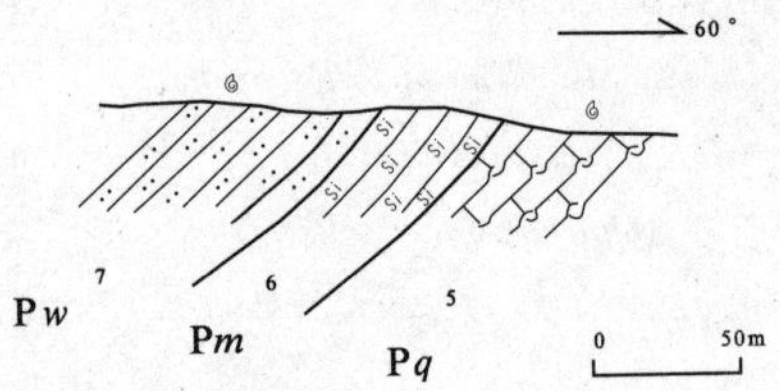

图 3-8 大田县广平鸣山组实测剖面图

上覆地层：**文笔山组** 黑色粉砂岩，产腕足类 *Neochonetes* sp.，*Schellwienella* sp.

——————— 整 合 ———————

鸣山组 总厚度 15.70 m

6. 灰、灰白色硅质岩 15.70 m

——————— 整 合 ———————

下伏地层：**栖霞组** 灰、灰白、灰黑色含燧石条带灰岩，产䗴 *Parafusulina* sp.

【地质特征及区域变化】 本组分布于永定、龙岩、漳平一带及大田广平、尤溪剑溪等地。岩性稳定。厚度 2～54.9 m。南部永定东中厚度大于 32.6 m，漳平岭兜 54.9 m，大田广平 15.7 m，南平埂头厂仅 2 m。由南往北有变薄趋势。本组化石稀少。龙岩苏邦产海百合茎 *Cyclocyclicus* sp.；龙岩佛格山产䗴 *Cancellina* sp. 及有孔虫 *Cribrogenerina* sp.；将乐城东产苔藓虫 *Fenestella* sp.。时代属早二叠世。

泉上组 Pq$\hat{s}$ (06-35-0060)

【创名及原始定义】 李兼海等(1994)创建，创名地点位于宁化县东北 36 km 的泉上。指整合于栖霞灰岩之上，文笔山组之下的一套砂泥岩、夹硅质灰岩的地层，下以栖霞组含燧石灰岩之顶，上以文笔山组砂泥岩之底分界。

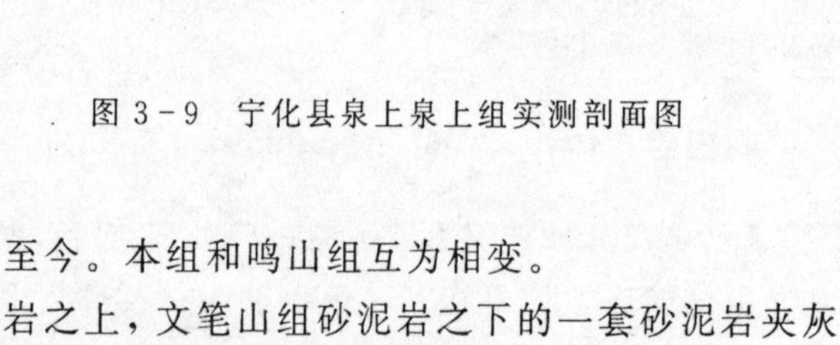

图 3-9 宁化县泉上泉上组实测剖面图

【沿革】 同鸣山组。福建区测队(1966—1976)将此组归入文笔山组底部，福建区测队(1965，1977b)将此组归入栖霞组上部，1982 年后划为栖霞组上段，沿用至今。本组和鸣山组互为相变。

【现在定义】 指整合于栖霞组含燧石灰岩之上，文笔山组砂泥岩之下的一套砂泥岩夹灰岩或硅质岩的地层。以其特殊的岩性和栖霞组燧石灰岩及文笔山组泥岩、粉砂岩分界。

【层型】 正层型为宁化县东北 36 km 泉上—泉下公路边剖面(116°58′,26°26′)(图 3-1)，由张焕新等(1972)实测(图 3-9)，现分层描述如下：

上覆地层：**文笔山组** 黑色页岩，含磷结核，产腕足类 *Leptodus tenus*，*Spinomarginifera sintanensis*，*Orthotichia marginifera*

——————整　合——————

泉上组　　　　　　　　　　　　　　　　　　　　　　　　　　总厚度 10.40 m

8. 黑色页岩夹凸镜状硅质灰岩　　　　　　　　　　　　　　　　10.40 m

——————整　合——————

下伏地层：**栖霞组**　中层灰黑色硅质灰岩夹黑色页岩及燧石团块，产腕足类 *Spinomarginifera sintanensis*，*Leptodus tenus*

【地质特征及区域变化】　分布于邵武—建瓯南雅一线以南，德化—南靖一线以西的闽西南地区。岩性及厚度各地有一定变化。安溪霞春为硅质岩与粉砂岩互层，产腕足类 *Orthotetina ruber*，*Dictyoclostus* sp.，*D. margaritatus*，*Martiniopsis inflata*，*Cancrinella truncata*，*Plicochonetes* sp.；苔藓虫 *Fenestella* sp.；海百合茎 *Cyclocyclicus* sp.，厚 156.8m。尤溪龙门场为硅质岩、砂泥岩夹灰岩，产腕足类 *Orthotichia* sp.；海百合茎 *Cyclocyclicus* sp.，厚度大于 6.2 m。漳平岭兜为硅质粉砂岩、硅质岩夹灰岩凸镜体，产䗴 *Parafusulina* sp.，*Schwagerina* sp.；腕足类 *Chonetes* sp.，*Chonetinella* sp.；苔藓虫 *Fenestella* sp.，*Polypora* sp. 等，厚度大于 3.74 m。宁化泉上为页岩夹灰岩凸镜体，厚 10.4 m。时代属早二叠世。

文笔山组　Pw　(06-35-0061)

【创名及原始定义】　由高振西等(1942)创名的文笔山页岩演绎而来。创名地点为永安市大湖乡文笔山。原义指"不连续于栖霞灰岩以上，不整合于大羽植物煤系以下之砂页岩，将乐城东、永安城西及白沙之南均有相同之发现。将乐、龙岩两地并采得 *Gastrioceras* 一类及其他种化石。岩性不同，分布又广，且属海相沉积，势不能再与煤系混为一谈，今故以永安西 20 km 大湖东之文笔山名之。"

【沿革】　高氏创名后，1947 年又将栖霞灰岩上部的硅质岩(鸣山组)归入文笔山页岩中，并改称文笔山系。福建区测队(1965)采用高氏(1942)文笔山页岩之原义，时代定为晚二叠世。福建区测队(1966a)又改用高氏(1947)文笔山系的划分，将栖霞组上部硅质岩归入文笔山组，时代改为早二叠世。直至 1977 年，该队才恢复高氏(1942)文笔山页岩的原义，时代定为早二叠世，并沿用至今。

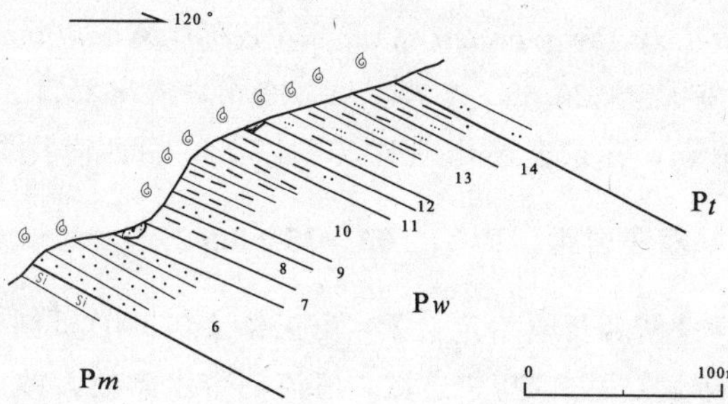

图 3-10　龙岩市苏邦文笔山组实测剖面图

【现在定义】　指整合于鸣山组之上、童子岩组之下的一套灰色泥岩、粉砂岩，局部夹细砂岩的地层。常含磷铁质结核。下部以泥岩、粉砂岩和鸣山组硅质岩为界，上以童子岩组底部中厚层细砂岩、砂岩的出现为分界标志。

【层型】　文笔山组创名时，未指定标准剖面，现以发育较完整的龙岩市东北 30 km 雁石乡苏邦实测剖面为选层型(117°10′，25°19′)(图 3-1)，由吴祖春等(1984)实测(图 3-10)，现分层描述如下：

上覆地层：**童子岩组**　灰色中层细粒石英砂岩

——————整　合——————

文笔山组 总厚度 141.10 m

14. 紫红色薄层粉砂质泥岩，含结核，产双壳类 *Aviculopecten* sp.；菊石 *Shouchangoceras* sp. 14.00 m

13. 紫红色薄层含粉砂铁质泥岩，产腕足类 *Pygmochonetes jingxianensis*，*Linoproductus* sp.；双壳类 *Nuculopsis darlingensis*，*Aviculopecten* sp. 39.20 m

12. 浮土掩盖 6.40 m

11. 紫红色薄层粉砂质泥岩，产双壳类 *Palaeoneilo* sp.，*Nuculopsis darlingensis* 15.20 m

10. 紫红、灰白色相间薄层泥岩 23.20 m

9. 灰白、土黄色中薄层粉砂岩 2.60 m

8. 紫红色薄层泥岩，产菊石 *Shouchangoceras shouchangensis*；双壳类 *Palaeoneilo* sp.，*Nuculopsis* sp.，*Aviculopecten* sp.；腕足类 *Neoplicatifera huangi* 5.30 m

7. 浮土掩盖 11.00 m

6. 灰紫色薄层粉砂岩，产腕足类 *Pygmochonetes* sp. 24.20 m

——————整 合——————

下伏地层：**鸣山组** 灰白色中薄层硅质岩，产海百合茎 *Cyclocyclicus* sp.

【地质特征及区域变化】 本组分布于邵武—南平一线以南，德化—南靖一线以西的闽西南地区。闽西北建阳虞墩、建瓯房村口也有零星残存出露。岩性为粉砂岩、泥岩，局部地区中上部夹细砂岩。常含磷铁质结核。岩性基本稳定，各地均可对比。其下或与泉上组砂泥岩夹硅质岩整合接触，或与栖霞组燧石灰岩整合接触。本组产腕足类、菊石、双壳类、海百合茎等多门类化石。腕足类主要有 *Haydenella*，*Dictyoclostoidea*，*Neoplicatifera*，*Monticulifera*，*Uncisteges*，*Cathaysia* 等；菊石有 *Paragastrioceras*，*Waagenoceras*，*Altudoceras*，*Shouchangoceras*，*Paraceltites*，*Kufengoceras*，*Mexigoceras*，*Pseudohalorites* 等；双壳类有 *Palaeoneilo*，*Astartella*，*Pernopecten*，*Aviculopecten*，*Nuculana* 等。龙岩、永定、连城一带地层较厚(永定马东庵大于 320 m，连城罗坊 347 m，清流罗口大于 282 m)，往北至将乐为 115 m，大田广平 133 m，往东至德化湖头仅 71.7 m。由西南往北、往东，不断变薄。时代属早二叠世晚期。

童子岩组 *Pt* (06-35-0062)

【创名及原始定义】 由王绍文(1930)所创童子岩煤系演变而来，创名地点为连城县西山童子岩。原义为："连城、清流一带出露的大致以棕色砂岩为主，砂粒稍粗，夹煤层厚度有一公尺以上者，上下多为黑色页岩，含植物化石甚富。厚约五百公尺至八百公尺。时代下侏罗纪。"

【沿革】 陈旭等(1941)改童子岩煤系时代为二叠纪。侯德封等(1935)将龙岩一带的含煤地层划为大羽植物煤系。高振西等(1942)将大羽植物煤系下部砂页岩创建文笔山页岩。华东地质局连城普查队(1956)① 改童子岩煤系为童子岩组，时代定为晚二叠世。福建省第五地质大队(1962)② 称为龙潭组。福建区测队(1965)把龙潭组分为上下两个段，下段相当于童子岩组，上段相当于翠屏山组，时代定为晚二叠世。福建区测队(1977b)将龙潭组下段改称加福组，时代为早二叠世。福建省煤田预测组(1978)③ 称为龙岩组，时代定为早二叠世。福建省区域

① 华东地质局连城普查队，1956，连城西山煤田普查报告。
② 福建省第五地质大队，1962，龙岩盆地煤田普查报告。
③ 福建省煤田预测组，1978，福建省煤田预测图说明书。

地层表编写组(1979)称为童子岩组，时代定为早二叠世。此后省内一直沿用至今。

【现在定义】 指整合于文笔山组之上，平行不整合于翠屏山组之下的一套海陆交互相含煤细碎屑岩建造。常可分三个段。一、三段为含煤段，二段为泥岩段，常含磷铁质结核。下以厚层细砂岩之底与文笔山组分界，上以翠屏山组底部细砾岩、含砾砂岩或粗砂岩之底为本组顶界。

【层型】 童子岩组创名时，未指定标准剖面，现以发育较完整的龙岩市东南7 km毛桃坑实测剖面为选层型(117°05′,25°05′)(图3-1)，由林发强等(1981)实测(图3-11)，现分层描述如下：

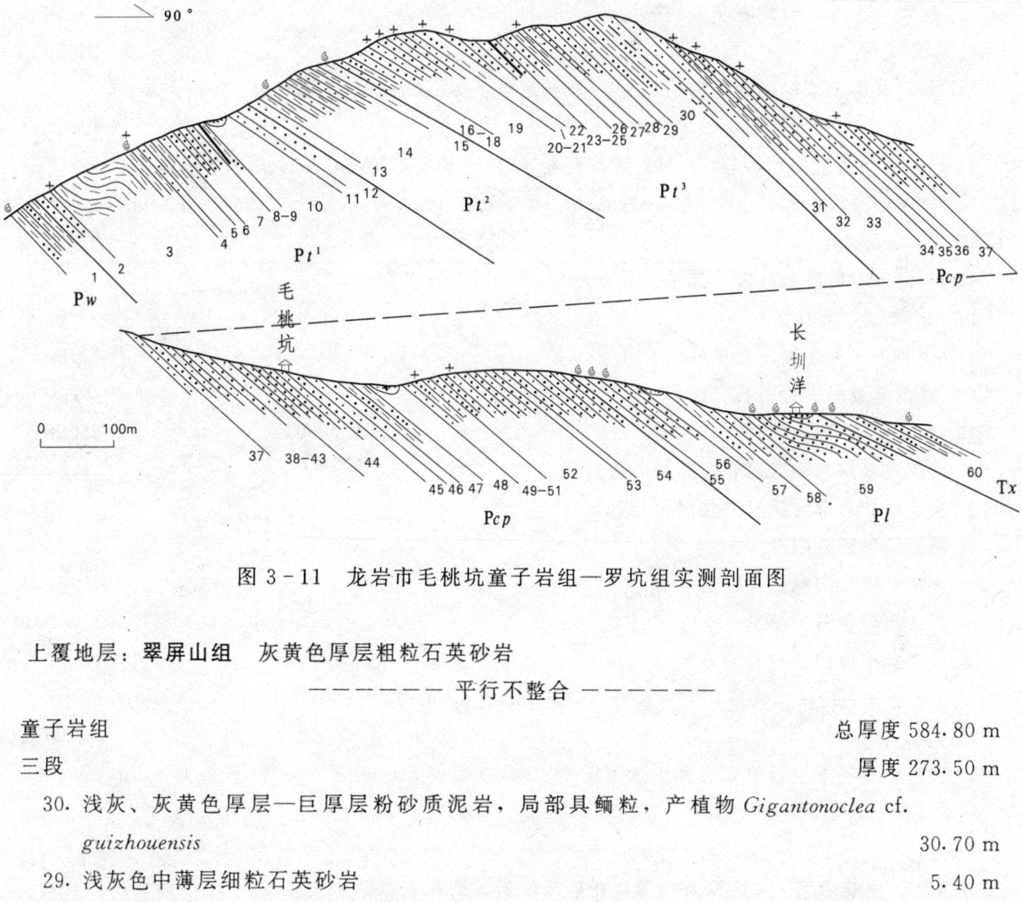

图3-11 龙岩市毛桃坑童子岩组—罗坑组实测剖面图

上覆地层：**翠屏山组** 灰黄色厚层粗粒石英砂岩

——————— 平行不整合 ———————

童子岩组 总厚度584.80 m

三段 厚度273.50 m

30. 浅灰、灰黄色厚层—巨厚层粉砂质泥岩，局部具鲕粒，产植物 *Gigantonoclea* cf. *guizhouensis* 30.70 m
29. 浅灰色中薄层细粒石英砂岩 5.40 m
28. 灰、深灰色中薄层粉砂岩夹中薄层细粒石英砂岩，上部夹二层厚30 cm紫红色铁质鲕粒泥岩，产植物 *Sphenophyllum* sp.，*Compsopteris contracta*，*Sphenopteris* sp.，*Gigantonoclea* sp.，*Rhizomopsis* sp. 30.60 m
27. 浅灰色中厚层细粒石英砂岩，夹少量薄层粉砂岩 10.80 m
26. 灰黑色薄层粉砂质泥岩，夹二层厚15 cm细粒石英砂岩，产大量植物化石碎片 21.50 m
25. 浅灰色中厚层细粒石英砂岩 4.40 m
24. 深灰色薄层粉砂岩，产植物 *Gigantonoclea* cf. *hallei*，*Compsopteris* sp.，*Stigmaria ficoides* 6.70 m
23. 浅灰色中厚层细粒石英砂岩，夹少量灰黑色薄层粉砂岩，产植物化石碎片 5.50 m
22. 灰、深灰色薄层粉砂岩，上部夹薄层细粒石英砂岩和煤层，煤层厚40～50 cm，产植

物 *Pecopteris* sp. 68.50 m

21. 浅紫灰色中薄层细粒石英砂岩 5.10 m

20. 浅灰色薄层粉砂质泥岩夹薄层细粒石英砂岩，粉砂岩中产丰富的植物化石 *Sphenophyllum sino-coreanum*，*Gigantonoclea rosulata*，*Pecopteris unita*，*Asterophyllites* sp. 7.80 m

19. 灰、灰黑色薄层粉砂岩夹少量薄层细粒石英砂岩，顶部为 2.3 m 厚浅灰色中厚层细粒石英砂岩，产植物 *Gigantonoclea* sp.，*G. rosulata*，*Taeniopteris* sp.，*Compsopteris contracta*，*Pecopteris orientalis* 50.60 m

18. 浅灰色中厚层细粒石英砂岩夹薄层粉砂岩 10.60 m

17. 紫红、灰白色薄层粉砂质泥岩，产大量植物化石碎片 9.80 m

16. 浅灰色中厚层细粒石英砂岩 5.50 m

二段 厚度 106.30 m

15. 灰白色中薄层粉砂质泥岩、粉砂岩、产腕足类 *Tenuichonetes* sp；双壳类 *Aviculopecten* sp. 13.10 m

14. 浅灰、灰白色薄层泥岩，上部夹细粒石英砂岩，产腕足类 *Tenuichonetes plicatiformis*，*T*. sp.，*Haydenella* sp.，*Linoproductus* sp.，*Orthotetina* sp.，*Acosarina indica*，*Uncisteges* sp. 87.50 m

13. 灰白色中薄层粉砂岩，产植物化石碎片 5.70 m

一段 厚度 205.00 m

12. 浅灰色中厚层细粒石英砂岩 2.80 m

11. 灰色薄层粉砂岩夹石英砂岩 11.10m

10. 浮土掩盖 35.80 m

9. 浅灰色薄层粉砂质泥岩夹细粒石英砂岩 5.90 m

8. 灰、深灰色薄层泥岩夹煤线，煤线厚 2～5 cm 6.40 m

7. 灰色薄层粉砂岩 24.90 m

6. 浅灰色薄层细粒石英砂岩 10.30 m

5. 灰、灰黑色薄层泥岩 11.40 m

4. 浅灰色中厚层细粒石英砂岩 >5.20 m

3. 灰、深灰色中薄层泥岩，产双壳类 *Nuculopsis* sp.；植物 *Pecopteris* sp.，*Compsopteris* sp. 70.80 m

2. 灰色中厚层细粒石英砂岩夹少量薄层粉砂岩，产植物 *Danaeites rigida*；双壳类 *Aviculopecten* sp. 20.40 m

———— 整　合 ————

下伏地层：**文笔山组**　灰、深灰色薄层粉砂质泥岩，产双壳类碎片

【地质特征及区域变化】　分布于将乐—南平一线以南，安溪剑斗—永春天湖山一线以西的闽西南地区。岩性、含煤性各地有一定差异。可分东、中、西三个 NE 向条带。

西带为武平—连城—将乐带，该带一段不发育，岩性较细，以泥岩为主，砂岩、细砂岩较少，海相层发育，和二段及下伏文笔山组不易区分，常见钙质细砂岩和灰岩凸镜体，含菱铁质结核、水平层理发育。本段中下部产海相化石，有菊石 *Paragastrioceras*，*Shouchangoceras*，*Altudoceras* 等；腕足类 *Uncisteges*，*Neoplicatifera*，*Monticulifera*，*Linoproductus*，*Pygmochonetes* 等。武平岩前产䗴 *Polydixodina*，*Neomisellina*。将乐老虎山产䗴 *Schwagerina*。连城上江坊产珊瑚 *Lophophyllidium*。该带三段为主要含煤段，由海陆交互相泥岩、粉砂岩及煤层

组成，水平层理发育，产植物化石 *Gigantonoclea*，*Gigantopteris*，*Pecopteris*，*Lobatannularia*，*Compsopteris* 等及腕足类 *Uncisteges*，*Pygmochonetes* 等。总的看，本带由南向北，粒度变粗，厚度变薄，含煤性变差。连城上江坊一带，岩性较细，钙质层较多，三段下部含可采煤层，厚度大于 400 m。向北至宁化甘木潭，砂岩增多，含一层可采煤层，厚 317 m。至将乐老虎山，一段以细砂岩为主，二段为粉砂岩，三段为细砂岩、粉砂岩互层夹煤层、煤线，厚 290 m。

中带为永定—龙岩—大田—永安带。该带三个段均发育，一、三段为含煤段，岩性主要为细砂岩、粉砂岩、泥岩夹煤层、煤线；二段为泥岩段，不含煤。本带岩性、厚度相对稳定。南部岩性较细，一、三段均为主要含煤段，煤层数较多，厚度较大，化石丰富。永定瓦窑坪一带含煤 45 层以上，厚 838 m；北部永安加福，一段含煤性差，三段为主要含煤段，含煤 20 层，厚 619.9 m。总的看，本带由南往北岩性变粗，煤层层位逐渐抬高，煤层减少，厚度变小。本带化石丰富，一段以海相腕足类、菊石、双壳类为主，植物次之；二段全为海相层，以腕足类、菊石为主；三段海相层减少，菊石少见，以腕足类、双壳类及植物为主，本带菊石有 *Altudoceras*，*Shouchangoceras*，*Paragastrioceras*，*Shangyaoceras* 等；腕足类有 *Tenuichonetes*，*Pygmochonetes*，*Dictyoclostoidea*，*Monticulifera*，*Linoproductus*，*Haydenella*，*Uncisteges*，*Orthotichia*，*Cathaysia*，*Tyloplecta*，*Martinia* 等；植物有 *Gigantonoclea*，*Sphenophyllum*，*Lobatannularia*，*Pecopteris*，*Compsopteris* 等。

东带为安溪剑斗—永春天湖山带。该带受构造破坏及火山岩覆盖而出露不全，海相层减少，岩性变粗。一段为主要含煤段，二段不发育，岩性较中带、西带粗，为细砂岩夹粉砂岩，三段含煤性差。安溪剑斗，一段为粉砂岩、砂岩夹煤层；二段为石英细砂岩夹粉砂岩；三段为粉砂岩夹细砂岩，厚 367 m。永春天湖山一带，一段为砂岩、粉砂岩、泥岩，含泥质及菱铁质结核，含煤 30 层以上；二段及三段均为砂岩、粉砂岩互层，三段局部含煤线、煤层，厚 640 m。由于岩性变粗，二段不发育，越往东三个段已很难划分。本带化石以植物为主，海生动物少见。植物有 *Gigantonoclea*，*Pecopteris*，*Compsopteris*，*Fascipteris*，*Taeniopteris*，*Gigantopteris* 等；腕足类有 *Lingula* 等。

综观全省童子岩组，岩性由西往东，粒度变粗，海相层减少，陆相层增多。含煤性中带最好，一、三段均为重要含煤段，西带仅三段为主要含煤段，东带仅一段为主要含煤段。东部成煤早，西部成煤晚，由东往西，煤层不断抬高。同一条带煤层也有由南往北抬高的趋势。厚度中带最大，向东西两侧变薄，同一条带也有由南往北变薄的趋势。岩性、厚度及生物属种的变化，反映出闽西南地区海水由 NE 向 SW 逐渐退却的成煤环境。古生物资料表明，时代属早二叠世晚期。

翠屏山组　P*cp*　(06－35－0063)

【创名及原始定义】　由侯德封等(1935)根据龙岩市翠屏山一带出露的砂页岩而创名。原义为：直覆于大羽植物煤系之上，两者呈整合。岩性以页岩为主，砂岩次之，页岩多呈绿色、灰色及黄棕等色，上部则薄层石英砂岩渐多，页岩次之。有时亦因变质而有片岩及板岩等。总厚可至 250 米。

【沿革】　福建区测队将翠屏山组曾一度划归龙潭组上段，仅上杭幅区调报告(福建省 713 队，1971)改为翠屏山组。因此，所划龙潭组上段，实与翠屏山组同物异名。至 1979 年福建省区域地层表编写组采用翠屏山组后，在省内才得以广为引用。

【现在定义】　指平行不整合于童子岩组之上，整合于罗坑组之下的一套砂岩、粉砂岩、泥岩夹煤层(线)、粘土岩的地层。底部常见细砾岩、含砾砂岩或粗砂岩，砾石以硅质岩为主。泥岩中常见菱铁质鲕粒，常风化呈灰白、土黄、紫红色。下以细砾岩，含砾砂岩或粗粒石英砂岩与童子岩组分界，上以罗坑组底部中厚层细砂岩与本组分界。

【层型】 创名时未指定标准剖面，现以发育较完整的龙岩市东南 7 km 毛桃坑剖面为选层型(117°05′,25°05′)(图 3-1),由林发强等(1981)实测(图 3-11)，现分层描述如下：

上覆地层：**罗坑组** 浅紫红色中薄层细粒石英砂岩

——————— 整 合 ———————

翠屏山组	总厚度 494.90 m
54. 深灰色薄层粉砂岩，偶夹细砂岩	52.80 m
53. 深灰色中层细粒石英砂岩	7.80 m
52. 灰黄、灰白色中薄层粉砂岩，产植物 *Compsopteris* cf. *contracta*, *C.* sp., *Pecopteris* sp.	78.00 m
51. 灰色中薄层细砂岩	4.90 m
50. 灰黄、灰白色厚层粉砂质泥岩，产植物 *Paracalamites*? sp.	8.80 m
49. 灰色中薄层细粒石英砂岩	6.40 m
48. 浮土掩盖	39.80 m
47. 灰黄色厚层粉砂质泥岩	29.00 m
46. 灰—深灰色薄层粉砂岩夹少量薄层细粒石英砂岩	11.70 m
45. 灰色中厚层细粒石英砂岩	11.00 m
44. 灰色厚层粉砂岩	70.00 m
43. 灰、灰白色中厚层中细粒石英砂岩	17.90 m
42. 灰黄、黄灰色厚层粉砂岩	15.40 m
41. 浅灰、灰白色中厚层细粒石英砂岩	11.50 m
40. 灰黄、浅红色中厚层粉砂岩	6.40 m
39. 浅灰色中厚层细粒石英砂岩	9.30 m
38. 黄灰色中薄层粉砂岩夹薄层碳质粉砂岩	1.40 m
37. 黄灰色厚层粉砂岩，顶部为 0.8 m 厚中粒石英砂岩，产植物 *Pecopteris* sp., *Gigantonoclea* sp., *Lobatannularia* sp., *Compsopteris* sp.	17.80 m
36. 浮土掩盖	13.80 m
35. 浅灰色厚层中粗粒石英砂岩	13.00 m
34. 灰色中厚层粉砂岩	14.80 m
33. 灰色中厚层细粒石英砂岩夹中薄层粉砂岩，产植物 *Fascipteris* sp.	22.00 m
32. 浅灰、灰色中层粉砂质泥岩，产植物 *Gigantonoclea* sp., *Pecopteris* sp., *Fascipteris densata*	6.50 m
31. 灰黄色厚层粗粒石英砂岩	24.90 m

——————— 平行不整合 ———————

下伏地层：**童子岩组三段** 浅灰、灰黄色厚—巨厚层粉砂质泥岩，局部具鲕粒，产植物 *Gigantonoclea* cf. *guizhouensis*

【地质特征及区域变化】 本组分布于将乐—南平一线以南，安溪剑斗—永春天湖山一线以西的闽西南地区。岩性为细砂岩、粉砂岩、泥岩夹煤层(线)，常含菱铁质鲕粒，局部夹粘土岩。底部为细砾岩、含砾砂岩或粗砂岩。由下往上，构成由粗到细的旋回，其中包含多个小韵律，个别地区底部砂岩含锆石。各地岩性较稳定，永定、龙岩、永安一带，厚度较大，厚366～647 m。局部地区底砾岩中偶见含䗴的栖霞组、船山组灰岩砾石。由此带向西，粒度变细，砂岩含量减少，厚度变小，含煤性变好；连城、将乐一带，本组下部常具可采煤层，厚206～273 m。由此带往东，粒度变粗，厚度变小，永春上姚本组以砂岩为主，厚度大于328 m。总的看，本组由西往东，岩性变粗，含煤性变差，中部厚度较大，向两侧变薄。本组所含化石以植物为主，顶部含少量腕足类、双壳类。腕足类有 *Neochonetes*，*Crurithyris*，*Orthotetina*，*Waagenites*；双壳类有 *Phestia*，*Nuculana*，*Wilkingia* 等。时代属晚二叠世早期。

罗坑组　Pl　（06-35-0064）

【创名及原始定义】　李兼海等(1994)创名，创名地点为清流县李家乡罗坑村。指整合于翠屏山组之上，溪口组之下的一套灰、灰黄色中薄层砂岩、细砂岩、粉砂岩、泥岩的地层。下以中厚层砂岩、细砂岩与翠屏山组分界；上以风化呈米黄、灰黄色泥质粉砂岩与风化呈紫红、紫灰、褐黄色常具球状风化的溪口组石碧溪泥岩段分界，或条带状角岩化硅泥岩、角岩的新祠角岩段分界，或灰岩、泥灰岩的兰田灰岩段分界。

【沿革】　自福建区测队(1965)首次在省内发现晚二叠世晚期地层，并引用大隆组一名后，省内广为沿用。杨遵仪等(1987)根据生物群建立雁石组。与本组均为同物异名。

【现在定义】　同原始定义。

【层型】　正层型为清流县城南35 km李家乡罗坑村北剖面(116°52′，26°52′)(图3-1)，由王国平1987年测制(图3-12)，现分层描述如下：

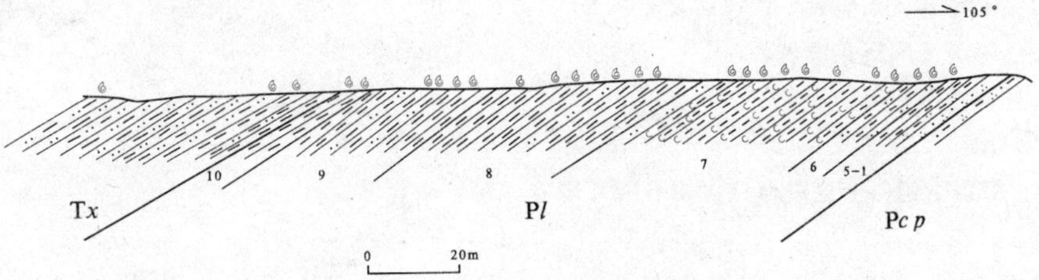

图3-12　清流县罗坑罗坑组实测剖面图

上覆地层：**溪口组**　灰色薄层泥岩，风化呈灰紫色，产双壳类 *Eumorphotis*? sp.，*Claraia* cf. *wangi*，*Unionites* sp.，*Promyalina minuta*，*Paradoxipecten* sp.；腕足类 *Crurithyris flabeliformis*，*Paracrurithyris pigmaea*

——————整　合——————

罗坑组　　总厚度93.31 m

10. 灰白色薄层泥岩，产腕足类 *Crurithyris speciosa*；双壳类 *Promyalina* sp.　　3.47 m

9. 灰黄色薄层泥岩夹多层粉砂质泥岩，产菊石 *Pseudotirolites* sp.，*P. asiaticus*，*P.* cf. *acutus*，*Huananoceras* sp.；腕足类 *Orbiculoidea* sp.，*Paryphella transversa*，*P. sparsiplicata*，*P. sulcatifera*，*P. orbicularis*，*P.* cf. *sacoformis*，*P. triquetra*，*Waagenites barusiensis*，*W. soochowensis*，*W. pigmaea*，*Fusichonetes nayongensis*，*Paracrurithyris pigmaea*，*Spinomarginifera* sp.，*Crurithyris flabeliformis*，*Acosarina indica*，*A. minuta*，*Neochonetes convexa*，*Cathaysia chonetoides*，*Alatoproductus* sp.；双壳类 *Hunanopecten exilis*，*H. qujiangensis*，*H.*? *longauriculata*，*Palaeoneilo yongdingensis*，

Promyalina sp.，*Paradoxipecten* sp.，*Etheripecten simplicostatus*，*Euchondria* cf. *jiaheensis*；三叶虫 *Pseudophillipsia* sp. 21.03 m

8. 浅灰色薄层泥岩，风化呈灰白色，局部呈紫色，夹粉砂质泥岩，产丰富的菊石 *Pseudogastrioceras* sp.，*Pseudotirolites* sp.，*Huananoceras* sp.；双壳类 *Hunanopecten* sp.，*H.* cf. *exilis*，*Bakevellia* sp.，*Palaeoneilo* sp.，*Paracrurithyris pigmaea*，*Acosarina minuta* 21.71 m

7. 黑色薄层碳质泥岩，风化呈浅灰、灰白色，局部含粉砂，顶部见一薄层粉砂岩，产丰富的腕足类 *Paracrurithyris pigmaea*，*Crurithyris flabeliformis*；双壳类 *Hunanopecten* sp.，*H. exilis*，*Bakevellia* sp.，*Claraia* cf. *dieneri*，*Posidonia* sp.，*Streblopteris* sp.，*Pteria*? sp.；菊石 *Pseudogastrioceras gigantum*，*P.* cf. *szechuanense*，*Pseudotirolites asiaticus*，*Pleuronodoceras* sp.，*Huananoceras* sp. 18.63 m

6. 灰黑色薄层泥质石英细砂岩夹少量薄层泥岩，往上泥岩增多，产较丰富的腕足类 *Paryphella transversa*，*P. sulcatifera*，*Waagenites soochowensis*，*Spinomarginifera* sp.，*Crurithyris flabeliformis*，*C. speciosa*，*Acosarina indica*，*Neowellerella pseudoutah*，*Neochonetes substrophomenoides*，*Cathaysia chonetoides*，*Leptodus*? sp.，*Derbyia*? sp.，*Hustedia* sp.，*Orthotetina ruber*；双壳类 *Palaeolima* sp.，*Pernopecten* sp.；菊石 *Pseudotirolites* sp.；海百合茎 *Cyclocyclicus* sp. 16.06 m

5. 青灰色薄层石英细砂岩和含砂泥岩互层，风化呈灰黄色，产腕足类 *Spinomarginifera* sp.，*Acosarina indica*，*Crurithyris speciosa*，*Waagenites* cf. *soochowensis*，*Leptodus tenus*；三叶虫 *Pseudophillipsia* sp. 0.39 m

4. 浮土掩盖 5.50 m

3. 紫灰色薄层石英细砂岩，产植物化石碎片 4.08 m

2. 紫灰色薄层泥质石英细砂岩 1.22 m

1. 深灰色中厚层石英细砂岩 1.22 m

——————— 整　合 ———————

下伏地层：**翠屏山组**　灰色中薄层泥质石英细砂岩、粉砂岩含煤线

【地质特征及区域变化】　本组分布于邵武—南平一线以南，南靖—德化一线以西的闽西南地区，长泰忠魏也有零星出露。各地岩性基本稳定，均可对比，皆为砂岩、粉砂岩、泥岩，下粗上细，局部地区本组下部夹钙质砂岩或灰岩凸镜体，厚度大于 15.6～254 m。南部永定山仔尾厚 232.9 m，漳平岬顶 117 m，永安峰海 112 m，将乐大于 15 m。由南往北有变薄趋势。本组化石除下部局部含植物化石碎片外，皆为海相动物化石，下部以较大型腕足类为主，中上部以菊石、小型腕足类、双壳类为主。腕足类下部有 *Oldhamina*，*Leptodus*，*Orthotetina*，*Cathaysia*，*Spinomarginifera*，*Neowellerella*，*Haydenella*，*Waagenites* 等，中上部有 *Paryphella*，*Crurithyris*，*Paracrurithyris*，*Acosarina*，*Neowellerella* 等；菊石有 *Pseudogastrioceras*，*Pseudotirolites*，*Pleuronodoceras*，*Huananoceras* 等；双壳类 *Hunanopecten*，*Aviculopecten*，*Nuculopsis*，*Schizodus*，*Palaeoneilo* 等。永定抚市钻孔灰岩凸镜体中产䗴 *Palaeofusulina*，*Reichelina*，*Codonofusiella*，*Nankinella* 等。龙岩雁石灰岩凸镜体产䗴 *Palaeofusulina* sp.。时代为晚二叠世晚期。

长兴组　Pĉ　(06-35-0065)

【创名及原始定义】　葛利普(1924)创名，创名地点为浙江省长兴。原义为长兴石灰岩，

指含煤地层之上产 *Oldhamina* 化石的石灰岩。

【沿革】 福建区测队(1965)在大田、漳平一带首次发现长兴灰岩的存在，尔后省内广为沿用。

【现在定义】 岩性为灰色微晶至粉晶灰岩、生物屑灰岩、白云质灰岩、局部含燧石结核及条带，下部夹 0.19 m 流纹质晶屑凝灰岩。与下伏龙潭组砂岩呈整合或平行不整合接触，与上覆青龙组底部泥岩呈整合接触。福建省内指整合于罗坑组中下部砂泥岩之上，溪口组钙质砂泥岩、砂泥岩、泥灰岩或角岩、角岩化硅泥岩之下的一套碳酸盐沉积，岩性主要为灰、灰黑色薄—厚层生物屑灰岩夹硅质岩、泥硅质灰岩，局部含燧石团块。以其特殊的岩性和上覆、下伏地层分界。

【层型】 选层型剖面在浙江省长兴县葆青。省内次层型为大田县城西 11 km 的上京乡梅林崆峒山剖面(117°44′,25°44′)(图 3-1)，由章金海等(1962)实测(图 3-13)，现分层描述如下：

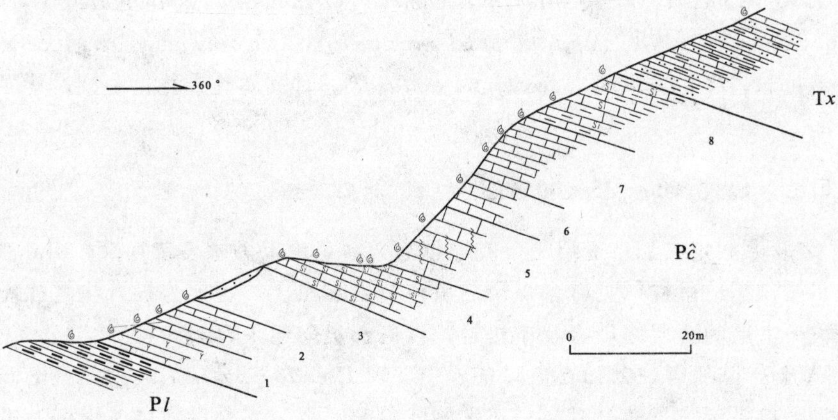

图 3-13　大田县崆峒山长兴组实测剖面图

上覆地层：**溪口组**　灰黑色含砂页岩和灰色不纯灰岩互层，底部 2.5 m 为浮土掩盖，产双壳类 *Bakevellia* sp.

——————— 整　合 ———————

长兴组　　　　　　　　　　　　　　　　　　　　　　　　　　　总厚度 51.00 m

8. 灰黑色薄层不纯灰岩，含泥硅质较高，灰岩风化后淋滤成孔穴，泥、硅质凸出呈网状，产䗴 *Palaeofusulina wangi*，*P. fusiformis*；有孔虫 *Colaniella* sp.　　11.40 m

7. 灰黑色中薄层生物灰岩，产䗴 *Palaeofusulina fusiformis*，*P. wangi*，*Reichelina pulchra*　　6.00 m

6. 灰黑色中层生物灰岩，产䗴 *Palaeofusulina* sp.，*Reichelina* sp.　　2.00 m

5. 灰黑色厚层生物灰岩，缝合线构造发育，产䗴 *Palaeofusulina sinensis*，*P.* sp.，*Reichelina changhsigensis*　　5.50 m

4. 深灰色薄层含生物不纯灰岩，含硅质较高，产䗴 *Palaeofusulina sinensis*，*P. kongtongshanica*，*Reichelina* sp；腕足类 *Linoproductus* sp.　　5.50 m

3. 浮土掩盖　　8.80 m

2. 青灰色薄层生物灰岩，单层厚 6～10 cm，具缝合线构造，产䗴 *Palaeofusulina sinensis*，

P. fusiformis，*Reichelina changhsingensis* 3.30 m

1. 灰黑色巨厚层含生物灰岩，单层厚 2 m，缝合线构造发育，间距 30 cm，顶部具不规则燧石团块，产䗴 *Palaeofusulina sinensis*，*P. fusiformis*，*Reichelina simplex* 8.50 m

——————整　合——————

下伏地层：**罗坑组**　灰黑色薄层泥质页岩，产腕足类 *Waagenites* sp.

【地质特征及区域变化】　长兴组分布于大田桃源—上京崆峒山地区和东坑、魁城、桃山、许思坑、通尾及漳平灵地、长荣等地。各地岩性、厚度有一定变化。典型的灰岩见于大田东坑及桃源—上京一带，岩性为灰、灰白色薄—厚层生物灰岩为主夹硅质灰岩、硅质岩、泥灰岩、钙质泥岩，厚 42～71 m。往南至漳平武陵、灵地、德安一带，则以硅质岩、硅质灰岩为主，局部夹薄层灰岩或灰岩凸镜体，厚 14～17 m。向东至通尾、魁城地区，以粉砂岩为主夹薄层或凸镜状生物灰岩，厚 52 m。本组产䗴、腕足类、珊瑚、牙形刺等化石。䗴有 *Palaeofusulina*，*Reichelina*，*Codonofusiella*，*Nankinella* 等；非䗴有孔虫有 *Colaniella*，*Pachyphloia* 等；腕足类有 *Linoproductus*，*Waagenites*，*Neochonetes*，*Orthotetina*，*Spinomarginifera*，*Oldhamina*，*Leptodus*，*Neowellerella*，*Anidanthus*，*Uncinunellina*，*Acosarina*，*Araxathyris* 等；牙形刺有 *Neogondolella*，*Hindeodella*，*Anchignathodus* 等。时代属晚二叠世晚期，其层位相当于罗坑组中上部。

溪口组　T*x*　**（06－35－0066）**

【创名及原始定义】　王绍文(1930)创名，创名地点为永安市西北 15 km 曹远乡溪口村。原义指“溪口东三里许，见有含煤层之黑色页岩及黑土，再上为板岩状之石灰岩；厚约一百公尺，……上层为薄层之砂岩及千枚岩，以属于奥陶纪下部较为相宜。”

【沿革】　陈旭等(1941)在溪口灰岩中发现 *Pseudomonotis* 后改为三叠纪溪口系。周仁沾(1950)将溪口系定为早三叠世。福建区测队(1965)将早三叠世地层自下而上建立溪口组、溪尾组。地质科学院闽煤组(1975)① 将福建早三叠世地层称溪口群。福建区测队(1965)所指溪尾组岩性以红色为主的杂色泥钙质粉砂岩、细砂岩夹含长石、云母细砂岩，风化呈紫红色。本次对比研究认为，溪尾组实为溪口组泥岩相的一部分而另创石碧溪泥岩段一名代之。

【现在定义】　指整合于罗坑组之上的一套条带状角岩化硅泥岩、角岩、灰岩、钙质砂泥岩、砂泥岩组成的地层。包含新祠角岩段、兰田灰岩段、石碧溪泥岩段，三段互为相变。

【层型】　溪口组创名时未指定层型剖面，现以发育较完整的龙岩市东南 22 km 适中乡陈坑尾—兰田剖面为选层型(117°07′,24°56′)(图 3－1)，由李希敏等(1974)实测(图 3－14)，现分层描述如下：

溪口组　　总厚度 1 295.30 m

石碧溪泥岩段　　厚度 827.50 m

9. 青灰色薄层粉砂岩夹细砂岩，层理平整，产双壳类 *Eumorphotis* sp.。(未见顶) ＞412.60 m
8. 灰色薄层粉砂质泥岩，层理平整，具微细层理，产双壳类 *Bakevellia* sp. 164.40 m
7. 灰、浅灰绿色中薄层粉砂岩，层理平整 39.60 m
6. 灰色中薄层钙质粉砂岩，层理发育，局部具波状层理，产双壳类 *Claraia* sp. 26.00 m

① 地质科学院闽煤组，1975，福建中生代含煤地层。

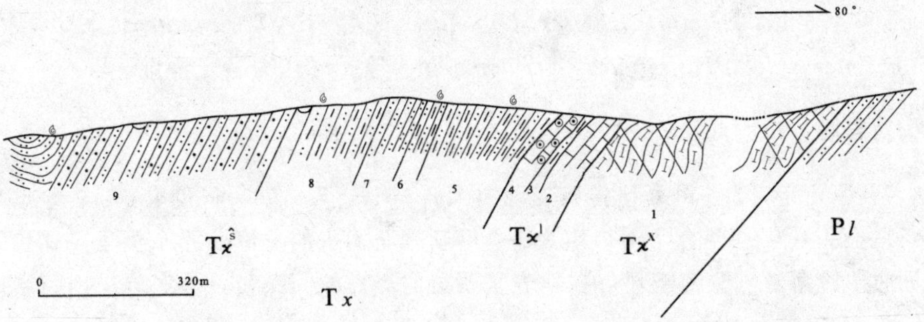

图 3-14　龙岩市陈坑尾—兰田溪口组实测剖面图

5. 青灰色，风化为土黄、褐黄色中厚层钙质、泥质粉砂岩，微细层理发育，产双壳类 *Claraia* sp. 184.90 m

———— 整　合 ————

兰田灰岩段　厚度 137.20 m

4. 灰、灰白色中厚层鲕状灰岩　22.00 m

3. 青灰色中薄层钙质粉砂岩　13.70 m

2. 浅灰色厚层质纯灰岩　101.50 m

———— 整　合 ————

新祠角岩段　厚度 330.60 m

1. 浅灰、灰白色薄层条带状透辉石角岩，角岩化硅泥岩、角岩化粉砂岩、细粒石英砂岩　330.60 m

———— 整　合 ————

下伏地层：**罗坑组**　灰黑色薄层粉砂岩夹灰白色中厚层石英细砂岩

【地质特征及区域变化】　广泛分布于闽西南，长泰忠魏也有零星出露。岩性、厚度变化较大。三个段无固定层位，短距离内可互为相变，中下部变化尤大。新祠角岩段大多位于本组下部，少数位于中部(大田桃源)或上部(华安草坂)，也有溪口组全为角岩的(华安梨子坪)；石碧溪泥岩段大多位于本组中上部，也有位于中下部(华安草坂)，也有全为泥砂岩的(永定石碧溪、龙岩云潭)；兰田灰岩段大多位于本组中部，也有位于下部的(永安溪口、大田通尾)，该段以永定抚市西坑—龙岩适中—漳平拱桥一带较发育，其上与安仁组整合接触，向两侧及向北渐变为钙质砂泥岩、泥灰岩。溪口组厚度由南往北变薄。南部永定石碧溪厚1 792.4 m，向北至漳平罗山 1 188 m，永安鸬鹚溪 270 m，至将乐老虎山仅 136.8 m。本组化石以产于石碧溪泥岩段的双壳类为主，底部产菊石及二叠纪延续而来的小型腕足类。菊石有 *Hypophiceras changxingense*, *H.* cf. *martini*, *Ophiceras demissum*, *O. tingi*, *Lytophiceras* sp., *Tompophiceras* sp., *Xenodiscoceras* sp., *Koninckites* sp. 等；腕足类有 *Paryphella orbicularis*, *P. sulcatifera*, *P. transversa*, *Fusichonetes nayongensis*, *Waagenites pigmaea*, *W. soochowensis*, *W. barusiensis*, *Uncinunellina timorensis*, *Acosarina indica*, *Crurithyris speciosa*, *C. flabeliformis*, *Paracrurithyris pigmaea*, *Neowellerella pseudoutah* 等；双壳类下部以 *Claraia* 为主，中下部 *Eumorphotis* 为主，上部以 *Myophoria*, *Unionites* 为主。主要分子有 *Claraia wangi*, *C. wangi minor*, *C. stachei*, *C. aurita*, *C. fujienensis*, *C. lungyanensis*, *C. griesbachi*, *C. hunanica*, *C. dieneri*, *C. concentrica*, *Eumorphotis multiformis*, *E. telleri*, *E. iwanovi*, *E. inaequicostata*,

Pteria ussurica variabilis, *Towapteria scythica*, *Bakevellia costata*, *B. goldfussi*, *Myophoria laevigata*, *M. ovata*, *Entolium discites*, *Unionites fassaensis*, *U. canalensis*, *Modiolus*, sp. , *Promyolina intermedia*, *P. minuta*, *Oxytoma* sp. 等。时代为早三叠世。

新祠角岩段　Tx^x　(06-35-0067)

【创名及原始定义】　由福建省第五地质大队 501 分队(1960)① 创名，创名地点为龙岩市适中乡新祠。原义为："整合于溪口组之下，沿新祠至盂头的龙漳公路东侧呈一狭长的带状分布。所见为矽质角岩，致密坚硬，在地表呈明显的黑白相间条带。最底岩层因断层掩盖，实况不明，约 150 m"。

【沿革】　福建区测队(1965)将其划归溪口组一部分，后在省内一直未作为正式地层单位划分出来。

【现在定义】　指整合于罗坑组之上、兰田灰岩段之下的一套条带状角岩化硅泥岩、角岩，夹钙硅质砂泥岩、细砂岩，局部夹灰岩凸镜体的地层。以其特殊的岩性与上覆、下伏地层分界。

【层型】　本段创名时，未指定标准剖面，现以龙岩陈坑尾—兰田剖面为选层型（117°07′，24°56′）(图 3-14)。本段出露厚度 330.6 m。其上与兰田灰岩段整合接触。

【地质特征及区域变化】　见溪口组描述。

兰田灰岩段　Tx^l　(06-35-0068)

【创名及原始定义】　李兼海等(1994)创名，创名地点为龙岩市东南 25 km 适中镇兰田村东。指闽西南整合于罗坑组或长兴组之上、安仁组之下的一套灰、浅灰色中薄—中厚层灰岩、泥灰岩、钙质砂泥岩地层。下以钙质砂泥岩、泥灰岩、灰岩与罗坑组泥岩、粉砂岩或长兴组灰黑色薄层含泥质灰岩分界，上以安仁组下段灰色中厚层钙质砂岩之底为分界。

【沿革】　福建区测队(1977b)曾划为溪口组灰岩相。

【现在定义】　岩性同原始定义。其上与石碧溪泥岩段，下与新祠角岩段皆为整合接触。

【层型】　正层型为龙岩市适中镇陈坑尾—兰田剖面(117°07′,24°56′)(图 3-14)。本段厚度 137.2 m(1982 年伍永昌重测为 95.6 m)。

【地质特征及区域变化】　见溪口组描述。

石碧溪泥岩段　Tx^s　(06-35-0069)

【创名及原始定义】　李兼海等(1994)创名，创名地点为永定县城东北 21km 的抚市乡石碧溪村。指整合于罗坑组或长兴组之上，安仁组之下的一套细碎屑岩层。岩性以粉砂岩、泥岩为主，夹钙质砂泥岩，中上部局部夹长石、云母石英细砂岩。下以风化呈紫红、紫灰、褐黄色具球状风化的砂泥岩与罗坑组或长兴组分界；上以安仁组灰色厚层钙质砂岩之底为界。

【沿革】　福建区测队(1965)曾将本段上部划为溪尾组，1977 年 1∶20 万龙岩幅区调时又将本段改划为泥岩相的溪口组。

【现在定义】　岩性同原始定义。下与罗坑组产 *Pseudotirolites asiaticus* 的中薄层泥岩整合分界，其上为文宾山组石英砾岩不整合所覆。

---

① 福建省第五地质大队 501 分队，1960，福建龙岩适中元宝山煤矿普查评价报告。

【层型】 正层型为永定县抚市乡石碧溪村剖面(117°00′,24°52′)。本段出露厚度1 746.2 m。

【地质特征及区域变化】 分布于闽西南，零星见于长泰忠魏，岩性相对稳定，厚度由西南向东北变薄。

安仁组 T*a* (06-35-0070)

【创名及原始定义】 由福建区测队(1965)所创安仁群一名而来，创名地点位于漳平市东北30 km新桥乡安仁。原义指漳平安仁一带出露的一套厚度颇大的滨海—海陆交互相沉积。分上下两段。下段为灰色钙质砂岩，厚520～645 m；上段为紫红色粉砂岩夹长石石英砂岩，顶部含植物 *Neocalamites* sp.，厚580～663 m。下与溪尾组整合接触，上与大坑组不整合接触，时代为晚三叠世。

【沿革】 福建省区域地层表编写组(1979)改安仁群为安仁组，后广为沿用。

【现在定义】 指整合于溪口组之上的一套细碎屑沉积。分上下两段：下段为灰色中厚层钙质砂岩、钙质粉砂岩；上段以紫红色为主的粉砂岩，细砂岩夹长石石英砂岩，局部含砾。上未见顶，下以钙质粉砂岩之底与溪口组分界。

【层型】 正层型为漳平市东北30 km新桥乡安仁—溪南乡官坑剖面(117°35′,25°27′)，由李希敏等(1965)实测(图3-15)，现分层描述如下：

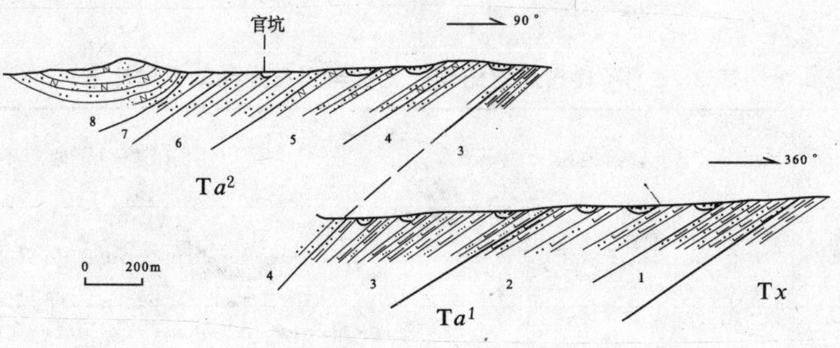

图3-15 漳平市安仁官坑安仁组实测剖面图

安仁组	总厚度1 309.00 m
上段	厚度663.50 m
8. 含长石石英砂岩夹紫红色粉砂岩。(未见顶)	>169.70 m
7. 紫红色粉砂岩与泥质石英细砂岩互层	53.70 m
6. 紫红色粉砂岩	304.90 m
5. 含长石石英细砂岩夹紫红色粉砂岩	99.10 m
4. 紫红色粉砂岩	36.10 m
下段	厚度645.50 m
3. 灰色中厚层钙质砂岩	363.40 m
2. 灰、灰绿色中厚层钙质粉砂岩	222.70 m
1. 灰、灰绿色薄层钙质粉砂岩	59.40 m

——————— 整 合 ———————

下伏地层：**溪口组** 灰褐色中厚层泥质粉砂岩

【地质特征及区域变化】 仅分布于漳平及大田等局部地区。岩性基本稳定。其上与大坑村组在漳平大坑盆地中心为整合接触，在漳平溪南盆地边缘为不整合接触。厚度以漳平安仁地区最厚，大于1 309 m，向北逐渐变薄。漳平官坑本组上部产植物化石？*Neocalamites* sp.，时代暂置中三叠世。

第二节 生物地层概况及年代地层

（一）晚泥盆世

天瓦岽组上段及桃子坑组上下段均产植物化石，属种相似，主要有 *Leptophloeum rhombicum*，*Cyclostigma kiltorkense*，桃子坑组并有少量 *Sublepidodendron mirabile*，*Archaeosigillaria*? sp. 等。*Leptophloeum rhombicum*，*Cyclostigma kiltorkense* 为华南晚泥盆世特征化石，在邻省广东、江西、浙江及江苏、安徽等地晚泥盆世地层中均有发现。李星学等（1979）建立华南晚泥盆世斜方薄皮木植物群，并分为下部的 *Leptophloeum rhombicum* - *Cyclostigma kiltorkense* 组合带，上部的 *L. rhombicum* - *Sublepidodendron mirabile* 组合带。天瓦岽组植物群可和晚泥盆世早期 *L. rhombicum* - *C. kiltorkense* 组合带相对比，桃子坑组植物群可和晚泥盆世晚期 *L. rhombicum* - *Sublepidodendron mirabile* 组合带相对比。天瓦岽组、桃子坑组分别相当佘田桥阶和锡矿山阶(表3-2)。

表3-2 福建省泥盆纪年代地层与岩石地层单位对比表

<table>
<tr><th colspan="2">年代地层</th><th colspan="3" rowspan="2">岩石地层</th><th rowspan="2">生 物 地 层</th></tr>
<tr><th>统</th><th>阶</th></tr>
<tr><td rowspan="4">上泥盆统</td><td rowspan="2">锡矿山阶</td><td rowspan="4">安砂群</td><td rowspan="2">桃子坑组</td><td>上段</td><td rowspan="2">Leptophloeum rhombicum - Sublepidodendron mirabile As. Z.</td></tr>
<tr><td>下段</td></tr>
<tr><td rowspan="2">佘田桥阶</td><td rowspan="2">天瓦岽组</td><td>上段</td><td>Leptophloeum rhombicum - Cyclostigma kiltorkense As. Z.</td></tr>
<tr><td>下段</td><td></td></tr>
</table>

关于天瓦岽组、桃子坑组界线划分，总的来讲是清楚的，天瓦岽组和桃子坑组各包含一个较大的由粗—细的沉积旋回，下部以砾岩为主夹砂砾岩、砂岩、粉砂岩，即天瓦岽组下段、桃子坑组下段；上部以砂岩、粉砂岩为主夹砂砾岩、砾岩，即天瓦岽组上段、桃子坑组上段。桃子坑组下段和天瓦岽组上段，由于包含多个由粗—细的小旋回，所以天瓦岽组上段之上出现较大厚度的砾岩层，即作为桃子坑组下部。究竟哪个小旋回之底作为桃子坑组之底，野外掌握的尺度可能会因人而异，但两组总的界线是清楚的。

（二）*石炭纪*

石炭纪地层，生物较为丰富，除林地组产少量植物、孢粉外，经畲组、老虎洞组、船山组均含较丰富的䗴及珊瑚、腕足类、藻类、有孔虫、牙形刺等多门类化石，以䗴类研究较详。

1. 林地组生物地层及地质年代

林地组含植物化石 *Neuropteris gigantea*，*N. pseudogigantea*，*Sublepidodendron mirabile*，*Cordaites principalis*，*Rhodeopteridium hsianghsiangensis*，*R. chinghaiensis*，*Archaeo-*

calamites orientalis, *Adiantites? gothani*, *Triphyllopteris collombiana*, *Stigmaria?* sp., *Lepidodendropsis?* sp., *Pecopteris?* sp. 等，福建省地质矿产局(1985)将林地组植物群建立 *Neuropteris gigantea* - *Rhodeopteridium chinghaiensis* 组合带。该带主要分子为 *Neuropteris*, *Rhodeopteridium*,尤以单个叶片保存的 *Neuropteris* 较常见。*N. gigantea* 在国外常见于纳缪尔—维斯发阶(Namurian—Westphalian),在我国北方主要见于晚石炭世早期。*Rhodeopteridium chinghaiensis* 见于青海省德令哈克鲁克群，时代为纳缪尔期。植物群表明，林地组时代应为早石炭世晚期至晚石炭世早期。

在长汀陂角、大田大合等地，林地组产孢粉，主要有 *Lycospora granulata*, *L. punctata*, *L. lobuta*, *Murospora kosenkei*, *M. varia*, *Tripartites trilinguis* 等。黄信裕(1979)① 指出，该孢粉组合以具环孢为主(占孢粉总量的 52%)，其中又以 *Lycospora* 为主（占孢粉总量的 40%)，各种角部加厚的孢子大量出现（占孢粉总量的 28%)，各种刺瘤，网孢子（占孢粉总量 9%)，光面孢子也有一定含量。该组合特征和甘肃靖远"臭牛沟组"所含孢粉组合相似，时代为维宪期—纳缪尔 A 期，但林地组上部也出现 *Crassispora* cf. *kosenkei*，该种是西欧纳缪尔 B 期的分子，时代为晚石炭世早期。

综上所述，林地组时代应为早石炭世晚期至晚石炭世早期。

2. 经畲组生物地层及地质年代

经畲组在不同地区所产化石不一，但以䗴类较为丰富。西部武平—长汀—宁化—将乐一带及永安安砂、大湖等地，经畲组伏于老虎洞组之下，所产䗴类为 *Profusulinella* spp. 及 *Pseudostaffella paradoxa* 等。龙岩、漳平一带及大田、顺昌等地，经畲组伏于船山组之下，产䗴：*Pseudostaffella sphaeroidea*, *P. sphaeroidea* var. *cuboides*, *Fusulina* sp., *Fusulinella* sp., *Pseudofusulina* cf. *parafecunda*, *Schwagerina* sp., *Eoparafusulina* sp.；在闽西南盆地边部的顺昌洋菇山产䗴 *Montiparus* sp., *Triticites chinensis*, *T. rhomboides*, *T. maluwanensis*, *Schwagerina* sp., *Schubertella* sp. 等；永春张垄产䗴 *Quasifusulina* sp., *Schwagerina* sp.；永定三坝产䗴：*Pseudoschwagerina* sp., *Sphaeroschwagerina* sp.；南靖高枅门产䗴 *Misellina?* sp., *Schwagerina* sp.。此外，福鼎南溪亦产䗴 *Pseudostaffella sphaeroidea* var. *cuboides*, *P.* cf. *paradoxa*, *Beedeina* sp. 等。

吴岐等(1982)曾建立福建晚石炭世䗴带，自下而上为 *Profusulinella* 带，*Beedeina* - *Fusulina* 组合带。*Profusulinella* 带以大量的 *Profusulinella* 及 *Pseudostaffella* 的高级分子为主，以 *Fusulinella* 的出现为结束，主要分子有 *Profusulinella priscoides*, *P. deprati*, *P. rhomboides*, *P. parva*, *P. parva* var. *convoluta*, *Pseudostaffella sphaeroides* var. *cuboides*, *Eofusulina* spp., *Schubertella* sp. 等。该带䗴体较小，壳层构造简单，属种较单调。*Beedeina* - *Fusulina* 组合带，下部以 *Fusulinella* 为主及少量的 *Profusulinella*，中部以 *Beedeina* 极繁盛为特征，上部以 *Fusulina* 大量繁盛及少量 *Beedeina*, *Fusulinella* 为特征。上述䗴带，本书认为划分基本可行，但按生物地层单位术语含义，*Profusulinella* 带应为顶峰带，*Beedeina* - *Fusulina* 组合带改为 *Fusulinella* - *Fusulina* 组合带更符合实际，该组合带下部以 *Fusulinella* 为主，中部以 *Beedeina* 为主，上部以 *Fusulina* 为主。皆属晚石炭世达拉期。

骆金锭等(1990)建立龙岩经杨(畲)马平期—黔南期䗴带，自下而上为 *Montiparus montiparus* 带，*Triticites* 带（骆称中甲期），*Pseudoschwagerina* 带，*Rugosofusulina* 带，

① 黄信裕，1979，福建长汀陂角梓山组孢粉。福建省地质科学论文汇编（一）。

Sphaeroschwagerina 带，*Eoparafusulina contracta* 带(骆称"马平期")。根据福建区调队全省1∶20万、部分1∶5万区调成果，本书认为福建晚石炭世马平期生物地层单位可划分为 *Montiparus* 延限带、*Triticites* 顶峰带，早二叠世黔南期划分为 *Pseudoschwagerina* 顶峰带及 *Rugosofusulina* 顶峰带，*Sphaeroschwagerina* - *Eoparafusulina* 组合带。

洪祖寅等(1986)建立闽西南栖霞期䗴带，自下而上为 *Staffella moellerana* 带，*Schwagerina cushmani* 带，*Nankinella* cf. *orbicularia* 带，*Schwagerina shaxianensis* 带，*Misellina claudiae* 带，*Nankinella inflata* 带及 *Verbeekina graboui* - *Cancellina primigona* 带。*Nankinella orbicularia*, *N. inflata* 在闽西南一些地区栖霞组中常有发现，但是否能建带，还有待进一步研究。*Schwagerina shaxianensis* 分布情况不明。本书根据现有资料，栖霞期䗴带自下而上可划分为：*Staffella moellerana* 顶峰带，*Schwagerina cushmani* 顶峰带，*Misellina claudiae* 顶峰带，*Verbeekina* - *Cancellina* 组合带。福建晚石炭世-早二叠世栖霞期䗴带划分和经畲组化石分布及其穿时性见图 3-16。

根据以上䗴带划分，经畲组在武平—长汀—宁化—将乐一线，应属 *Profusulinella* 带（图 3-17），龙岩—漳平及大田、福鼎等地应为 *Fusulinella* - *Fusulina* 带，顺昌洋菇山为 *Montiparus* 带，*Triticites* 带，永春张垄为 *Rugosofusulina* 带，永定三坝为 *Pseudoschwagerina* 带、*Sphaeroschwagerina* - *Eoparafusulina* 带，南靖高枠门为 *Misellina claudiae* 带。不同地区经畲组所产不同䗴带，表明经畲组具有明显的穿时性，即由西部武平—长汀—宁化—将乐一带的达拉期中时，至龙岩、漳平一带的达拉期晚时，至顺昌洋菇山马平期中晚时，至闽西南盆地边部的张垄、永定三坝的二叠纪黔南期，南靖高枠门的栖霞期(图 3-18)。

3. 老虎洞组生物地层及地质年代

老虎洞组在不同地区所产䗴类不一。宁化泉上下部产 *Profusulinella parva*, *Pseudostaffella* cf. *nibelensis*, *Eostaffella* sp.，中上部产 *Beedeina*, *Fusulina*, *Fusulinella* 等。永安坑边产 *Fusulina*。宁化泉上下部应为 *Profusulinella* 带，中上部为 *Fusulinella* - *Fusulina* 带。永安坑边应为 *Fusulinella* - *Fusulina* 带。上述特征表明老虎洞组沉积时，西部沉积早，地层发育全，时限为达拉期中时至晚时，往东至永安仅有晚期沉积，时限为达拉期晚时。由西往东，随着海侵的扩展，老虎洞组底界不断抬高。

4. 船山组生物地层及地质年代

船山组产丰富的䗴类，但各地组合不同。龙岩经畲产 *Montiparus montiparus*, *Triticites bellus*, *T. irregularis*, *T. pusillus* 及个别的 *Rugosofusulina* cf. *cylindrica*, *Schwagerina* sp., *Paraschwagerina primaeva*, *Sphaeroschwagerina* sp.，属 *Montiparus* 带至 *Triticites* 带，时限为马平期。龙岩小池产 *Nankinella* sp., *Pisolina* sp., *Verbeekina* sp., *Sphaerulina* sp. 及珊瑚 *Hayasakaia* sp.，属 *Cancellina* - *Verbeekina* 带，时限为栖霞期晚时。永定燕子岩产 *Schwagerina* sp., *Pseudofusulina* sp., *Eoparafusulina* sp., *E. alta*, *Sphaeroschwagerina* sp.，属 *Sphaeroschwagerina* - *Eoparafusulina* 带，时限为黔南期。武平岩前产 *Pseudostaffella kremsi*，该种也出现在宁化泉下 *Fusulinella* - *Fusulina* 带，时限为达拉期晚时。永安坑边产 *Schwagerina* sp., *Triticites* sp.，属 *Triticites* 带，时限为马平期晚时。宁化泉下产 *Fusulina quasicylindrica*, *Fusulinella fluxa*, *F. parecolaniae*, *Montiparus* sp. 及牙形刺 *Anchignathodus minutus*，属 *Fusulinella* - *Fusulina* 带至 *Montiparus* 带，时限为达拉期晚时—马平期早时。将乐玉华洞产 *Triticites chinensis*, *T. schwageniformis*, *T. parvulus*, *Eoparafusulina pulcherina*, *E.* cf. *pusilla*, *Pseudofusulina parapusilla*, *Rugosofusulina anderssoni*, *R. intermedia*, *Pseudoschwa-*

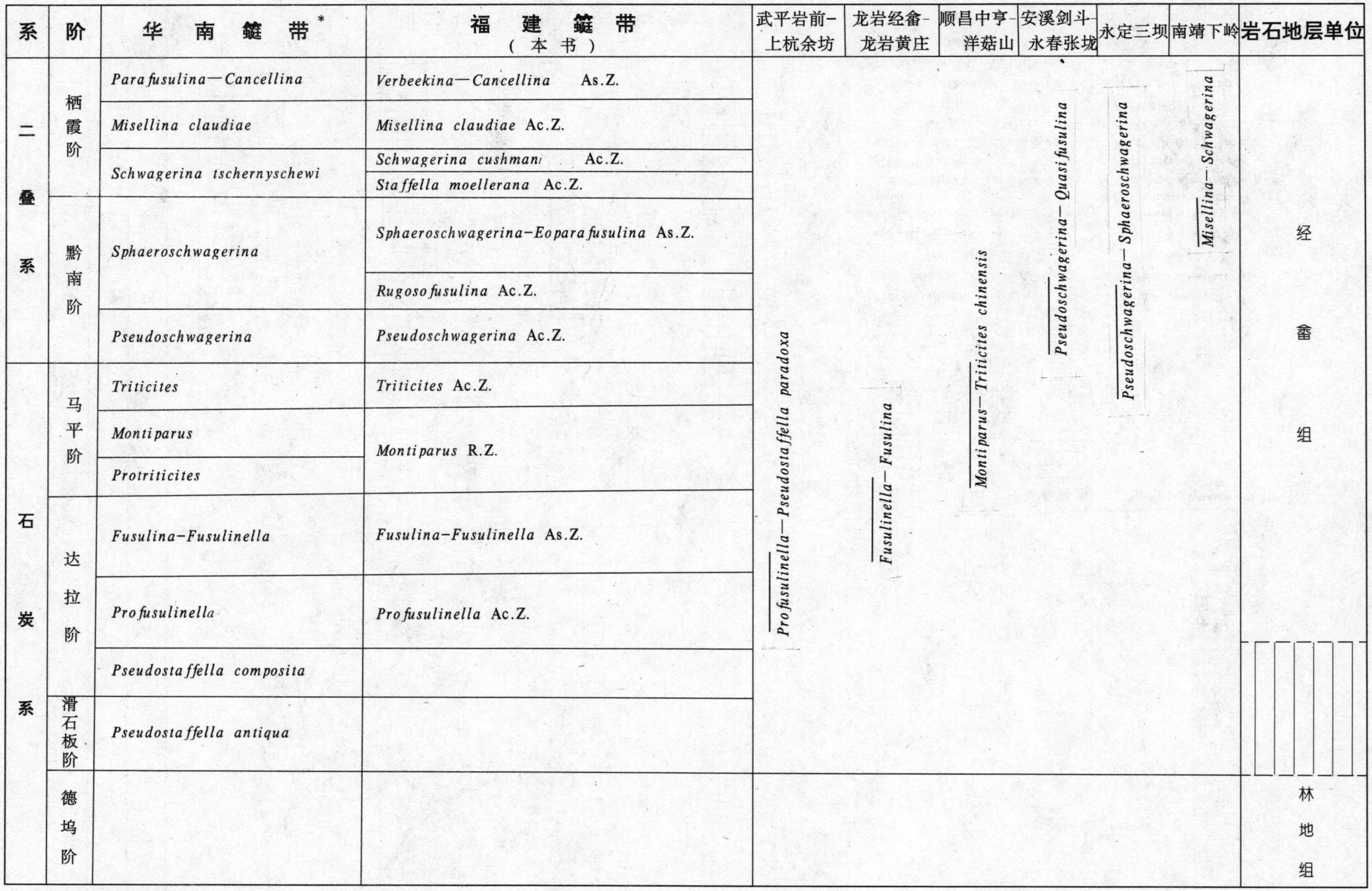

* 据金玉玕函告

图 3-16 福建省䗴带划分和经畲组化石分布及其穿时性示意图

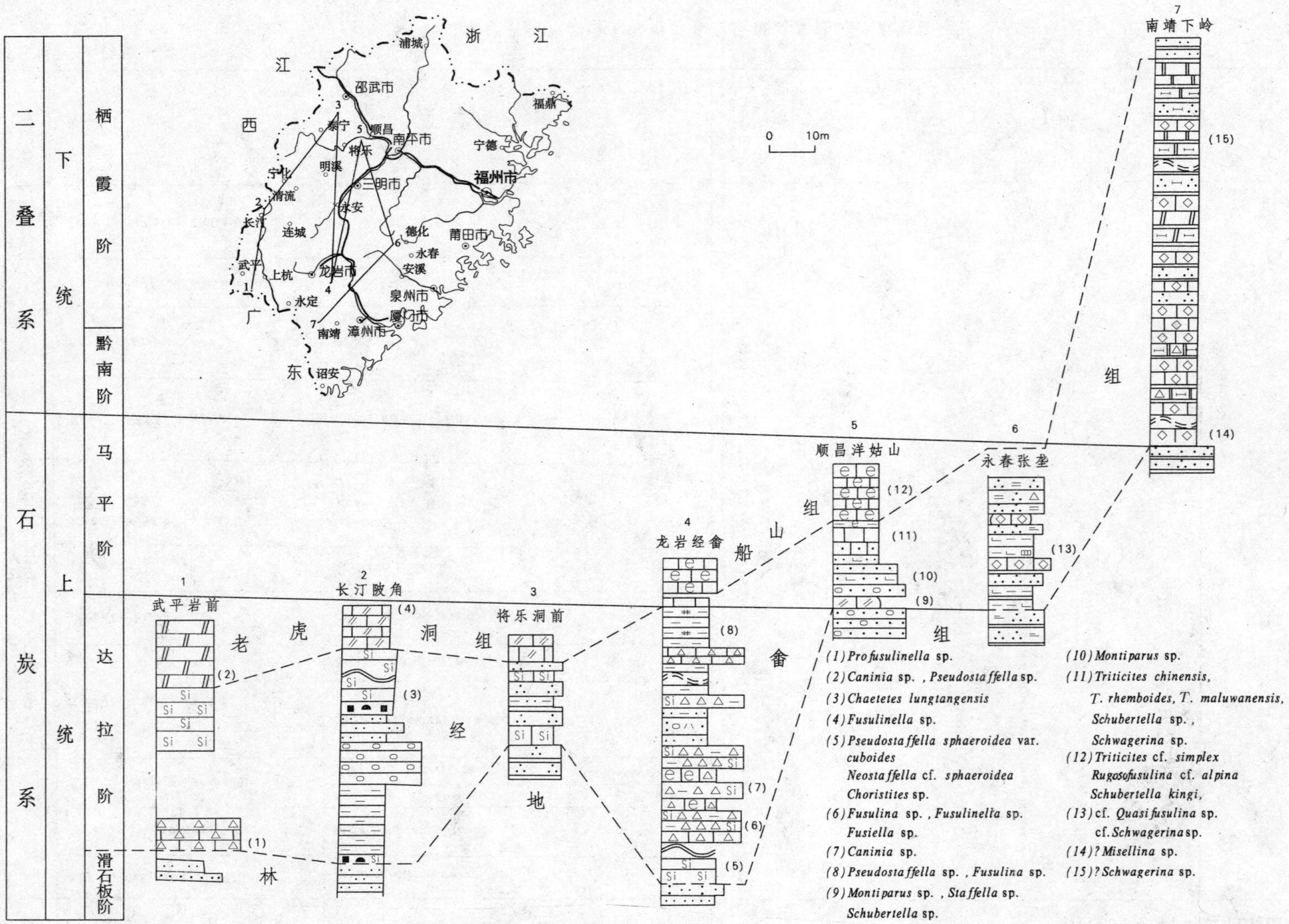

图 3-17 经畲组主要剖面时空关系图

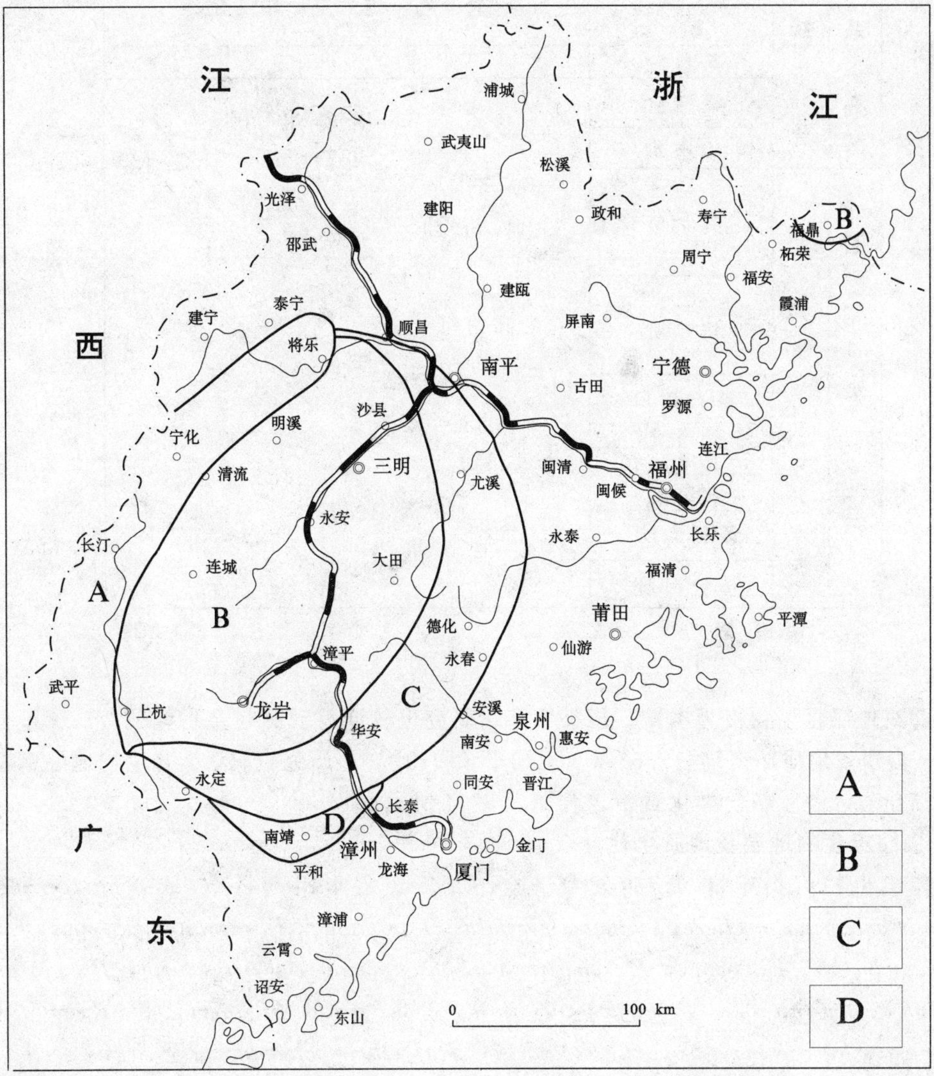

图 3-18　福建省经畲组不同地区时限变化示意图

A. 达拉期中时（相当 *Profusulinella* 带）；B. 达拉期晚时（*Fusulina-Fusulinella* 带）；C. 黔南期（*Pseudoschwagerina* 带—*Rugosofusulina* 带—*Sphaeroschwagerina* 带—*Eoparafusulina* 带）；D. 栖霞期早时（*Misellina* 带）

gerina sphaerica，属 *Triticites* 带至 *Pseudoschwagerina* 带，时限为马平期中晚时至黔南期早时。顺昌洋菇山产 *Triticites simplex*，*T. suzuki*，*Rugosofusulina alpina*，*Pseudoschwagerina*，属 *Triticites* 带至 *Pseudoschwagerina* 带。大田广平产 *Sphaerulina* sp.，*Quasifusulina* sp.，*Pseudofusulina* sp.，可能为 *Pseudoschwagerina* 带，时限为黔南期早时。

综上所述，船山组䗴带从 *Fusulina* - *Fusulinella* 带至 *Verbeekina* - *Cancellina* 带，时限为达拉期晚时至栖霞期。

根据石炭纪生物地层特征及时代论证，福建省石炭纪年代地层与岩石地层对比如表3-3。

表 3-3　福建省石炭纪年代地层与岩石地层单位对比表

年代地层			岩石地层单位
系	统	阶	
二叠系	下统	茅口阶	
		栖霞阶	
		黔南阶	
石炭系	上统	马平阶	
		达拉阶	
		滑石板阶	
	下统	德坞阶	
		上司阶	
		旧司阶	
		汤耙沟阶	
		革老河阶	

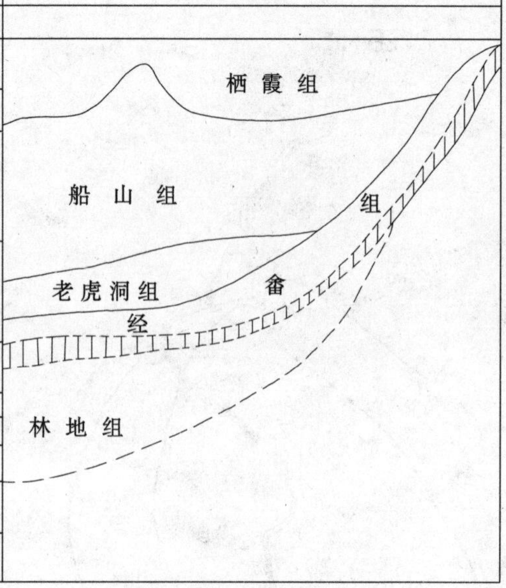

（三）二叠纪

二叠纪地层含生物极为丰富，门类繁多，研究也较详，现据赵金科等(1977)、盛金章等(1982)、福建省地质矿产局(1985)以及王国平（1979)① 等研究资料，结合生物地层单位术语含义，福建省二叠系各门类化石带综合如表 3-4 所示。

1. 栖霞组生物地层及地质年代

栖霞组生物门类丰富，䗴带发育齐全。龙岩经畲本组产䗴 *Pseudoschwagerina* sp.，*Sphaeroschwagerina moelleri*，*Triticites parvulus*，*T. simplex*，*T. minimus*，*T.* spp.，*Eoparafusulina truncata*，*E. ovata*，*E. contracta*，*Schwagerina tschernyschewi*，*Pseudofusulina fusiformis*，*P. pseudosuni*，*P. kueichowensis* 等，应属 *Pseudoschwagerina* 带、*Rugosofusulina* 带、*Sphaeroschwagerina - Eoparafusulina* 带、*Staffella moellerana* 带至 *Schwagerina cushmani* 带，时限为早二叠世黔南期至栖霞期早时。龙岩苏邦产䗴 *Cancellina* sp.，*Verbeekina* sp.，*V. grabaui*，*Nankinella* sp.，应属 *Verbeekina - Cancellina* 带，时限为栖霞期晚时。龙岩小池和佛格山一带产 *Schwagerina* sp.，*Parafusulina* sp.，*Verbeekina* sp.，*Cancellina* sp.，*Nankinella hunanensis* 等，属 *Verbeekina - Cancellina* 带，时限为栖霞期晚时。永定燕子岩、东中一带，䗴带同小池地区。漳平岭兜产 *Misellina claudiae*，*Sphaerulina* sp.，*Schwagerina* sp.，*Pseudofusulina* sp.，属 *Misellina claudiae* 带，时代为栖霞期中晚时。将乐玉华洞产 *Pseudofusulina fusiformis*，*P. confusa*，*P. parapusilla*，*Eoparafusulina* sp. 等，属 *Schwagerina cushmani* 带，时限为栖霞期早中时。大田广平产 *Parafusulina* sp. 及 *Sphaerulina* sp.，属 *Verbeekina - Cancellina* 带，时限为栖霞期晚时(见图 3-16)。

综上所述，栖霞组䗴带从 *Pseudoschwagerina* 带至 *Verbeekina - Cancellina* 带均有存在，时

① 王国平，1979，福建二叠系的腕足化石。福建省地质科学论文集。

地层				䗴	菊石	腕足类	植物
二叠系	上统	长兴阶	长兴组	*Palaeofusulina sinensis* Ac.Z.	*Pseudotirolites asiaticus* –*Pleuronodoceras* As.Z.	*Spinomarginifera chengyaoyenensis* –*Araxathyris araxensis* As.Z.	
		长兴阶	罗坑组	*Palaeofusulina minima* –*Reichelina changhsingensis* As.Z.		*Waagenites barusiensis* –*Paryphella sulcatifera*–*Crurithyris speciosa* As.Z. *Oldhamina squamosa*–*Orthotetina ruber*–*Cathaysia chonetoides* As.Z.	
		龙潭阶	翠屏山组				*Gigantopteris*–*Lobatannularia* As.Z.
	下统	茅口阶	童子岩组	*Polydixodina chekiangensis* –*Neomisellina* As.Z.	*Shouchangoceras* –*Altudoceras* As.Z.	*Pygmochonetes jingxianensis*–*Tenuichonetes tenuilirata* As.Z. *Neoplicatifera huangi*–*Uncisteges crenulata* As.Z.	*Gigantonoclea fujianensis*–*Asterophyllites longifolius* As.Z.
		茅口阶	文笔山组		*Altudoceras*–*Paraceltites* As.Z.	*Haydenella chianensis*–*Dictyoclostoidea kiangsiensis* As.Z.	
		栖霞阶	鸣山组 / 泉上组	*Cancellina*–*Verbeekina* As.Z.			
		栖霞阶	栖霞组	*Misellina claudiae* Ac.Z. *Schwagerina cushmani* Ac.Z. *Staffella moellerana* Ac.Z.			
		黔南阶	船山组	*Sphaeroschwagerina*–*Eoparafusulina* As.Z. *Rugosofusulina* Ac.Z. *Pseudoschwagerina* Ac.Z.			

表3-4 福建省二叠系主要化石带

限由二叠纪黔南期至栖霞期。

2. 鸣山组生物地层及地质年代

鸣山组化石稀少，仅在龙岩苏邦产海百合茎 *Cyclocyclicus* sp.。龙岩佛格山产海百合茎 *Cyclocyclicus* sp.；䗴类 *Cancellina* sp.；有孔虫 *Cribrogenerina* sp.。将乐城东产苔藓虫 *Fenestella* sp. 等。*Cancellina* 是华南栖霞期中晚时的重要䗴分子，鸣山组应属 *Verbeekina*－*Cancellina* 带，时限为二叠纪栖霞期晚时。

3. 泉上组生物地层及地质年代

泉上组产䗴、腕足类、苔藓虫、海百合茎等化石。䗴有 *Pseudofusulina fusiformis*，*P. kraffti* var. *magna*，*Pisolina* sp.，*Schwagerina* sp.，*Parafusulina* sp. 等；腕足类有 *Chonetinella* sp.，*Neochonetes* sp.，*Orthotetina* sp.，*Dictyoclostus* sp.，*D. margaritatus*，*Martiniopsis inflata*，*Cancrinella truncata*，*Plicochonetes* sp.；苔藓虫 *Fenestella* sp.；海百合茎 *Cyclocyclicus* sp.。上述䗴分子皆为华南栖霞期常见分子，应属 *Verbeekina*－*Cancellina* 带；腕足类为晚石炭世至早二叠世常见分子。泉上组时代应为二叠纪栖霞期。

4. 文笔山组生物地层及地质年代

文笔山组产菊石、腕足类、双壳类、腹足类、海百合茎等多门类化石。菊石有 *Altudoceras* cf. *altudense*，*A.* cf. *lijiaense*，*Shouchangoceras shouchangense*，*Paraceltites* sp.，*Paragastrioceras* sp.，*Waagenoceras* sp.，*Kufengoceras* sp.，*Mexigoceras* sp.，*Pseudohalorites* sp. 等。*Altudoceras*，*Paraceltites* 均发现于意大利西西里岛和北美下二叠统，邻区浙西、赣东北下二叠统也有发现。赵金科等(1977)指出，*Shouchangoceras shouchangense* 等为华南早二叠世茅口期特征性菊石；腕足类有 *Haydenella chianensis*，*Neoplicatifera huangi*，*N. sintanensis*，*Uncisteges crenulata*，*Monticulifera sinensis*，*Leptodus tenus*，*Pygmochonetes jingxianensis*，*Dictyoclostoidea kiangsiensis*，*Cathaysia jiangleensis*，*Orthotichia* sp. 等。王国平(1979)① 建立该腕足类为 *Haydenella chianensis*－*Dictyoclostoidea kiangsiensis* 组合带，论证了 *Haydenella chianensis*，*Dictyoclostoidea kiangsiensis*，*Monticulifera sinensis* 等主要分子均为华南早二叠世常见分子，该组合带时代为茅口期。

综上所述，文笔山组时代为早二叠世茅口期

5. 童子岩组生物地层及地质年代

童子岩组化石丰富，尤以腕足类、双壳类、植物为最。䗴有 *Schwagerina* sp.，*Neomisellina lepida*，*Polydixodina* cf. *chekiangensis*，*Ozawainella* sp.，*Schubertella* sp. 等；菊石有 *Altudoceras* sp.，*A.* cf. *altudense*，*Shouchangoceras* sp.，*Paragastrioceras* sp.，*Paraceltites* sp.，*Domatoceras* sp.，*Neodomatoceras* sp. 及鹦鹉螺 *Foodiceras* sp. 等；珊瑚有 *Paracaninia* sp.，*Tachylasma* sp.，*Lophophyllidium* sp.；腕足类有 *Orthotichia chekiangensis*，*Uncisteges crenulata*，*U. maceus*，*Tenuichontes tenuilirata*，*T. plicatiformis*，*Pygmochonetes jingxianensis*，*Cathaysia kengbingensis*，*C. yongdingensis*，*Haydenella chianensis*，*H. yonganensis*，*Linoproductus* cf. *tenuistriatus*，*L. cora*，*L. fujianensis*，*Permoundaria* sp.，*Monticulifera sinensis*，*M. minzhongensis*，*Dictyoclostoidea kiangsiensis*，*Neoplicatifera huangi*，*N. sintanensis*，*Martinia elegans*，*M. pentagonalis*，*M. orbicularis*，*Tyloplecta yangtzeensis* 等；双壳类有 *Aviculopecten* sp.，*Astartella ambicularis*，*Etheripecten sichuanensis*，*Guizhoupecten* sp.，*Nuculopsis*

① 王国平，1979，福建二叠系的腕足化石。福建省地质科学论文集。

darlingensis, *N. leiyangensis*, *Neoschizodus elegans* 等;植物有 *Lepidodendron aculusfelis*, *L. acutangulum*, *Stigmaria regulosa*, *Calamites* sp., *Annularia* sp., *Lobatannularia multifolia*, *Asterophyllites longifolius*, *Sphenophyllum sinocoreanum*, *S. densinerve*, *Plagiozamites linearis*, *P. oblongifolius*, *Tingia* sp., *Pecopteris unita*, *P. orientalis*, *Rajahia* sp., *Fascipteris densata*, *Cladophlebis ozakii*, *C. permica*, *Neuropteridium coreanicum*, *N. polymorphum*, *Compsopteris contracta*, *Taeniopteris* spp., *Gigantonoclea fukienensis*, *G. guizhouensis*, *G. longifolia*, *G. rosulata*, *G. acuminatiloba*, *Gigantopteris* sp., *Cathaysiopteris whitei*, *Alethopteris fukienensis* 等。

上述䗴类中，*Polydixodina chekiangensis*, *Neomisellina lepida* 为盛金章等(1982)所建茅口阶上部 *Yabeina*－*Neomisellina* 带的重要分子。据此，童子岩组时代为早二叠世茅口期；菊石以 *Shouchangoceras*, *Altudoceras* 较常见，福建省地质矿产局(1985)建立童子岩组 *Shouchangoceras*－*Altudoceras* 组合带，其时代为早二叠世茅口期。王国平(1979)① 建立童子岩组两个腕足类组合带：下部 *Neoplicatifera huangi*－*Uncisteges crenulata* 组合带，上部 *Pygmochonetes jingxianensis*－*Tenuichonetes tenuilirata* 组合带，论证该两个组合带的腕足类分子，皆为华南早二叠世常见分子，时代为茅口期。童子岩组植物群，福建省地质矿产局(1985)建立 *Gigantonoclea fukienensis*－*Asterophyllites longifolius* 组合带，该植物群时代为早二叠世。

综合上述䗴、菊石、腕足类、植物群生物带资料，童子岩组时代应属早二叠世茅口期晚时(表 3－4)。

6. 翠屏山组生物地层及地质年代

翠屏山组化石以植物为主，顶部产少量小型腕足类及双壳类。植物主要有 *Gigantopteris nicotianaefolia*, *Gigantonoclea* sp., *Lobatannularia multifolia*, *L. ensifolia*, *L. heianensis*, *Fascipteris densata*, *Compsopteris contracta*, *Pecopteris anderssoni*, *Rajahia rigida*, *Sphenophyllum* sp., *Neuropteridium* sp., *Annularia* sp., *Taeniopteris* sp., *Alethopteris* sp. 等。这些植物分子主要为童子岩组延续上来，但童子岩组特有的 *Asterophyllites longifolius*, *Tingia carbonica*, *Cathaysiopteris whitei*, *Plagiozamites longifolius* 等均已绝迹，大羽羊齿类中 *Gigantonoclea* 已大为减少，而 *Gigantopteris* 增多，并出现 *Ullmania* 等晚二叠世新生分子。福建省地质矿产局(1985)建立了 *Gigantopteris*－*Lobatannularia* 组合带，该带包含翠屏山组全部，植物群时代表明，翠屏山组时代为晚二叠世龙潭期。

7. 罗坑组生物地层及地质年代

罗坑组产丰富的腕足类、菊石、双壳类等化石。罗坑组下部主要以较大型腕足类为主，上部主要以小型腕足类、双壳类及菊石为主。腕足类在下部有 *Oldhamina squamosa*, *O. decipiens*, *O.* spp., *Leptodus nobilis*, *Orthotetina ruber*, *O. frechi*, *Spinomarginifera kueichowensis*, *S. shizhongensis*, *Haydenella kiangsiensis*, *Neowellerella pseudoutah*, *Waagenites soochowensis*, *W. barusiensis*, *W. wongiana*；上部有 *Paryphella sulcatifera*, *P. laohushanensis*, *Crurithyris speciosa*, *C. flabelliformis*, *Paracrurithyris pigmaea* 等。王国平(1989)建立福建罗坑组下部 *Oldhamina squamosa*－*Orthotetina ruber*－*Cathaysia chonetoides* 组合带(表 3－5)；上部 *Waagenites barusiensis*－*Paryphella sulcatifera*－*Crurithyris speciosa* 组合带。并指出该两个组合带可分别和华南长兴阶相应的组合带对比。腕足类时代表明，罗坑组时代应为晚二叠世长兴期。

① 王国平，1979，福建二叠系的腕足化石。福建省地质科学论文集。

菊石见于罗坑组中上部，主要有 *Pseudotirolites asiaticus*，*P.* cf. *regularis*，*P. acutus*，*Pseudogastrioceras* cf. *gigantum*，*P. liui*，*P. szechuanense*，*Huananoceras* sp.，*Pleuronodoceras mapingensis*，*Xenaspis* sp. 等。王国平(1989)建立罗坑组上部 *Pseudotirolites asiaticus* – *Pleuronodoceras* sp. 组合带。该带 *Pseudogastrioceras gigantum*，*Pseudotirolites asiaticus*，*Pleuronodoceras* sp.，*Huananoceras* sp. 等均为华南晚二叠世晚期特征分子，该菊石带完全可以和赵金科等(1981)所建华南长兴阶上部菊石带对比(表 3–5)。菊石群时代表明，罗坑组应为晚二叠世长兴期。

表 3–5　福建和华南长兴阶生物带对比表

<table>
<tr><th></th><th>华南长兴阶</th><th colspan="4">福建长兴阶</th></tr>
<tr><td rowspan="2">䗴</td><td rowspan="2">Palaeofusulina Ac. Z.
P. sinensis Subzone
Gallowayinella meitianensis Subzone</td><td colspan="2">Palaeofusulina sinensis Ac. Z.</td><td>长兴组</td><td>罗坑组上部</td></tr>
<tr><td colspan="3"></td><td>罗坑组下部</td></tr>
<tr><td rowspan="2">菊石</td><td rowspan="2">Rotodiscoceras R. Z.
Pseudotirolites – Pleuronodoceras As. Z.
Pseudostephanites – Tapashanites As. Z.
Paratirolites – Shevyrevites As. Z.</td><td colspan="2">Pseudotirolites asiaticus – Pleuronodoceras sp. As. Z.</td><td>长兴组</td><td>罗坑组上部</td></tr>
<tr><td colspan="3"></td><td>罗坑组下部</td></tr>
<tr><td rowspan="2">腕足类</td><td rowspan="2">Waagenites barusiensis – Paracrurithyris pigmaea As. Z.
Peltichia zigzag – Neowellerella pseudoutah As. Z.</td><td>Spinomarginifera chengyaoyenensis – Araxathyris araxensis As. Z.</td><td>Waagenites barusiensis – Paryphella sulcatifera – Crurithyris speciosa As. Z.</td><td>长兴组</td><td>罗坑组上部</td></tr>
<tr><td colspan="3">Oldhamina squamosa – Orthotetina ruber – Cathaysia chonetoides As. Z.</td><td>罗坑组下部</td></tr>
</table>

双壳类主要见于罗坑组中上部，计有 *Hunanopecten exilis*，*H. qujiangensis*，*Paradoxipecten jiaheensis*，*P. longispinus*，*Pernopecten* spp.，*Aviculopecten* sp.，*Palaeoneilo yongdingensis* 等，王国平(1989)建立福建罗坑组 *Hunanopecten exilis* 顶峰带。此带可和杨遵仪等(1987)所建华南长兴阶相同带对比。

此外，罗坑组下部在永定抚市钻孔中灰岩凸镜体采获䗴 *Palaeofusulina simplex*，*P. fusiformis*，*P. minima*，*Nankinella acuta*，*N. minor*，*Reichelina changhsingensis* 等，上述䗴分子为赵金科等(1981)所建长兴阶 *Palaeofusulina* 带的主要分子。

综上所述，罗坑组主要门类生物带时代表明，罗坑组应为长兴期。

8. 长兴组生物地层及地质年代

长兴组富产腕足类、䗴、牙形刺等化石。腕足类有 *Linoproductus* sp.，*Orthotetina ruber*，*Spinomarginifera kueichowensis*，*S. alpha*，*S. chengyaoyenensis*，*Oldhamina squamosa*，*Leptodus nobilis*，*Neowellerella pseudoutah*，*Acosarina indica*，*Anidanthus interruptus*，*A. sinosus*，*Uncinunellina timorensis*，*Crurithyris speciosa*，*Araxathyris araxensis*，*Squamularia* sp.，*Notothyris* sp.，*Dielasma diener* 等。王国平(1989)建立福建长兴组 *Spinomarginifera chengyaoyenensis* – *Araxathyris araxensis* 组合带，指出该组合带和罗坑组上部腕足类组合带 *Waagenites barusiensis* – *Paryphella sulcatifera* – *Crurithyris speciosa* 组合带大部分分子相同，层位相当(表 3–5)。䗴主要有 *Palaeofusulina sinensis*，*P. nana*，*P. wangi*，*P. fusiformis*，*Reichelina changhsingensis* 等。王国平(1989)建立福建长兴组 *Palaeofusulina sinensis* 顶峰带，并指出该带可以和赵金科等(1981)所建 *Palaeofusulina* 带的上亚带 *Palaeofusulina sinensis* 亚带相对

比，两者产相同的主要分子。长兴组牙形刺有 *Neogondolella subcarinata*，*N. deflecta*，*Anchignathodus minutus*，*Enantiognathus ziegleri* 等。王国平(1989)建立福建长兴组 *Neogondolella subcarinata* - *N. deflecta* - *N. changxingensis* 组合带，并指出该带具有长兴阶下部向上部过渡的色彩，表明大田长兴组相当华南长兴阶中上部。

上述腕足类、䗴、牙形刺各生物带的时代，表明福建长兴组为华南长兴阶中上部，时代属晚二叠世长兴期中晚时。

根据二叠纪各门类生物群特征及其所属时代，福建省二叠纪年代地层与岩石地层对比如(表 3-6)。

表 3-6　福建省二叠纪年代地层与岩石地层单位对比表

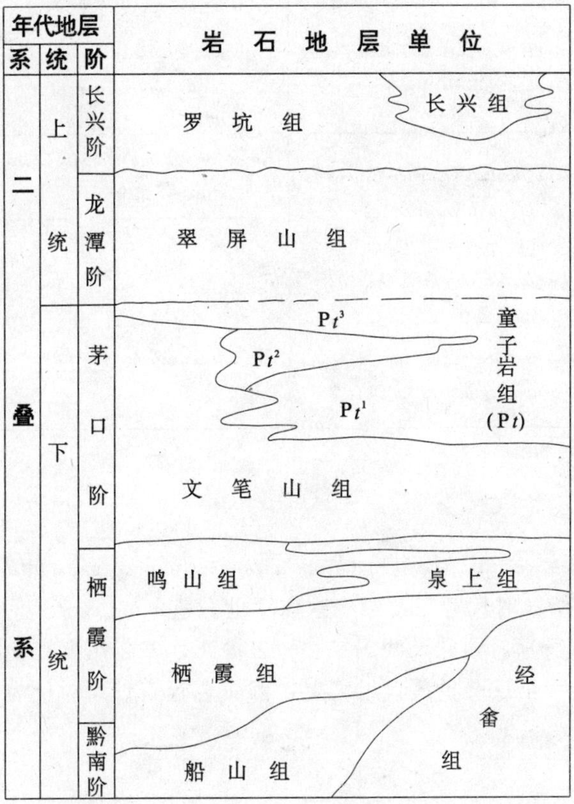

（四）早中三叠世

1. 溪口组生物地层及地层年代

溪口组产丰富的双壳类，底部产菊石及由二叠纪延续上来的小型腕足类。双壳类有 *Claraia*，*Eumorphotis*，*Pteria*，*Bakevellia*，*Myophoria*，*Entolium*，*Unionites*，*Promyalina*，*Modiolus* 等。底部产菊石 *Hypophiceras*，*Ophiceras*，*Lytophiceras* 等及少量二叠纪型菊石 *Pseudogastrioceras*，*Pleuronodoceras*。腕足类有 *Paryphella*，*Fusichonetes*，*Waagenites*，*Acosarina*，*Crurithyris*，*Paracrurithyris*，*Neowellerella*，*Spinomarginifera* 等。

福建区调队(1987)① 建立福建三叠纪早期(自下而上)三个生物类群，即底部的 *Hypophiceras* 类群，下中部的 *Claraia* 类群，上部的 *Eumorphotis* 类群。*Hypophiceras* 类群包含 *H. changxingense* - *Claraia wangi* 组合带，主要分子除上述带分子外，还有 *Towapteria scythica*，*Pteria ussurica variabilis* 等。*Claraia* 类群，包含下部的 *C. stachei* 组合带，上部的 *C. aurita* 组合带。*C. stachei* 组合带主要分子有 *C. stachei*，*C. dieneri*，*C. hunanica*，*C. radialis*，*Eumorphotis multiformis*，*E. tellei* 等；*Claraia aurita* 组合带包含 *C. aurita*，*C. hunanica*，*C. concentrica*，*C. lungyanensis* 及 *Bakevellia* 等。*Eumorphotis* 类群包含 *E. multiformis* - *E. inaequicostata* 组合带，除带分子外，尚有 *E. tellei*，*E. iwanowi*，*Entolium discites*，*Unionites fassaensis*，*Promyalina intermedia*，*Bakevellia costata* 等。此外尚有溪口组上部(原划为溪尾组)的 *Myophoria* - *Unionites* 组合带，其主要分子有 *Myophoria* sp.，*Unionites fassaensis*，*U.* spp.。同时指出 *Hypophiceras* 类群、*Claraia* 类群时代为早三叠世哥里斯巴赫期，*Eumorphotis* 类群时代为那马尔期，*Myophoria* - *Unionites* 组合带时代为斯帕斯期。

① 福建区调队，1987，福建省二叠—三叠系界线和生物地层研究。

溪口组生物类群与华南及中国早三叠世双壳类化石带基本可以对比(表 3－7)，溪口组时代属早三叠世无疑。

表 3－7　福建省早三叠世溪口组生物类群划分对比表

地质年代	岩石地层	年代地层	福建早三叠世生物类群(福建区调队，1987)*	华南早三叠世双壳类化石带(杨遵仪等，1987)	中国早三叠世双壳类组合(赵金科等，1982)
早三叠世	溪口组	斯帕斯阶	*Myophoria-Unionites* 组合带	*Pteria* cf. *murchisoni-Eumorphotis inaequicostata* 组合带	*Eumorphotis inaequicostata-Pteria* cf. *murchisoni* 组合
		那马尔阶	C：*Eumorphotis* 类群 ④ *Eumorphotis multiformis-E. inaequicostata* 组合带	*Claraia aurita-C. stachei-Eumorphotis multiformis* 组合带	*Eumorphotis multiformis-Claraia aurita* 组合
		哥里斯巴赫阶	B：*Claraia* 类群 ③*C. aurita* 组合带 ②*C. stachei* 组合带	*Pseudoclaraia wangi* 延限带	*Claraia stachei* 组合
			A：*Hypophiceras* 类群 ① *Hypophiceras changxingense-Claraia wangi* 组合带	*Pteria ussurica variabilis-Towapteria scythica* 组合带	*Claraia wangi* 组合

＊福建区调队，1987，福建省二叠-三叠系界线和生物地层研究。

2. 安仁组生物地层及地质年代

安仁组化石稀少，仅产植物？*Neocalamites* sp. 及孢粉 *Chordasporites* cf. *singulichada*，*Leitriletes* sp.，*Platysaccus* sp.。*Neocalamites* 时代为三叠纪—中侏罗世。*Chordasporites* 见于世界各地三叠纪，*Platysaccus* 主要见于俄罗斯、西欧及我国二叠—三叠纪。安仁组所产化石时代，表明其为三叠纪。由于安仁组整合于早三叠世溪口组之上，因而暂置安仁组时代为中三叠世，大致与安尼阶相当。

第三节　区域地层沉积特征

加里东运动后，福建全境隆起，处于较长期的剥蚀夷平，缺失志留纪及早中泥盆世沉积，至晚泥盆世，闽西南开始沉降，接受底负载为主的陆源粗碎屑沉积，即天瓦岽组、桃子坑组。其余地区仍为剥蚀区。早石炭世至晚石炭世早期，基本上继承了晚泥盆世的构造格局，继续形成以河流相为主的陆源碎屑沉积，即林地组。早石炭世早期，闽西南盆地曾有短暂上升，造成林地组平行不整合或超覆于老地层之上。武平、上杭、长汀一带，林地组由曲流河相砂岩、砂砾岩、页岩组成，常夹碳质页岩及煤线，产植物化石碎片及孢粉，沉积类型和江西梓山组相近；龙岩、漳平、宁化一带，林地组由河流相砾岩、砂砾岩、砂岩组成，化石稀少；沙县、尤溪一带，林地组由冲洪积相的砾岩、砂岩组成，更接近蚀源区。

林地组特征表明，闽西南盆地西南低，东北高。

晚石炭世早期中晚时，闽西南接受福建晚古生代的首次海侵，海水由西南向东北浸漫，在闽西南普遍形成海侵早期浅海潮坪碎屑岩相为主的经畲组，产䗴及少量珊瑚、腕足类等化石。随着海侵由西南向东、北浸漫，经畲组层位不断抬高，具有明显的穿时特征。武平—长汀—宁化—将乐一线，经畲组时限为达拉期中时(相当于 *Profusulinella* 带)，龙岩—漳平—大田—

带，为达拉期晚时（相当于 *Fusulina* - *Fusulinella* 带），至闽西南盆地边部的顺昌、永春、永定、南靖等地为马平期至早二叠世黔南期，局部为栖霞期。除福鼎南溪地区经畲组为另一海域潮坪相碎屑沉积，产䗴、藻类，时限为达拉期晚时外，其余地区皆为剥蚀区。

值得指出的是，在达拉期中晚时，随着海侵扩大，海水加深，龙岩—漳平—大田一带，处于三角洲或潮坪环境，形成经畲组沉积，在武平—长汀—宁化—将乐一线及清流、永安等地，经畲组之上，开始形成浅海、泻湖相白云岩、白云质灰岩的老虎洞组。

马平期，海侵进一步扩大，在整个闽西南盆地，除边部为浅海碎屑岩相外，大部分地区为开阔台地相或局限台地相沉积环境，发育质较纯的碳酸盐岩——船山组，盛产䗴、珊瑚等多门类化石。

综上所述，福建省石炭纪区域地层时空分布如图 3-19 所示。

早二叠世黔南期仍继承了晚石炭世海侵，海侵范围大致与晚石炭世马平期相同。闽西南普遍形成以开阔海台地相为主的碳酸盐岩，在盆地中心部位的龙岩、永定、永安及大田等地继续形成质纯灰岩的船山组，产丰富的䗴、珊瑚等化石。船山组是一个跨时岩石地层单位（图 3-19）。黔南期晚时至栖霞期早时，全区普遍形成局限海碳酸盐岩为主的栖霞组，其岩性为灰黑色含燧石条带或结核灰岩，夹少量碳质页岩，产䗴、珊瑚、腕足类等化石。

栖霞期晚时，沉积环境变化较大，岩相复杂，形成硅质岩为主的鸣山组和砂泥岩夹硅质岩、灰岩的泉上组，两者为同期异相。鸣山组产䗴、腕足类等化石，属内陆海碳酸盐台地环境；泉上组富产腕足类、苔藓虫、双壳类，灰岩中产少量䗴类，属内陆海泻湖潮坪环境。

茅口期早时，闽西南盆地普遍形成砂泥岩，局部含磷铁质结核的文笔山组，产腕足类、菊石、苔藓虫，局部产植物化石碎片，属内陆海台盆环境。

茅口期晚时，海水不断退缩。闽西南盆地变为滨海平原环境，形成海陆交互相含煤细碎屑建造的童子岩组。由于盆地继承了石炭纪以来东北高、西南低的构造格局，童子岩组第一段，在盆地东部安溪—永春一带及中部的永定—龙岩—大田一带，形成煤层，成为福建重要含煤层位；而西部的武平—连城—将乐一带，仍以海相沉积为主，基本不含可采煤层。童子岩组第二段，闽西南均为正常浅海环境，产腕足类、菊石等化石，但在东部的安溪—永春一带，海相沉积层薄，并含植物化石碎片，显示近陆环境。童子岩组第三段，闽西南均发育海陆交互相含煤沉积，成为省内又一个重要含煤层位。盆地中部、西部含煤性好，煤层稳定，富含腕足类、双壳类及植物化石；东部岩性变粗，含煤性差，海相生物少见，主要产植物化石。

总的看，茅口期为全省海退环境，东部、北部为剥蚀区。闽西南盆地西南部低，东北部高。海水由东北部向西南部退却。东部成煤早，西部成煤晚，煤层由东向西不断迁移，层位逐渐抬高。同一条带，煤层也有由南往北抬高的趋势。

茅口期末，闽西南盆地不断上升为陆，并有短暂剥蚀，致使童子岩组上覆的翠屏山组与童子岩组第三段不同层位接触。翠屏山组底部有底砾岩、含砾砂岩存在，局部地区底砾岩中发现产䗴类的栖霞组、船山组灰岩砾石。

晚二叠世龙潭期，闽西南盆地沉积了以陆相为主的含煤碎屑建造——翠屏山组，产植物化石为主，局部产少量双壳类，顶部产海湾泻湖相舌形贝、双壳类及植物化石碎片，属滨海平原环境。

长兴期，闽西南盆地普遍发育细碎屑岩的罗坑组，该组底部为砂岩、细砂岩，富产腕足类；中上部以粉砂岩、泥岩为主，富产菊石、双壳类及小型腕足类。罗坑组下部属浅海潮坪环境，中上部由于海水不断加深，变为内陆海台盆环境。大田及漳平北部，在罗坑组中上部

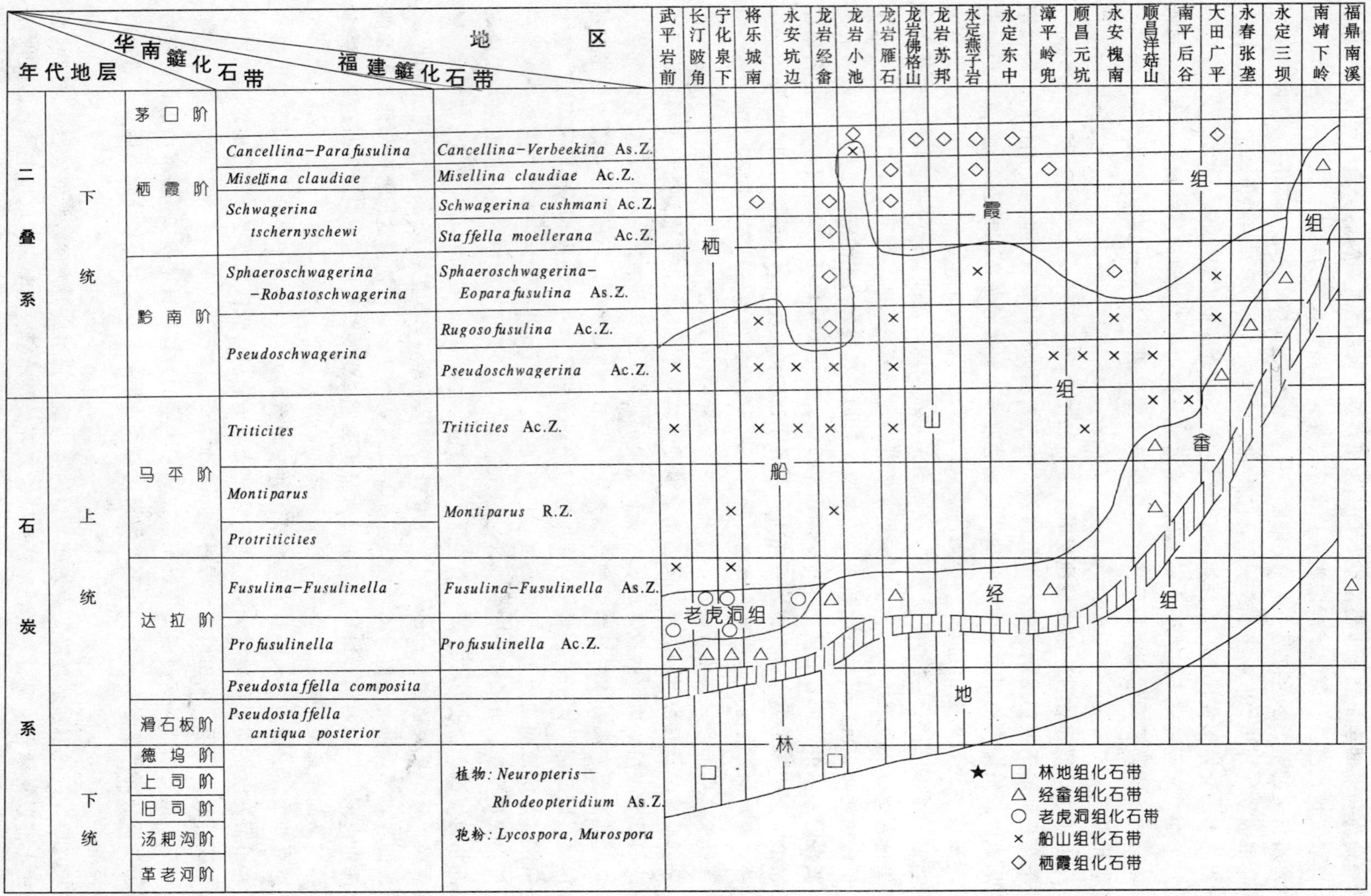

图 3-19 福建省石炭纪地层时空分布图

沉积了以灰岩为主的长兴组，产䗴、牙形刺、腕足类等化石，属局限碳酸盐台地环境。

长兴期海水由盆地西南往东北浸漫，海水西深东浅，陆源碎屑主要来自东、北部。

综上所述，二叠纪岩石地层沉积特征如图 3－20 所示。

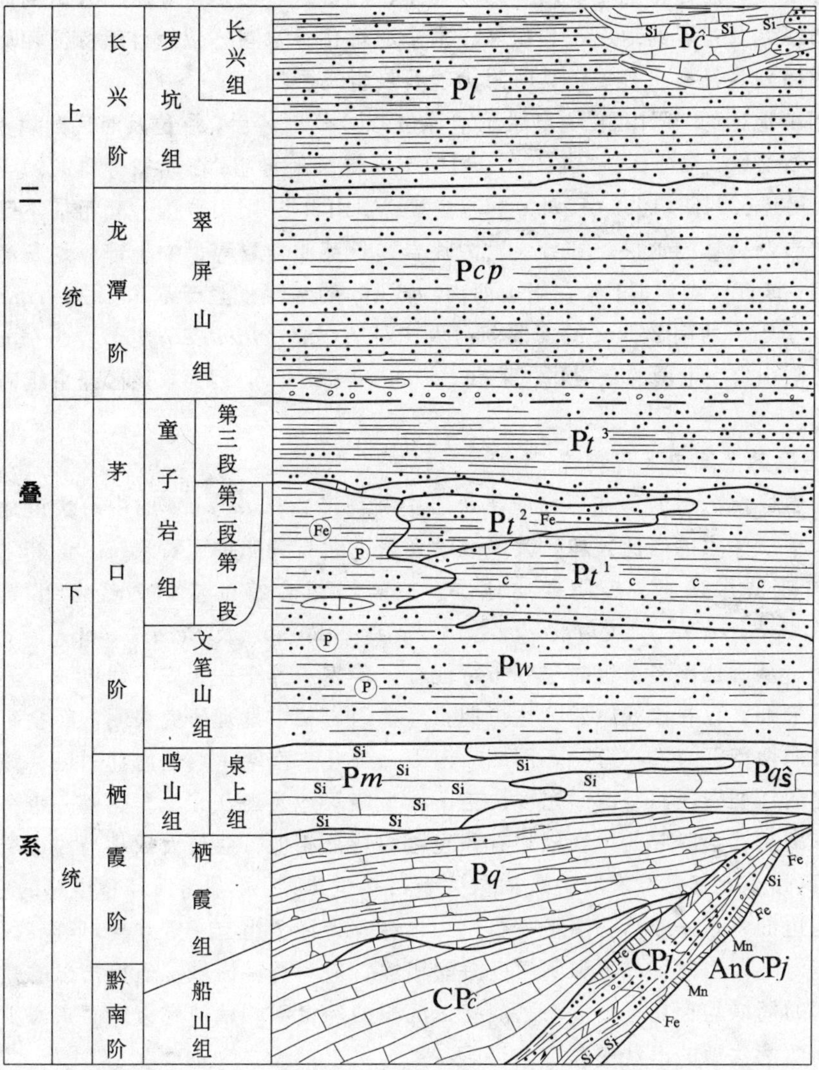

图 3－20　福建二叠纪岩石地层沉积特征图

第四节　问题讨论

1. 关于大田、德化、永春一带林地组

大田大合、德化贵德垵、永春张垄等地，林地组普遍具不同程度变质现象，局部变质较深，所以长期来划法不一。福建区测队(1965)将大田太华以东的长坑、后坑、龙口、下坑、大合等地出露的变质砂岩、石英砾岩、石英砂砾岩夹片岩、变粒岩的地层(其中石英砾石常被压扁拉长，局部可见砂砾岩，变质砂岩具韵律构造）划归中上泥盆统—下石炭统；福建省第二地质大队（1978）[①] 在大合—下坑剖面采获早中石炭世孢粉，因而将大田地区该地层划为中下石炭统。黄仁生（1988）根据变质程度划为前泥盆系。王尔康等（1982）在大合剖面灰岩凸镜体中采获䗴类 *Triticites*? sp. 及 *Schwagerina* sp.，而将其划为上石炭统。据现有资料，大田地区出露的这套地层，总体特征可以划分为林地组、经畲组。王尔康等所划大田剖面的变质砂砾岩夹灰岩凸镜体及片岩的地层，和顺昌、南平、德化、永春一带经畲组特征相似，所产化石也相近，因而划为经畲组较妥，其时限为晚石炭世马平期。

德化阳山地区的“阳山群”，自梁子木等（1976）[②] 创名后，层位及时代归属不一。梁子木等划为中上石炭统，福建区测队（1977a）划归中石炭统经畲组；李希敏等（1979）[③] 划为下石炭统林地组；福建区调队（1989）[④] 划为下石炭统“阳山群”。阳山群为一套粗细不等的碎屑岩夹灰岩、硅质岩凸镜体的地层，部分变质为片岩、长英质角岩等，中上部应划归经畲组，其下划为林地组。该区经畲组时代，在阳山西南约 5 km 的永春张垄产䗴 *Schwagerina* sp.，*Quasifusulina* sp.，阳山西南 25 km 的安溪汤内坂产䗴 *Pseudoschwagerina* sp.，*Schwagerina* sp.。阳山矿区“阳山群”上覆的灰岩中，采获 *Schwagerina* sp.，因而，该区经畲组时代应为早二叠世黔南期。

2. 关于福鼎南溪中下石炭统

自浙江省区测队（1972）在福鼎南溪灰岩中发现产 *Neostaffella* 的中石炭世地层以来，该套地层引起地质学家的广泛兴趣。大多数学者依据化石划归中下石炭统。该套以细碎屑岩夹灰岩凸镜体或薄层灰岩、硅质岩的地层，按岩石组合特征应划为经畲组。灰岩中产䗴 *Neostaffella sphaeroides*，*Schubertella* sp.，*Fusulinella* sp. 及 *Beedeina* sp. 等，时代为晚石炭世达拉期。从闽西南经畲组时空分布特征看，华安—漳平—永安一线以东，经畲组时限为晚石炭世马平期，仅在该线以西为达拉期。经畲组岩相古地理研究表明，经畲组沉积时，闽西南盆地是向西南开口的小海盆，邵武—南平—德化—南靖一线是海盆边缘。该盆地可能和武夷山西侧的江西资溪、鹰潭、东乡、铅山、上饶等地及浙江江山、建德一带海域相通。在闽北加里东期后武夷隆起的边缘，均有和经畲组特征相似、层位大致相当的地层存在，浙西称藕塘底组（赣东北曾称叶家塘组），时限为晚石炭世早期。福鼎南溪经畲组总的岩性较细，和闽西南盆地边部将乐—顺昌—南平—德化—永春一带经畲组有一定差异，形成时代也更早。推测福鼎南溪海域，当时可能不和闽西南海盆相连，应为另一海域。值得指出的是，闽北加里东期后隆起的周缘均存在近陆浅海、滨海相沉积的经畲组、藕塘底组。而东海则极有可能存在一个如闽西南盆地的海盆或海湾。

3. 关于溪口组角岩的成因

溪口组新祠角岩段分布范围广，层位及厚度变化大，和石碧溪泥岩段、兰田灰岩段，区域上互相穿插，互为相变，岩层变质不均，呈黑白相间条带状角岩、角岩化硅泥岩、粉砂岩。在这些角岩中常见夹有厚薄不一的不变质的灰岩、粉砂岩、细砂岩，局部地区在灰岩、粉砂岩中发现双壳类，如龙岩适中杨头村北，在上下为条带状角岩中夹有薄层粉砂岩，产 *Claraia* sp.，*C. wangi*。对于这套分布广、相变大的角岩的成因，福建区测队（1965）认为是接触变质

---

① 福建省第二地质大队，1978，1：5 万大田幅区域地质调查报告。
② 梁子木等，1976，福建省德化县阳山铁矿地质工作小结。福建省冶金地质一队。
③ 李希敏等，1979，福建省中石炭世生物地层的研究。福建省地质科学论文集。
④ 福建区调队，1989，1：5 万德化、赤水幅区域地质调查报告。

成因。这套角岩，宏观上大多未见与花岗岩接触，也未见有深浅不一的热接触变质现象。区域上看，变质较均匀，角岩类岩石中还常见有不变质的含化石的灰岩凸镜体及砂岩、粉砂岩夹层，更是热接触变质成因说无法解释的。因而，福建区调队(1983)①、(1987)② 指出可能是火山成因的。在角岩类副矿物中，常见具火山岩副矿物标型特征的α铁，在龙岩适中兰田重砂中还见有火山玻璃。角岩类岩石化学成分及P. 尼格里参数(al+fm)-(k+alk)对Si的分布图解（据A. 西蒙南）中，角岩类岩石投影位置大多落在钙质沉积区及其与火山岩重叠区边缘，化学成分和中性火山岩化学成分相一致。因而，推测可能是一种喷气、液的火山作用，在溪口组钙质泥岩沉积同时，火山活动带来了硅质和热量，使钙硅质碎屑岩产生自变质作用，析出透辉石、绿帘石、葡萄石等变晶矿物，而形成独特的变质岩石。正因为不同地区火山作用的强度和活动次数不一，各地溪口组角岩类的厚度变化大，由几十米至一千五百米。在火山-沉积作用过程中形成了一套自变质的角岩、角岩化岩类。在火山活动的间隙，则形成钙质、泥质、粉砂质细碎屑沉积层，并产 *Claraia* 等化石，夹于角岩类岩石之中，而未变质或仅轻微变质。

① 福建区调队，1983，1：5万龙岩、适中、坎市幅区域地质调查报告。
② 福建区调队，1987，福建省二叠-三叠系界线和生物地层研究。

第四章
晚三叠世—晚第三纪

印支运动之后，福建地壳发生了重大变革，全境由海转变成陆。

晚三叠世—中侏罗世，除闽西南局部地区有海湾泻湖相沉积外，皆为河流—湖泊相；晚侏罗世—早白垩世，火山活动十分强烈，尤其在东部地区形成分布广泛、厚度巨大的陆相火山沉积岩系，组成浙、闽、粤火山岩带的主体；晚白垩世火山活动强度减弱，为火山或非火山陆相红色盆地沉积。

大致以政和-(广东)大埔断裂为界，福建东、西两部分地层分布及发育程度具有较明显的差异。西部以印支运动形成的NE向山前(或山间)盆地为主，分布着狭长带状的晚三叠世—中侏罗世地层，火山活动相对微弱，燕山晚期零星分布有NE及NW向断陷盆地型红色碎屑岩沉积；东部则是在印支(可能包括加里东)运动形成的基底隆起带基础上，沿燕山运动产生的断陷带有广泛的火山喷发，形成大面积覆盖、地层发育较为完整的晚侏罗世—白垩纪火山沉积岩系。晚第三纪以来，除沿海多有玄武岩喷发外，内地亦有零星见及。

由于陆相盆地沉积和火山喷发堆积作用的特殊性，其特点是岩性复杂变化大、区域分布稳定性差、化石稀少、厚度变化亦无规律可循，各盆地地层相互对比困难。因而，本断代地层总体上研究程度不高，地层的划分、对比的难度相对较大。

通过本次对比研究，晚三叠世—晚第三纪地层大致以政和-大埔断裂为界划分为闽西和闽东两个地层分区，前者属武夷地层分区，后者属沿海地层分区。同时，按岩石类型和区域性不整合进一步划分为晚三叠世—中侏罗世、晚侏罗世和白垩纪—晚第三纪3个断代，建立了各地层小区的岩石地层名称及序列，共划分出岩石地层单位28个，包括群级5个，组级23个。各岩石地层分布、分区及层型剖面位置如图4-1所示，岩石地层序列见表4-1。

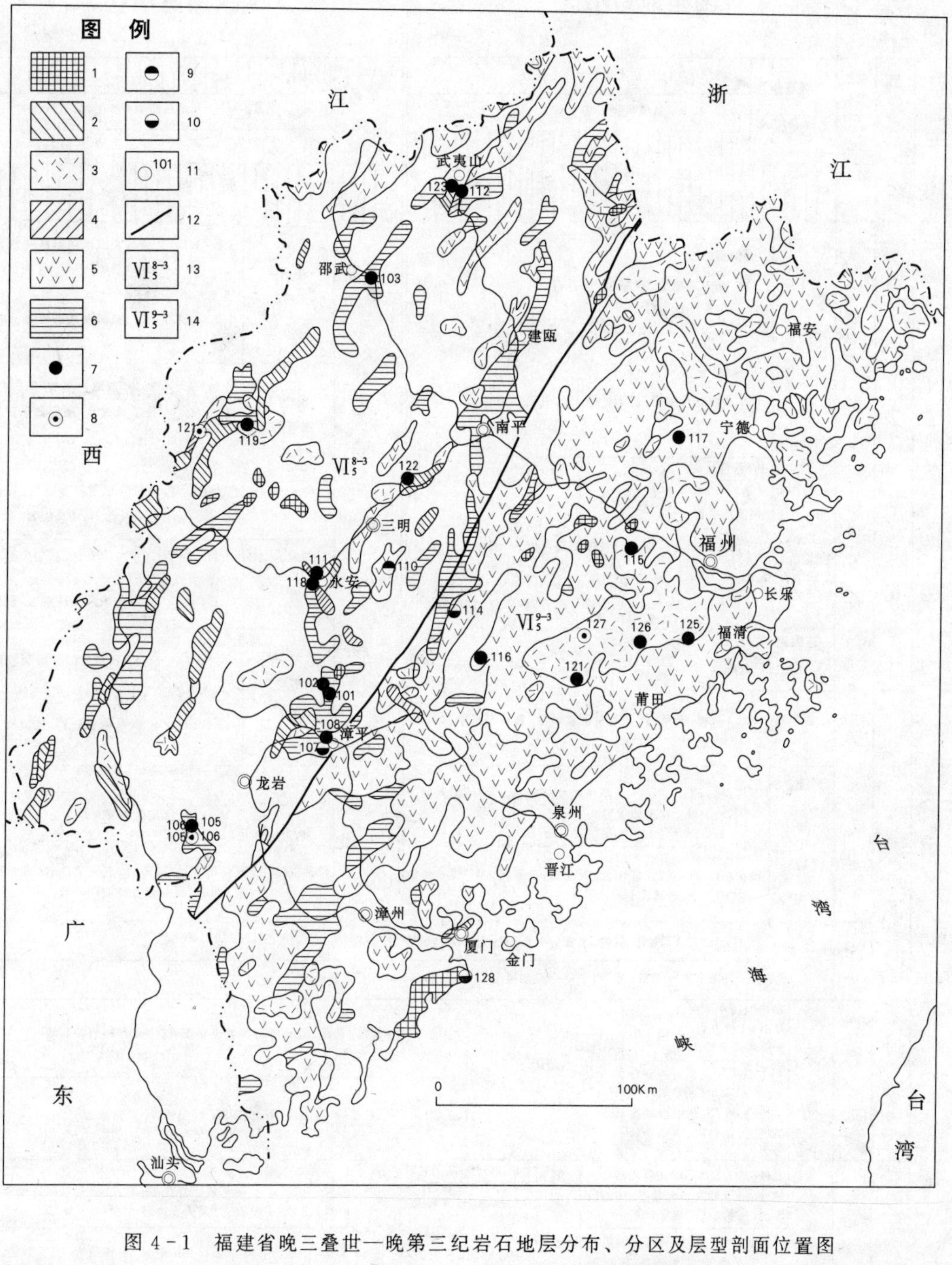

图 4-1 福建省晚三叠世—晚第三纪岩石地层分布、分区及层型剖面位置图

1. 晚第三纪地层(佛昙组)；2. 白垩纪红盆沉积地层(赤石群:均口组、沙县组、崇安组)；3. 白垩纪火山堆积地层(白牙山组；石帽山群:黄坑组、寨下组、石牛山组)；4. 晚侏罗世—早白垩世陆盆沉积地层(坂头组、吉山组)；5. 晚侏罗世火山堆积地层(兜岭群:园盘组、下渡组；南园群:长林组、鹅宅组、赤水组、小溪组)；6. 晚三叠世—中侏罗世陆盆沉积地层(大坑村组、文宾山组、焦坑组、梨山组、漳平组；象牙群:下村组、藩坑组)；7. 正层型；8. 副层型；9. 新层型；10. 选层型；11. 层型剖面位置及编号；12. 地层分区界线；13. 闽西地层小区；14. 闽东地层小区

表 4-1　福建省晚三叠世—晚第三纪岩石地层单位序列表

地质年代			闽西地层小区	闽东地层小区
新生代	第三纪	晚第三纪	佛昙组(Nf)： 上段(Nf^3)：灰、灰黑色砂砾岩、泥岩 中段(Nf^2)：灰黑色橄榄玄武岩	佛昙组(Nf)： 中段(Nf^2)：灰黑色拉斑(气孔状)玄武岩 下段(Nf^1)：黄、浅灰绿色粗砂岩、砂泥岩
		早第三纪		
中生代	白垩纪	晚世	赤石群(KĈ)： 崇安组(Kĉ)：紫红色砾岩、砂砾岩，夹砂岩 沙县组(Kŝ)：紫红色粉砂岩、泥岩，夹砂岩、长石石英砂岩 均口组(Kjk)：紫红、灰绿色泥岩、钙质粉砂岩	石帽山群(KŜ)： 石牛山组(Ksh)： 上段(Ksh^2)：紫灰色流纹质熔结凝灰岩夹流纹岩 下段(Ksh^1)：紫红色凝灰质砂砾岩、粉砂岩 寨下组(Kẑ)： 上段($K\hat{z}^2$)：灰紫、灰绿色流纹(斑)岩、钾长流纹岩，底部偶见玄武岩 下段($K\hat{z}^1$)：紫红色凝灰质砂砾岩、粉砂岩、泥岩，偶夹英安岩
		早世	白牙山组(Kb)： 上段(Kb^2)：紫红色流纹质凝灰熔岩、安山玄武岩 下段(Kb^1)：紫红色复成分砾岩、砂砾岩、细砂岩 吉山组(Kj)：灰色复成分砾岩	黄坑组(Kh)： 上段(Kh^2)：灰紫色英安岩、英安质熔结凝灰岩 下段(Kh^1)：紫红色凝灰质砂砾岩、粉砂岩 吉山组(Kj)：砾岩
	侏罗纪	晚世	坂头组(JKb)：灰绿、灰紫、灰黑色凝灰质砂岩、粉砂岩及纸状页岩 兜岭群(JD)： 下渡组(Jxd)：紫红、灰绿色流纹(斑)岩、熔结凝灰岩，夹粉砂质泥岩 园盘组(Jy)：灰白、紫红色(凝灰质)砂砾岩、凝灰岩，夹粉砂质泥岩	南园群(JKN)： 小溪组(JKx)： 上段(JKx^2)：灰、紫灰色流纹质凝灰岩 下段(JKx^1)：灰紫色粉砂岩、硅质岩 赤水组(Jch)： 上段(Jch^2)：灰白、紫红色流纹质凝灰岩、流纹岩 下段(Jch^1)：深灰色英安流纹质凝灰熔岩 鹅宅组(Je)： 上段(Je^2)：灰色流纹质凝灰熔岩 下段(Je^1)：深灰色安山岩、英安岩 长林组(Jĉ)：灰白、灰绿色砂砾岩、凝灰质砂岩，夹细砂岩、泥岩、凝灰岩及硅质粉砂岩
		中世	漳平组(Jẑ)： 上段($J\hat{z}^2$)：浅灰、灰紫、土黄等杂色杂砂岩夹含砾砂岩、粉砂岩 下段($J\hat{z}^1$)：紫红、紫灰、灰等杂色粉砂岩夹页岩、砂岩、长石石英砂岩	（同左）
		早世	象牙群(JX)： 藩坑组(Jf)：灰色安山岩、粗玄岩，夹凝灰质粉砂岩、粉砂岩 下村组(Jx)： 上段(Jx^2)：灰色石英砂岩、杂砂岩，夹粉砂岩 下段(Jx^1)：灰色中粗粒石英砂岩、杂砂岩，夹少量粉砂岩 梨山组(Jl)	梨山组(Jl)： 上段(Jl^2)：黄绿、灰绿、灰黑色粉砂岩夹碳质粉砂岩、细砂岩及页岩 下段(J_1l^1)：灰白、黄白色长石石英砂砾岩、细砂岩，夹粉砂岩
	三叠纪	晚世	文宾山组(Tw)： 上段(Tw^2)：上部深灰色粉砂岩、细砂岩；下部灰黑色碳质粉砂岩、泥岩，夹粉砂岩、煤层(线) 下段(Tw^1)：灰、深灰色石英粗砂岩、含砾砂岩，夹粉砂岩、碳质泥岩、煤层(线) 焦坑组(Tj)： 上段(Tj^2)：灰黑色粉砂岩、碳质粉砂岩，夹石英砂岩、砂砾岩及煤层 下段(Tj^1)：灰、深灰色含砾砂岩、复成分砾岩、角砾岩，夹粉砂岩及煤层 大坑村组(Td)： 上段(Td^2)：灰、灰黑色粉砂岩、泥岩，夹细砂岩 下段(Td^1)：灰、灰黑色细砂岩、粉砂岩，夹煤层	文宾山组(Tw)： 上段(Tw^2)：上部深灰色粉砂岩、细砂岩；下部灰黑色碳质粉砂岩、泥岩，夹粉砂岩，偶夹火山岩 下段(Tw^1)：灰、深灰色石英粗砂岩、含砾砂岩，夹粉砂岩、碳质泥岩

第一节　岩石地层单位

大坑村组　*Td*　（06-35-0101）

【创名及原始定义】　原为福建省303地质队(1964)① 创建之大坑组，因与1956年何春荪于台湾省南投县所创第三纪大坑组(E_3—N_1)同名现更名大坑村组。该队在1958—1963年间对漳平大坑煤矿进行地质勘探时，对大坑井田地层进行较详细划分，分别建立晚三叠世大坑组、文宾山组及早侏罗世桂林组。创名地点位于漳平市之北25 km新桥乡大坑，原含义系指上三叠统下部含煤沉积，可分为三个段，于上、下段含煤。其岩性下段为深灰、灰黑色中细粒石英砂岩、细砂岩，底部为砂砾岩，中部夹煤层，与下伏下洋组呈不整合接触；中段为黑色泥岩及细砂岩；上段为深灰色细砂岩、粉砂岩夹煤层。与上覆文宾山组假整合接触。总厚约860 m。

【沿革】　大坑组自创名后即被广为引用，但划分标准不尽相同。福建省第五地质大队(1962)② 认为苏坂、鲤鱼煤矿地层与大坑组中、下段对比尚存某些不同，而另命名为鲤鱼组，仅保留其上段称大坑组。福建区测队(1965)将晚三叠世含煤地层统称大坑组。福建省地质一团(1973)③认为原大坑组上段含丰富完整的植物化石，其总貌与文宾山组同属一个植物组合，且上段分布范围较中、下段为广，沉积分布与文宾山组较为密切，而将之划归文宾山组。地科院闽煤组(1974)④ 则沿用原建组时的划分。1975年福建省含煤地层座谈会认为原建的大坑组上、下段含煤，中段不含煤。根据岩性、岩相、含煤性及接触关系等特征，将大坑组上段归属文宾山组，仅保留中段和下段为大坑组，分别称为大坑组上段、下段。此后，福建省区域地层表编写组(1979)、福建省地质矿产局(1985)皆以此标准划分大坑组。诚然，其间亦有的研究者另有所见，陈大方等(1979)⑤、陈榜森等(1991)认为闽西北晚三叠世含煤地层仅有焦坑组，而闽西南晚三叠世含煤地层有大坑组和文宾山组，为便于闽西南与闽西北煤系地层对比，将闽西南的文宾山组并入大坑组，作为大坑组上段，将原建的大坑组作为下段。本次对比研究认为，大坑组与文宾山组在岩性、岩相、含煤性等特征上区别明显，可单独划为一个岩石地层单位，根据岩石地层单位划分命名原则更名为大坑村组，其下段为原大坑组下段，上段为原大坑组中段。

【现在定义】　属内陆盆地含煤碎屑岩建造。岩性分为下段灰、灰黑色细砂岩夹粉砂岩，局部夹煤层，上段为灰、灰黑色粉砂岩、泥岩、碳质泥岩，偶夹煤线。底以厚层含砾砂岩或深灰色细砂岩与安仁组呈整合接触；顶以灰、灰黑色粉砂岩与文宾山组砂砾岩整合接触。

【层型】　正层型为漳平煤矿大坑矿区剖面(117°25′,25°31′)(图4-1)，福建省303地质队于1964年据矿区27线公路及沟谷实测剖面和33/ZK8、35/ZK75等钻孔资料综合而成。现分层描述如下：

上覆地层：**文宾山组**　灰白色厚层含砾粗砂岩

---

① 福建省303地质队，1964，福建漳平大坑煤矿大坑井田地质勘探最终报告。
② 福建省第五地质大队，1962，福建漳平苏坂煤矿鲤鱼井田普查检查报告。
③ 福建省地质一团，1973，福建省龙岩地区中生代煤系地层形成条件分布规律及找煤方向总结。
④ 地质科学研究院地矿所闽煤组，1974，对闽中及闽西北中生代烟煤普查找矿方向中一些问题的初步认识。
⑤ 陈大方、林贞培，1979，福建省上三叠统沉积地层及古地理特征。福建省地质科学论文汇编(煤田地质)。

——————整 合——————

大坑村组 总厚度 688.82 m

上段 厚度 260.10 m

40. 上部黑灰色粗粉砂岩夹细砂岩，下部黑灰色细粉砂岩夹薄层泥岩、细砂岩，条带状水平层理发育，产植物 *Cycadocarpidium erdmanni*，cf. *Neocalamites* sp.，本层常相变成泥岩 56.80 m

39. 黑色泥岩，时夹薄层细粉砂岩，形成条带状水平层理，下部盛产植物 *Podozamites* sp.，*Cycadocarpidium* sp.，*Cladophlebis* sp.，*Glossophyllum* sp.；动物 *Eulimnadia* sp.，*Lioestheria* sp.，*Euestheria* cf. *indiana*，*Lingulocaris hoplonnea*，*Pinocaris*?*coleosotus* 49.40 m

38. 黑色泥岩，发育水平层理，含植物根茎及叶肢介化石 90.90 m

37. 上部黑色泥岩夹细粉砂岩、细砂岩，下部黑灰色石英细砂岩，常有泥质条带。有植物根茎化石 22.90 m

36. 黑色泥岩夹细砂岩、粉砂岩，产叶肢介化石 40.10 m

下段 厚度 428.72 m

35. 褐灰色粗—细粒砂岩 6.90 m

34. 上部深灰色粗粉砂岩夹细粉砂岩、细砂岩，下部深灰色细砂岩，上部产植物 *Podozamites lanceolatus*，*Neocalamites* sp. 26.10 m

33. 上部深灰色粗砂岩夹细粉砂岩、细砂岩，具水平层理，产植物化石，下部巨厚层灰紫色粗—细粒砂岩 25.10 m

32. 黄灰色细砂岩，具交错层理 15.40 m

31. 上部灰色细砂岩与深灰色粗粉砂岩互层；中部夹极不稳定薄煤层；下部为深灰色粗粉砂岩夹暗灰色细粉砂岩；底部为黄褐色中细粒砂岩，产植物 *Podozamites* sp. 17.30 m

30. 中上部为深灰色粗粉砂岩夹极不稳定薄煤层；底部为浅灰色巨厚层中粒砂岩，具交错层理，产植物 *Baiera minuta*，*B. guilhaumati*，*B.* cf. *elegans*，*Pterophyllum astartense*，*P. aequale*，*Anomozamites minor*，*A. nitida*，*A.* cf. *major*，*Glossophyllum*? *shensiensis*，*Nilssonia orientalis*，*Podozamites lanceolatus*，*Ptilophyllum contiguum*，*Pachypteris* sp.，*Carpolithus* spp. 9.60 m

29. 上部深灰色粗粉砂岩夹中细粒砂岩；顶部为极不稳定薄煤层；底部为深灰色中粒砂岩，具交错层理 11.30 m

28. 灰白色石英细砂岩，顶部夹极不稳定薄煤层，具水平波状层理及交错层理，产植物 *Podozamites* sp. 等 10.90 m

27. 上部为灰黑色细、粗粉砂岩；中、下部为灰色粗—细砂岩，夹一层深灰色含植物化石碎片粗粉砂岩 17.40 m

26. 暗灰色粗粉砂岩与深灰色细砂岩互层，含炭化植物化石 15.30 m

25. 深灰色薄层细粉砂岩夹泥岩，产植物 *Neocalamites carcinoides*，*Podozamites* sp. 5.80 m

24. 煤层(次要煤层) 0.39 m

23. 灰黑色泥岩、碳质泥岩，夹不稳定煤层 3.00 m

22. 上部为褐灰色粗粉砂岩，具交错层理，盛产植物化石；下部为灰白色中—细粒砂岩 11.00 m

21. 煤层(主要煤层) 1.10 m

20. 灰白色厚层中细粉砂岩，具交错层理 4.90 m

19. 煤层(主要煤层) 1.05 m

18. 上部粗粉砂岩与细砂岩互层，具交错层理，产植物 *Neocalamites carcinoides*，*N. carrerei*；下部为灰色中粒砂岩 17.30 m

17. 煤层(次要煤层) 0.42 m

16. 灰黑色细粉砂岩,具波状水平层理,产植物 *Podozamites lanceolatus*, *Cladophlebis* sp. 7.60 m

15. 煤层(次要的极不稳定薄煤层) 0.26 m

14. 顶部为深灰色砂岩，含植物化石碎片；中部为细砂岩夹次要不稳定薄煤层；下部为灰白色石英粗砂岩 19.10 m

13. 暗灰色粗—细粉砂岩，夹浅灰色细砂岩凸镜体，薄层水平细层理发育，含植物化石碎片，本层往往相变为薄层灰黑色细粉砂岩或泥岩 9.00 m

12. 灰白色粗砂岩，上部为细砂岩 6.00 m

11. 上部暗灰色粗粉砂岩，下部为灰白色中粗粒砂岩 10.00 m

10. 灰白色厚层中粒砂岩夹含砾粗砂岩 6.10 m

9. 暗灰色细砂岩夹粉砂岩、泥岩，具水平层理 32.60 m

8. 灰白色砂岩与黑灰色细粉砂岩互层 46.80 m

7. 上部为暗灰色泥岩，含植物化石碎片；下部为灰白色含砾粗砂岩夹中粒砂岩 12.00 m

6. 灰白色中厚层中粗粒砂岩 7.60 m

5. 灰白色厚层粗—细砂岩，底部含砾，成分以石英为主 21.60 m

4. 灰白色细砂岩，中部夹碳质泥岩 5.20 m

3. 顶部为灰黑色泥岩；上部黑灰色粉砂岩；下部灰色细砂岩 14.50 m

2. 深灰色细砂岩夹粉砂岩，含炭化植物化石碎片 16.50 m

1. 深灰色细砂岩，向上渐变为粉砂岩，含炭化植物化石碎片，具鲕状构造 13.60 m

——— 整 合 ———

下伏地层：安仁组　灰绿色粗粉砂岩与细粉砂岩互层，具鲕状构造

此外，大坑村组在华安马寮地区(117°32′,25°03′)发育亦较完整，以作补充，据福建区测队李仁杰等于1977年实测(图4-2)，现分层描述如下：

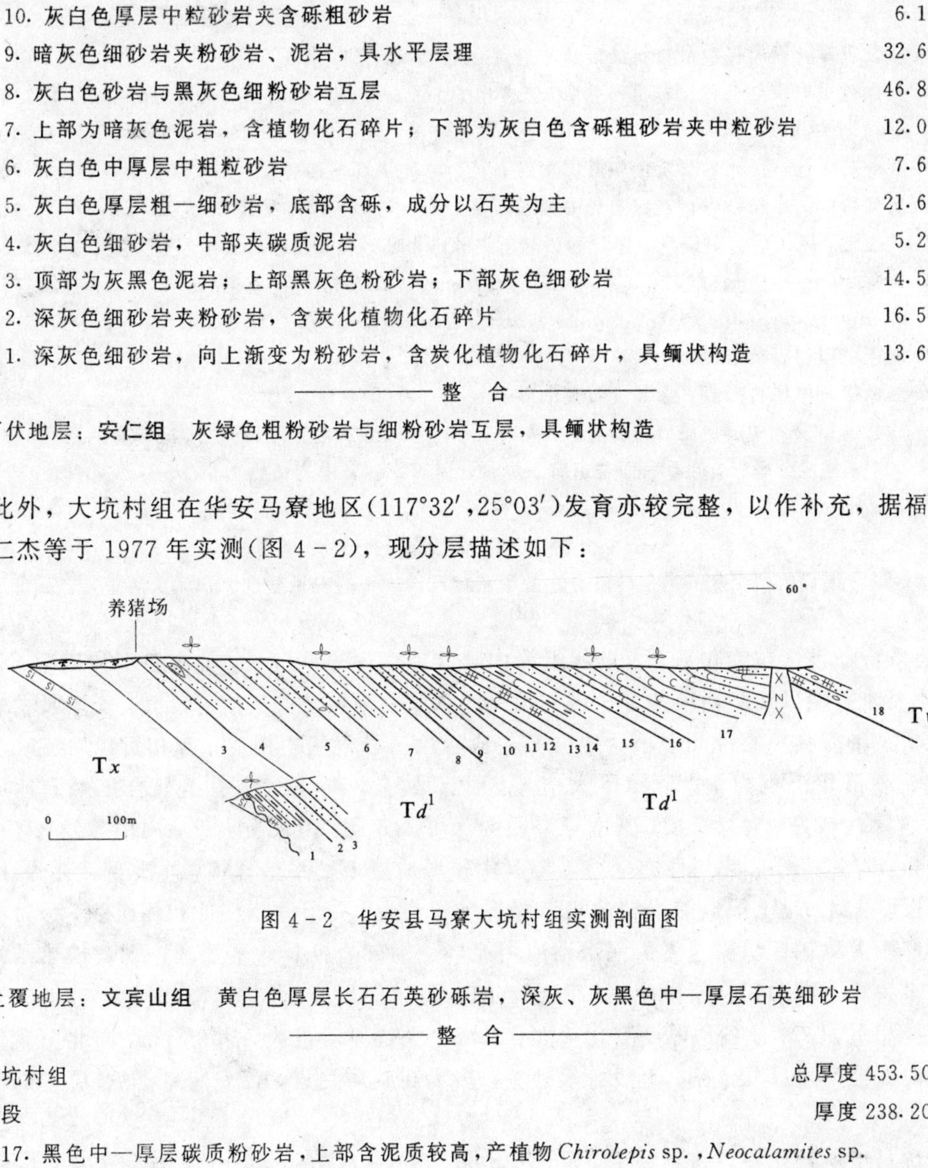

图4-2　华安县马寮大坑村组实测剖面图

上覆地层：文宾山组　黄白色厚层长石石英砂砾岩，深灰、灰黑色中—厚层石英细砂岩

——— 整 合 ———

大坑村组 总厚度 453.50 m

上段 厚度 238.20 m

17. 黑色中—厚层碳质粉砂岩,上部含泥质较高,产植物 *Chirolepis* sp., *Neocalamites* sp. 102.30 m

16. 灰紫、黄灰等色石英砂岩 2.40 m

15. 黑色中厚层粉砂岩，中夹碳质泥岩，韵律明显，上部岩性变粗，产植物化石碎片 62.00 m

14. 风化后紫黄—灰紫色中薄层杂砂岩 7.70 m

13. 黑色中—薄层碳质粉砂岩，产植物 *Lepidopteris* sp.，*Anomozamites major*，*A. minor*，*A. nitida*，*Goeppertella* sp.，*Ptilozamites nilssoni*，*Clathropteris platyphylla*，*C. meniscioides*，*Dictyophyllum exile*，*Nilssonia brevis*，*N. corrugata*，*Pterophyllum sinense*，*P. aequale* 12.00 m

12. 灰紫色中—薄层石英砂岩 5.40 m

11. 黑色中薄层碳质泥岩，产植物 *Todites goeppertianus*，*Sphenopteris* sp.，cf. *Amdrupia sphenopteroides*，*Chirolepis* sp. 24.50 m

10. 灰色，风化后黄灰色薄层粉砂岩，微细层理十分发育 7.50 m

9. 紫色薄层粉砂岩夹石英砂岩，微细层理十分发育，沉积韵律明显，产植物化石碎片 14.40 m

下段 厚度 215.30 m

8. 灰紫色厚—巨厚层中粗粒石英砂岩，局部含砾 7.20 m

7. 灰黑色中厚层红柱石角岩化粉砂岩，产植物 *Taeniopteris* sp.，*Clathropteris platyphylla*，*C. meniscioides* 60.10 m

6. 灰—灰白色，风化后灰紫色中厚层中粒石英砂岩，下部夹细砾岩 8.80 m

5. 灰紫色中薄层粉砂岩，夹深灰色中细粒石英砂岩。粉砂岩微细层理发育 24.70 m

4. 灰黑色，风化后为灰紫色中薄层粉砂岩，夹砂砾岩凸镜体，粉砂岩微细层理发育。产植物 *Pterophyllum* sp.，*P. aequale*，*P.* cf. *sinense*，*Cladophlebis* sp.，*Todites goeppertianus*，*Podozamites* sp.，*P. lanceolatus*，*Dictyophyllum* sp.，*D. nathorsti* 86.00 m

3. 灰色中厚层石英细砂岩，致密坚硬 6.70 m

2. 黑色中—厚层粉砂岩，上部夹石英细砂岩 5.30 m

1. 浅紫—紫灰色中厚层泥质粉砂岩，中夹一层 30～40 cm 灰色石英细砂岩，底部有一层 50 cm 复成分砾岩，砾石表面普遍有铁锰质。泥质粉砂岩中产植物 *Neocalamites* sp.，*Equisetites* sp.，*Podozamites* sp. 16.50 m

～～～～～～ 不 整 合 ～～～～～～

下伏地层：**溪口组** 深灰—黑色硅质岩、条带状硅质岩，普遍有蚀变现象，风化后土黄色

【地质特征及区域变化】 大坑村组为内陆盆地含煤碎屑沉积，分布范围较局限，仅分布在政和-大埔断裂以西闽西南地层小区的漳平市大坑、高明坑、产孟、钱坂、安靖及龙岩市苏坂、鲤鱼、华安县马寮等几个小盆地内。各地岩性、岩相基本相似，互相可以对比。下段以河流相、湖沼相沉积为主，以漳平大坑地区发育最全，与下伏安仁组整合接触，地层厚达 428 m，含煤性较好，含煤 7 层，其中可采或局部可采 5 层。由大坑向北、向南多发育不全，且岩性变粗，厚度变小，含煤性亦变差，与下伏较老地层多呈不整合接触。北部武陵厚 160 m，南部钱坂厚 124 m。上段以深水湖泊相细碎屑沉积为主，夹沼泽相和冲积相沉积，分布范围较下段略广。大坑矿区出露主要为深水湖泊相泥岩、细砂岩，具水平层理，含黄铁矿结核。其他地区多为浅水湖泊相夹沼泽相之粉砂岩、细砂岩、泥岩等。在安靖、鲤鱼、苏坂夹有多层泥炭沼泽相沉积。本段各地厚度变化较大，以漳平大坑厚度最大，达 260 m。向北至武陵厚仅 10 m，向南至产孟厚几十米。上段含煤性差，多为高碳质泥岩，仅安靖有 1～2 层局部可采煤层。

大坑村组所产化石以植物为主，属 *Glossophyllum* - *Todites* 组合。主要分子有 *Glossophyllum*? *shensiensis*，*Todites shensiensis*，*Cycadocarpidium erdmanni*，*Cladophlebis kaoiana*，*Taeniopteris obliqua*，*Pachypteris lepingensis* 等。此外，还见有少量 *Euestheria* sp. 等叶肢介化石。时代属晚三叠世早中期。

文宾山组 *Tw* （06-35-0102）

【创名及原始定义】 福建省303地质队(1964)① 创建，创名地点位于漳平市之北27 km新桥乡文宾山。文宾山组原义系指“上三叠统最上部一个沉积旋回，划分为下段厚层河床相石英质砾岩与河漫相粉砂岩、细砂岩互层；上段河漫相细砂岩、粉砂岩与湖泊沼泽相粉砂岩的互层组成。底部与大坑组为假整合接触，顶部与桂林组不整合接触。”

【沿革】 1975年，福建省含煤地层座谈会认为原建文宾山组不含煤，而大坑组上、下两段均含煤，仅中段不含煤。根据其区域分布、岩性、岩相、沉积旋回、含煤性及接触关系等特征，将原大坑组上段(即F煤组)划归文宾山组下段，原文宾山组作为上段，与闽北地区的焦坑组对比。此后，对其层位认识及划分基本一致，并沿用至今。

【现在定义】 为整合或平行不整合覆于大坑村组或超覆于其他老地层之上的内陆盆地含煤碎屑沉积。岩性分为下段灰、灰黑色石英砂岩、含砾砂岩夹粉砂岩、碳质泥岩及煤线，上段为深灰、灰黑色碳质粉砂岩、泥岩夹细砂岩及煤线，偶夹中基性火山岩。其底以灰色砂砾岩与大坑村组分界，其顶为梨山组灰色厚层砂砾岩平行不整合所覆。

【层型】 正层型为漳平煤矿大坑井田剖面(117°25′,25°31′)(图4-1)，由福建省303地质队1959—1963年间在矿区勘探时所测，下段为35/ZK75、33/ZK8等钻孔资料，上段为27线公路剖面，现分层描述如下：

上覆地层：**梨山组** 灰、灰绿色粗砂岩、含砾粗砂岩

——————— 平行不整合 ———————

文宾山组 总厚度285.50 m

上段 厚度113.70 m

9. 顶部浅灰色细粉砂岩；上部黄绿、紫灰等色粗粉砂岩夹细砂岩；下部为灰带绿色细砂岩，具交错层理。产植物 *Clathropteris meniscioides*, *Dictyophyllum* sp. 13.70 m
8. 绿灰、黑灰色粉砂岩夹黄绿色细砂岩，具交错层理，含炭化植物化石碎片 12.30 m
7. 上部为黑灰色粉砂岩夹泥岩、薄煤线；下部为黑灰色细砂岩，具交错层理及黄铁矿结核 8.90 m
6. 上部为深灰色粉砂岩；下部为浅灰略带肉红色细砂岩，产植物 *Dictyophyllum exile* 5.20 m
5. 顶部为碳质泥岩；上部为灰色厚层细砂岩；下部深灰色粗粉砂岩与细砂岩互层，具交错层理 5.40 m
4. 灰白色巨厚层含砾粗砂岩，砾石以石英为主，棱角状，砾径0.6～2 mm，硅质胶结，本层常相变为中粗粒砂岩 5.90 m
3. 上部深灰色粉砂岩，具波状层理，产植物 *Pterophyllum* sp., *Anomozamites* sp.；下部为灰白色巨厚层细砾岩，砾石以石英为主，含少量燧石，砾径一般为1～3 mm，最大可达10 mm 10.50 m
2. 上部灰黑色泥岩、碳质泥岩夹灰色细砂岩、粗粉砂岩，盛产植物 *Ptilozamites nilssoni*, *P. chinensis*, *Baiera minuta*, *Pterophyllum aequale*, *P. ptilum*, *Anomozamites minor*, *Phlebopteris angustiloba*；下部灰白色厚层细砾岩，顶部变为粗粉砂岩，砾石以石英、燧石为主，砾径1～7 mm，具交错层理 21.60 m
1. 上部深灰色粉砂岩夹碳质泥岩，产植物 *Ptilozamites chinensis*, *Pterophyllum aequale*,

① 福建省303地质队，1964，福建漳平大坑煤矿大坑井田地质勘探最终报告。

Dictyophyllum exile, *D. nathorsti*, *D. japonicum*, *Anomozamites minor*, *Cladophlebis nebbensis*, *Nilssonia polymorpha*, *Stachyotaxus* cf. *elegans*；下部为灰白色厚层细砾岩，砾石以石英、燧石为主，砾径一般 2～3 mm，硅质胶结　30.20 m

下段　厚度 171.83 m

60. 上部深灰色细砂岩、粉砂岩，下部灰色细砂岩，具交错层理。产植物 *Pterophyllum astartense*, *P. aequale*, *Cycadolepis corrugata*, *Anomozamites hartzi*, *Cladophlebis* cf. *nebbensis*　33.80 m
59. 上部深灰色粗粉砂岩，鲕状构造，具交错层理，产植物 *Anomozamites minor*, *A. nitida*, *A.* cf. *major*, *Taeniopteris* cf. *groenlandica*, cf. *Phlebopteris angustiloba*；下部深灰色石英细砂岩　14.10 m
58. 顶部为碳质泥岩，底部深灰色细砂岩夹粗粉砂岩，具交错层理，产植物 *Drepanozamites chinensis*, *Taeniopteris* cf. *pingshiangensis*, *Clathropteris meniscioides*, *Todites recurvatus*　10.00 m
57. 上部暗灰色粗粉砂岩夹细砂岩，产植物 *Taeniopteris* cf. *pingshiangensis*, *Baiera* cf. *guilhaumati*；下部浅灰色细砂岩，具交错层理　12.90 m
56. 上部灰色粗粉砂岩，具鲕状构造，交错层理。下部灰色细砂岩，夹有煤的条带　5.10 m
55. 上部深灰色粗粉砂岩，含植物化石碎片，具波状水平层理。下部灰紫色粉砂质砂岩，夹黑灰色细粉砂岩，具交错层理与波状层理，产植物 *Pterophyllum aequale*, *P. astartense*　7.50 m
54. 暗灰色粉砂质砾岩，砾石成分以粉砂岩、泥岩、细砂岩等颗粒为主，其次有石英，呈次圆—次棱角状，砾径约 2～3 cm，分选差，泥、铁质、粉砂质胶结，中厚层状　4.50 m
53. 上部深灰色粉砂岩，顶部石英细砂岩，具水平波状层理，中部夹不稳定复煤层，下部为浅灰色细砂岩，泥铁质胶结，含植物化石碎片　12.10 m
52. 上部灰黑色细砂岩，含植物化石碎片，顶部为不稳定复煤层，局部可采，下部为灰黑色细砂岩，具斜层理，产植物 *Equisetites* sp., *Neocalamites carrerei*　10.10 m
51. 煤层，为主要可采煤层　0.97 m
50. 上部黑色薄层细砂岩，产植物 *Cladophlebis* sp.；下部为灰黑色粗粉砂岩、细砂岩，均具水平波状层理　4.60 m
49. 煤层，为次要之不稳定煤层　0.36 m
48. 灰白色中厚层细砂岩　6.90 m
47. 煤层，主要煤层　0.80 m
46. 暗灰色细粉砂岩，底部夹不稳定复煤层，煤层厚 0.24 m，产植物 *Cladophlebis* sp.　3.63 m
45. 上部暗灰色中、细粒砂岩，下部为黑灰色细粉砂岩与泥岩互层　12.00 m
44. 煤层，不稳定之次要煤层　0.30 m
43. 上部深灰色细粉砂岩与细砂岩互层，下部为深灰色细砂岩，含植物化石碎片，具水平和水平波状层理　13.10 m
42. 上部黑色泥岩夹不稳定薄煤层，中部为具水平层理之细粉砂岩，下部为中细粒砂岩　13.70 m
41. 灰白色厚层含砾粗砂岩，砾石呈棱角状，砾径 1～3 mm，成分以石英为主，次有长石、燧石等，具交错层理，本层常相变为粗砂岩　5.40 m

——————整　合——————

下伏地层：**大坑村组**　黑灰色粗粉砂岩夹细砂岩

此外，漳平市高明坑地区文宾山组出露亦较完整，据福建区测队李根坤等于 1962 年 10 月实测剖面(117°24′,25°16′)以作补充(图 4－3)，现分层描述如下：

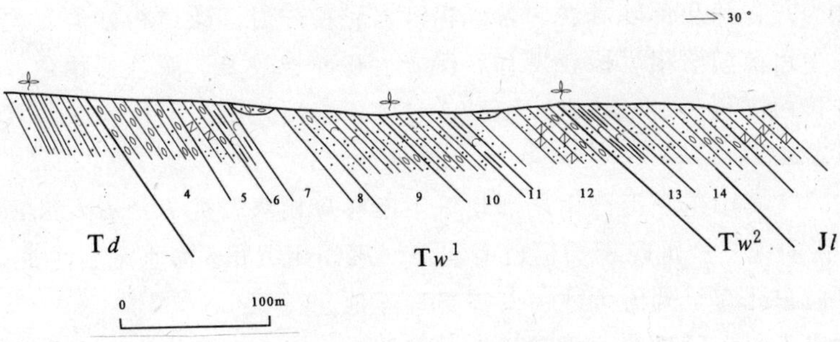

图 4-3　漳平市高明坑文宾山组实测剖面图

上覆地层：**梨山组**　灰白色巨厚层石英砂砾岩

——————— 整　合 ———————

文宾山组　　总厚度 327.80 m

上段　　厚度 78.50 m

14. 黄色粉砂岩、细砂岩，上部浮土掩盖　　41.20 m
13. 灰黑色薄层碳质粉砂岩、碳质泥岩、黄色粉砂岩，具波状层理及交错层理，产植物 *Elatocladus* sp.，*Dictyophyllum* sp.，*Podozamites lanceolatus*，*Pterophyllum* sp.　　37.30 m

下段　　厚度 249.30 m

12. 灰白色巨厚层石英细砂岩、长石石英砂岩，顶部夹砂砾岩，下部浮土掩盖　　65.10 m
11. 灰黑色含碳砂质泥岩　　19.10 m
10. 灰白色厚层含砾石英粗砂岩，夹少量薄层碳质泥岩，底部为灰黑色碳质粉砂岩，产植物 *Pterophyllum* sp.，*P.* cf. *aequale*　　18.90 m
9. 灰白、黄白色巨厚层含砾石英粗砂岩，夹细砂岩及碳质粉砂岩　　50.50 m
8. 灰白色巨厚层石英粗砂岩夹粉砂岩　　19.10 m
7. 浮土掩盖　　24.90 m
6. 灰黑色碳质泥岩　　5.10 m
5. 灰色，风化后黄白色长石石英粗砂岩夹黄白色石英砂砾岩　　18.00 m
4. 灰白色巨厚层砾岩、砂岩。砾石成分主要为石英砂岩、细砂岩及硅质岩　　28.60 m

——————— 平行不整合 ———————

下伏地层：**大坑村组**　灰色细砂岩、黄色粉砂岩夹薄层泥岩

【地质特征及区域变化】　文宾山组为继大坑村组之后的陆相、湖沼相盆地含煤碎屑沉积，晚期局部有浅海泻湖相沉积。主要分布于闽西南地区，闽东亦有零星见及，分布范围较之大坑村组为广。在漳平大坑、华安马寮、高层地区与下伏大坑村组呈整合接触，漳平高明坑与大坑村组呈平行不整合接触，其他地区则超覆于不同老地层之上。

由于受沉积盆地基底岩性不同的影响，各地出露的文宾山组岩性、岩相及发育程度不尽相同。下段以湖泊沼泽相沉积为主，岩性较细。龙岩、漳平(大坑、文宾山地区)一带，本段下部为灰黑色细砂岩、粉砂岩，具水平层理，底部为厚层含砾砂岩、砂砾岩，含煤 1～8 层。上部为深灰色粉砂岩、细砂岩，具水平层理，含鲕状菱铁质结核，含煤 1～8 层。其他地区为灰、深灰、灰黑色中厚层含砾砂岩、细砾岩、细砂岩、长石石英砂岩、粉砂岩、泥岩夹煤层或煤线。底部常具厚层含砾长石石英砂岩、复成分砾岩或巨砾岩，砾石分选和滚圆度均较差，成分为石英、燧石、砂砾岩及花岗岩、变质岩等；上段以河流沼泽相沉积为主，局部夹有冲积相沉积。岩性为灰、深灰色砂砾岩、含砾粗砂岩、粉砂岩、碳质粉砂岩、泥岩夹细砂岩、煤层及煤线。漳平地区湖泊相沉积较发育，泥岩、粉砂岩较多。而东部德化、安溪、华安、南靖等地则以冲积相沉积为主，砂岩、细砂岩较多，岩性较粗。上杭矶头、武平龙井等地含煤4～10层，多为煤线。

应当指出，文宾山组在闽西南局部地区不断有海相双壳类 *Bakevelloides - Jiangxiella* 组合分子发现，说明晚三叠世晚期局部已有浅海—泻湖相沉积。海水来自粤北，经由永定堂堡、南靖油甘坪，向东北直至大田大才、安溪格口等地。

此外，文宾山组上段局部地方尚夹有中基性火山岩，主要为安山岩、安山质集块岩、火山角砾岩、凝灰岩等。多呈凸镜状、似层状夹于砂岩、粉砂岩中。安溪下西坑、云霄过枧、南靖油甘坪等地夹有熔结凝灰岩、沉凝灰岩、凝灰质砂岩。安溪后田夹杏仁状安山岩、沉火山角砾凝灰岩等。此外，安溪下西坑由于受弱变质作用产生角岩化。

本组厚度变化较大，自 95.60 m(清流横溪岭)～944.70 m(安溪下西坑)不等，一般为 300～500 m。

文宾山组植物属种及个体数量都很丰富，属 *Lepidopteris-Ptilozamites* 组合。主要分子有 *Lepidopteris ottonis*，*Ptilozamites chinensis*，*Danaeopsis fecunda* 等。此外，尚有少量叶肢介 *Euestheria indiana*，*E. mupangensis*，*Anyuanestheria* sp.，*Eulimnadia* sp. 及海相双壳类等。时代属晚三叠世中晚期。

焦坑组　T*j*　(06 - 35 - 0103)

【创名及原始定义】　福建省 301 地质队(1963)① 创名，将邵武晒口地区陆相碎屑含煤沉积的地层称梨山群，定其时代为早侏罗世。并依沉积旋回、含煤性等特征，自下而上划分为焦坑组、葛仙组。焦坑组建组时原指一套陆相碎屑含煤建造，根据岩性分上、下两段，下段下部以山麓相的砾岩和砂岩为主，夹火山碎屑岩。上部为湖泊相的粉砂岩和泥炭沼泽相的碳质泥岩与煤层。上段由湖泊相的粉砂岩、细砂岩、中—粗粒含砾砂岩和少量泥岩组成。与下伏前震旦纪变质岩群及前侏罗纪白云母花岗岩呈角度不整合接触。时代划归早侏罗世。

【沿革】　焦坑组建组初期未被广泛引用，福建区测队(1966b)将其划为梨山群下组；福建区测队(1972a、1974a)划为大坑组，时代归晚三叠世；地科院闽煤组(1974)② 采用焦坑组，并改其时代为晚三叠世。此后，焦坑组被省内外地质工作者广为引用。福建省煤田预测组(1978)③、福建省区域地层表编写组(1979)、福建省地质矿产局(1985)皆采用焦坑组以代表闽西北晚三叠世陆相含煤碎屑沉积。

【现在定义】　为闽西北陆相盆地含煤碎屑沉积，岩性分为：下段灰、深灰色含砾砂岩、复成分砾岩、角砾岩夹粉砂岩及煤层，局部夹中基性、中酸性火山岩；上段灰黑色粉砂岩、碳质粉砂岩夹粗砂岩、砂砾岩及煤层。其底以砾岩、角砾岩与下伏地层不整合接触，其顶以梨山组灰白色砂砾岩、长石石英砂岩的出现分界，两者呈平行不整合接触。

【层型】　正层型为邵武市东南约 10 km 邵武煤矿晒口矿区剖面(117°33′,27°18′)(图 4 -

① 福建省 301 地质队，1963，福建邵武煤矿焦坑及晒口井田最终地质勘探报告。
② 地质科学研究院地矿所闽煤组，1974，对闽中及闽西北中生代烟煤普查找矿方向中一些问题的初步认识。
③ 福建省煤田预测组，1978，福建省煤田地质图说明书。

1)，福建省301地质队(1963)以矿区钻孔资料及富屯溪南岸公路剖面综合而成，现分层描述如下：

上覆地层：**梨山组** 灰、灰白色厚层石英砾岩

——————— 平行不整合 ———————

焦坑组	总厚度397.00 m
上段	厚度288.00 m
38. 灰黑色粗粉砂岩夹薄层细砂岩，含植物化石碎片	12.00 m
37. 灰色中粒砂岩	6.00 m
36. 灰黑色薄层粗粉砂岩夹中—细粒砂岩，局部为含砾粗砂岩，含植物化石碎片	50.00 m
35. 灰色中厚层中粒砂岩夹黑色薄层粗粉砂岩	20.00 m
34. 深灰色中厚层细砂岩与黑色薄层粗粉砂岩互层，夹粗粒含砾砂岩凸镜体	30.00 m
33. 深灰色粗粉砂岩夹砂岩凸镜体，含植物化石碎片	6.00 m
32. 深灰色薄层细砂岩与黑色粗粉砂岩互层，含较多植物化石碎片	10.00 m
31. 灰黑色粗粉砂岩与中—细粒砂岩互层	6.00 m
30. 灰色含砾粗砂岩，含炭化植物化石碎片	4.00 m
29. 灰色粗粉砂岩与中—细粒砂岩互层	7.00 m
28. 灰黑色粗粉砂岩与细粉砂岩互层	8.00 m
27. 灰黑色薄层细粉砂岩，含植物化石碎片	9.00 m
26. 灰黑色粗粉砂岩与细粉砂岩互层	19.00 m
25. 灰黑色粗粉砂岩，夹灰黑色中—细粒砂岩凸镜体	9.00 m
24. 灰黑色粗粉砂岩与灰色细粉砂岩互层，夹凸镜状中—细粒砂岩，含较多植物碎片	8.00 m
23. 灰黑色粗粉砂岩与中—细粒砂岩互层，含植物化石碎片	9.00 m
22. 灰黑色细粉砂岩与粗粉砂岩互层，产植物 *Podozamites* sp.，*Cycadocarpidium* sp.	7.00 m
21. 灰色薄层细粉砂岩	6.00 m
20. 灰色细粉砂岩	5.00 m
19. 灰黑色粗粉砂岩夹细砂岩	18.00 m
18. 灰黑色风化后为灰黄色粗—中粒砂岩	6.00 m
17. 灰黑色薄层粗粉砂岩	9.00 m
16. 灰黑色薄层粗粉砂岩夹凸镜状含砾粗砂岩	6.00 m
15. 灰黑色薄层细粉砂岩	8.00 m
14. 灰绿色风化后呈褐黄、紫红色含砾粗砂岩，局部为细砾岩，夹凸镜状粉砂岩	10.00 m
下段	厚度109.00 m
13. 灰黑色薄层细砂岩夹粗粉砂岩，含少量植物化石碎片	6.00 m
12. 黑色薄层粉砂岩，具水平层理，含植物化石和动物化石	6.00 m
11. 粉状及块状无烟煤	12.00 m
10. 灰黑色薄层含砾细砂岩及粉砂岩	2.00 m
9. 灰色厚层砾岩，灰岩砾石占40%	5.00 m
8. 深灰色厚层砾岩，砾石成分复杂，以片岩为主，并含火山碎屑岩	6.00 m
7. 灰绿色风化后呈黄褐色、棕红色似层状、凸镜状火山角砾岩，凝灰质砂岩和泥岩	10.00 m
6. 黑色薄层碳质泥岩或细粉砂岩夹煤线	2.00 m
5. 灰黑色含细砾粗粉砂岩，含不完整叶肢介化石，常相变为砂岩	3.00 m
4. 灰色厚层砾岩夹粉砂岩或砂岩凸镜体，砾石成分以片岩为主	0～19.00 m
3. 块状无烟煤，相变为碳质泥岩及黑色粉砂岩夹煤线	0～27.00 m

2. 灰色厚层砾岩夹粉砂岩凸镜体，砾石成分以片岩为主，其次有灰岩、白云母花岗岩、石英闪长岩等　5.00 m

1. 灰色厚层砾岩，砾石成分随基底岩性而异　6.00 m

～～～～～～～～ 不 整 合 ～～～～～～～～

下伏地层：**林田组**　千枚岩

此外，据钱丽君等(1987)于1979年12月在邵武市晒口沿富屯溪西岸公路所测剖面(图4-4)，补充描述如下：

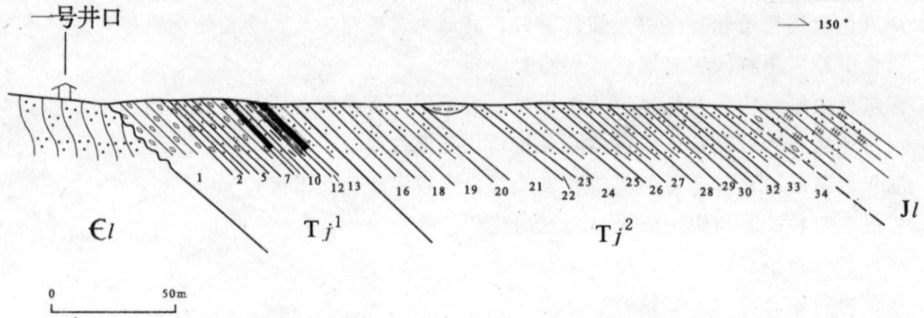

图4-4　邵武市晒口公路焦坑组剖面图

(据钱丽君等，1987)

上覆地层：**梨山组**　灰白色厚层石英砾岩

——————— 平行不整合 ———————

焦坑组　总厚度246.73 m

上段　厚度162.30 m

34. 深灰色细砂岩夹粗粉砂岩，具水平、波状、槽状层理　6.50 m
33. 深灰色粗粉砂岩，具水平层理　8.50 m
32. 灰黑色粗粉砂岩、中细粒砂岩互层，含铁质结核呈似层状分布。具水平层理　4.00 m
31. 灰黑色含砾粗砂岩，夹凸镜状粉砂岩，具收敛层理　2.20 m
30. 灰黑色粗粉砂岩与灰色中、细粒砂岩互层。粗粉砂岩具水平层理　4.00 m
29. 灰黑色中薄层致密粗粉砂岩与薄层具断续水平层理的细粉砂岩互层　6.00 m
28. 灰黑色致密薄层细粉砂岩，富含碳质　9.00 m
27. 灰黑色致密薄层粗粉砂岩与中厚层致密细砂岩互层　10.00 m
26. 灰黑色粗粉砂岩夹灰色薄层或凸镜状中、细粒砂岩　9.00 m
25. 灰黑色中薄层粗粉砂岩与黑色薄层细粉砂岩互层，夹凸镜状中细粒砂岩　6.00 m
24. 灰黑色粗砂岩与粗粉砂岩互层夹灰绿色片状泥岩，具条带状水平层理　8.00 m
23. 灰黑色薄层粗、细粉砂岩互层，夹不稳定薄层细砂岩　5.40 m
22. 灰黑色薄层细粉砂岩，具水平层理　3.70 m
21. 浮土掩盖　31.50 m
20. 灰色薄层细砂岩　5.00 m
19. 灰黑色薄层粗粉砂岩，夹薄层细砂岩，含黄铁矿结核　18.00 m
18. 灰色中—粗粒砂岩　6.00 m
17. 灰黑色薄层粗粉砂岩，具水平层理　3.30 m
16. 灰黑色中—薄层粗粉砂岩夹凸镜状粗砂岩和砂砾岩，具微波状层理　5.50 m

15. 灰黑色薄层细砂岩，富含碳质　7.70 m

14. 灰带微绿色粗砂岩，夹凸镜状粗粉砂岩和细砂岩，局部为细砾岩　3.00 m

下段　厚度 84.43 m

13. 黑色薄层粉砂岩，含多量凸镜状黄铁矿。靠近煤层顶板处为 0.61 m 的碳质泥岩。含植物化石　10.40 m

12. 煤层　2.22 m

11. 碳质泥岩和极薄层细砂岩及煤线　4.36 m

10. 碳质泥岩夹煤线　4.10 m

9. 深灰色厚层含砾砂岩。砾石以片岩为主，砾径小于 4 mm　1.10 m

8. 煤线　0.31 m

7. 深灰色厚层砾岩，硅、泥质胶结。为煤层底板，底部局部夹薄层细砂岩　12.00 m

6. 深灰色厚层石英粗砂岩　4.78 m

5. 深灰色厚层细砾岩，砾径一般 0.3～1 cm，个别大于 5 cm，泥质胶结　3.50 m

4. 灰色中厚层细砂岩，含碳质及黄铁矿结核。底部夹 30 cm 凝灰质泥岩　1.23 m

3. 深灰色石英细砂岩　4.48 m

2. 深灰色厚层细砾岩，砾径 0.2～3 cm，泥质胶结　2.76 m

1. 深灰色厚层砾岩，砾径一般 1～3 cm，最大 7 cm，泥硅质胶结　33.19 m

～～～～～～～～ 不 整 合 ～～～～～～～～

下伏地层：**林田组**　深灰色石英片岩

【地质特征及区域变化】　焦坑组分布于南平—顺昌—泰宁一线以北的闽西北地区，主要发育在邵武焦坑、晒口，崇安洋庄、下梅，浦城大路沿，建瓯梨山、上樟垄、官焙，光泽半山墪，泰宁大布等地，为构造凹陷带内的内陆山间盆地沉积。

焦坑组具下粗上细的沉积特征，下段下部属山麓堆积相，向上逐渐过渡为洪、冲积相及湖泊相沉积。岩性下部以厚—巨厚层复成分砾岩、角砾岩为主，有时相变为砂砾岩或含砾砂岩、石英砂岩等。局部地区夹中酸性火山碎屑岩及熔岩。砾岩、角砾岩的砾石成分随基底岩性而异，邵武晒口、焦坑、建瓯官焙等地多为变质岩，而建瓯上樟垄、梨山、浦城杉坊等地砾石成分以花岗岩、花岗斑岩、石英闪长岩等为主。底砾岩层厚度变化较大，一般为 20～30 m 左右，邵武焦坑、晒口矿区厚 20～60 m 不等。上部为灰色粉砂岩、碳质泥岩及煤层；上段以浅水湖泊相为主，夹河流、沼泽相沉积。岩性以灰黑色薄—中层粉砂岩、泥岩为主，夹细砂岩、含砾砂岩、火山碎屑岩及煤层。一般含煤 1～4 层，水平层理发育，含黄铁矿或菱铁矿结核。

焦坑组与闽西南的大坑村组、文宾山组虽都为陆相含煤碎屑沉积，但其岩性、岩相仍有差异。焦坑组属内陆山间盆地型沉积，沉积物一般较粗，砾岩中砾石分选、磨圆差，多具棱角，并伴有较强烈的火山喷发活动，岩性、岩相等特征明显。

由于沉积盆地基底岩性不同，以及受火山活动的影响，焦坑组各地岩性、厚度变化较大。建瓯上樟垄下段为巨厚层花岗质砾岩、长石石英砂岩夹细砂岩、粉砂岩、泥岩及煤层；上段为复成分砾岩、砂岩及粉砂岩，产植物 *Anthrophyopsis* sp.，*Amdrupia*? *cladophleboides*，*Glossophyllum*? *shensiensis*，*Pterophyllum aequale* 等，厚 606 m。崇安洋庄下段以砂岩为主，不含可采煤层；上段为砂岩及粉砂岩，含煤 7 层，可采 2 层，地层总厚度达 1 225 m。光泽半山墪本组下段除底部有 23 m 厚之花岗质砾岩外，全为安山质晶屑凝灰岩和熔岩；上段以凝灰质砂岩、粉砂岩、页岩为主夹煤层。产植物 *Anthrophyopsis* sp.，*Taeniopteris richthofeni*，*Neo-*

calamites carrerei 等。厚 403 m。此外，在浦城、崇安、邵武、建瓯、建阳等地，本组亦偶夹有安山质角砾岩、安山质凝灰岩、凝灰熔岩及凝灰质砂岩等，其厚度一般几米至几十米，呈层状、似层状出露。崇安下梅凝灰岩厚度达 113 m 之多，火山岩多见于本组下段。

焦坑组含植物化石，主要分子有 *Anthrophyopsis* sp.，*Goeppertella* sp.，*Cycadocarpidium erdmanni*，*Marattiopsis muensteri*，*Todites shensiensis*，*T. goeppertianus*，*Pterophyllum ptilum*，*P. aequale*，*Baiera guilhaumati* 等，其面貌与闽西南文宾山组相似，属 *Lepidopteris* - *Ptilozamites* 组合，但其属种繁盛程度不及文宾山组。时代属晚三叠世中晚期。

象牙群　J*X*　(06 - 35 - 0104)

【创名及原始定义】　陈天祥等(1960)① 所创，原称象牙组，并将永定坎市—湖雷一带晚三叠世—早侏罗世地层划分为确坑组、磨石组、石夹坑组、黄丁其组、瑞堂山组及象牙组。其中，象牙组原义为“泥岩，薄层状，有清晰之水平层理，内含植物化石 *Podozamites* sp.，*Cladophlebis* sp.，*Hausmannia leeiana*，*Clathropteris* sp. 等，并含丰富之动物化石 *Inoceramus* sp.，*Chlamys* sp.，*Modiolus* sp.，*Oxytoma* sp. 等。”

【沿革】　象牙组创名后引用者极少。福建区调队(1982)② 将永定堂堡下村一带出露的含大量中基性、中酸性火山岩和海相碎屑岩夹层的地层沿称象牙群，以代表闽西南地区早侏罗世与梨山组不同的另一沉积类型，并进一步划分成下、中、上三个亚群六个岩性段。其后，福建省地质矿产局(1985)按统一地层划分，仍将其归入梨山组。本次对比研究认为，象牙群岩性组合、岩相特征与梨山组差异明显，根据岩石地层单位划分原则，再次起用象牙群作为一个正式岩石地层单位，但其含义仅相当福建区调队(1982)所称“象牙群”之下、中亚群，原“象牙群”之上亚群岩性特征与漳平组相似，将其归入漳平组。

【现在定义】　为含中基性、中酸性火山岩及海陆交互相碎屑岩的沉积-火山岩系，包括下部以陆相碎屑沉积为主，后期夹有滨海相沉积的下村组和上部以中基性—中酸性火山岩为主夹滨海相—正常浅海相碎屑岩的藩坑组。其底与文宾山组呈平行不整合接触或超覆于其他老地层之上，其顶为漳平组平行不整合覆盖。

下村组　J*x*　(06 - 35 - 0105)

【创名及原始定义】　福建区调队(1982)③ 创名，命名地点在福建省永定县堂堡下村。后由曹宝森(1983)介绍。其原义为一套以陆相碎屑沉积为主，后期夹有滨海相沉积的碎屑岩系，厚度大于 680～1 455 m，依据岩性、岩相可划分为上、下两个岩性段。上段以细粒石英砂岩、粉砂岩为主，夹多层泥岩及含砾石英砂岩；下段为石英砂岩、杂砂质砂岩夹粉砂岩、细砂岩及含砾石英砂岩、砂砾岩等，与下伏文宾山组呈假整合接触。

【沿革】　下村组创名后引用者少，福建区调队(1982)②在修改后的正式区调报告中将其改称象牙群下亚群，福建省地质矿产局(1985)将此套地层归入梨山组。近年，福建区调队(1989)④、曹宝森等(1989)、福建区调队(1991)⑤ 相继采用下村组一名，划分标准基本一致。本书沿用。

---

① 陈天祥等，1960，福建永定坎市—湖雷一带侏罗纪煤系普查检查报告。
② 福建区调队，1982，1：5 万龙岩幅、适中幅、坎市幅区域地质调查报告。
③ 福建区调队，1982，1：5 万龙岩幅、适中幅、坎市幅区域地质调查报告(供审稿)。
④ 福建区调队，1989，福建省侏罗—白垩纪生物地层初步研究。专题调查研究报告，第 6 号。
⑤ 福建区调队，1991，1：5 万永定县幅、湖雷幅区域地质调查报告。

【现在定义】 为一套以陆相为主，夹有海相沉积的细碎屑岩系。其岩性下段以灰色石英砂岩、杂砂质砂岩为主，夹粉砂岩、细砂岩及含砾石英砂岩、砂砾岩等；上段以灰色细粒石英砂岩、粉砂岩为主，夹泥岩及含砾石英砂岩。底部为砾岩、砂砾岩与下伏文宾山组呈平行不整合接触，顶部为藩坑组沉凝灰岩、安山岩等火山岩喷发不整合覆盖。

【层型】 正层型为永定县堂堡下村剖面(116°50′,24°53′)(图4-1)，由福建区调队伍永昌等1981年测制(图4-5)，现分层描述如下：

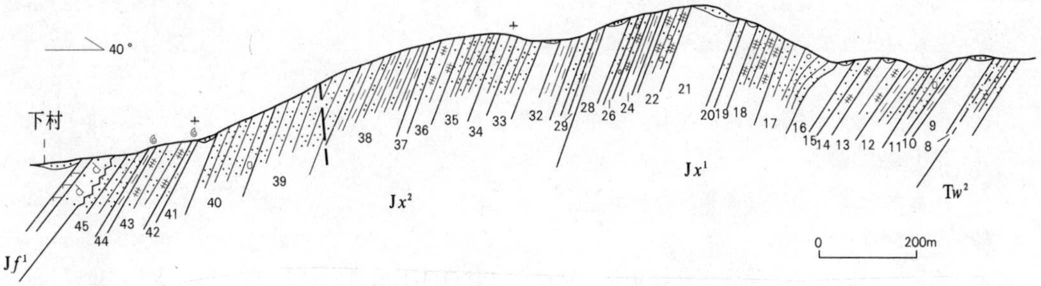

图4-5 永定县下村下村组实测剖面图

上覆地层：**藩坑组** 紫红色沉凝灰岩

～～～～～喷发不整合～～～～～

下村组 总厚度1 455.70 m

上段 厚度688.70 m

45. 浅灰色中层中粒石英砂岩 46.00 m
44. 灰黑色薄层泥岩夹粉砂岩，呈条带状，具水平层理，产少量双壳类及植物化石。双壳类 *Lilingella* sp.，*Modiolus* sp.，*Pleuromya* sp.，*Protocardia* sp.；植物 *Clathropteris meniscioides*，*Pterophyllum* sp.，*Taeniopteris* sp. 等 6.80 m
43. 浅灰色中层细粒杂砂质砂岩，细粒石英砂岩夹灰白色中厚层粗中粒石英砂岩，上部夹粉砂岩，局部可见微细水平层理及波状层理 71.20 m
42. 上部深灰色薄层粉砂岩，具微细水平层理。下部灰黑色中薄层泥岩，具水平层理，产双壳类及植物化石。双壳类 *Lilingella* sp.；植物 *Nilssonia* sp.，*N. acuminata*，*Otozamites* sp. 等 5.30 m
41. 浮土掩盖 35.70 m
40. 上部中粒石英砂岩，下部浅灰色中厚层粗中粒石英砂岩，底部浅灰色厚层含砾石英砂岩 66.20 m
39. 黄灰色中厚层细粒石英砂岩 103.10 m
38. 浅灰—灰色薄层粉砂质泥岩夹少量粉砂岩，具水平层理，含植物化石碎片 83.60 m
37. 灰白色中厚层细粒石英砂岩 16.90 m
36. 浅灰黄色中薄层细粒杂砂质砂岩，具水平层理 37.00 m
35. 灰白色中薄层细粒石英砂岩夹多层粉砂岩，水平层理发育 64.00 m
34. 灰白色薄层粉砂岩与细粒石英砂岩互层，底部夹石英砂岩，顶部夹深灰色薄层泥岩。粉砂岩中含泥质条带，具大型波状层理，产丰富的植物 *Pterophyllum aequale*，*Pseudoctenis* sp.，*Nilssonia linearis*，*N. compta*，*N. pterophylloides*，*Thinnfeldia* sp.，*Podozamites* sp.，*Anomozamites* sp.，*Cladophlebis* sp. 等 37.10 m
33. 浅灰色中薄层细粒石英砂岩夹多层深灰色薄层粉砂岩，具水平层理 46.80 m
32. 深灰色薄层泥岩，局部可见粉砂岩凸镜体，上部浮土掩盖 13.70 m

31. 浅灰色薄层粉砂岩夹薄层细粒石英砂岩，具水平层理　24.20 m

30. 浅灰色中厚层中粒石英砂岩，层理不显　10.10 m

29. 浅灰色薄层泥岩，具波状层理　21.00 m

下段　厚度 767.00 m

28. 浮土掩盖　62.50 m

27. 浅灰色中厚层粗中粒石英砂岩　13.70 m

26. 浅灰色中厚层石英砂砾岩　18.20 m

25. 浅灰色中厚层中粒杂砂质砂岩　15.50 m

24. 上部浮土掩盖，下部灰黑色薄层泥岩，具水平层理　31.40 m

23. 浮土掩盖　18.80 m

22. 浅灰色中厚层中粒杂砂质砂岩，下部夹一层石英细砾岩　53.60 m

21. 浮土掩盖　129.50 m

20. 浅灰色中薄层细砂岩夹灰白色粉砂岩　14.40 m

19. 浮土掩盖　23.00 m

18. 灰色中厚层细粒杂砂质砂岩，上部夹少量石英砂岩，下部偶见细小泥砾　49.70 m

17. 灰白色厚层中粒石英砂岩夹少量细砂岩，中部夹一层 1.5 m 的含砾石英砂岩，上部为粗中粒石英砂岩　113.20 m

16. 浮土掩盖　37.80 m

15. 灰白色厚层中粒石英砂岩　23.50 m

14. 灰白色中薄层细粒杂砂质砂岩　15.60 m

13. 上部浮土掩盖，下部浅灰色中粒杂砂质砂岩　26.10 m

12. 灰色薄层粉砂岩，顶部为灰色泥岩　33.50 m

11. 灰白色中厚层石英砂岩，下部夹含砾粗中粒石英砂岩，底部为一层浅灰色中厚层石英砂砾岩　26.80 m

10. 灰色薄层粉砂质泥岩　7.90 m

9. 浮土掩盖　41.00 m

8. 浅灰色厚—巨厚层石英砂砾岩，上部砾石变少、变小　11.30 m

——————— 平行不整合 ———————

下伏地层：**文宾山组**　灰白色中厚层细粒石英砂岩

【地质特征及区域变化】　下村组为闽西南早侏罗世海侵初期以陆相为主，夹海相层的细碎屑沉积。在永定、龙岩、武平、上杭、南靖、大田等地都有分布。各地岩性、岩相基本相似。海相与陆相沉积的砂砾岩、砂岩、粉砂岩和泥页岩常交替出现。自下而上，岩性由粗变细，构成一个完整的沉积旋回。永定象牙、武平下坝、圆峰等地沉积物粒度较细，底部为含砾粗砂岩，向上渐变为细砂岩和泥岩。各地厚度变化较大，永定堂堡一带厚度最大达 1 454 m，龙岩白石岐为 680 m。向东、向西厚度变薄，东部大田大才厚 483.3 m，西部武平圆峰仅401 m。

下村组所产化石以双壳类和植物为主，其中双壳类主要分子有 *Oxytoma* sp.，*Modiolus* sp.，*Mytilus* sp.，*Hiatella* sp.，*Pleuromya* sp. 等。植物化石则比较稀少，主要有 *Neocalamites* sp.，*Nilssonia* sp.，*Pterophyllum* sp.，*Clathropteris* sp.，*Cladophlebis* sp.，*Coniopteris* sp. 等。时代属早侏罗世。

藩坑组 Jf （06－35－0106）

【创名及原始定义】 藩坑组为福建区调队(1982)① 创名，后由曹宝森(1983)介绍。用以代表闽西南地区早侏罗世以中基性、中酸性火山岩为主，夹滨海、浅海相、间夹陆相沉积的火山-碎屑岩系。岩性上段为紫灰、深灰色安山岩、玄武岩夹粗玄岩及流纹质晶屑凝灰岩、凝灰质粉砂岩、粉砂岩、细砂岩等，其下与下段或下村组呈喷发不整合接触；下段下部深灰色粗玄岩、斜长流纹岩、安山质熔岩自碎角砾岩夹安山质含角砾岩屑凝灰岩，上部灰、深灰色薄层泥岩、粉砂岩夹安山岩，含大量的海相动物化石，其下与下村组呈喷发不整合接触。

【沿革】 藩坑组创名后极少引用。福建区调队(1982)② 在修改后的正式区调报告中又将其改称象牙群中亚群，福建省地质矿产局(1985)则将其归入梨山组。近年来藩坑组逐渐为地质工作者所采用。福建区调队(1989)③、曹宝森等(1989)均沿用藩坑组一名，福建区调队(1991)④ 将藩坑组进一步划分为下火山岩段、粉砂岩段和上火山岩段三个岩性段。

【现在定义】 以中基性、中酸性火山岩为主，夹滨海、浅海及陆相碎屑岩。岩性下段上部为灰色泥岩、粉砂岩夹安山岩，下部为粗玄岩、斜长流纹岩、凝灰岩等；上段为安山岩、玄武岩夹粗玄岩及流纹质晶屑凝灰岩、凝灰质粉砂岩。其底以沉凝灰岩、凝灰岩与下村组呈喷发不整合接触，其顶为漳平组平行不整合覆盖。

【层型】 正层型为永定县堂堡下村剖面(116°50′,24°52′)(图 4－1)，福建区调队伍永昌等于 1981 年实测(图 4－6)，现分层描述如下：

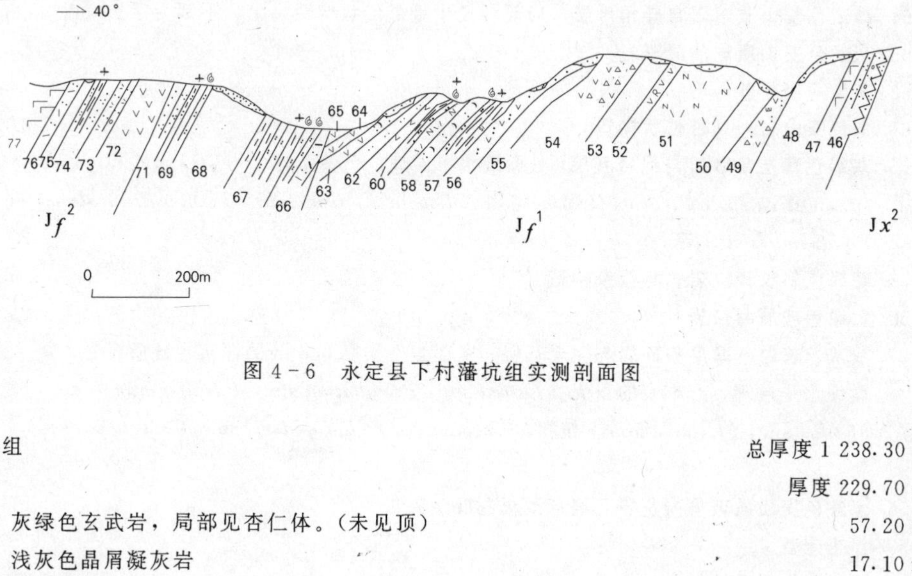

图 4－6 永定县下村藩坑组实测剖面图

藩坑组	总厚度 1 238.30 m
上段	厚度 229.70 m
77. 灰绿色玄武岩，局部见杏仁体。(未见顶)	57.20 m
76. 浅灰色晶屑凝灰岩	17.10 m
75. 浮土掩盖	19.60 m
74. 浅灰色中薄层石英砂岩、细砂岩夹多层浅灰—灰黑色薄层泥岩、粉砂岩，产植物 *Nilssonia* sp.，*Podozamites* sp.，*Cladophlebis* sp.，*Carpolithus* sp. 等	39.70 m

73. 上部深灰色含铁质玻屑凝灰岩，中部紫灰色流纹质含角砾凝灰岩，下部灰—灰紫色

① 福建区调队，1982，1∶5 万龙岩幅、适中幅、坎市幅区域地质调查报告(供审稿)。
② 福建区调队，1982，1∶5 万龙岩幅、适中幅、坎市幅区域地质调查报告。
③ 福建区调队，1989，福建省侏罗—白垩纪生物地层初步研究。专题调查研究报告，第 6 号。
④ 福建区调队，1991，1∶5 万永定县幅、湖雷幅区域地质调查报告。

角砾凝灰岩 32.80 m

72. 灰黄色安山岩 63.30 m

WWWWWWW 喷发不整合 WWWWWWW

下段 厚度 1 008.60 m

71. 浅灰色中厚层中细粒石英砂岩 48.20 m

70. 灰黑色中—薄层泥质粉砂岩，底部夹少量灰白色凝灰岩，局部含煤线，产植物 *Ginkgoites* sp.，*Nilssonia* sp.，*Cladophlebis* sp.，*Carpolithus* sp. 等 12.30 m

69. 上部浅灰色流纹质角砾凝灰岩，中部浮土掩盖，下部绿灰色中薄层粉砂岩，产动物化石 *Hiatella* sp. 23.50 m

68. 浮土掩盖 111.40 m

67. 浅灰色中薄层粉砂岩、泥岩夹少量石英细砂岩，水平层理发育，产菊石 *Arietites* sp.；双壳类 *Ostrea* sp.，*Mytilus* sp.，*Camptonectes*(*Hunanonectes*)sp.；植物 *Nilssonia* sp. 等 82.90 m

66. 上部浅灰—灰白色中薄层凝灰质粉砂岩，产丰富的菊石 *Coroniceras* sp.；双壳类 *Plagiostoma xiaoshuiense*，*Mytilus* sp.，*M. lamellosus*，*Camptonectes*(*Hunanonectes*) sp.，*Oxytoma* sp.，*O. bifurcata*，*Parainoceramus* sp.，*Plicatula* sp.，*Astarte quijiangensis*，*A.* cf. *voltzii*，*A. delicata*，*Retroceramus heyuanensis*，*Pseudolimea* sp. 及螺、腕足类、海百合茎等，中部灰黑色中薄层粉砂岩夹少量粉砂质泥岩，水平层理发育，产双壳类 *Ostrea* sp.，*Modiolus* sp.；植物 *Neocalamites* sp. 等，底部为深灰色晶屑凝灰岩 26.60 m

65. 灰黄色安山岩，顶部为安山质火山角砾熔岩 24.70 m

64. 绿灰色安山质熔岩自碎角砾岩，局部可见少量杏仁状构造，上、下部为浮土掩盖 8.90 m

63. 灰黄色安山质玻屑凝灰岩 10.80 m

62. 灰色薄层粉砂岩 7.80 m

61. 灰色安山岩，具杏仁状构造 27.80 m

60. 灰绿色薄层粉砂岩与泥岩互层，具微细水平层理，产双壳类 *Gervillia* sp.，*Oxytoma* sp.，*Ostrea* sp.，*Pleuromya* sp.；植物 *Nilssonia* cf. *orientalis*，*Todites denticulata*，*Podozamites* sp. 等 22.20 m

59. 黄绿色斜长流纹岩，具流纹构造 6.30 m

58. 黄绿色玻屑凝灰岩 25.90 m

57. 浅灰、灰白色薄层粉砂岩与泥岩互层。底部为一层厚 0.3 m 的深灰色硅质泥岩，具微细水平层理，产丰富的双壳类 *Ostrea* sp.，*Pseudolima* sp.，*Parainoceramus* sp.，*Mytilus* sp.，*M. lamellosus*；植物 *Ginkgoites* sp.，*Cladophlebis* sp.，*Carpolithus* sp. 等 20.50 m

56. 土红色安山质玻屑凝灰岩，底部浅灰色沉凝灰岩 57.10 m

55. 浮土掩盖 25.40 m

54. 土红色安山质熔岩自碎角砾岩 70.30 m

53. 浮土掩盖 38.70 m

52. 紫红色熔结角砾岩 15.90 m

51. 黄绿色斜长流纹岩，具流动构造。中部浮土掩盖 138.30 m

50. 土红色粘土掩盖 37.10 m

49. 灰色安山质角砾凝灰岩 22.20 m

48. 土红色粘土掩盖 88.40 m

47. 深灰色粗玄岩，底部为一层厚约 8 m 的土红色英安质角砾凝灰岩 48.00 m

46. 紫红色沉凝灰岩，顶部浅灰色中层石英砂岩 7.40 m

WWWWWWW 喷发不整合 WWWWWWW

下伏地层：**下村组** 浅灰色中层中粒石英砂岩

正层型剖面藩坑组上段发育不全，副层型为永定县藩坑剖面(116°47′,24°50′)(图 4-1)，由福建区调队傅福星等于 1981 年测制(图 4-7)，补充描述如下：

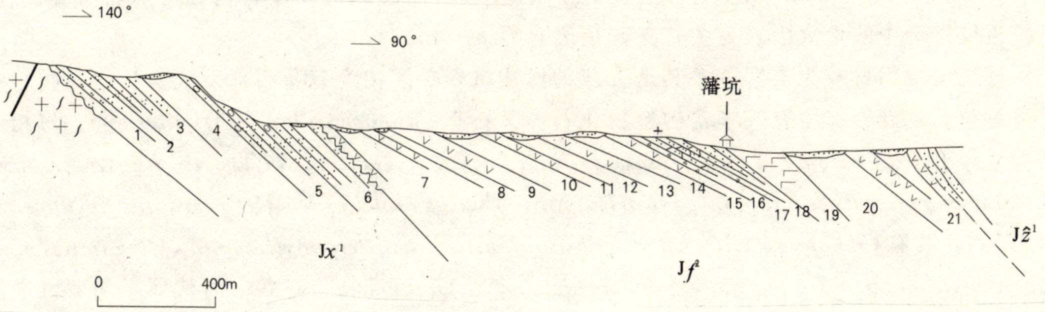

图 4-7 永定县藩坑藩坑组实测剖面图

上覆地层：**漳平组** 紫灰、紫红色中厚层凝灰质砂岩

——————— 平行不整合 ———————

藩坑组 总厚度 1 085.50 m

上段 厚度 1085.50 m

21. 深灰色安山岩，具杏仁构造，中部为浮土掩盖 168.30 m
20. 浮土掩盖 130.10 m
19. 深灰色玄武岩，具杏仁构造 138.30 m
18. 上部为灰黄色厚层凝灰质砂岩，中部浅灰一灰黄色中厚层细粒石英砂岩，下部浅灰色厚层细粒长石石英砂岩 109.80 m
17. 灰白、灰黑色薄层粉砂岩，产植物 *Taeniopteris* sp.，*Nilssonia* sp.，*N. orientalis*，*N. acuminata*，*Anthrophyopsis* sp.，*A. crassinervis*；双壳类 *Parainoceramus* sp. 等 19.40 m
16. 紫灰色流纹质晶屑凝灰岩，下部夹紫灰色火山角砾岩 85.50 m
15. 上部为深灰、灰绿色玄武岩，中部灰、灰紫色英安岩，下部深灰色粗玄岩 44.30 m
14. 浮土掩盖 68.60 m
13. 深灰色安山岩，上部具杏仁状构造，下部具硅化 29.00 m
12. 浮土掩盖 50.60 m
11. 深灰色安山岩 21.10 m
10. 浮土掩盖 59.00 m
9. 强烈蚀变安山岩 50.10 m
8. 浮土掩盖 27.60 m
7. 深灰色绿泥石、绿帘石化安山岩，中部浮土掩盖 83.80 m

WWWWWWW 喷发不整合 WWWWWWW

下伏地层：**下村组** 浅灰色中一厚层石英细砂岩、粗粒石英砂岩

【地质特征及区域变化】 藩坑组主要分布在闽西南的永定、龙岩一带，在永定下村、藩坑、象牙、五湖、龙岩上溪柄等地出露较完整，并向西南延入广东。由于火山活动强弱不一，火山物质的多样性，各地出露的岩性及厚度变化较大，岩石类型较复杂。永定下村、藩坑一带藩坑组下段下部为深灰色粗玄岩、斜长流纹岩、安山质熔岩自碎角砾岩，上部为灰、深灰色薄层泥岩、粉砂岩夹安山岩；上段为深灰色安山岩、玄武岩，中部夹粗玄岩及流纹质晶屑凝灰岩、凝灰质粉砂岩、粉砂岩、细砂岩等，厚度 1 085.5～1 283.3 m；永定五湖下段为灰色凝灰质泥岩、泥质粉砂岩、细砂岩、杂砂岩等。上段为灰色沉凝灰岩、凝灰岩、流纹岩及安山岩等。总厚度 2 396.6 m；龙岩上溪柄仅出露下段，岩性以英安质含角砾岩屑晶屑凝灰岩、斜长流纹岩等中酸性火山岩为主，夹碎屑岩。厚 870 m。

藩坑组生物群较为丰富，尤其是下段的海相沉积夹层中产有菊石、双壳类、腹足类、腕足类等化石。此外亦含有较丰富的植物化石。菊石有 *Coroniceras* sp.，*Arietites* sp.。海相双壳类主要有 *Plagiostoma xiaoshuiense*，*Cardinia hennoghi*，*Oxytoma bifurcata*，*Parainoceramus* cf. *matsumotoi*，*Plicatula* sp.，*Hiatella* sp.，*Mytilus lamellosus*，*Retroceramus heyuanensis* 等。植物主要有 *Coniopteris* sp.，*Phoenicopsis angustifolia*，*Pterophyllum* sp.，*Otozamites* sp.，*Dictyophyllum* sp.，*Baiera* sp.，*Sphenobaiera* sp.，*Ginkgoites* sp. 等。时代属早侏罗世辛涅缪尔期。

梨山组 *Jl* （06-35-0107）

【创名及原始定义】 梨山组一名源于“梨山煤系”，由王恒升、李春昱(1930)在闽北地质调查时所创，命名地点位于建瓯县梨山煤矿。原含义指“建瓯梨山，该地层中夹无烟煤，可资开采，因称之梨山煤系。岩性以白砂岩、淡棕粗砂岩为主，间夹黑灰色页岩，煤层位于页岩与砂岩之间，其被火成岩所侵入部分，有变质为晶质片岩者，页岩砂岩中间有植物化石属侏罗纪，总厚约一千多米。”

【沿革】 福建省 301 地质队(1963)① 在邵武煤矿焦坑及晒口矿区勘探时，将矿区含煤地层统称梨山群，时代归早侏罗世，并进一步划分为下部焦坑组、上部葛仙组。福建省 303 地质队(1964)② 在漳平煤矿大坑矿区将含煤地层划分为上三叠统大坑组、文宾山组，下侏罗统桂林组，中侏罗统西园组。福建区测队(1965)将梨山煤系下部含晚三叠世化石的地层分出归大坑组，其上部属早侏罗世的地层称为梨山群，分为上、下两段，并修定其含义为：梨山群为陆相山间盆地沉积，呈(假)整合覆于大坑组之上，或不整合覆于其他老地层之上。按岩性可分为两个岩性段，上段为泥质粉砂岩、碳质页岩夹石英细砂岩，局部含煤线，厚 64～919 m；下段为长石石英粗砂岩、砂砾岩，厚 193～837 m。但在其后亦有将晚三叠世—早侏罗世地层统称梨山群者；1974 年福建区测队(1974a)始将早侏罗世地层改称梨山组。此后，梨山组作为一个地层单位被省内外广为引用，以代表早侏罗世陆相盆地碎屑沉积。

【现在定义】 为内陆盆地碎屑沉积，岩性下段为灰白、黄白色砂岩、复成分砂砾岩夹灰色粉砂岩；上段为灰黑、浅灰色粉砂岩、泥岩、细砂岩，局部夹煤线或中基性火山岩。其底以厚层复成分砂砾岩与下伏文宾山组平行不整合接触，其顶为漳平组紫红色粉砂岩、细砂岩整合覆盖。

【层型】 王恒升等(1930)创梨山煤系时未指定标准剖面(层型)，现以福建区调队李根坤

---

① 福建省 301 地质队，1963，福建邵武煤矿焦坑及晒口井田最终地质勘探报告。
② 福建省 303 地质队，1964，福建漳平大坑煤矿大坑井田地质勘探最终报告。

等于 1962 年在漳平市高明坑一带所测剖面(图 4-8)为梨山组选层型。该剖面位于漳平市西南约 5 km(117°24′,25°54′)(图 4-1)，现分层描述如下：

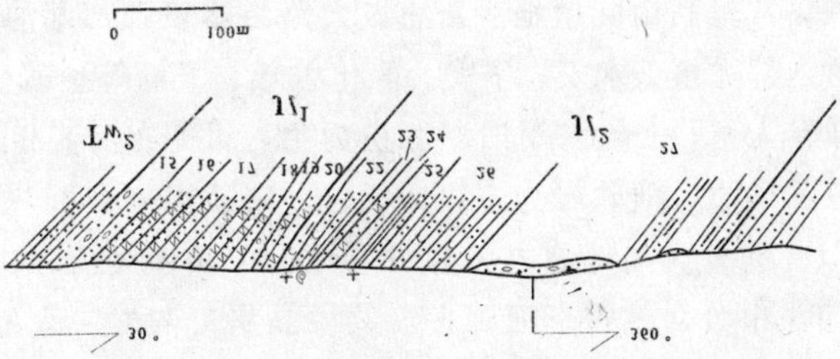

图 4-8 漳平市高明坑梨山组实测剖面图

上覆地层：**漳平组** 紫红、紫灰色厚层粉砂岩，底部为黄色厚层细砂岩

——————— 整 合 ———————

梨山组	总厚度 599.40 m
上段	厚度 336.90 m
27. 黄绿带白色厚层泥质粉砂岩，中部为浮土掩盖	194.40 m
26. 黄绿色粉砂岩，夹灰黑色含碳质粉砂岩及细砂岩	36.40 m
25. 灰绿色厚层粉砂岩夹灰色泥岩，产植物 *Equisetites* sp.，*Coniopteris tatungensis*，*Podozamites lanceolatus*，*Cladophlebis* cf. *haiburensis*，*Taeniopteris vittata*，*Neocalamites* sp.	29.60 m
24. 黄色巨厚层长石石英砂岩	13.60 m
23. 黄色厚层细砂岩	6.60 m
22. 灰绿及黑色斑点状薄层含碳质粉砂岩、泥岩，产植物 *Cladophlebis* sp.，*C.* cf. *haiburensis*，*C. raciborskii*，*Neocalamites*? sp.，*Podozamites* sp.，*Sagenopteris* sp.，*Equisetites* sp.，*Desmiophyllum* sp.；双壳类 *Ferganoconcha* sp.，(*Sibireconcha*?)，*Kija*? sp.	45.50 m
21. 灰黑色薄层含碳质砂质泥岩，水平微层理发育	10.80 m
下段	厚度 262.50 m
20. 灰白、灰黄色含长石石英细砂岩	28.50 m
19. 灰白、灰黑色薄层粉砂岩夹砂岩凸镜体，含植物化石碎片	12.40 m
18. 黄灰、灰白色厚层长石石英砂岩	92.10 m
17. 黄色厚—中厚层长石石英砂岩，夹灰白色泥质粉砂岩	50.40 m
16. 黄白色厚—巨厚层长石石英砂岩	51.80 m
15. 灰白色巨厚层石英砂砾岩，砾石成分主要为石英，砾径 0.5～2.5 cm，分选差，半滚圆状，含量约 20%，胶结物为硅质	27.30 m

——————— 平行不整合 ———————

下伏地层：**文宾山组** 黄色粉砂岩、细砂岩

【地质特征及区域变化】 梨山组分布范围较广，主要出露于闽西地层小区崇安、邵武、建瓯、南平、浦城、将乐、清流、尤溪、大田、漳平、华安、南靖等地，在闽东地层小区亦有零星出露。为继文宾山组、焦坑组之后的内陆盆地沉积。各地岩性基本相似，可相互对比。梨山组下段为粗碎屑岩，上段为细碎屑岩，自下而上构成一个由粗—细的沉积旋回。下段以

河流相沉积为主，夹有湖泊相及少量泥炭沼泽相沉积，与下伏文宾山组、焦坑组呈整合或平行不整合接触，或直接超覆于其他老地层之上。岩性主要为灰白、黄白色中厚层中粗粒石英砂岩、石英砂砾岩及砾岩，夹细砂岩、粉砂岩及碳质泥岩。向上粉砂岩、泥岩夹层增多。由于含硅质较高，岩性坚硬，常呈高山陡壁地貌。浦城大路沿本段顶部湖泊相较发育，粉砂岩、泥岩较多，岩性较细，而东部尤溪、永安、华安、德化曾坂、上涌等地岩性较粗，砂砾岩、砾岩增多，或以砾岩、砂砾岩为主；上段以湖泊相沉积为主，间夹有河流相及泥炭沼泽相沉积，岩性以灰、浅灰、深灰色粉砂岩、细砂岩为主，夹泥岩、碳质泥岩及凝灰质粉砂岩、煤线等，各地岩性、岩相基本相似。此外，局部地方夹有中基性、中酸性火山岩，如建瓯白源、房村口等地夹有凝灰岩，平和头市公、云霄下河则夹流纹质晶屑凝灰岩、含角砾凝灰岩等。由于受沉积环境和沉积速率的影响，各地厚度变化颇大，自 220～1 736 m 不等。总体而言，闽北沉积厚度较大(邵武晒口 474.2 m，建瓯前岚 755.4 m，崇安洋庄 883.0 m，浦城大路沿 868.0 m)，闽西南稍薄(漳平高明坑 599.4 m，长汀 444.5 m)。

本组含煤性较差，多为煤线。下段多不含煤，仅在崇安葛仙见煤层(线)2～3 层，其中一层接近可采；上段多含煤线，崇安葛仙、建阳后塘、泰宁龙安、南平大横等地均见局部可采煤层。

梨山组所产生物化石有植物、双壳类等，并以植物为主。各地所产植物面貌大同小异，仅数量丰盛程度不同，属 *Coniopteris* - *Phoenicopsis* 组合，常见分子有 *Equisetites ferganensis*，*Todites denticulata*，*Coniopteris hymenophylloides*，*C. tatungensis*，*Podozamites lanceolatus*，*Cladophlebis* sp.，*Phoenicopsis* sp. 等。双壳类主要为 *Sibireconcha* sp.，*Pseudocardinia* sp.。时代属早侏罗世。

漳平组 Jẑ (06-35-0108)

【创名及原始定义】 福建区测队(1965)命名，命名地点位于漳平市城郊。该队在开展 1∶20 万永安幅区调时，将梨山煤系上部含中侏罗世淡水双壳类及少量植物化石，岩性以紫红色为主的杂色碎屑岩单独划出称之漳平群。原义系指梨山群之继承性盆地沉积，整合覆于梨山群之上，不整合于晚侏罗世火山岩系之下，以淡水瓣鳃类 *Tutuella* - *Pseudocardinia* 动物群大量出现的一套细碎屑沉积，岩性以紫红色为主的杂色砂页岩，厚度达 1 000 m 以上。

【沿革】 漳平群创名后在省内外被广泛引用，以代表中侏罗世陆相盆地杂色碎屑沉积。1977 年，福建区测队(1977b)改漳平群为漳平组后，沿用至今，划分标准基本一致。

【现在定义】 为内陆盆地杂色细碎屑沉积。岩性下段为以紫红色为主的杂色细砂岩、粉砂岩、泥页岩；上段为黄、灰、浅紫等杂色砂岩、粉砂岩夹含砾杂砂岩，偶夹凝灰质粉砂岩、凝灰岩等。其底以紫红色粉砂岩与梨山组整合接触，上未见顶。

【层型】 正层型为漳平市城郊剖面(117°24′，25°16′)(图 4-1)，由李根坤等于 1962 年测制(图 4-9)，现分层描述如下：

漳平组	总厚度 1 356.60 m
上段	厚度 521.20 m
24. 风化后土黄色中薄层石英砂岩，层面平整，顶部花岗斑岩侵入。(未见顶)	>11.20 m
23. 中上部为紫红、灰绿等色薄层泥岩，下部为中薄层粉砂岩，产植物 *Podozamites* sp.，*Equisetites* sp.，*Coniopteris* sp.；双壳类 *Pseudocardinia submagna*	106.90 m
22. 风化后呈土黄色中厚层中细粒石英砂岩	21.90 m

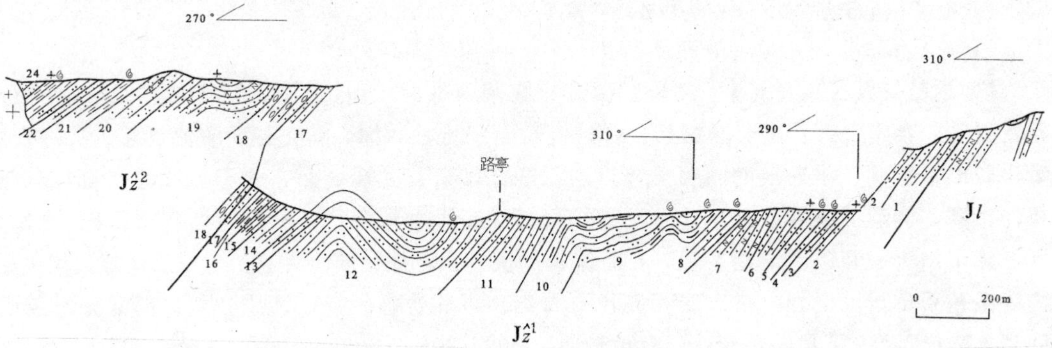

图 4－9　漳平市城郊漳平组实测剖面图

21. 上部为紫红、灰绿色中—厚层砂岩、粉砂岩，下部为薄层泥岩，层理清楚，局部微层理发育，产双壳类 *Tutuella* sp.，*T.* cf. *rotunda* 95.30 m

20. 灰色厚层中粒石英砂岩，顶部夹有粉砂岩凸镜体 67.30 m

19. 灰色厚层细粒石英砂岩，夹中粒长石石英砂岩，产植物 *Otozamites* sp.，*Coniopteris* sp.，*Ptilophyllum pecten*，*Podozamites* sp.，*Carpolithus* sp. 79.80 m

18. 灰色厚层含砾粗砂岩 138.80 m

下段 厚度835.40 m

17. 灰绿、紫红色厚层粉砂岩 37.20 m

16. 灰绿色，风化后呈红黄色、灰白色厚层含砂泥岩 43.80 m

15. 黄、紫灰色厚层细砂岩夹紫红色泥岩 58.20 m

14. 紫灰色中薄层粉砂岩夹灰黄色厚层细砂岩 57.20 m

13. 黄绿色中—厚层砂岩与紫红色中—薄层粉砂岩互层，产双壳类 *Tutuella rotunda*，*Kija*? sp. 等 36.60 m

12. 紫、紫灰色厚层粉砂岩夹黄白色厚层细砂岩 97.40 m

11. 上部为紫红色中—薄层粉砂岩，下部为黄白色厚层细砂岩 101.40 m

10. 黄白色厚层细砂岩，上部夹紫灰色薄层泥岩 25.80 m

9. 紫红、灰白色薄—厚层粉砂岩、泥岩夹黄白色中—厚层细砂岩，产双壳类 *Tutuella* ex gr. *crassa* 41.30 m

8. 黄色厚层细砂岩夹灰白、紫红色薄层粉砂岩，产双壳类 *Ferganoconcha* aff. *jorekensis*，*Tutuella iraidae* 等 27.80 m

7. 黄色厚层长石细砂岩与紫红、灰绿色中—薄层粉砂岩互层 52.70 m

6. 紫灰、灰绿色中厚层粉砂岩夹黄色厚层细砂岩 109.00 m

5. 黄色中厚层细砂岩与紫灰色中—薄层粉砂岩互层，产双壳类 *Kija* sp.，"*Unio*" sp. (cf. "*Unio*" *jenissejensis*)；植物 *Clathropteris* sp.，*Coniopteris* cf. *hymenophylloides* 16.80 m

4. 紫灰色中厚层粉砂岩、细砂岩，产双壳类 *Tutuella* ex gr. *iraidae*，*Ferganoconcha* aff. *jorekensis*，"*Cyrena*" *karaldingensis*，*Kija* cf. *tjazhinensis* 22.60 m

3. 灰白、黄白色厚层细砂岩夹紫红色、灰绿色中厚层粉砂岩 34.80 m

2. 紫、灰绿色中厚层粉砂岩夹黄白色厚层细砂岩及灰黑色薄层碳质泥岩，产双壳类 *Tutuella iraidae*，*T.* ex gr. *rotunda*，*Ferganoconcha* cf. *jorekensis*；植物 *Neocalamites* sp. 29.50 m

1. 紫灰、灰绿等色杂色厚层粉砂岩，上部夹细砂岩 43.30 m

———————— 整　合 ————————

下伏地层：**梨山组**　灰、灰白色粉砂岩夹厚层长石石英砂岩

【地质特征及区域变化】　漳平组多分布在闽西地层小区，主要出露于浦城天空岭、园盘、邵武龙斗、泰宁大布、建宁谢家第、将乐高塘、宁化甘木潭、新先排、清流嵩溪、长汀余坊、黄馆、漳平城郊、永安城南、明溪梓口坊、沙县富口、尤溪街面、永春苏坑等。常与梨山组相伴出露，为梨山组的继承性盆地沉积，局部为新生盆地沉积，分布范围较梨山组为广。

漳平组为一套以湖泊相为主、夹河流相的沉积，岩性主要为紫红、紫灰、灰绿、灰黑、黄白等杂色粉砂岩、泥岩、细砂岩，夹长石石英砂岩、含砾砂岩、钙质砂岩，局部夹凝灰质粉砂岩、凝灰岩等。下段岩性较细，上段较粗。厚度130～2 500 m不等，一般为600～1 000 m，其下与梨山组呈整合接触，或超覆于其他老地层之上。各地岩性基本相似，大致可以对比。邵武龙斗以杂色砂砾岩、砂岩为主，夹粉砂岩、泥岩，产双壳类 *Tutuella rotunda*，*T. chachlovi*；植物 *Equisetites* sp. 等。长汀、建宁一带岩性较粗，下段以紫红及杂色粉砂岩为主，夹砂岩、长石石英砂岩及砂砾岩等；上段为紫红、灰绿色粉砂岩夹长石石英砂岩。建宁一带常含钙质或钙质结核。浦城天空岭、李村等地岩性亦较粗，砂岩、砂砾岩夹层多，并含凝灰岩、凝灰质粉砂岩夹层。产双壳类 *Pseudocardinia* sp. 及植物 *Equisetites* cf. *lateralis*，*Todites* sp. 等。将乐高塘下段为灰黄、黄褐、灰绿色砂岩、长石砂岩与紫红、灰绿色粉砂岩、泥岩互层。上段以灰黄、灰白色石英砂砾岩、含砾长石石英砂岩为主，夹紫红色粉砂岩，最大厚度达2 500 m。此外，局部地区还夹有煤线，宁化甘木潭夹一层凸镜状烟煤，清流嵩溪下段亦夹有煤线。

漳平组所产化石以双壳类为主，属 *Tutuella*-*Pseudocardinia* 动物群。主要分子有 *Tutuella chachlovi*，*T. trapetzoidalis*，*T. rotunda*，*T. iraidae*，*Pseudocardinia elliptica*，*P. elongatiformis*，*P. busimensis*，*P. minuta*，*P. hupehensis*，*P. sibirensis*，*P. nuculaeformis*，*P. ventricosa*，*Ferganoconcha* sp. 等。此外，还产有少量植物 *Podozamites* sp.，*Otozamites* sp.，*Coniopteris hymenophylloides*，*Cladophlebis* sp. 等。时代属中侏罗世。

兜岭群　*JD*　(06-35-0109)

【创名及原始定义】　由侯德封等于1935年创立。意指龙岩之南、兜岭之上火山岩颇发达，有流纹岩、凝灰岩、安山岩等而命名兜岭火山岩系，时代归属白垩纪上部，并认为该火山岩系在闽南大部为流纹岩、凝灰岩及石英斑岩等，漳平基泰附近见流纹岩夹于红砂岩内，呈肉红色或灰绿色。

【沿革】　1961年福建省地质研究所在调查全省中生代火山岩的专题报告中，改兜岭火山岩系为兜岭群。并自下而上划分为园盘组、双溪组、下漈组、尚干组，时代归属晚侏罗世。其后，福建区测队(1965、1966a)、福建省713队(1972)相继沿用兜岭群一名，但进一步划分详细程度各不相同，时代均置于晚侏罗世。1977年1∶20万龙岩幅区调后，认为创名地点龙岩市适中乡并无"兜岭"一名，其后在省内多改称长林组及南园组。本次对比研究核查闽西下渡组火山岩剖面时，证实当年侯德封所称"兜岭"一词实为适中乡东南"倒岭头"(现称坂寮岭)闽南方言之误，该处发育的火山岩与下渡组层型剖面基本可以对比。故仍称兜岭群，代表闽西南地区晚侏罗世火山沉积岩系。

【现在定义】　为福建西部一套岩性复杂的陆相沉积-火山喷发岩系。包括下部园盘组紫红、灰白色凝灰质砂砾岩、砂岩夹粉砂质泥岩，上部下渡组主要为紫红、灰绿色流纹斑岩、流

纹岩、凝灰熔岩及火山碎屑岩，偶夹安山岩及凝灰质砂页岩。与下伏漳平组及其更老地层呈明显不整合接触，其上为坂头组凝灰质砂砾岩平行不整合所覆。

园盘组 Jy (06-35-0110)

【创名及原始定义】 由福建省地质研究所火山岩专题队(1961)①根据浦城县富岭乡园盘(现称员盘)附近高山咀—大澳一带4条路线观察所创。其岩性为淡紫、粉红、灰白色凝灰质砂岩、粉砂岩夹砾岩，上部夹碳质页岩及灰岩凸镜体，下部夹英安质或流纹质凝灰岩。其上被火山岩覆盖，其下与梨山组不整合接触，归属晚侏罗世兜岭群最下部层位。

【沿革】 园盘组创名后在省内外从未有人引用，福建区测队1:20万永安幅(1965)、三明幅(1966)、光泽幅(1972)与此相当地层皆称兜岭群下亚群或下亚群第一段，尔后，福建省区域地层表编写组(1979)、福建省地质矿产局(1985)将闽西与园盘组岩性及层位相当的地层统称长林组。本次对比研究认为，园盘组的创建符合岩石地层单位要求，岩性及层位关系明确，故建议使用。

【现在定义】 系指下渡组火山岩喷发不整合之下的一套陆相紫红、灰白色凝灰质砂砾岩、砂岩夹粉砂质泥岩，局部夹碳质页岩、泥灰岩及流纹质或英安质凝灰岩。与下伏漳平组及其他更老地层呈明显不整合接触。

【层型】 园盘组创名时未指明标准剖面，选层型为永安市槐南乡之北大龙蓬—荆山实测剖面(117°43′,26°01′)(图4-1)。该剖面系1961年福建区调队李希敏等在1:20万三明幅区调时实测(图4-10)，现分层描述如下：

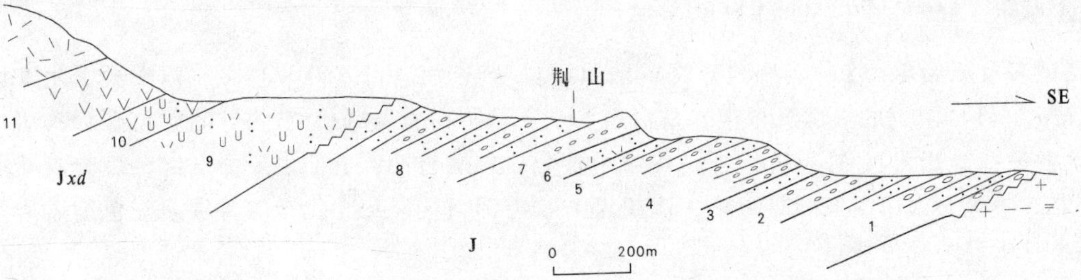

图4-10 永安市大龙蓬—荆山园盘组实测剖面图

上覆地层：**下渡组** 紫灰色流纹质凝灰熔岩，风化后呈灰黄绿色或红色

WWWWWWW 喷发不整合 WWWWWWW

园盘组 总厚度 903.40 m

8. 紫红、砖红色厚层凝灰质细砂岩夹砾岩、含砾粉砂岩，局部夹粉砂岩，含可疑动物化石 221.60 m
7. 紫红色厚层砾岩夹薄层砂岩、粉砂岩 48.40 m
6. 紫灰、灰绿色岩屑、晶屑凝灰岩，厚层块状，易风化松散 56.60 m
5. 紫红色中厚层细砂岩与含砾砂岩互层夹砾岩，层面上常具铁膜，含可疑植物化石 23.90 m
4. 紫红色、部分为浅黄绿色中厚层砾岩、砂砾岩夹少量紫红色细砂岩及中粗粒砂岩，砾石偶见白云母化黑云母花岗岩 189.90 m
3. 紫红色中厚层凝灰质细砂岩夹薄层粉砂岩，偶夹薄层细砾岩，后者含可疑动物化石 54.90 m

① 福建省地质研究所火山岩专题队，1961，福建省兜岭火山岩地质专题报告。

2. 紫红色厚层砾岩，间夹中粗粒长石石英砂岩及紫红色细砂岩，砾岩中砾石成分复杂，偶见白云母化黑云母花岗岩砾石，大小 2～5 cm，次圆形，分选差，含量 20%～25% 139.40 m

1. 紫红、浅灰绿色泥质细砂岩夹薄层粉砂岩，厚层含砾粗砂岩及砾岩，成层不明显，粉砂岩呈薄层、凸镜体状，砾岩中见灰岩及白云母化黑云母花岗岩砾石 168.70 m

～～～～～～～ 不 整 合 ～～～～～～～

下伏：**印支期花岗岩**　灰白色白云母化中粗粒二云母花岗岩

【地质特征及区域变化】　园盘组为晚侏罗世大规模火山喷发前期的大陆裂陷盆地沉积，分布于福建西部，其东以政和-大埔断裂为界，区内出露零星，由一套紫红色为主的碎屑岩和火山碎屑沉积岩组成，古生物化石稀少，光泽谢家坪、崇安月积坑及沙县湖源等地产植物 *Cladophlebis exiliformis*, *Elatocladus* sp., *Cupressinocladus elegans*, *Pagiophyllum* sp., *Sphenobaiera* sp., *Ptiophyllum* sp.，硅化木；叶肢介 *Yanjiestheria* cf. *sinensis*, *Brachygrapta* sp.；双壳类 *Ferganoconcha* sp. 等。时代属晚侏罗世早期。各沉积盆地岩性及厚度变化较大，随盆地沉积环境而异，闽西南以紫红色岩层居多，闽西北夹较多灰黑色岩层及泥灰岩，地层厚度自数十米至千余米不等，崇安月积坑最大厚度达 1 355.4 m，向北延入浙西可与劳村组对比。

园盘组各地岩性及厚度变化较大，但顶、底界线划分仍较清楚，下界多见厚层凝灰质砂砾岩与下伏地层不整合接触，上界则以岩性较单一的下渡组紫红色火山熔岩出现为界，岩性分界清楚。

下渡组　J*xd*　(06-35-0111)

【创名及原始定义】　为福建省区域地质测量-普查大队(1960)① 所创，以发育于永安城北 2 km 下渡村附近的火山沉积杂岩系命名为“下渡火山岩”，原义认为，其层位在坂头组之上(接触关系被掩盖)、赤石群之下，均为不整合。岩性包括：下部主要为紫红色砾岩及凝灰质砂岩，中部为火山喷发的凝灰岩、流纹岩类，上部为含斧足类化石的薄层紫红色细砂岩及页岩，时代定为晚白垩世。

【沿革】　李春昱等(1962)② 在《浙闽中生界火山沉积岩系之研究》中认为，火山岩层之下的紫红色凝灰质砂砾岩是砚岭组(相当园盘组)，火山岩则是磨石山组或兜岭火山岩系，火山岩之上的页岩、细砂岩地层则是坂头组。因此，1965 年 1∶20 万永安幅区域地质矿产调查报告未正式采用下渡火山岩一名，而将坂头组之下的火山岩及紫红色凝灰质砂砾岩统称为兜岭群下亚群。70 年代末期之后，福建西部与此火山岩系相当的地层皆称长林组及南园组。本次对比研究认为，李春昱等(1962)②对永安地区中生代火山岩调查所建立的地层序列是正确的，即坂头组之下在永安下渡发育一套紫红色火山沉积岩系，其岩性及组合特征均与福建东部广泛分布的南园组及长林组火山沉积岩明显不同，故建议使用下渡组一名代表福建西部坂头组之下的一套岩性较单纯的火山岩地层，但其含义仅相当原下渡火山岩中部火山喷发的凝灰岩、流纹岩类地层。

【现在定义】　系指平行不整合伏于坂头组之下，而以喷发不整合覆于园盘组或更老地层之上的一套陆相火山喷发岩系。岩性主要为紫红、灰绿色流纹斑岩、流纹岩、熔结凝灰岩、凝

---

① 福建省区域地质测量-普查大队，1960，福建省永安、大田、漳平一带区域地质测量-普查报告。
② 李春昱、杨遇和、曾绪伟，1962，浙闽中生界火山沉积岩系之研究。地质部地质科学院。

灰岩及火山角砾岩等，偶夹安山岩及薄层凝灰质砂页岩。

【层型】 正层型为永安市下渡村北1 km公路剖面(117°21′,26°00′)(图4-1)，系福建省区域地质测量-普查大队1960年实测，原实测剖面图已遗失，现分层描述如下：

上覆地层：**坂头组** 浅灰绿色凝灰质页岩夹黄白、紫色石英细砂岩及灰绿色纸状页岩，产叶肢介 *Estheria* sp.

———————— 平行不整合 ————————

下渡组	总厚度288.00 m
9. 灰绿色流纹岩，偶见紫色砂岩岩屑	12.00 m
8. 紫红色硅质粉砂岩夹一层(2 m)泥质粉砂岩	9.00 m
7. 紫灰色凝灰岩，局部含少量岩屑	42.00 m
6. 紫红、灰绿色火山角砾岩，有轻微绿泥石化	23.00 m
5. 暗红、灰绿色流纹斑岩，中部夹一层(28 m)凝灰岩	202.00 m

WWWWWWW 喷发不整合 WWWWWWW

下伏地层：**园盘组** 紫红色凝灰质砾岩，砾石成分主要为砂岩、石英斑岩，磨圆度好

【地质特征及区域变化】 下渡组零星分布于政和-大埔断裂以西的闽西地层小区，组成单个的中心式火山喷发盆地，由于各火山机构喷发强度不同，火山碎屑岩与熔岩各地发育程度亦不同，岩性上或以流纹(斑)岩为主，或以流纹质(熔结)凝灰岩为主，或以流纹质凝灰熔岩为主，局部尚夹少量英安岩或安山岩。下渡组岩性较单一、稳定，均以紫红色为主的酸性熔岩为特征，地貌上多成平缓丘陵状，与上、下沉积岩层易于划分。本组火山岩未获可靠同位素年龄资料，沉积岩夹层含化石极少，明溪桃支坑地区产少量双壳类cf. *Pisidium tjazhinensis*, *Kija* sp., *Cyrena* sp., *Unio* sp. 等。地层厚度一般为300～600 m，由闽西南向闽西北略有增厚，延入江西、浙江，可与鹅湖岭组及黄尖组对比。时代暂置晚侏罗世。

坂头组 JK*b* (06-35-0112)

【创名及原始定义】 由陈恺(1943)所创坂头系而得名，命名地点位于永安市城北10 km坂头村，标准剖面见于崇安(今武夷山市)赤石街之东。指岩性下部为灰白色粘土质页岩，上部为灰白色砾岩。页岩多呈纸状，产叶肢介、鱼类及松柏科、苏铁科植物。砂岩量少，色浅淡，偶夹黑色页岩。砾岩含火山岩及花岗岩卵石。大部属湖相沉积，其层位在火山岩系之上，赤石层之下，彼此均属不整合关系，时代为早白垩世。

【沿革】 坂头系自创名后，福建区测队(1965)改为坂头组，在省内外广为沿用，但对其时代归属争议颇大，或早白垩世，或晚侏罗世，对岩石地层单位的界线划分亦略有差异。现以坂头组发育较全的永安吉山剖面(1964)为例，列划分对比沿革表(表4-2)。

【现在定义】 系指不整合、平行不整合于下渡组火山岩之上的一套陆相盆地细碎屑岩沉积，岩性为灰绿、灰紫、灰黑色凝灰质砂岩、粉砂岩、纸状泥页岩夹薄层凝灰岩、石英细砂岩、砂砾岩。其上为沙县组不整合所覆，区域上与吉山组整合接触。

【层型】 正层型为崇安市(今武夷山市)赤石街之东至下梅公路剖面(118°00′,27°41′)(图4-1)，系陈恺1943年实测(图4-11)，现分层描述如下：

上覆地层：**沙县组** 红色页岩与砂岩间互成层，红色页岩色深暗，砂岩结合不固，成岩材

表 4－2　福建省坂头组划分沿革对比表

<table>
<tr><td colspan="3">福建区测队
边绍志</td><td colspan="2">陈恺</td><td colspan="2">福建省
713 队</td><td colspan="3">福建省区域地层表编写组</td><td colspan="2">福建省地质矿产局</td><td colspan="2">丁保良 等</td><td colspan="2">福建省
区调队</td><td colspan="3">曹宝森 等</td><td colspan="2">本书</td></tr>
<tr><td colspan="3">1964</td><td colspan="2">1943</td><td colspan="2">1972</td><td colspan="3">1979</td><td colspan="2">1985</td><td colspan="2">1989</td><td colspan="2">1989</td><td colspan="3">1990</td><td colspan="2"></td></tr>
<tr><td colspan="3">1：20 万
永安幅</td><td colspan="2">闽西</td><td colspan="2">1:20万
宁化幅</td><td colspan="3">龙岩小区</td><td colspan="2">全省</td><td colspan="2">全省</td><td colspan="2">闽西</td><td colspan="3">闽西</td><td colspan="2">闽西</td></tr>
<tr><td rowspan="3">K1</td><td rowspan="3">坂头组</td><td rowspan="4">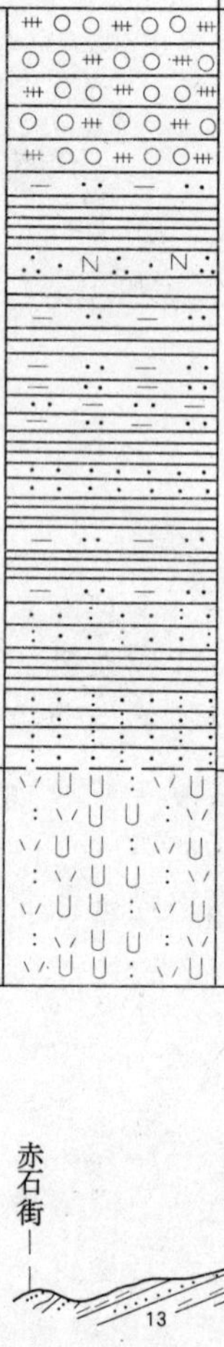</td><td rowspan="3">K1</td><td rowspan="3">坂头系</td><td rowspan="3">J3</td><td rowspan="3">坂头组</td><td rowspan="3">J3</td><td rowspan="3">坂头组</td><td>上段</td><td rowspan="3">J3</td><td rowspan="3">坂头组</td><td>K1</td><td>禾口组</td><td rowspan="2">K1</td><td rowspan="2">吉山组</td><td rowspan="2">K1</td><td rowspan="2">吉山组</td><td>上段</td><td>K1</td><td>吉山组</td></tr>
<tr><td rowspan="2">下段</td><td>K1</td><td>吉山组</td><td>下段</td><td rowspan="2">J3－K1</td><td rowspan="2">坂头组</td></tr>
<tr><td>K1</td><td>坂头组</td><td>K1</td><td>坂头组</td><td>K1</td><td colspan="2">坂头组</td></tr>
<tr><td>J3</td><td>兜岭群</td><td>K1</td><td>火山岩系</td><td>J3</td><td>南园组</td><td>J3</td><td colspan="2">南园组</td><td>J3</td><td>南园组</td><td>J3</td><td>南园组</td><td>K1</td><td>南园组</td><td>K1</td><td colspan="2">南园组</td><td>J3</td><td>下渡组</td></tr>
</table>

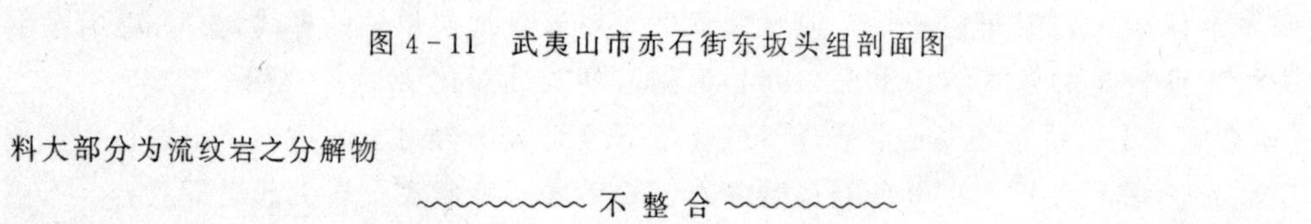

图 4－11　武夷山市赤石街东坂头组剖面图

料大部分为流纹岩之分解物

～～～～～～～ 不 整 合 ～～～～～～～

坂头组　　　　　　　　　　　　　　　　　　　　　　　　　总厚度 450.00 m

11. 灰色粘土质页岩与紫红色易碎页岩交错共生，上部紫红色页岩较多，在赤石街至铁岭下道上，页岩层理极清晰，而成层至薄，颜色为灰、绿灰、深灰，其中有数层薄如纸张之页岩，含小 *Estheria* 甚多　　100.00 m

10. 灰色粘土质页岩，风化后呈白色，夹有少量灰黄色砂岩及黑色—深灰色页岩，但全

层岩性颇单调，甚少变化 200.00 m

9. 稻田掩盖，沿走向在铁岭下之南，岩性与下部第8层无异 50.00 m

8. 紫红色易碎页岩及粉白色粘土岩，粘土岩层理不清，最厚不逾5 m，上下时与紫红色页岩交插，以紫红色页岩为主 100.00 m

～～～～～～ 不 整 合 ～～～～～～

下伏地层：**下渡组** 流纹岩，流状不显著，仅2～3处偶见，石基红灰色微带紫，长石、石英斑晶颇多，岩石风化后见甚多之小空洞，多呈灰绿色及淡红色

上述剖面出露不全，仅相当于坂头组下部层位，永安市吉山剖面(117°19′,25°58′)出露完整，由福建区测队边绍志等1964年实测(图4-12)，现补充描述如下：

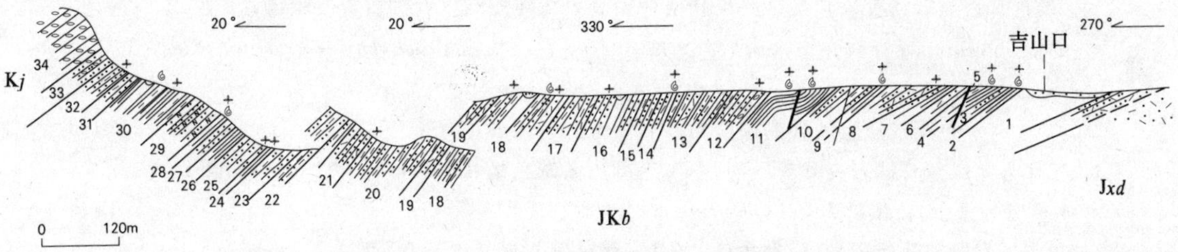

图4-12 永安市吉山坂头组实测剖面图

上覆地层：**吉山组** 灰、灰绿色巨厚层复成分砾岩，含砾砂岩夹砂岩，砾石有各种火山岩、沉积岩，偶见花岗岩，硅泥质胶结，岩性坚硬

———————— 整 合 ————————

坂头组 总厚度1 070.80 m

32. 灰绿、灰黑色薄层泥质粉砂岩夹砂质页岩，产植物 *Frenelopsis* sp. 27.30 m

31. 灰绿色凝灰质粗砂岩与灰黑色粉砂岩互层 10.70 m

30. 灰黑、黑色页岩与砂质页岩互层，层面具龟裂纹，产植物 *Frenelopsis* sp.；介形虫 *Cypridea* sp.，*Mongolianella* sp. 89.50 m

29. 灰黑、灰绿色长石石英砂岩夹薄层粉砂岩，层面具波痕 47.80 m

28. 黑色砂质页岩夹泥质粉砂岩，产植物 *Brachyphyllum obesum*；叶肢介 ?*Brachygrapta intermedia* 12.20 m

27. 灰黑、灰绿色薄层粉砂岩与细砂岩互层，交错层理明显，夹凝灰质粗砂岩 21.40 m

26. 灰黑、黑色砂质页岩 19.90 m

25. 灰绿、灰黑色石英砂岩与薄层粉砂岩互层，局部见交错层理，产植物 *Cupressinocladus gracilis*，*Brachyphyllum obesum*，*Pagiophyllum* sp.，*Otozamites* sp.，*Onychiopsis* sp.，*Podozamites* sp. 39.30 m

24. 黑色碳质页岩与砂质页岩互层，底部夹石英细砂岩，产植物 *Cladophlebis* sp.，*Ptilophyllum* sp.，*Brachyphyllum* sp.，*Sagenopteris* sp. 12.00 m

23. 灰绿、灰黑色薄层泥质粉砂岩与石英细砂岩互层，层面具波痕 29.80 m

22. 灰黑色含碳质粉砂岩与砂质页岩互层，产介形虫(不能鉴定) 31.00 m

21. 灰绿、灰黑色凝灰质砂岩与粉砂岩互层，层面具龟裂纹，底部含砾粉砂岩中产植物 *Pagiophyllum* sp. 32.70 m

20. 灰—灰黑色泥质粉砂岩夹细砂岩，产介形虫及腹足类化石(不能鉴定) 102.30 m

19. 灰色凝灰质粗砂岩夹中粒石英砂岩及粉砂岩，层面具波痕 10.80 m

18. 灰黑色砂质页岩与泥质粉砂岩互层，夹凝灰质砂岩，层面具龟裂纹及波痕，产植物 *Cupressinocladus gracilis*, *Brachyphyllum obesum*, *Pagiophyllum* sp., *Otozamites* sp., *Onychiopsis* sp.；叶肢介 ? *Brachygrapta intermedia*, cf. *B. chekiangensis* 56.20 m

17. 灰、灰绿色凝灰质砂岩与泥质粉砂岩互层 43.20 m

16. 灰黑色粉砂岩与细砂岩互层，夹页岩，含泥质结核，产植物 *Cupressinocladus elegans*, *C.* sp., *Anomozamites* sp., *Cladophlebis* sp., *Brachyphyllum* sp. 57.90 m

15. 紫灰色泥质粉砂岩与凝灰质细砂岩互层 23.20 m

14. 灰黑、黑色碳质页岩夹少量薄层泥质粉砂岩，产植物 *Cupressinocladus gracilis*, *C.* sp., *Otozamites* sp., *Brachyphyllum* sp.；叶肢介 ? *Brachygrapta intermedia* 34.10 m

13. 灰绿、灰黑色泥质粉砂岩与页岩互层夹凝灰质砂岩，产介形虫(不能鉴定) 71.40 m

12. 灰绿色凝灰质砂岩、砂砾岩夹粉砂岩，产植物 *Cupressinocladus elegans* 76.50 m

11. 黑色页岩与砂质页岩互层，叶片状层理发育，含泥质结核及硅质岩凸镜体，产昆虫 *Mecoptera* sp.；叶肢介 ? *Brachygrapta intermedia*；植物 *Brachyphyllum obesum*, *Cupressinocladus* sp., *Otozamites* sp., *Cladophlebis* sp. 23.40 m

10. 灰、灰绿色凝灰质粗砂岩夹硅质粉砂岩及紫红色页岩 21.20 m

9. 下部为灰绿色粉砂岩夹凝灰质细砂岩，上部为紫灰色纸状页岩，产鱼类 Isospondyli indet.（等椎目）；植物 *Brachyphyllum obesum* 7.10 m

8. 灰色厚层凝灰质粗砂岩(局部含砾)夹紫灰色纸状页岩及细砂岩，产植物 *Pterophyllum* sp.，(顶部断裂发育) 41.40 m

7. 下部为紫灰色页岩夹硅质页岩及粉砂岩，上部为灰绿色粉砂岩夹凝灰质粗砂岩(层中断裂发育) 12.90 m

6. 灰黑色硅质页岩与灰绿色凝灰岩互层夹凝灰质砂岩，产叶肢介化石(不能鉴定) 13.90 m

5. 灰、灰绿色薄层粉砂岩 9.80 m

4. 灰、灰绿色粉砂岩与灰黑色页岩互层夹细砂岩及硅质页岩，页岩产鱼类 Isospondyli indet.（等椎目）；叶肢介 cf. *Bairdestheria sinensis*；植物 *Otozamites* sp., *Brachyphyllum* sp., *Elatocladus manchurica* 8.60 m

3. 灰绿色薄层粉砂岩夹凝灰质粗砂岩，上部为 1.5 m 紫灰色纸状页岩 8.00 m

2. 灰色泥质页岩及薄层硅质粉砂岩，产叶肢介 cf. *Bairdestheria sinensis*, cf. *B. chekiangensis*；植物 *Cladophlebis browniana* 6.50 m

1. 灰绿色凝灰岩及凝灰质粉砂岩夹硅质页岩及粉砂岩条带，上部浮土掩盖，下部为含流纹岩砾石之凝灰质粗砂岩 68.80 m

——————— 平行不整合 ———————

下伏地层：**下渡组**　灰色凝灰熔岩及凝灰岩

【地质特征及区域变化】　坂头组零星分布于福建西部，由于各盆地开启和闭合时限不尽相同，地层发育完整程度亦不同，岩性及厚度变化较大。崇安赤石、仙店，永安坑边、百步桥等盆地岩性以紫红、灰绿等杂色页岩为主，连城壁洲发育花岗质砾岩，含化石丰富，植物为 *Brachyphyllum*-*Cupressinocladus* 组合，叶肢介属 *Yanjiestheria* 群分子，鱼类有 *Mesoclupea* sp.，*Paraclupea* sp.，其它尚有介形虫、昆虫、腹足类、双壳类及孢粉等，层位相当于坂头组下部，其上多为白垩纪红层不整合所覆，地层厚度一般为 400～600 余米；永安吉山、宁化岩前等盆地在其上部尚发育以灰黑色为主的一套细碎屑岩，化石相对稀少，但植物群中偶见 *Frenelopsis* sp.，其上多为吉山组厚层砾岩整合所覆，地层厚度达 800～1 071 m。此外，在靠近政和-大埔断裂带附近的大田连厝、永春金山寨等盆地，则主要发育坂头组上部灰黑色为主的细碎屑岩，亦产植物、双壳类和鱼类，其上为吉山组整合覆盖。地层厚度仅 228～333 m。从岩性及生物群特征分析，坂头组由闽西向北延入浙西与寿昌组基本可以对比。时代归属晚侏罗世晚期至早白垩世早期。

南园群　JK*N*　(06－35－0113)

【创名及原始定义】　南园群由“南园组”升格而来，系福建区测队 1966 年所创，命名地点位于闽侯县鸿尾乡桥头大队南园村（福建区测队,1966b)。其含义原指南平幅东部一套厚度巨大的中酸性—酸性喷出岩类，呈大面积熔岩流覆盖，其下与长林组及其更老地层呈喷发不整合接触，其上为石帽山群喷发不整合所覆，时代归属晚侏罗世。

【沿革】　“南园组”自创名后在省内外广泛使用，但各家进一步划分详细程度不同，一般根据岩性特征划分为 3～5 段不等，福建区测队(1977d)又在其上部划分出小溪组，经福建省地质矿产局(1985)总结后，将“南园组”全省统一划分为 4 个岩性段，其下为长林组，其上为小溪组，时代归属晚侏罗世。80 年代后期以来，翁世劼等(1987)首先改“南园组”为南园群并归属早白垩世，其后亦有从古生物研究认为福建缺失晚侏罗世地层，将“南园组”及其下之长林组均归属早白垩世(曹宝森等,1989)。本次对比研究根据并组为群的原则，将原“南园组”根据岩浆演化旋回进一步划分为鹅宅组及赤水组，“南园组”即升格为南园群，并包括下部的长林组及上部的小溪组，时代置于晚侏罗世—早白垩世。

【现在定义】　为福建东部晚侏罗世—早白垩世一套厚度巨大的陆相沉积-火山喷发岩系。自下而上包括长林组、鹅宅组、赤水组、小溪组，岩性以流纹质或流纹英安质凝灰熔岩、熔结凝灰岩、流纹岩及凝灰质砂砾岩、砂泥岩为主，偶有硅质岩、安山岩及英安岩。其下与漳平组及其更老地层呈明显不整合接触，其上为石帽山群不整合所覆。

长林组　J$\hat{c}$　(06－35－0114)

【创名及原始定义】　由福建区测队 1966 年建立，命名地点位于尤溪县东南约 30 km 近竹(德)坑及长林一带(福建区测队,1966b)。原指分布于南平幅古田—青溪断裂以东的一套陆相火山沉积岩系，由凝灰质砂砾岩、流纹斑岩、凝灰熔岩夹硅质岩及薄层砂页岩组成，其下不整合覆于梨山组及其更老地层之上，其上为南园组火山熔岩喷发不整合所覆。

【沿革】　长林组自创名后省内外广为引用，本次对比研究经野外核查层型剖面，发现原定正层型尤溪县近德坑剖面长林组下部包括有漳平组和梨山组，长林剖面则多为鹅宅组流纹质凝灰熔岩。因此，原定正层型剖面已失去其标准性，据《国际地层指南》要求(赫德伯格 H D,1976)，故另以尤溪县永坑实测剖面为新层型。

【现在定义】　为福建东部一套陆相火山碎屑-沉积岩系，岩性主要为灰白、灰绿、紫红色凝灰质砂砾岩、长石石英砂岩夹细砂岩、砂泥岩及凝灰岩，上部多硅质粉砂岩，偶夹泥灰岩凸镜体。与下伏漳平组及更老地层呈明显不整合接触，其上与鹅宅组厚层块状中酸性或酸性熔岩喷发不整合分界。

【层型】　新层型为尤溪县坂面乡之南约 20 km 永坑村剖面(118°02′,25°55′)(图 4－1)，由福建区调队伍永昌等 1975 年实测(图 4－13)，现分层描述如下：

上覆地层：**鹅宅组**　灰绿色流纹质晶屑凝灰熔岩，块状，偶见流纹构造

WWWWWWW 喷发不整合 WWWWWWW

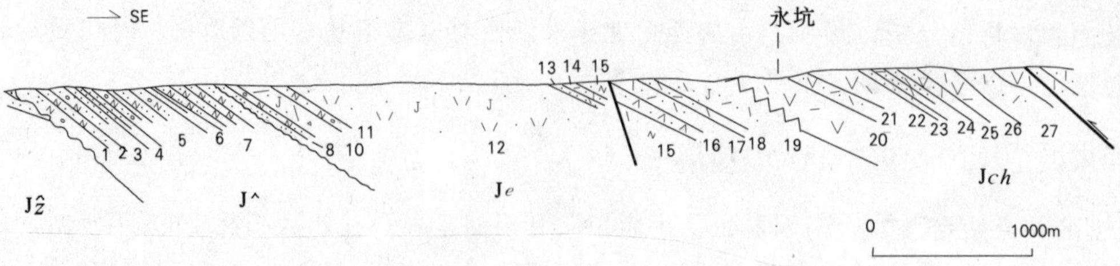

图 4-13　尤溪县永坑长林组实测剖面图

长林组	总厚度 668.10 m
7. 灰色巨厚层粗粒长石石英砂岩，上部及下部含砾，中部浮土掩盖	157.90 m
6. 灰色中薄层粉砂岩与含砾长石石英砂岩互层	47.80 m
5. 灰色巨厚层含砾长石石英砂岩，夹一层(3.4 m)石英细砂岩	196.00 m
4. 紫红色粉砂岩与长石石英砂岩互层，底部为紫红色中薄层粉砂质泥岩	40.00 m
3. 灰色含砾长石石英砂岩，偶夹紫红色粉砂岩，顶部为浅紫红色中薄层石英砂岩	102.50 m
2. 上部为浅灰色粗粒含长石石英砂岩，下部为灰黄色含长石石英砂岩	117.70 m
1. 浅灰色中厚层含砾石英细砂岩	6.20 m

~~~~~~~~~~ 不 整 合 ~~~~~~~~~~

下伏地层：漳平组　紫灰色中薄层粉砂岩

【地质特征及区域变化】　长林组广泛分布于闽东地层小区，为闽东晚侏罗世大规模火山喷发前期的大陆裂(拗)陷沉积，但出露零星，多见于火山喷发带(盆地)边缘，岩性及厚度变化较大，随盆地沉积环境不同而异，含化石稀少，植物为 *Cupressinocladus* - *Brachyphyllum* 组合，叶肢介有 *Yanjiestheria* sp.，*Orthestheria* sp. 等，孢粉以裸子植物的克拉梭粉(*Classopollis*)占绝对优势。地层厚度一般为 440.1～1 005.1 m 不等。政和-大埔断裂带东侧岩性以紫红色居多，厚度相对较大；福安-平和火山喷发带东侧岩石多为灰至浅灰绿色，硅质岩层较发育，粉砂质泥岩中偶夹泥灰岩凸镜体，显示水体较深的沉积环境；而长乐-南澳断裂带两侧岩石多有轻微变质，出现片理化构造。长林组各地岩性虽较复杂，但顶底划分界线仍较清楚，底界多有凝灰质砂砾岩与下伏地层呈不整合，顶界则以鹅宅组厚层中酸性熔岩的出现划界，岩性分界清楚。时代属晚侏罗世早期。

鹅宅组　*Je*　(06-35-0115)

【创名及原始定义】　李兼海等(1994)创建，创名地点位于闽侯县鸿尾乡桥头大队鹅宅村。为福建省地质矿产局(1985)所称“南园组”的进一步划分，岩性及层位相当于原“南园组”第一、二段。鹅宅组分为下段深灰、灰黑色安山岩、英安岩、英安质凝灰熔岩及凝灰岩，分布局限，与下伏长林组及其更老地层呈喷发不整合；上段为浅灰、灰绿色流纹质晶(岩)屑凝灰熔岩夹火山碎屑岩、流纹岩及沉积岩，其上被赤水组中酸性熔岩喷发不整合所覆。

【沿革】　“南园组”自 1966 年创名后在福建东部各区调图幅中广为引用，但进一步划分的详细程度不尽相同，划分的界线标准亦不完全统一。福建省地质矿产局(1985)将全省“南园组”按岩性组合特征划分为 4 个岩性段：第一段为灰黑、深灰、暗紫色安山岩、英安岩夹火山角砾岩、集块岩及少量砂砾岩、粉砂岩、凝灰岩、凝灰熔岩，局部夹流纹质晶屑凝灰岩等；第二段为一套浅色酸性熔岩及火山碎屑岩，常与粒状碎斑熔岩过渡或被其侵入，夹少
~~~~~~~~~~

量正常沉积岩，岩性主要为灰、浅灰、灰绿色流纹质晶屑、岩屑凝灰熔岩、流纹岩夹凝灰岩、凝灰质砂岩、砂页岩、粉砂岩、硅质岩及凸镜状灰岩等。鹅宅组在岩性及层位上相当于“南园组”第一、二段，两者为同物异名，现隶属于南园群中下部。

【现在定义】 为福建东部一套巨厚的中、酸性火山熔岩，岩性分为下段深灰、灰黑色安山岩、英安岩、英安质凝灰熔岩及凝灰岩；上段为浅灰、灰绿色流纹质晶、岩屑凝灰熔岩夹火山碎屑岩、流纹岩及沉积岩。下与长林组、上与赤水组中酸性熔岩均为喷发不整合接触。

【层型】 正层型为闽侯县鹅宅—南园河谷中剖面(118°56′,26°07′)(图 4-1)，亦即原“南园组”建组剖面，系 1964 年李兼海等实测，略经修改(图 4-14)，现分层描述如下：

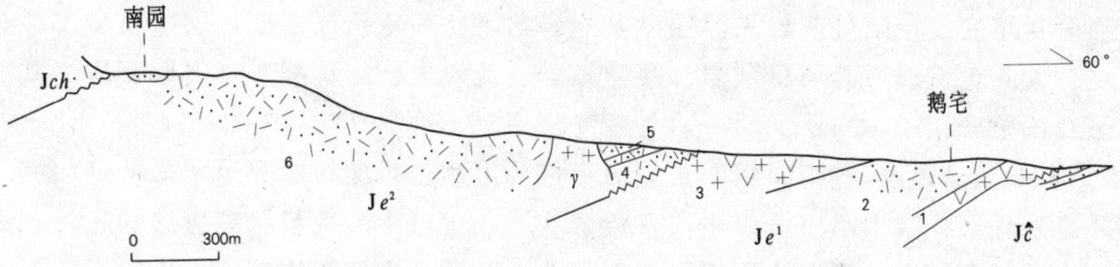

图 4-14 闽侯县鹅宅—南园鹅宅组实测剖面图

上覆地层：**赤水组** 紫灰色厚层或块状英安质晶屑凝灰熔岩

WWWWWWWW 喷发不整合 WWWWWWWW

鹅宅组	总厚度 840.90 m
上段	厚度 522.50 m
6. 灰黑色中厚层流纹质晶屑凝灰熔岩，偶见流动构造	430.90 m
5. 浅灰色块状流纹岩	25.20 m
4. 深灰色巨厚层或块状流纹质晶屑凝灰熔岩	66.40 m

WWWWWWWW 喷发不整合 WWWWWWWW

下段	厚度 318.40 m
3. 暗灰绿、紫灰色中厚层安山岩、英安岩，偶见流动构造	129.40 m
2. 灰黑色厚层块状流纹质晶屑凝灰熔岩	148.60 m
1. 深灰、灰绿色块状英安岩	40.40 m

WWWWWWWW 喷发不整合 WWWWWWWW

下伏地层：**长林组** 灰黑色中薄层凝灰质粉砂岩

【地质特征及区域变化】 鹅宅组广泛分布于政和-大埔断裂以东的闽东地层小区，尤其是本组上段酸性熔岩发育，呈大面积熔岩流覆盖，且常与潜火山相酸性粒状碎斑熔岩呈过渡接触关系或被其涌动侵入，组成 NE 向火山喷发带的主体地层之一，岩性较为稳定，下段中酸性熔岩出露零星。上段酸性熔岩偶有沉积岩夹层，厚数米至一二百米，极不稳定，往往延伸数公里即不复见，含化石亦较稀少，主要有植物、叶肢介，与长林组基本相同，仅在政和县大溪产脊椎动物化石 *Rhynchosaurus orientalis*，*Trionychoidae*，*Teleostei* 等。时代属晚侏罗世。由于各喷发带(盆地)火山活动强度不同，地层厚度多不稳定，一般为 840～1 897 m，宏观上由西南向东北火山活动增强，延入浙东可与高坞组对比。沿海在长乐-南澳断裂带两侧偶有轻微变质，片理化构造明显。

鹅宅组岩性相对较为单一，发育完整者包括一个由中(酸)性至酸性的岩浆演化旋回，其下与长林组沉积岩或火山碎屑沉积岩易于划分，其上以中酸性熔岩的大量出现作为与赤水组的分界。赤水组底部之厚层(流纹)英安质凝灰熔岩与鹅宅组上段酸性熔岩比较，常表现为颜色深暗，白色斜长石增多，石英相对较少，化学分析 SiO_2 含量多在 68%～70%之间，两者野外不难区别。

赤水组 Jch （06－35－0116）

【创名及原始定义】 李兼海等(1994)创建，创名地点位于德化县西北约 20 km 赤水乡。为福建省地质矿产局(1985)所称“南园组”的进一步划分。赤水组分为下段深灰色英安岩、流纹英安质凝灰熔岩、熔结凝灰岩夹薄层砂页岩，与下伏鹅宅组或更老地层呈喷发不整合；上段为灰白、紫灰色流纹质晶屑凝灰岩、凝灰熔岩、流纹岩、熔结凝灰岩夹砂页岩，其上与小溪组呈平行不整合接触。

【沿革】 前已述及，“南园组”自创名后广为沿用，后经福建省地质矿产局(1985)统一划分为 4 个岩性段，其中第三段以中酸性熔岩为主，常与中酸性粒状碎斑熔岩过渡，夹酸性熔岩、火山碎屑沉积岩及正常沉积岩。第四段为一套酸性火山碎屑岩、火山碎屑熔岩，局部地区上部具偏碱性火山碎屑熔岩。赤水组在岩性及层位上相当“南园组”第三、四段，两者为同物异名。现隶属于南园群中上部。

【现在定义】 为福建东部一套巨厚中、酸性火山熔岩。岩性分为下段深灰色英安岩、流纹英安质凝灰熔岩、熔结凝灰岩夹薄层砂页岩；上段为灰白、紫灰色流纹质晶屑凝灰岩、凝灰熔岩、流纹岩、熔结凝灰岩偶夹砂页岩。下与鹅宅组及更老地层呈喷发不整合接触，上未见顶。

【层型】 正层型为德化县赤水—戴云山剖面(118°08′,25°38′)(图 4－1)，原为 1973 年 9 月边绍志等实测，其后冯宗帜等(1991)补充研究(图 4－15)，现分层描述如下：

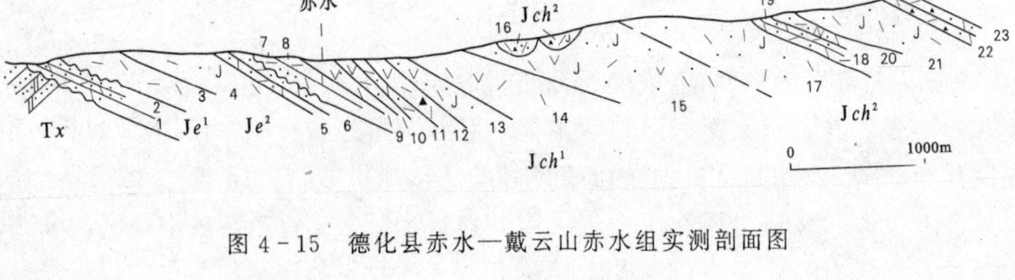

图 4－15 德化县赤水—戴云山赤水组实测剖面图

赤水组 总厚度 2 798.50 m

上段 厚度 1618.70 m

26. 深灰、紫灰色流纹质晶屑凝灰熔岩，中部含角砾，下部偶见铁锰矿化。(未见顶) 370.00 m

25. 灰黑色流纹质角砾熔岩 30.90 m

24. 灰黑色流纹质含岩屑晶屑凝灰熔岩 106.20 m

23. 紫灰色流纹质角砾熔岩 68.10 m

22. 紫灰色流纹质火山角砾岩，夹碎裂流纹英安质熔结凝灰岩 158.60 m

21. 灰、紫灰色流纹质晶屑凝灰熔岩，底部偶见含晶屑凝灰岩夹凸镜状沉凝灰岩，Rb－Sr 全岩等时线年龄值为 147.5±6 Ma 380.50 m

20. 深灰色，风化呈紫灰色流纹英安质熔结凝灰岩 90.60 m

19. 灰色硅化流纹岩，偶含角砾 7.00 m

18. 灰色，风化呈黄绿色沉凝灰岩，偶含角砾 7.00 m

17. 灰、紫灰色，风化呈浅灰白色流纹质晶屑凝灰熔岩 397.00 m

16. 灰、深灰色中—薄层沉凝灰岩 2.80 m

WWWWWWW 喷发不整合 WWWWWWW

下段 厚度 1179.80 m

15. 灰、灰黑色英安质晶屑凝灰熔岩 461.70 m

14. 深灰色英安岩 162.60 m

13. 灰、深灰色英安质晶屑凝灰岩 95.20 m

12. 灰色英安质火山角砾岩 56.70 m

11. 上部灰白色含水铝石次生石英岩，下部红柱石化凝灰岩 73.10 m

10. 灰白色高岭土化英安质火山角砾岩 21.30 m

9. 上部浮土掩盖，下部深灰色致密块状英安岩 146.20 m

8. 紫灰色英安质晶屑凝灰熔岩，具流动构造 80.10 m

7. 灰、紫灰色英安质晶屑凝灰岩，偶含角砾 82.90 m

WWWWWWW 喷发不整合 WWWWWWW

下伏地层：**鹅宅组** 灰白色流纹质晶屑凝灰熔岩，强烈高岭土化

【地质特征及区域变化】 赤水组广泛分布于政和-大埔断裂以东的闽东地层小区，尤以本组下段中酸性熔岩发育，并常与潜火山相中酸性粒状碎斑熔岩呈过渡关系或被其涌动侵入，组成 NE 向火山喷发带主体地层之一，福州、古田小溪地区与上覆小溪组呈平行不整合接触；上段分布零星，多见于火山喷发中心地段。熔岩中所夹沉积岩层较少，厚数米至数十米不等，多见于上段酸性熔岩中，延伸不远即尖灭，所含化石亦较稀少，厦门小岭本组下段产植物 *Ptilophyllum boreale*，同安东岭及永泰南尾本组上段产植物 *Cladophlebis* cf. *exiliformis*，*Dictyozamites* sp.，*Otozamites* sp.；腹足类 *Viviparus* cf. *matsumotoi*；叶肢介 *Orthestheria* sp.，*Yanjiestheria* sp. 等。本组岩性相对较为稳定，但熔岩与火山碎屑岩的量比则随各火山机构喷发强度不同而异，如安溪紫云、福清凤迹、泉州建兴山等地则发育较多的凝灰岩及熔结凝灰岩。地层厚度变化亦较大，一般为 967.8～2298.5 m。目前，本组已获同位素地质年龄值有：闽侯县霞墓下段流纹英安质凝灰熔岩 K－Ar 年龄值为 149±4 Ma，长乐金钟湖下段流纹英安质凝灰熔岩 Rb－Sr 全岩等时线年龄值为 151±15 Ma，德化赤水上段流纹质晶屑凝灰熔岩 Rb－Sr 全岩等时线年龄值为 147.5±6 Ma，其时代多集中于晚侏罗世晚期。

赤水组岩性较为单一，发育完整者包括一个由中酸性—酸性的岩浆演化旋回，下部多为中酸性(流纹)英安质凝灰熔岩，与下伏鹅宅组酸性熔岩不难区分，酸性熔岩一般岩石颜色较浅，呈灰、浅灰绿色，肉红色钾长石含量大于灰白色斜长石，石英含量相对增多，化学分析 SiO_2 大于 70%，其上与小溪组具有一定厚度的沉积地层较易区别。

小溪组 JK*x* （06－35－0117）

【创名及原始定义】 福建区测队1977年创建，命名地点位于古田县鹤塘乡东南5 km小溪村(福建区测队,1977d)。原指福州地区晚侏罗世晚期一套陆相盆地沉积、火山碎屑沉积—火山喷发岩系。岩性分为下段沉积岩类或火山碎屑沉积岩类夹熔岩，与下伏南园组呈假整合接触；上段为深紫灰、灰、灰黑色英安岩、熔结凝灰岩、英安质含角砾晶屑凝灰岩、流纹质晶屑凝灰熔岩、流纹岩夹凝灰岩、砂岩及粉砂岩等，其上为石帽山群不整合所覆。

【沿革】 小溪组自创名后省内外广为引用，对其时代、层位关系认识基本一致。唯福建省地质矿产局(1985)改称坂头组。对其时代，除翁世劼等(1987)划归早白垩世外，余皆定为晚侏罗世。本次对比研究认为，小溪组一名符合岩石地层单位建组原则，与福建西部层位相当的坂头组岩性差别较大，故建议继续使用。

【现在定义】 为福建东部一套陆相沉积-火山喷发岩系，划分为下段灰、深灰、紫红色钙质、凝灰质粉砂岩，硅泥岩夹凝灰岩、碳质粉砂岩，底部为凝灰质砂砾岩偶夹安山岩、凝灰熔岩及硅质岩；上段为灰、紫灰色流纹质晶屑凝灰岩、熔结凝灰岩、流纹岩夹凝灰质砂岩、沉凝灰岩等。与下伏鹅宅组呈平行不整合接触，上与黄坑组接触关系不明。

【层型】 正层型为古田县小溪剖面(119°08′,26°36′)(图4－1)，系1973年叶谦文等实测，该剖面仅出露小溪组下段(图4－16)，现分层描述如下：

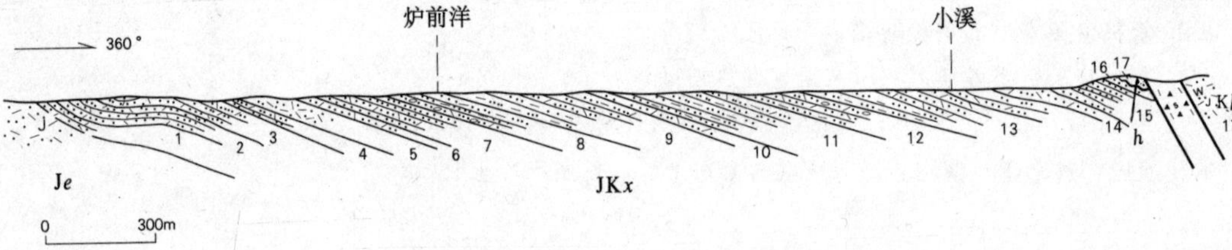

图4－16 古田县小溪小溪组实测剖面图

上覆地层：**黄坑组** 紫红色含砾中细粒杂砂岩

～～～～～～ 不 整 合 ～～～～～～

小溪组	总厚度782.90 m
下段	厚度782.90 m
16. 灰黄色中厚层泥质粉砂岩夹灰绿色凝灰岩	18.70 m
15. 灰黄、紫灰色中层石英质粉砂岩	134.20 m
14. 杂色中厚层凝灰质粗砂岩夹凝灰岩和细砂岩，上部凝灰质含量增高	39.80 m
13. 杂色中—厚层凝灰质含钙质粉砂岩，下部为钙质粉砂岩	91.70 m
12. 上部杂色中厚层凝灰质砂砾岩，中部凝灰质粉砂岩，下部深灰、浅灰色中层钙质粉砂岩	41.40 m
11. 浅灰色厚层凝灰质含钙质粉砂岩，下部灰、浅灰绿色厚层钙质粉砂岩	82.40 m
10. 灰白色中厚层凝灰质粗砂岩	10.30 m
9. 灰色凝灰质含钙质粉砂岩夹粗粒石英砂岩，下部灰、灰绿色中层钙质粉砂岩	79.60 m
8. 紫灰色中层含钙质粉砂岩，底部有一层厚1 m的紫灰色凝灰质砂砾岩	30.00 m
7. 紫红、砖红色中层粉砂岩夹晶屑凝灰岩，底部为紫灰色凝灰质含砾砂岩	62.40 m
6. 浅灰绿色流纹质晶屑凝灰岩	13.80 m

5. 浅灰色凝灰岩，具叶蜡石化，风化呈灰白色 38.60 m

4. 灰色流纹质晶屑凝灰岩，中厚层状，夹凝灰岩及硅质岩 33.80 m

3. 上部灰黑色凝灰质粉砂岩夹钙硅质岩，在剖面西南 2.5 km 相当层位中产叶肢介 *Orthestheria intermedia*；植物 cf. *Klukia browniana*, cf. *Frenelopsis* sp., *Ruffordia goepperti*, *Onychiopsis* sp., *Cupressinocladus elegans*, *Brachyphyllum* sp., *Sphenopteris* sp., *Pagiophyllum* sp., *Elatocladus* sp., ? *Sphenobaiera* sp.，中部深灰色沉凝灰岩与粉砂岩互层，下部凝灰质细砂岩夹晶屑凝灰熔岩及含碳质粉砂岩 45.60 m

2. 深灰色流纹质晶屑凝灰岩 17.60 m

1. 深灰色石英质粉砂岩与凝灰质砂岩互层，下部灰黑色页岩与含砂页岩互层夹沉凝灰岩及火山角砾岩，剖面西南 1 km 相当本层中产植物 *Frenelopsis* sp., *Cupressinocladus* sp., ? *Coniopteris* sp., *Onychiopsis* sp., *Brachyphyllum* sp., *Sphenopteris* sp., *Pagiophyllum* sp. 43.00 m

——————— 平行不整合 ———————

下伏地层：**鹅宅组** 灰色流纹质晶屑凝灰岩

小溪组上段以柘荣县仙源里—五蒲实测剖面(119°55′,27°15′)补充之，由宋泳宪、陆宝和1975 年测制(图 4-17)，现分层描述如下：

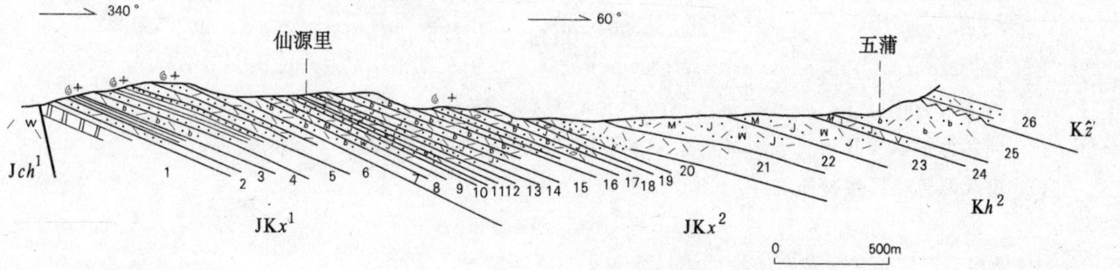

图 4-17 柘荣县仙源里—五蒲小溪组实测剖面图

上覆地层：**黄坑组** 紫灰色流纹岩，下部具石泡构造，上部绿泥石化

··········? ·········· 接触关系不明 ··········? ··········

小溪组 总厚度 643.00 m

上段 厚度 373.90 m

20. 灰黑色流纹质晶屑、玻屑凝灰岩 15.50 m

19. 灰绿色安山质含角砾凝灰岩 13.70 m

18. 黄白色含砾流纹质晶屑凝灰熔岩，夹一层厚 1 m 的硅质粉砂岩，上部为灰黄色流纹岩 16.80 m

17. 黄白色巨厚层流纹质含砾玻屑凝灰岩 25.90 m

16. 灰黑色中薄层凝灰质细砂岩、粉砂岩夹凝灰质砂岩，具微细水平层理，成层良好，粉砂岩产丰富植物 *Sagenopteris* sp., *Dictyozamites* sp., *Cladophlebis* sp., *C.* cf. *exiliformis*, *Otozamites* sp., *Ptilophyllum* sp., *P.* cf. *boreale*, *Cupressinocladus* sp., *Coniopteris* sp., cf. *Klukia browniana*, *Czekanowskia* cf. *rigida*, ? *Schizolepis* sp., ? *Frenelopsis* sp.；叶肢介 ? *Orthestheria* sp., *O. intermedia* 等 24.60 m

15. 深灰、灰黄色厚层流纹质玻屑凝灰岩，中部浮土掩盖 86.20 m

14. 灰色巨厚层流纹质岩屑、晶屑凝灰岩，上部浮土掩盖 25.40 m

13. 灰黑色薄层凝灰质细砂岩、粉砂岩夹页岩，顶部为浅灰色中厚层凝灰岩，成层良好，层理平整 18.90 m

12. 灰黑色中薄层火山灰凝灰岩夹页岩，成层良好，上部浮土掩盖 16.00 m

11. 深灰色流纹质晶玻屑凝灰岩，下部为灰黑色中薄层火山灰凝灰岩夹页岩 31.50 m

10. 黄白色厚层凝灰质砂岩、粗砂岩 8.60 m

9. 深灰色块状流纹质晶玻屑凝灰岩 18.60 m

8. 深灰色流纹质熔结凝灰岩，上部浮土掩盖 35.00 m

7. 深灰、紫灰色块状流纹质晶玻屑凝灰岩，中部夹一层凝灰质粉砂岩凸镜体 37.20 m

WWWWWWWW喷发不整合 WWWWWWWW

下段 厚度>269.10 m

6. 深灰色中薄层凝灰质砂岩夹薄层凝灰质粉砂岩。成层良好，粉砂岩中产植物 *Ptilophyllum* sp.，*Zamites* sp.；叶肢介 *Orthestheria* sp. 及鱼鳞等 56.90 m

5. 灰黑色页岩与中薄层凝灰质砂岩互层，向上凝灰质粉砂岩增多，中部夹浅灰色厚层凝灰质砂岩，页岩中产植物 *Pagiophyllum* sp.，*Otozamites* sp.，*Sagenopteris* sp.，*Ptilophyllum* cf. *boreale*，*P. boreale*，*Zamites* sp.；叶肢介 *Orthestheria* cf. *intermedia*，*Yanjiestheria* sp. 等 70.10 m

4. 灰黑色中薄层玻屑凝灰岩夹凝灰质细砂岩、页岩 29.60 m

3. 灰黑色页岩，页理发育，下部浮土掩盖，产植物 *Brachyphyllum* sp.，*B.* cf. *obesum*，*Pagiophyllum* sp.，*Ptilophyllum* cf. *boreale*，*Cupressinocladus elegans*，*C.* sp.，cf. *Ruffordia* sp.，?*Equisetites* sp，*Podozamites* sp.；叶肢介 *Orthestheria* sp.，*Yanjiestheria yumenensis*，*Y. sinensis*，*Y.* sp.；腹足类 *Viviparus* sp. 21.50 m

2. 浅灰色中厚层凝灰质砂岩，具微细水平层理，中部浮土掩盖 54.20 m

1. 浅灰绿色巨厚层硅质岩 36.80 m

——————— 平行不整合 ———————

下伏地层：**鹅宅组** 深灰色流纹质熔结凝灰岩、凝灰熔岩

【地质特征及区域变化】 小溪组分布于政和-大埔断裂以东的闽东地层小区，多呈盆地形态出露于火山喷发带的中心部位，分布较为局限。在福清、福州、古田小溪等地，小溪组与下伏赤水组呈平行不整合接触，其上被黄坑组不整合覆盖。本组下段沉积岩层产化石较丰富，植物以 *Ruffordia*-*Onychiopsis* 植物群为主，常见 *Frenelopsis* sp.，*Manica* sp. 等；叶肢介有 *Orthestheria* sp，*Pseudostheria* sp.，*Yanjiestheria* sp. 等。古田宝桥本组上段流纹岩 Rb-Sr 全岩等时线年龄值为 142±26 Ma，宁德仙人石上段流纹岩 Rb-Sr 全岩等时线年龄为 136±5 Ma。由于各盆地沉积环境及火山喷发强度不同，岩性及厚度变化较大。本组下段沉积岩层以古田小溪、仙游游洋较发育，厚达 782.9 m。其它地区多为数十米至 400 余米；上段除罗源霍口地区多见流纹质凝灰熔岩及流纹岩外，大部分以流纹质(熔结)凝灰岩为主，其厚度则以莆田后厝最大达 911.6 m，其它地区均为 100～500 余米。大部分盆地本组都明显反映出一个由沉积-喷发的火山活动旋回。在闽东地区，由西南向东北出露越趋广泛，延入浙东可与茶湾组及九里坪组对比。其时代暂置于晚侏罗世晚期—早白垩世早期。

吉山组 K*j* (06-35-0118)

【创名及原始定义】 吉山组一名系丁保良等(1989)所创，命名地点位于永安市西南约 6 km 吉山村。原指吉山剖面上部灰白色厚层砾岩、砂砾岩之下的一套灰黑色细碎屑岩，岩性以

灰黑色泥质粉砂岩为主夹泥岩，厚839 m，其上之厚层砂砾岩层则称禾口组，两者为假整合接触，其下以灰、灰绿色粉砂岩为主，夹硅质页岩、纸状页岩、粗粒砂岩及凝灰岩等岩层仍称坂头组，两者为整合关系。

【沿革】 吉山组创名后，福建区调队(1989)① 认为：永安吉山剖面实际从岩性上可分三部分，下部以灰绿色粉砂岩、砂岩为主，含凝灰质成分较高，中部以灰绿色粉砂岩和泥岩为主，上部主要为一套砂砾岩夹少量粉砂岩。从生物面貌亦可明显分两部分，中部与下部的鱼群、叶肢介群、植物群等生物群面貌明显不同，孢粉组合亦可明显分开，因此，将吉山剖面中部及上部划为吉山组，下部仍称坂头组。曹宝森等(1990)亦赞同这一划分，即将丁保良等所指吉山组及其上部厚层砂砾岩层(禾口组)一起划为吉山组，时代均置于早白垩世。本次对比研究认为，上部灰白色厚层砂砾岩具有与下伏灰黑色细碎屑岩明显的区别，因此，建议单独划出称为吉山组，其下之灰黑色、灰绿色等细碎屑岩均应归属坂头组。这样，既基本保持陈恺1943年所定坂头组含义，同时也易于按岩石特征划分出吉山组，便于1∶5万地质填图野外操作。由此看出，以吉山剖面的不同划分，丁、曹与本书所称的吉山组实为同名异物(表4-2)。

【现在定义】 系指整合覆于坂头组之上的灰、灰白色厚—巨厚层复成分砾岩夹砂砾岩、粗砂岩组合，岩性单一，属一套陆相盆地型粗碎屑沉积。其下以厚层砾岩的出现与坂头组砂、页岩分界，上未见顶。

【层型】 正层型为永安市吉山剖面(117°19′,25°58′)(图4-1)，原由边绍志等1964年实测，现分层描述如下(图4-12)：

吉山组　　　　总厚度>127.30 m

34. 灰、灰绿色巨厚层复成分砾岩，砾石有各种火山岩，沉积岩，偶见花岗岩，硅泥质胶结，岩性坚硬，常用作建筑石料。(未见顶)　　>94.00 m

33. 灰、灰绿色含砾粗砂岩夹长石石英细砂岩　　33.30 m

———— 整　合 ————

下伏地层：**坂头组**　灰绿、灰黑色薄层泥质粉砂岩夹砂质页岩，产植物 *Frenelopsis* sp.

【地质特征及区域变化】 吉山组极零星见于闽西坂头组之上，沿永安-晋江大断裂西北端的永春、大田、永安一带亦有零星出露，为坂头组之后的陆相继承性盆地沉积，盆地面积多为数平方公里，最大不超过20 km^2。

各盆地沉积岩性稳定，相互可以对比，均为灰白、灰绿、黄白色厚层砾岩夹砂砾岩及砂岩。砾石成分多与下伏地层岩性有关，有各种火山岩、砂岩、粉砂岩等，偶有花岗岩砾石，磨圆中等，分选差，砾径一般1～5 cm，大者达30 cm，含量不均，砂质或硅泥质胶结，地貌上有时形成陡壁，其上未见上覆地层，地层厚度最大达162 m。时代暂置于早白垩世。

白牙山组　K*b*　(06-35-0119)

【创名及原始定义】 原称白牙山群，为福建省713队(1972)创建，命名地点位于泰宁县大布乡举兰村东之白牙(崖)山，系指宁化地区一套酸性岩组合，其层位不整合于坂头组之上，其上被下白垩统沙县组不整合所覆。岩性分为下段紫红色复成分砾岩、砂砾岩夹紫红、灰绿

① 福建省区域地质调查队，1989，福建省侏罗—白垩纪生物地层初步研究，专题调查研究报告，第6号。

色粉砂岩，偶夹凝灰岩；上段下部为安山岩，中部和上部为流纹质晶屑、岩屑凝灰熔岩，晶玻屑凝灰岩及流纹岩，常形成高山陡壁，时代置于晚侏罗世。

【沿革】 白牙山群创名后，省内一段时期无人使用，福建省区域地层表编写组(1979)、福建省地质矿产局(1985)均将该地层与福建东部地区对比而称之为石帽山群，时代归属早白垩世。梁诗经等(1988)认为白牙山群不能与闽东地区的石帽山群对比，其层位比石帽山群要低，因此建议恢复使用白牙山群一名，以代表本省西部地区坂头组之上，禾口组之下的一套沉积-火山岩地层。本次对比研究认为，白牙山群的建立符合岩石地层单位划分要求，岩性特征明显，层位关系清楚，建议改称白牙山组。

【现在定义】 系指福建西部吉山组之上、赤石群之下的一套紫红色火山-沉积岩系。岩性分为下段紫红色复成分砾岩、砂岩夹粉砂岩；上段为紫灰、紫红色流纹质晶屑凝灰熔岩、流纹岩、凝灰岩，偶夹粗面岩及砂泥岩。底部常见安山岩或安山玄武岩，与下伏坂头组呈不整合接触(区内未见与吉山组直接接触)，上未见顶。

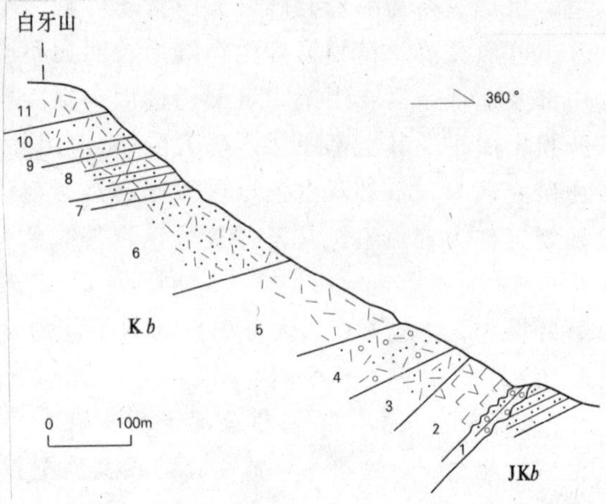

图 4－18　泰宁县举兰白牙山白牙山组实测剖面图

【层型】 正层型为泰宁县举兰白牙山剖面(116°57′,26°42′)(图 4－1)，由方明泽等 1972 年实测(图 4－18)，现分层描述如下：

白牙山组	总厚度 552.90 m
上段	厚度 544.50 m
11. 紫灰色薄层流纹岩，成层清楚。(未见顶)	18.80 m
10. 灰紫色巨厚层流纹质晶玻屑凝灰熔岩，具较明显的流动构造	56.90 m
9. 黄白色微带绿色叶蜡石化凝灰岩	3.90 m
8. 暗紫褐色巨厚层中粒凝灰质砂岩	79.70 m
7. 紫灰色流纹质岩屑晶屑凝灰(熔)岩，局部显流动构造	13.50 m
6. 肉红、杂色流纹质晶屑岩屑凝灰熔岩，偶见流动构造	66.70 m
5. 暗紫色流纹岩夹流纹质晶屑凝灰熔岩	129.20 m
4. 暗紫色含砾流纹质晶屑凝灰熔岩，常夹沉火山角砾岩或砾岩	51.10 m
3. 灰紫、灰白、绿色流纹质晶屑凝灰熔岩，成层清楚	58.90 m
2. 上部为暗灰绿色杏仁状安山玄武岩，气孔构造发育，充填物为方解石、绿泥石；下部为灰黑色致密块状玄武岩	65.80 m
WWWWWWW 喷发不整合 WWWWWWW	
下段	厚度 8.40 m
1. 紫红色厚层复成分砾岩、砂砾岩，砾石分布不均，大小不等，一般 2～5 cm，磨圆差，成分为火山岩、花岗岩及砂岩等	8.40 m
～～～～～～ 不 整 合 ～～～～～～	

下伏地层：**坂头组**　灰白色中粒石英砂岩

【地质特征及区域变化】 白牙山组呈 NE、NEE 和 NW 向沉积-火山喷发盆地型式分布于闽西地层小区，各盆地岩性及厚度变化较大。下段各地均以紫红色凝灰质砾岩为主，夹砂页岩及粉砂岩，厚度自数米至200余米不等，漳平县基泰紫红色粉砂岩中产鱼类*Yungkangichthys* sp.，与下伏坂头组及更老地层不整合接触关系清楚，但区内未见与下伏吉山组直接接触，关系尚属不明；上段多以紫红色酸性熔岩为主，底部常见安山岩或安山玄武岩，其上为赤石群不同层位平行不整合覆盖。由西南向东北至宁化、泰宁、建宁、浦城一带，上段上部偏碱性(石英)粗面岩逐渐增多，而地层厚度却相对变薄，自1 839.5 m(武平金狮石示)～1 206.0 m(沙县半坑)～200余米(泰宁余坊)不等。部分喷发盆地由于未出露下段沉积岩层，本段火山岩则以喷发不整合直接覆于下伏各老地层之上。时代属早白垩世。

值得注意的是，白牙山组各地发育程度不同，就现有资料分析，绝大多数盆地均表现为一个较完整的沉积-喷发旋回，唯上杭县上谷坑剖面似可划分两个沉积-喷发旋回，即1—8层为下旋回(下部沉积岩层厚93.9 m,上部火山岩层厚687.7 m)，9—19层为上旋回(下部沉积岩层厚209.5 m,上部火山岩层厚767.1 m)。此外，本组上段酸性火山岩由西南向东北，偏碱性(石英)粗面岩逐渐增多，至浦城一带主要为粗面岩类，是否构成另一个地层小区或在本组酸性火山岩之上再划出一个偏碱性火山岩段，尚待进一步研究。

赤石群 K$\hat{C}$ (06-35-0120)

【创名及原始定义】 赤石群一名源于陈恺(1943)之赤石层，命名地点位于武夷山市西南10 km赤石街。原含义指：不整合覆于坂头系之上，岩性以红色为特征，为红色砂岩、砾岩及页岩之互层组成，未得化石。单层内多有局部不整合。作盆地分布，属河相沉积，有原生倾斜及小断层而无褶曲，具假喀斯特地貌。并认为其时代属第三纪初期。

【沿革】 福建区测队(1965)首先将其改称赤石群，并划分为以紫红色粉砂岩为主的下段和以紫红色砂砾岩、砾岩为主的上段。嗣后，福建区测队(1966a)又将其下部含化石的以紫红色泥质粉砂岩为主，间夹砂砾岩，含长石石英砂岩及薄层凝灰岩、凝灰熔岩的地层创名为沙县组，其上的紫红色砂砾岩、砾岩仍称“赤石群”。1979年福建省石油地质队在建宁均口盆地相当于沙县组下部划出均口组。显然，赤石群一名含义相当混乱。为此，本次地层对比研究，建议恢复赤石群原始含义，以代表福建西部坂头组之上的一套白垩纪紫红色碎屑岩，重新定义的赤石群自下而上包括均口组、沙县组、崇安组。并新建崇安组(见后)代表原称之以厚层砾岩、砂砾岩为主的“赤石群”。

【现在定义】 为以紫红色为主的陆相盆地沉积岩系，包括下部以灰、灰黑色钙质细碎屑岩为主的均口组，中部以紫红色细碎屑岩为主的沙县组和上部紫红色粗碎屑岩的崇安组。与下伏白牙山组呈平行不整合接触或不整合覆于其他老地层之上，厚逾数千米。

均口组 K*jk* (06-35-0121)

【创名及原始定义】 由福建省石油地质队地层古生物组(1979)所创，创名地点位于建宁县之南约20 km均口乡。其原义为：“该组为一套以紫红色粉砂岩和灰黑、黑色钙质粉砂岩、粉砂质泥岩为主的沉积，夹有泥灰岩条带，岩性组合与其它红色盆地迥然不同。”并依岩性划分为6个岩性段。

【沿革】 创名前，福建省石油地质队(1978)① 曾将此套地层划归石帽山群上亚组。创名

① 福建省石油地质队，1978，福建省中新生代盆地石油地质普查工作总结报告。

后，福建省地质矿产局(1985)将其归于沙县组。其后，福建区调队(1991)①、梁诗经等(1992)引用均口组，将其范围限定于原建均口组第1—4段，认为第5、6段紫红色、灰紫色粉砂岩、粉砂质泥岩应归属沙县组。并指出均口组为假整合于白牙山群火山岩之上，整合于沙县组之下的一套灰黑色、灰绿色钙质粉砂岩、粉砂质泥岩，夹紫红色粉砂岩及泥灰岩，常含石膏夹层。

【现在定义】 为内陆盆地细碎屑沉积，岩性以浅灰、灰绿、灰黑色粉砂岩、钙质粉砂岩、粉砂质泥岩为主，夹泥灰岩及紫红色粉砂岩，偶有石膏夹层。底部以复成分砂砾岩、砾岩与下伏白牙山组平行不整合接触，顶部以土黄、灰绿色粉砂岩、泥岩与沙县组紫红色粉砂岩分界，两者呈整合接触。

【层型】 创名时未指定层型剖面，选层型为建宁县均口乡严池坑剖面(116°43′,26°37′)(图4-1)，该剖面位于建宁县均口乡西南约10 km严池坑一带，福建省石油地质队于1971年测制(图4-19)，现分层描述如下：

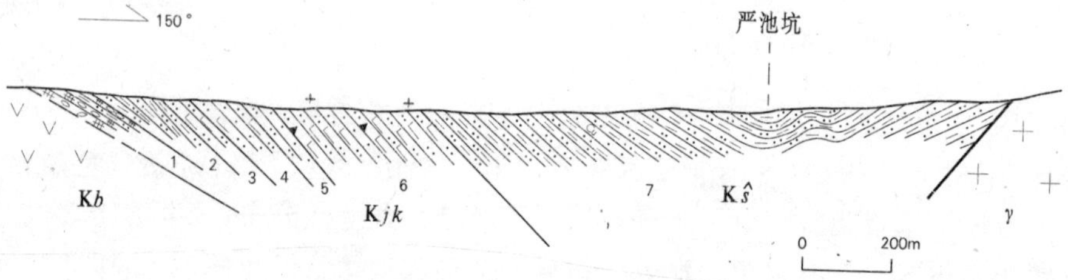

图4-19 建宁县严池坑均口组实测剖面图

上覆地层：**沙县组** 紫红色中—薄层泥质粉砂岩

——————— 整 合 ———————

均口组 总厚度573.50 m

6. 灰黑色中—薄层钙质粉砂岩，夹灰黑色粉砂岩，上部及下部含碳质沥青，产植物 *Pseudofrenelopsis parceramosa*, *Brachyphyllum obesum*, *Pagiophyllum* sp., *Sagenopteris* sp. 等 245.50 m
5. 风化呈黄褐色中—薄层粉砂岩夹细砂岩，含植物化石碎片 38.60 m
4. 灰黑色薄—中层钙质粉砂岩与细砂岩互层 50.60 m
3. 灰黑色中层钙质粉砂岩 41.70 m
2. 紫红色薄—中层泥质粉砂岩，夹一层中细粒泥质砂岩 111.70 m
1. 紫红、黄白色复成分砾岩、砂砾岩夹薄层泥质粉砂岩 85.40 m

——————— 平行不整合 ———————

下伏地层：**白牙山组** 灰黑、紫红色安山岩

【地质特征及区域变化】 均口组为白垩纪红层盆地成盆初期碎屑沉积，主要分布在沙县、建宁均口及宁化禾口盆地边缘，岩性以灰、灰绿、灰黑色钙质粉砂岩、粉砂质泥岩为主，夹紫红色粉砂岩及深灰色、灰黑色泥灰岩等。下部为灰、灰紫色复成分砾岩、砂砾岩，砾石成分复杂，依盆地基底岩性不同随地而异，砾石呈次圆状，分选差。宁化禾口盆地见均口组与

① 福建省区域地质调查队，1991，福建省白垩纪红层、火山盆地地层时序、对比及含矿性研究，专题调查研究报告，第14号。

下伏震旦纪三溪寨组灰绿色千枚岩不整合接触，均口、沙县盆地则平行不整合覆于白牙山组之上。各盆地岩性基本可以对比，但厚度变化较大。宁化禾口盆地岩性较粗，下部为花岗质砂砾岩，含砾砂岩，上部为灰绿色粉砂岩、泥岩，总厚度仅 195.5 m。泥岩夹层中产植物*Pseudofrenelopsis*? sp.，*Brachyphyllum* sp.，*Cupressinocladus elegans*，*Otozamites* sp.，*Klukia* cf. *browniana*；叶肢介 *Yanjiestheria* sp.；介形类 *Lycopterocypris* sp.，*Darwinula* sp.，*Metacypris* sp. 等。沙县盆地岩性与均口盆地相似，但上部发育灰紫、灰绿色中薄层钙质粉砂岩，产植物 *Pseudofrenelopsis parceramosa*，*Brachyphyllum* sp.；孢粉 *Classopollis* spp.，*Exesipollenites*? sp.，*Cycadopites* sp.，*Jugella* sp.，*Monosulcites* sp.，*Cyathidites minor*，*Leiotriletes* sp.，*Psophosphaera* sp. 等，厚度为 395.9 m。建宁均口岩性亦以灰、灰黑色钙质粉砂岩为主，产植物 *Pseudofrenelopsis parceramosa*，*Brachyphyllum obesum*，*Pagiophyllum* sp.，*Sagenopteris* sp. 等，厚度达 567.8 m。时代属早白垩世中晚期。

沙县组　K$\hat{s}$　(06-35-0122)

【创名及原始定义】　福建区测队 1966 年创名，命名地点位于沙县城郊(福建区测队，1966a)。系指原“赤石群”下部一套以紫红色粉砂岩为主，含拟节柏 *Frenelopsis* 的地层，其上的紫红色砂砾岩仍称赤石群。原含义为不整合于坂头组之上，假整合于赤石群砂砾岩之下，富含植物 *Frenelopsis* 的紫红色细碎屑沉积，岩性以紫红色泥质粉砂岩为主，间夹中厚层砂砾岩，含长石石英砂岩及薄层凝灰岩、凝灰熔岩，中部局部夹一层几米厚的黄褐色、黄绿色粉砂岩、细砂岩，粉砂岩含钙质。

【沿革】　创名后广为引用，用以代表省内白垩纪红层盆地的一套紫红色细碎屑沉积。福建省石油地质队地层古生物组(1979)曾将宁化禾口盆地沙县组下部含“*T-P-N*”双壳类化石的紫红色粉砂岩夹灰绿色泥岩的地层另划出命名为“禾口组”，而建宁均口盆地红层命名为均口组。福建省地质矿产局(1985)采用了禾口组一名，将其层位置于沙县组之下。本次对比研究认为，禾口组岩石组合特征与沙县组无异，二者皆可互比，禾口组实为沙县组的一部分，根据岩石地层单位划分原则，将禾口组归入沙县组。

【现在定义】　为内陆盆地紫红色细碎屑沉积，岩性以紫红色粉砂岩、泥岩为主，夹砂砾岩、长石石英砂岩及黄绿色粉砂岩、细砂岩、凝灰岩。其底以紫红色粉砂岩与白牙山组呈平行不整合接触，上未见顶。

【层型】　正层型为沙县城北约 3 km 剖面(117°48′，26°26′)(图 4-1)，福建区测队刘金全等于 1966 年实测(图 4-20)，现分层描述如下：

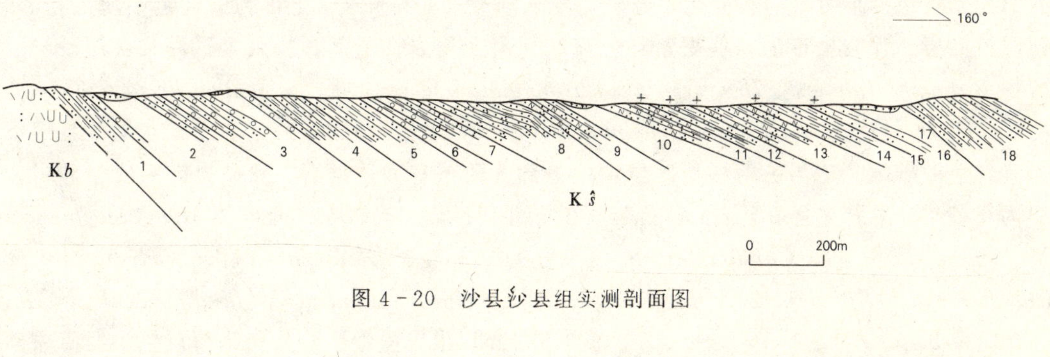

图 4-20　沙县沙县组实测剖面图

沙县组　　　　总厚度 1 181.00 m

18. 紫红色中层含钙质泥质粉砂岩。(未见顶) 169.00 m

17. 浮土掩盖 38.00 m

16. 紫红色中层泥质粉砂岩 17.00 m

15. 暗紫红色中层钙质粉砂岩夹薄层细砂岩，产植物 *Frenelopsis* sp. 7.00 m

14. 暗红、暗紫红色中薄层泥质粉砂岩，下部夹钙质粉砂岩和长石石英细砂岩，产植物 *Frenelopsis* sp. 33.00 m

13. 灰紫色中层含长石石英细砂岩，紫红色中层泥质粉砂岩，底部为黄白色厚层含长石石英细砂岩，产植物 *Frenelopsis* sp. 83.00 m

12. 紫红色中层泥质粉砂岩，底部为钙质粉砂岩，产植物 *Frenelopsis* sp. 38.00 m

11. 灰紫红色中厚层长石石英细砂岩夹紫红色泥质粉砂岩，产植物 *Frenelopsis* sp. 39.00 m

10. 浮土掩盖 51.00 m

9. 紫红、灰紫色中厚层长石石英细砂岩夹长石石英砂岩及泥质粉砂岩 70.00 m

8. 紫红色中层泥质粉砂岩夹中层石英细砂岩 132.00 m

7. 紫红色中层泥质粉砂岩，底部为一层厚 2 m 之砾岩，顶部为薄层凝灰岩 61.00 m

6. 紫红色中层泥质粉砂岩夹紫红色中层长石石英细砂岩，底部为紫红色砾岩 17.00 m

5. 紫红色中层泥质粉砂岩 100.00 m

4. 紫红色中层泥质粉砂岩夹数层紫灰色泥质粗砂岩、砂砾岩 86.00 m

3. 紫红、紫灰色中—厚层砾岩、砂砾岩与紫红色中层泥质粉砂岩互层 89.00 m

2. 紫灰、紫红色中厚层含砾粗砂岩夹紫红色泥质粉砂岩，中部为浮土掩盖 107.00 m

1. 紫红色中层泥质粉砂岩 44.00 m

——————— 平行不整合 ———————

下伏地层：**白牙山组**　紫灰色凝灰熔岩、流纹岩

【地质特征及区域变化】 沙县组分布于政和-大埔断裂带以西的闽西地层小区，主要分布在崇安、沙县、永安、宁化水茜—建宁均口、宁化禾口、连城、上杭、泰宁朱口、龙岩、漳平等盆地，以及零星见于武平、永定、长汀馆前、顺昌张垱堀和建瓯溪口等地，构成 NE、NNE 和 NW 向断陷红色盆地。

沙县组为干燥炎热氧化环境中形成的内陆盆地河、湖相红色碎屑沉积，岩性以紫红色中—厚层粉砂岩、泥质粉砂岩、钙质粉砂岩为主，间夹紫红色砂岩、长石石英砂岩、砂砾岩及灰绿色粉砂岩、泥岩，局部夹有凝灰质粉砂岩、凝灰岩、凝灰熔岩等。砂砾岩之砾石成分复杂，依盆地基底岩性而异。与下伏均口组呈整合接触，二者呈逐渐过渡，或超覆于其他老地层之上。各盆地岩性基本相同，厚度 310 m(永安下渡)～2 634 m(宁化禾口)不等。上杭盆地下部为紫红色厚层复成分砂砾岩、砾岩夹凝灰质砂岩、粉砂岩，上部为紫红色中薄层粉砂岩、钙质粉砂岩、泥岩夹砂岩，偶见紫红色流纹质凝灰熔岩，局部含芒硝、石膏及含铜砂岩。产植物 *Pagiophyllum* sp.，*Brachyphyllum rhombimaniferum*；叶肢介 *Tenuestheria tenuis*；介形类 *Cypris* sp.，*Cypridea*? sp.，*Cyprinodus* sp. 及孢粉等，厚 1 913 m；连城盆地沙县组下部为紫红色砂砾岩、砾岩夹薄层粉砂岩，中上部为薄层粉砂质泥岩、粉砂岩夹钙质粉砂岩，顶部为粉砂岩、泥岩夹含砾砂岩、砂砾岩。在下部粉砂岩、泥岩中产介形类 *Mongolocypris tera*，*M. longa*，*M. bona*，*Candona nitida*，*C. sinensis*；轮藻 *Obtusochara* sp.，*Aclistochara* sp.，*Charites* sp.，*Sphaerochara parvula*，*Euaclistochara mundula*，*Mesochara* sp.，*Maedlerisphaera* sp.；腹足类 *Valvata* sp.，厚 1 529 m。崇安盆地为紫红色中薄层钙、泥质粉砂岩夹厚层砂砾岩，局部地区在顶部粉砂岩中夹灰黑色玄武岩凸镜体及灰绿色凝灰岩，产植物

Pseudofrenelopsis sp.，厚 1 160 m。龙岩红帮下部紫红色粉砂岩中夹一层玻屑凝灰岩，产植物 *Pseudofrenelopsis* sp. 等，厚度大于 1 692.6 m。漳平仓坂中部粉砂岩中夹两层紫红色流纹质角砾凝灰熔岩，顶部为角砾状流纹质凝灰熔岩，厚 455 m。沙县南坑仔下部为紫红色钙质粉砂岩、细砂岩夹厚层含砾粗砂岩，上部为紫红色砂砾岩与含砾砂岩互层，夹钙质粉砂岩、粉砂岩。局部地区夹凝灰岩、凝灰熔岩，产植物 *Pseudofrenelopsis* sp.，厚 880 m。宁化禾口盆地岩性为紫红色粉砂岩、砂岩，下部多夹含砾砂岩、砂砾岩，中上部夹多层灰绿色含钙质粉砂岩、粉砂质泥岩、泥岩。沉积物粒度由下向上变细。中部产丰富的化石，介形类 *Darwinula* sp.，*Eucypris* sp.，*Ziziphocypris* sp.，*Z. simakovi*，*Cypridea*(*Cypridea*)*ninghuaensis*，*C.* (*C.*) *shexianensis*，*Cypridea*(*Bisulcocypridea*) sp.，*Damonella* cf. *extenda*，*Mongolocypris tera*，*M. porrecta*，*Cypridea* sp.，*Candona* sp. 等；叶肢介 *Orthestheria elliptica*，*O. daijiatunensis*，*Sinoestheria semiorbita*，*S. producta*，*Halysestheria guangtongensis*，*H. donghucunensis*，*H. inflata*，*Nemestheria* sp.，*Orthestheriopsis* sp. 等；腹足类 *Galba* cf. *yongkangensis*，*Viviparus* cf. *zhejiangensis*；双壳类 *Plicatounio*(*Plicatounio*)*naktongensis*，*P.* (*P.*) *fujianensis*，*P.* (*P.*) *multiphicatus*，*Trigonioides* (*kumamotoa*) *mifunensis*，*T.* (*K.*) *matsumotoi*；轮藻 *Atopochara trivolvis*，*Mesochara stipitata*，*M. yanbianensis*，*Euaclistochara mundula*，*Amblyochara dongbeiensis*，*A. elliptica*，*Obtusochara* sp.；植物 *Elatocladus* sp.，*Changlingia* sp.，*Cupressinocladus* sp. 等，厚 2 634 m。总之，沙县组各地岩性基本相似，互相可以对比，但西部连城、上杭一带岩性较粗，厚度亦较大，东部沙县、永安一带岩性较细，厚度小。各盆地沙县组上部多为崇安组紫红色砾岩整合所覆。

沙县组所含矿产以蒸发岩类的石膏、钙芒硝为主，局部地区还有含铜砂岩夹层。上杭梯子岭、连城盆地、宁化三坑等地夹有钙芒硝薄层，崇安盆地于钻孔中见二层数十米厚含石膏粉砂岩，上杭盆地下部于钻孔中亦见有含石膏泥岩、粉砂岩夹层。此外，上杭兰田、宁化禾口、严池坑等地夹有似层状、凸镜状含铜砂岩，厚 1 m 左右。连城朋口、坎下、天马、吴坑等地还夹有似层状膨润土及沸石。

上杭盆地沙县组曾做过磁性地层学研究(胡联浩等，1990)，古地磁极性特征显示该盆地沉积时总体处于白垩纪磁静段，沉积时间处于 105～70 Ma，时代为早白垩世晚期至晚白垩世早期。

崇安组　K$\hat{c}$　(06－35－0123)

【创名及原始定义】　李兼海等(1994)创建，以崇安(今武夷山市)一带出露较完整而得名。其含义为：崇安组为盆地封闭期氧化环境形成的河湖相粗碎屑岩建造。岩性为紫红色厚层、巨厚层砂砾岩、砾岩夹细砂岩、粉砂岩，风化后常构成丹霞地貌。底部以紫红色厚层砂砾岩与沙县组含砾砂岩、粉砂岩整合或假整合分界。

【沿革】　前已述及，赤石群源于陈恺(1943)之赤石层，系指不整合于坂头系之上一套河湖相沉积的紫红色砂岩、页岩、砂砾岩。其后，福建区测队(1965)将其改称赤石群，并分为上、下两段。次年，又将下部含化石的紫红色泥质粉砂岩间夹砂砾岩、含长石石英砂岩及薄层凝灰岩另创名沙县组，而其上的紫红色砂砾岩、砾岩仍称赤石群。福建省石油地质队地层古生物组(1979)又将均口盆地红层命名为均口组，将禾口盆地沙县组下部红层称禾口组。显然，“赤石群”历经沿革已与陈恺(1943)所指赤石层(群)原含义大相径庭，且不符合岩石地层单位命名原则，故另建崇安组，代表沙县组之上的一套紫红色厚层砾岩、砂砾岩组合，隶属赤石群上部。福建省区域地层表编写组(1979)、福建省地质矿产局(1985)所称“赤石群”是崇安组的同物异名。

【现在定义】 为陆相红层盆地厚层粗碎屑沉积。岩性为紫红色厚层、巨厚层砂砾岩、砾岩夹中层、薄层细砂岩、粉砂岩，风化后常构成丹霞地貌。其底以紫红色厚层砂砾岩与下伏沙县组中薄层含砾细砂岩、粉砂岩呈整合接触，上未见顶。

【层型】 正层型为武夷山市西南约 11 km 慧宛剖面(117°59′,27°41′)(图 4－1)，福建区测队胡子春等于 1971 年实测(图 4－21)，现分层描述如下：

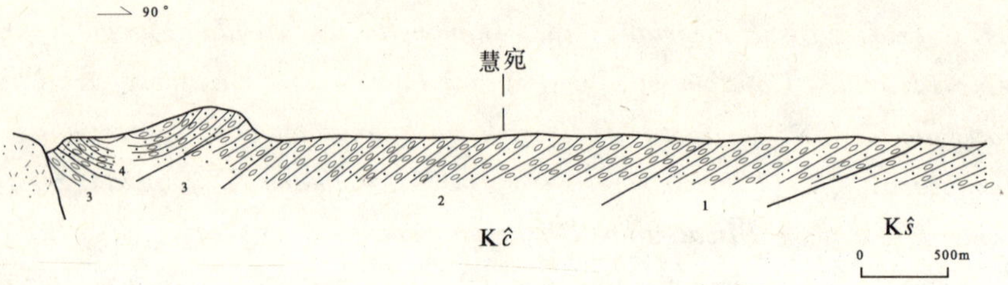

图 4－21 武夷山市慧宛崇安组实测剖面图

崇安组	总厚度 2 015.60 m
4. 紫红色巨厚层砾岩、砂砾岩，夹少量薄层粉砂岩。(未见顶)	133.50 m
3. 紫红色中厚层砂砾岩	303.90 m
2. 紫红色厚层砾岩、砂砾岩	1 103.80 m
1. 紫红色中厚层砂砾岩、砾岩，夹厚—巨厚层含砾细砂岩及薄层砂岩	474.40 m

———————— 整 合 ————————

下伏地层：**沙县组** 紫红色含砾细砂岩夹粉砂岩、砂砾岩

【地质特征及区域变化】 崇安组分布范围与沙县组基本相同，出露于政和-大埔断裂以西的闽西地层小区，主要见于崇安、沙县、永安、连城、泰宁朱口、上杭等红层盆地中。为沙县组之后盆地封闭期沉积，整合或平行不整合覆于沙县组之上，在盆地边缘或直接超覆于其他老地层之上。各地岩性均为紫红色厚层砂砾岩、砾岩夹砂岩、粉砂岩。砾岩、砂砾岩中砾石成分复杂，受基底岩性控制，磨圆度、分选性较差。砂砾岩、砂岩层在横向上常相互相变。岩性坚硬，常形成奇峰陡崖的丹霞地貌。

崇安组各盆地出露岩性差异不大，仅漳平仓板、沙县南坑仔等地夹较多凝灰质砂岩、凝灰质砂砾岩。各地出露厚度自 343 m(永安下渡)～2 015 m(武夷山慧宛)不等，一般为千米左右。时代暂置于晚白垩世。

石帽山群 KŜ (06－35－0124)

【创名及原始定义】 福建区测队(1966)最早创石帽山组，命名地点位于闽清、闽侯、永泰三县接境之石(大)帽山(福建区测队,1966b)，其含义原指南平幅东部一套复杂的紫红色沉积-火山喷发岩系，与下伏“南园组”呈不整合接触，划分为下段英安质熔结凝灰岩、安山岩、凝灰质砂砾岩夹薄层页岩；上段为流纹质凝灰熔岩、流纹岩，底部偶见安山岩，地貌上常组成陡壁，时代归属早白垩世。

【沿革】 石帽山组创名后，福建区测队(1974b)最早将石帽山组改称石帽山群，并进一步划分为下组和上组各分上、下段，从而在省内外广为沿用，时代均置于早白垩世。冯宗帜等(1991)根据永泰、德化地区的调查，又在石帽山群之上划出晚白垩世石牛山组。本次对比研究认为，石帽山群自创名即泛指闽东地区南园组(群)之上的一套紫红色沉积-火山岩系，根据岩石地层单位划分原则，有必要将原石帽山群的下组和上组分别建立黄坑组和寨下组两个正式地层单位，以利于 1∶5 万区调填图及与邻区对比。

【现在定义】 石帽山群为福建东部白垩纪一套厚度巨大的紫红色陆相沉积-火山喷发岩系。岩性以流纹质或英安质熔结凝灰岩、流纹质凝灰熔岩、钾长流纹岩、石英粗面岩及凝灰质砂砾岩、砂泥岩为主，偶夹安山玄武岩，其下与南园群及更老地层呈明显不整合，其上未见顶。自下而上包括黄坑组、寨下组、石牛山组。

黄坑组 K*h* (06-35-0125)

【创名及原始定义】 李兼海等(1994)创建，命名地点位于福清市一都乡之南约 4 km 黄坑村。为石帽山群的进一步划分。黄坑组分为下段紫灰—紫红色凝灰质砂砾岩、砂岩、粉砂岩夹英安质凝灰岩，与下伏南园群及更老地层呈明显角度不整合接触；上段为紫灰、紫红色英安岩、英安质熔结凝灰岩，偶夹流纹岩，底部常见安山玄武岩，其上部被寨下组凝灰质砂砾岩假整合所覆。

【沿革】 原石帽山群下组按岩性多划为下段沉积岩及上段中酸性火山岩两个岩性段，省内外广为沿用。翁世劼等(1987)未进一步划分而统称石帽山群下旋回，冯宗帜等(1991)将本组细分为 3 个岩性段，由此可知，相当于黄坑组的石帽山群下组在进一步划分时尚存在某些分歧。本次对比研究仍基本按福建省地质矿产局(1985)的划分标准，将原称之石帽山群下组命名为黄坑组。

【现在定义】 同原始定义。

【层型】 正层型为福清市黄坑之南公路剖面(119°13′,25°43′)(图 4-1)，该剖面系 1973 年冯宗帜等在开展 1∶20 万福州、福清、南日岛幅区调时实测(图 4-22)，现分层描述如下：

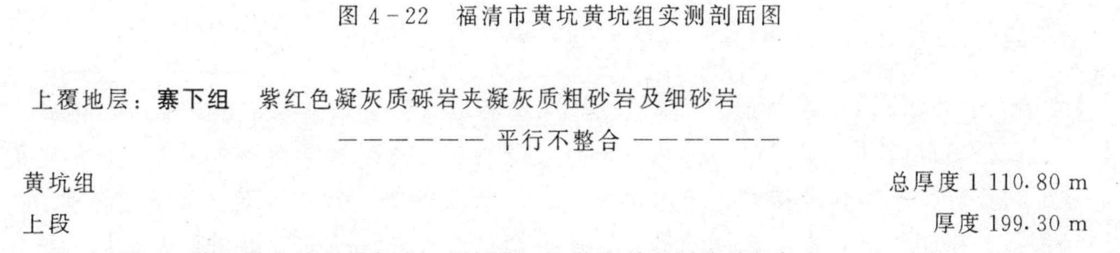

图 4-22 福清市黄坑黄坑组实测剖面图

上覆地层：**寨下组** 紫红色凝灰质砾岩夹凝灰质粗砂岩及细砂岩

——————— 平行不整合 ———————

黄坑组	总厚度 1 110.80 m
上段	厚度 199.30 m
14. 浅紫红色英安质晶玻屑凝灰岩，下部紫红色英安质晶屑熔结凝灰岩	141.70 m
13. 紫红色英安质晶屑凝灰熔岩	57.60 m

WWWWWWW 喷发不整合 WWWWWWW

下段	厚度 911.50 m

12. 灰绿色厚层凝灰质砾岩与凝灰质砂砾岩互层，夹紫红色铁质凝灰质砂岩、灰绿色中

薄层细砂岩及粉砂岩 73.90 m

11. 灰色中厚层凝灰质含砾砂岩夹紫红色凝灰质不等粒砂岩(常过渡为粉砂岩)，底部为一层深灰色厚层凝灰质砾岩 85.60 m

10. 灰带绿色凝灰质粗砂岩与凝灰质含砾粗砂岩互层，夹紫红色粉砂岩，底部为一层凝灰质砂砾岩 121.90 m

9. 灰色凝灰质粗砂岩夹紫红色凝灰质不等粒砂岩 131.20 m

8. 灰白色凝灰质粗中粒砂岩与紫红色凝灰质细砂岩互层，底部夹一层灰白色叶蜡石化玻屑凝灰岩 71.70 m

7. 灰色凝灰质中粒砂岩夹紫灰色凝灰质细砂—粉砂岩，底部为一层浅灰色英安质玻屑凝灰岩 72.10 m

6. 灰色英安质晶屑玻屑凝灰岩 31.50 m

5. 灰白色凝灰岩与灰紫色凝灰质粉砂岩互层夹灰色沉凝灰岩 56.30 m

4. 紫灰、灰色英安质晶屑玻屑凝灰岩 75.50 m

3. 灰色中厚层中细粒凝灰质砂岩，向上渐变为中薄层凝灰质细砂岩 25.70 m

2. 深灰色凝灰质砂砾岩与凝灰质含砾粗砂岩互层，夹紫红色凝灰质细砂岩，局部夹凝灰质砾岩 99.10 m

1. 深灰色厚层凝灰质角砾岩与凝灰质砂砾岩互层 67.00 m

~~~~~~~~~~ 不 整 合 ~~~~~~~~~~

下伏地层：赤水组　灰紫色辉石安山岩

【地质特征及区域变化】　黄坑组分布于闽东地层小区，尤以永泰云山—福州五虎山、平和灵通山及福鼎碘厂等地发育，多出露于喷发盆地边缘，各盆地岩性相对较为稳定，但地层厚度变化较大。下段以紫红色凝灰质砾岩、砂砾岩为主夹数量不定的砂岩、粉砂岩，除松溪—宁德NW向盆地未见出露外，各地均较稳定，其中闽侯白湖岭、莆田利坪产有叶肢介 *Yanjiestheria* 群，福鼎碘厂产植物 *Ruffordia*－*Onychiopsis* 组合和 *Brachyphyllum* sp.，*Cupressinocladus* sp.，*Mania parceramosa* 等，除此尚有叶肢介、鱼类，与下伏地层不整合接触关系清楚，厚度自数十米至911.5 m(福清黄坑)不等；上段以紫红、紫灰色英安质(熔结)凝灰岩为主，局部有少量流纹质(熔结)凝灰岩，底部偶有安山玄武岩(永泰寨下、莆田屋里)，其厚度自百余米至1 552.5 m(福鼎碘厂)不等。永泰寨下玄武岩K－Ar同位素年龄值为113.2 Ma。时代属早白垩世中晚期。

本组出露完整的盆地以平和灵通山地层厚度最大，达1 835.6 m，其次为云山盆地南侧莆田岐西，总厚1 318.6 m。

寨下组　**K$\hat{z}$**　(06－35－0126)

【创名及原始定义】　李兼海等(1994)创建，命名地点位于永泰县之南约15 km岭路乡寨下村。为石帽山群的进一步划分。分为下段紫红色凝灰质砂砾岩、粉砂岩、泥岩，偶夹英安岩，与下伏黄坑组呈假整合接触；上段为紫灰、灰绿色流纹(斑)岩、流纹质凝灰熔岩、钾长流纹岩、石英粗面岩，偶夹凝灰质粉砂岩，底部偶见玄武岩，其上为晚白垩世石牛山组凝灰质砂砾岩假整合覆盖。

【沿革】　原石帽山群上组多数地质工作者均划分为下段以沉积岩为主和上段以酸(偏碱)性火山岩为主的两个岩性段，省内外划分标准基本一致。翁世劼等(1987)则统称为石帽山群上旋回。经冯宗帜等(1991)研究，除将原石帽山群上组上部划分出石牛山组外，并进一步
~~~~~~~~~~

细分为两个组(石帽山群中组及上组)共7个岩性段。本书认为，根据陆相火山岩地层划分宜粗不宜细的原则，按福建省地质矿产局(1985)划分标准，寨下组仍以划为两个岩性段较好，便于野外1:5万地质填图掌握使用，与原称之石帽山群上组为同物异名。

【现在定义】 同原始定义。

【层型】 正层型为永泰县寨下—柄湾尾剖面(118°58′,25°43′)(图4-1)，系1974年边绍志等开展1:20万德化幅区调时实测(图4-23)，现分层描述如下：

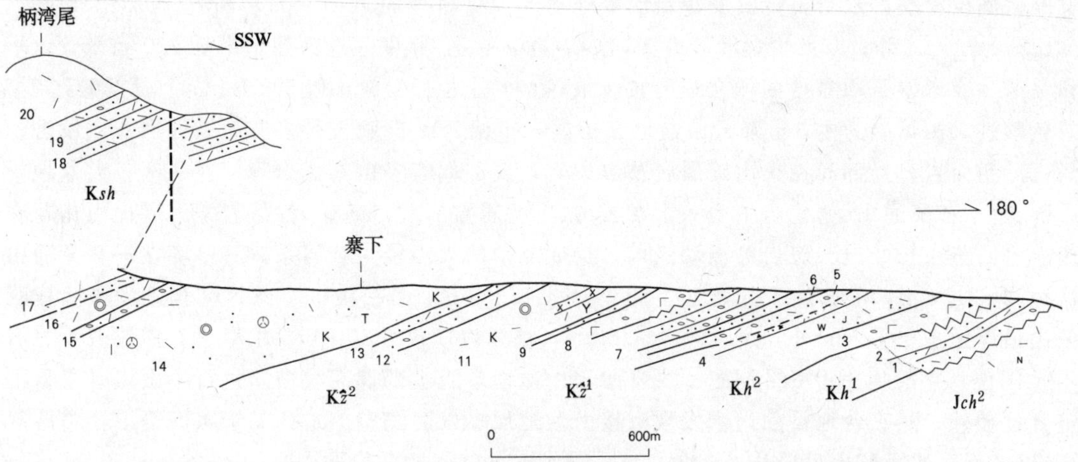

图4-23 永泰县寨下—柄湾尾寨下组实测剖面图

上覆地层：**石牛山组** 紫红色凝灰质粉砂岩、含砾砂岩夹薄层熔结凝灰岩及椒盐状岩

——————— 平行不整合 ———————

寨下组 总厚度1 072.40 m

上段 厚度905.80 m

16. 灰紫色流纹岩，流纹构造清晰，含少量石英、钾长石斑晶，上部具石泡构造，大小5～10 cm，地貌上形成陡壁 109.50 m
15. 上部灰绿色沉凝灰岩，下部紫灰色凝灰质砂砾岩 22.40 m
14. 上部紫灰色球粒、石泡流纹岩，中下部紫灰、肉红色钾长流纹岩夹石英粗面岩 432.00 m
13. 灰白、黄绿色厚层凝灰质砂岩 5.00 m
12. 灰白色流纹质玻屑凝灰岩 43.50 m
11. 上部灰白、紫灰色珍珠状石泡流纹岩，中部紫灰色钾长流纹岩，下部紫灰色球粒流纹岩及石英斑岩(钾长流纹岩全岩K-Ar同位素年龄值为106.8 Ma) 194.00 m
10. 紫灰色英安岩 18.30 m
9. 紫红色粉砂岩 2.70 m
8. 深灰、紫灰色玄武岩、安山玄武岩夹紫灰色粉砂岩，玄武岩具气孔杏仁构造，最大直径50 mm，多充填方解石、玉髓、绿泥石，基质中偶见磁铁矿、橄榄石、斜顽辉石 78.40 m

WWWWWWWW 喷发不整合 WWWWWWWW

下段 厚度166.60 m

7. 紫红、紫灰色凝灰质粉砂岩与厚层砂砾岩互层 132.80 m
6. 紫红色粉砂岩 17.60 m
5. 紫红色凝灰质含砾粗砂岩、砂砾岩夹粉砂岩 16.20 m

——————— 平行不整合 ———————

下伏地层：**黄坑组**　灰白、紫灰色流纹质火山角砾岩，角砾成分复杂，含量约 30%

【地质特征及区域变化】　寨下组分布于闽东地层小区，主要构成平和灵通山、永泰云山—福州五虎山和福鼎碘厂 3 个喷发区和松溪—宁德一个 NW 向喷发带，其余皆零星散露，一般呈较大面积出露于盆地中心，除松溪—宁德一带串珠状 NW 向盆地多直接与下伏各老地层喷发不整合接触外，各盆地均为黄坑组的继承性沉积-喷发盆地，其岩性及厚度相对变化较大。下段以紫红色凝灰质砂砾岩及粉砂岩为主，各地偶夹不等量的泥岩、凝灰岩及英安岩。平和安厚、闽侯滑溪，永泰葛岭及罗源新沃等地均产少量植物 *Manica* sp.，*Brachyphyllum* sp.，*Nageiopsis* sp. 等；亦见少量叶肢介 *Yanjiestheria* sp.，厚度一般为数十米至 200 余米，以平和灵通山及永泰云山盆地南侧之福清黄坑最厚，分别达 436.6 m 和 592.4 m；上段以紫红、紫灰色酸性火山熔岩为主，永泰云山盆地及松溪—宁德 NW 向喷发带多有偏碱性钾长流纹岩及(石英)粗面岩，局部尚夹火山碎屑岩及沉积岩，底部偶有安山玄武岩等。在一些较大盆地中心部位(平和灵通山、德化石牛山—永泰云山、宁德霍童)，酸(偏碱)性熔岩常为潜火山相花岗斑岩、石英正长(二长)斑岩等涌动侵入，构成复杂的火山侵入杂岩系。其厚度在平和灵通山盆地为 921.4 m，在永泰云山盆地达 801.5～1 175.8 m，而松溪—宁德 NW 向喷发带除建瓯仁山最厚达 1 697.7 m 外，余者 300～700 m，福鼎碘厂仅 230.1 m。永泰寨下钾长流纹岩 K-Ar 同位素年龄值为 106.8 Ma。此外，除云山盆地本组上部偶有晚白垩世石牛山组呈平行不整合覆盖外，其它各地目前尚未发现直接上覆地层。发育完整的地区见于永泰寨下，总厚度 1 072.4 m，建瓯仁山最厚达 2 022.7 m。时代属早白垩世中晚期。

石牛山组　K*sh*　(06-35-0127)

【创名及原始定义】　冯宗帜等(1991)从原石帽山群上组上部划出新建，命名地点位于德化县南埕乡之东约 9 km 与水口乡交界的石牛山。原义所指岩性以紫红色为特征，下段以紫红色砂砾岩、凝灰质粗砂岩为主，向上为紫红色凝灰质砂岩及粉砂岩互层，与下伏石帽山群呈明显不整合接触；上段为火山碎屑流相熔结凝灰岩夹喷溢相流纹岩薄层，顶部发育较厚的侵出相粒状碎斑熔岩，时代为晚白垩世。

【沿革】　由于该地层分布局限，创名后没有人使用，在以往文献中，均将石牛山组归属原石帽山群上组上部。本次研究认为，石牛山组的创立符合岩石地层单位划分要求，时代及层位关系清楚，岩性分界较明显，故建议采用。

【现在定义】　为福建东部一套紫红色沉积-火山喷发岩系。岩性分为下段紫红色凝灰质砂砾岩、粉砂岩、泥岩；上段为紫灰色流纹质熔结(角砾)凝灰岩夹流纹岩及薄层凝灰质粉砂岩。与下伏寨下组火山熔岩呈平行不整合接触，与上覆地层接触关系不明。

【层型】　正层型为仙游县象溪菜溪剖面(118°40′,25°33′)(图 4-1)，系 1988 年李进堂等对福建永泰—德化地区火山地质及火山岩含矿性调研时实测(图 4-24)，现分层描述如下：

石牛山组	总厚度 1 151.50 m
上段	厚度 948.00 m
18. 紫灰色流纹质熔结凝灰岩，上部为潜火山相碎斑熔岩侵入	21.00 m
17. 火山玻璃岩(珍珠岩)	6.00 m
16. 紫灰色流纹质弱熔结凝灰岩	59.00 m
15. 紫色流纹质强熔结凝灰岩	105.00 m
14. 紫色流纹质弱熔结凝灰岩	49.00 m

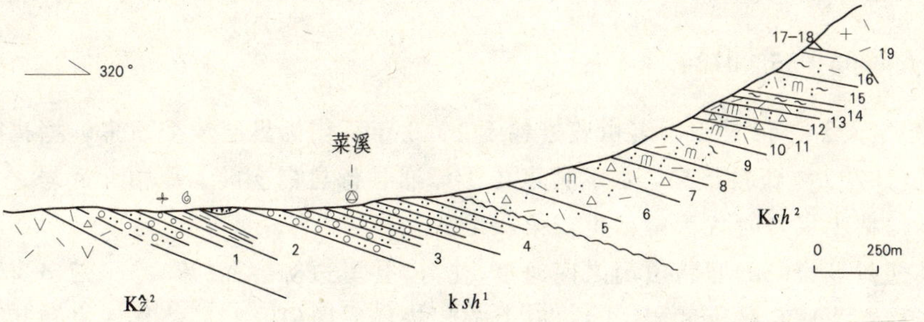

图 4-24　仙游县莱溪石牛山组实测剖面图

13. 灰绿色层状凝灰岩	57.00 m
12. 紫红色流纹质角砾熔结凝灰岩	39.00 m
11. 灰色层状角砾凝灰岩夹凝灰质粉砂岩	32.00 m
10. 紫色流纹质弱熔结凝灰岩，顶部有 20～50 cm 厚的凝灰岩	65.00 m
9. 紫红色流纹质强熔结凝灰岩	140.00 m
8. 紫色流纹质弱熔结凝灰岩	80.00 m
7. 灰绿色角砾凝灰岩	100.00 m
6. 紫色流纹质角砾熔结凝灰岩	150.00 m
5. 紫灰色流纹质集块角砾凝灰岩	45.00 m

WWWWWWW 喷发不整合 WWWWWWW

下段　　厚度 203.50 m

4. 紫红色凝灰质粉砂岩夹灰黑色粉砂岩、页岩，产孢粉 *Classopollis annulatus*，*C. classoides*，*C. parrus*，*Schizaeoisporites certus*，*Exesipollenites subsptumulus*，*Ephedripites viesenensis*，	83.00 m
3. 杂色凝灰质含砾砂岩、砂砾岩	56.00 m
2. 灰黑、紫红色薄层石英细砂岩、泥岩，产叶肢介 *Yanjiestheria* sp.，*Orthestheria* sp.；植物 *Manica* cf. *parceramosa*，*Pagiophyllum* sp.，*Otozamites* sp.，*Frenelopsis* sp.	17.00 m
1. 紫红色巨厚层凝灰质砾岩及粉砂岩夹凝灰质砂岩	47.50 m

——————— 平行不整合 ———————

下伏地层：**寨下组**　灰白色流纹质含砾晶屑凝灰岩

【地质特征及区域变化】　石牛山组仅零星见于闽东地层小区德化石牛山、永泰坵演及闽侯尚干等地，总面积约600多平方公里，各地出露岩性相近。仙游莱溪本组下段紫红、灰黑色粉砂岩、泥岩中产孢粉，以裸子植物为主(72.5%)，蕨类植物次之，伴有相当数量(14%)的隐孔粉；植物化石多见 *Manica* cf. *parceramosa*，*Frenelopsis* sp.，另有叶肢介 *Yanjiestheria* sp.，*Orthestheria* sp. 等；上段多以紫红色流纹质熔结凝灰岩为主，有时夹较多的流纹岩或凝灰熔岩，上部常见被潜火山岩侵入或相互过渡，局部出现偏碱性含钠铁闪石流纹岩或钾长流纹岩、珍珠岩和沉积岩夹层。闽侯尚干五虎山本组上段钾长流纹岩及熔结凝灰岩 Rb－Sr 全岩等时线年龄值为 91±5 Ma，永泰坵演弱熔结凝灰岩 Rb－Sr 全岩等时线年龄值为 88 Ma，德化枣坑等地潜火山相钾长花岗斑岩 K－Ar 同位素年龄值为 77.8～78 Ma，永泰寨下—柄湾尾上段流纹岩 Rb - Sr 全岩等时线年龄值为 104.1 Ma，K - Ar 年龄值为 107.8 Ma。地层总厚度 1 151.5～1 911.5 m 不等，其上未见与晚第三纪佛昙组直接接触，关系不明。时代属晚白垩世。

佛昙组　N*f*　(06 - 35 - 0128)

【创名及原始定义】　佛昙组一名由殷维翰于 1946 年所创佛昙层演变而来，据福建省地质局 304 地质队(1970)① 资料报导，命名地点位于漳浦县佛昙白土岭。原指玄武岩之下、花岗岩之上的砂砾、粘土层，时代为鲜新世或第四纪。

【沿革】　侯德封等(1935)曾将厦门之南海澄(龙海)县海边柳会社(流会)一带出露于花岗岩之上的玄武岩称之为柳会社玄武岩。1∶100 万福州幅地质图(1962)则将玄武岩和其下的砂砾、粘土层合称为佛昙群，时代定为上新世。此外，在福建内地，福建区测队(1966a)首先把明溪一带出露的玄武岩和其上之砂砾岩、泥岩夹玄武岩亦称佛昙群，福建省 304 地质队(1970)①进一步划分为下部大洋窠组和上部雪峰组，郑芬(1989)又将其合称明溪组以替代佛昙群，时代置于早更新世，佛昙群(组)在省内的划分较为混乱。福建省地质矿产局(1985)总结上述资料后，统一将全省称为佛昙群，并分为下、中、上三部分，下部为砂砾岩、砂页岩，中部为玄武岩夹砂砾岩，上部为砂砾岩、砂页岩夹玄武岩，时代归属晚第三纪。本次对比研究认为，佛昙组一名沿用已久，知名度高，主体为玄武岩，沿海地区玄武岩之下有砂砾岩、粘土岩，内地玄武岩之上有砂砾岩、泥岩，按岩性特征可明显分出三部分，故建议继续使用佛昙组一名。

【现在定义】　划分为下段浅灰绿、棕黄色砂砾岩、粗砂岩夹砂泥岩、油页岩；中段为深灰、灰黑色致密块状玄武岩；上段为黄褐、灰黑色砂砾岩、砂泥岩夹玄武岩、泥炭层。与下伏地层亲营山组呈不整合接触，其上为第四纪松散沉积物掩盖。

【层型】　创名时未指定标准剖面，选层型为龙海县流会剖面(118°08′，24°16′)(图 4 - 1)，该剖面系许雄壮等 1975 年实测(图 4 - 25)，现分层描述如下：

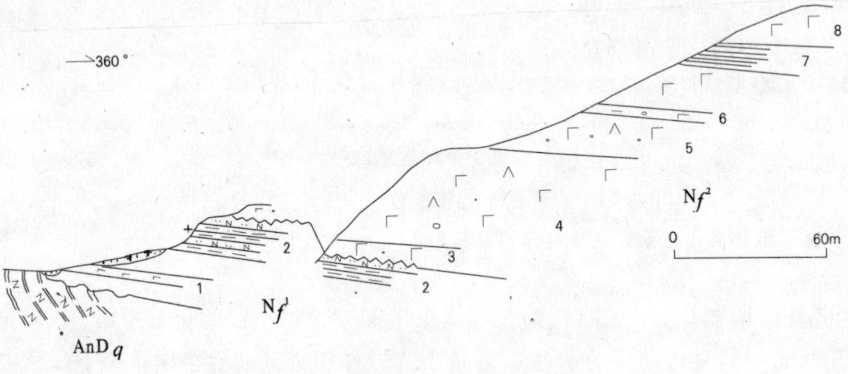

图 4 - 25　龙海县流会佛昙组实测剖面图

佛昙组	总厚度 110.50 m
中段	厚度 94.90 m
8. 灰黑色拉斑玄武岩，具球状风化	12.40 m
7. 桔黄、紫红色薄层杂砂岩、细砂岩	7.10 m

① 福建省地质局 304 地质队，1970，福建佛昙群地层矿产初步报告(油印稿)。

6. 灰黑色粗玄岩，致密块状　16.20 m

5. 灰黑色含杏仁体橄榄玄武岩，顶部为紫灰色含气孔状玄武岩　20.50 m

4. 灰黑色含橄榄石玄武岩　34.10 m

3. 灰黑色含杏仁体玄武岩　4.60 m

WWWWWWW 喷发不整合 WWWWWWW

下段　厚度 15.60 m

2. 灰黑色泥岩、碳质页岩夹不等粒长石石英砂岩，碳质页岩产丰富植物化石 *Ficus* sp.，*Litsea* sp.，*Quersus* sp.，*Cinnamomum* sp.，*Gymnocladus miochinensis*　7.70 m

1. 浮土掩盖，偶见 0.4 m 厚的玄武岩，香山地区为凝灰质砂砾岩　7.90 m

～～～～～～ 不 整 合 ～～～～～～

下伏地层：**亲营山组**　灰白色条痕状混合质长石变粒岩

注：内地发育有上段，岩性为砾岩、砂砾岩及砂泥岩偶夹褐煤和薄层玄武岩。上段在明溪雪峰厚达 68.0 m。

【地质特征及区域变化】　佛昙组主要分布于福建沿海漳浦、龙海、金门岛一带，内地极零星散见于闽清及其西南、屏南泝下、明溪城关、盖洋、宁化下埠村、泰宁邱洪等地，总面积约 300 km^2。除沿海呈 NE 向带状出露面积较大外，内地多孤立散布，单个地质体面积常不超过 5 km^2。佛昙组玄武岩及其上下岩层以其独特的岩性与下伏地层易于划分，两者呈不整合接触，区域分布相对稳定。但沿海仅发育下段和中段，下段砂砾岩、砂泥岩中常夹泥炭层及油页岩，偶夹薄层玄武岩、琥珀、黄铁矿结核，中段玄武岩多具气孔、杏仁构造，常为粗玄岩和拉斑玄武岩。内地仅发育中段和上段，中段玄武岩碱性程度略高，多为橄榄玄武岩，上段砾岩、砂砾岩及砂泥岩偶夹褐煤和薄层玄武岩。漳浦地区下段和明溪地区上段沉积岩中均产植物化石，孢粉组合以被子植物花粉占绝对优势。玄武岩 K－Ar 同位素年龄值，龙海港尾和漳浦后陈山分别为 17.1 和 16.6±0.3 Ma，漳浦烟墩仅为 1.48±0.03 Ma，明溪地区一般为 1.5～5.2 Ma，地层时代主要属中—上新世，局部可能延续至早更新世。佛昙组厚度各地变化较大，下段以漳浦下美钻孔为厚，达 72.3 m，中段在明溪大洋窠达 716.5 m，上段以明溪雪峰发育，厚达 68.0 m。

第二节　生物地层概况及年代地层

(一) 晚三叠世—中侏罗世生物组合及其特征

福建晚三叠世—中侏罗世主要为陆相沉积，仅晚三叠世晚期及早侏罗世闽西南局部地区偶有海相沉积。地层分布零星，岩性、岩相变化大，生物化石亦较贫乏。在以往的地质工作中，众多研究者对其中的生物化石作过不同程度的研究，为生物地层学研究积累了较丰富的资料。本书根据前人研究成果，对各门类生物组合及其特征作简要论述。

晚三叠世—中侏罗世地层所产化石有植物、双壳类、叶肢介、介形类及菊石等。各门类主要化石在地层中的分布(图 4-26)及其组合特征分述如下：

植物

植物化石分布较广，在大坑村组、文宾山组、焦坑组、梨山组、漳平组以及下村组和藩坑组的陆相夹层中均有见及。其中尤以大坑村组、文宾山组、焦坑组、梨山组为多见，漳平

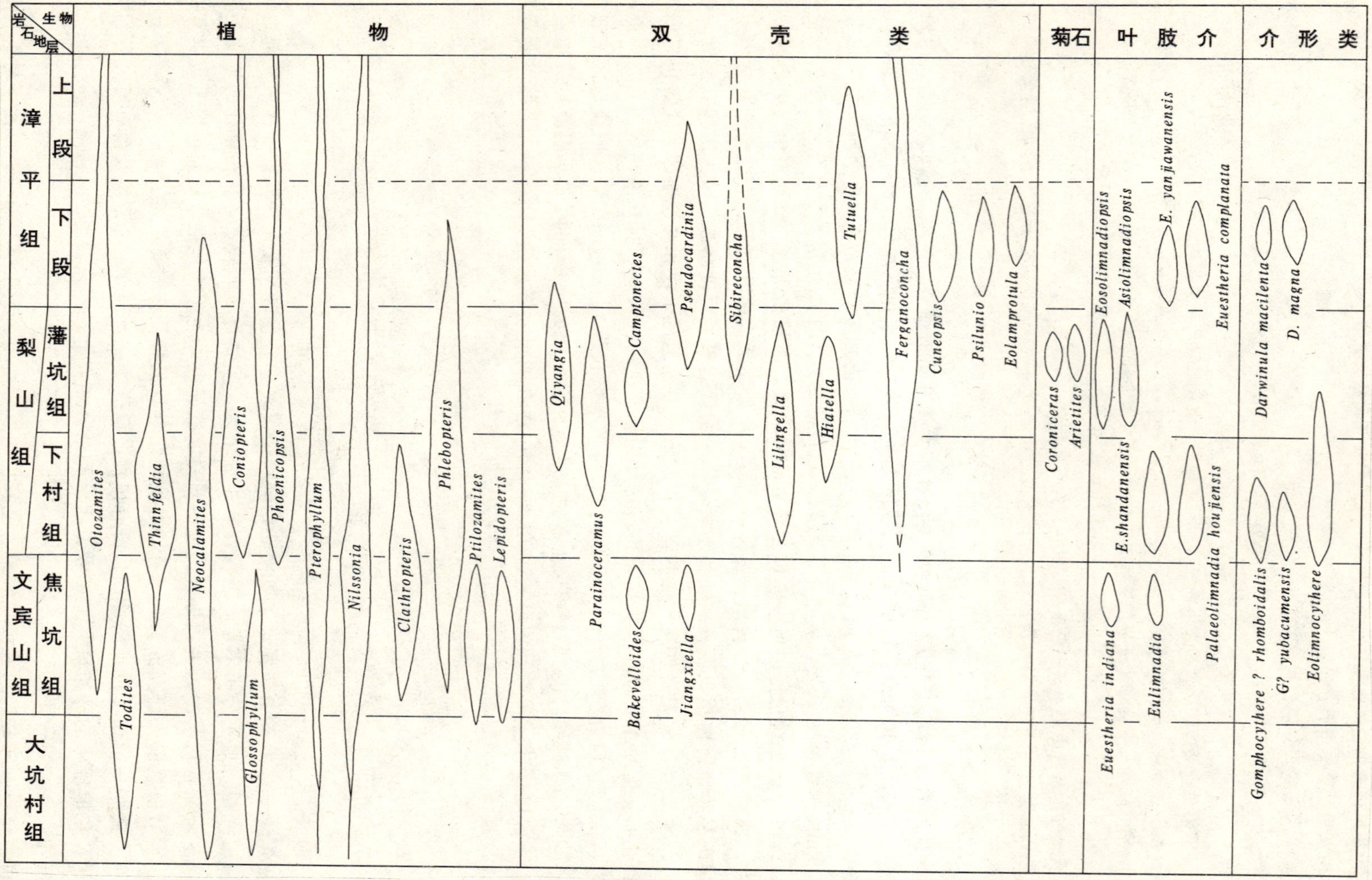

图 4-26　福建晚三叠世—中侏罗世主要生物分布图

组、下村组和藩坑组则较稀少(表4-3)。根据植物化石在纵向上的分布,属种的分异度和丰度,由下而上可划分如下3个组合:

①*Glossophyllum-Todites* 组合

本组合为福建省地质矿产局(1985)所建,常见分子有:*Thallites* sp.,*Selaginellites* sp.,*Equisetites multidentatus*,*Neocalamites carrerei*,*N. carcinoides*,*Todites shensiensis*,*Cladophlebis kaoiana*,*Dictyophyllum nilssoni*,*Pterophyllum aequale*,*P. subaequale*,*P. astartense*,*Anomozamites nitida*,*A. minor*,*A. major*,*Nilssonia orientalis*,*Ctenis* sp. *Baiera elegans*,*B. minuta*,*B.* cf. *muensteriana*,*B. guilhaumati*,*Sphenobaiera spectabilis*,*Glossophyllum*? *shensiense*,*Podozamites lanceolatus*,*Cycadocarpidium erdmanni*,*Taeniopteris obliqua*,*T.* cf. *groenlandica*,*Cycadolepis corrugata*,*Carpolithus* sp. 等。

该组合特征是裸子植物苏铁类较为丰盛,属种的分异度和丰度较高,蕨类植物次之,银杏类植物开始繁盛。并出现松柏类分子,但其属种单调且贫乏。此外,尚有个别苔藓植物 *Thallites* sp.。总之,出现该组合中的分子如 *Neocalamites*,*Dictyophyllum*,*Pterophyllum*,*Anomozamites*,*Nilssonia*,*Podozamites* 等多是晚三叠世常见的分子,其中较重要的有 *Cycadocarpidium*,*Glossophyllum*?等。尚未出现 *Lepidopteris ottonis*,*Ptilozamites chinensis*,*Danaeopsis fecunda* 等属 *Lepidopteris-Ptilozamites* 组合中的特征分子。

本组合主要发育于大坑村组,其中大部分分子可向上延续到文宾山组、焦坑组,少量延至梨山组。

②*Lepidopteris-Ptilozamites* 组合

本组合为周统顺(1978)所命名。出现于本组合的蕨类植物有有节类 *Equisetites multidentatus*,*Neocalamites carrerei*,*N. carcinoides*,*Annulariopsis* sp.,*Radicites* sp.;真蕨类 *Danaeopsis fecunda*,*D.* cf. *marantacea*,*Marattiopsis muensteri*,*Pecopteris*(*Asterotheca*)*cottoni*,*P. concinna*,*Todites denticulata*,*T. princeps*. *T. goeppertianus*,*T. recurvatus*,*Phlebopteris brauni*,*P.* cf. *polypodioides*,*P. angustiloba*,*Cladophlebis raciborskii*,*C. nebbensis*,*C. ichunensis*,*C. heterophylla*,*Dictyophyllum nathorsti*,*D. exile*,*D. japonicum*,*D. nilssoni*,*Clathropteris meniscioides*,*C. platyphylla*,*Thaumatopteris* cf. *elongata*,*Hausmannia*(*Protorhipis*)*leeiana*,*Goeppertella* sp.;裸子植物有种子蕨类 *Lepidopteris ottonis*,*Ptilozamites chinensis*,*P. nilssoni*,*Thinnfeldia rhomboidalis*,*Pachypteris lopingensis*;开通类 *Sagenopteris* sp.;苏铁类 *Pterophyllum aequale*,*P. subaequale*,*P. nathorsti*,*P. ptilum*,*P. bavieri*,*P. exhibens*,*P. sinense*,*P. ctenoides*,*P. astartense*,*P. pinnatifidum*,*P. schenki*,*P. jaegeri*,*Anomozamites inconstans*,*A. nitida*,*A. minor*,*A. major*,*A. loczyi*,*A. giganteus*,*A. hartzi*,*Otozamites goeppertianus*,*Sinoctenis calophylla*,*S. breuis*,*Zamites truncatus*,*Nilssonia acuminata*,*N. pterophylloides*,*N. compta*,*N. princeps*,*N. linearis*,*N. brevis*,*N.* cf. *furcata*,*N. orientalis*,*N. cycadea*,*Mironeura dakengensis*,*Ctenis chaoi*,*C. anomozamioides*,*C. japonica*,*Anthrophyopsis crassinervis*,*Ctenozamites sarrani*,*C. ptilozamioides*,*C. cycadea*,*Drepanozamites nilssoni*,*D. chinensis*;银杏类 *Baiera minuta*,*B.* cf. *muensteriana*,*B. multipartita*,*B. guilhaumati*,*Sphenobaiera spectabilis*,*Glossophyllum*? *shensiense*;松柏类 *Stachyotaxus elegans*,*Podozamites lanceolatus*,*P. schenki*,*Cycadocarpidium erdmanni*;形态属 *Taeniopteris tenuinervis*,*T. pingshiangensis*,*T. obliqua*,*T. immersa*,*T. lanceolatus*,*T. abnormis*,*T. groenlandica*。

本组合是 *Glossophyllum-Todites* 组合的继续和发展,不论是植物属种,还是个体的丰度都

表 4-3 福建大坑村组—梨山组植物化石分布表

植物分子		分布范围	大坑村组	文宾山组	焦坑组	梨山组
苔藓植物		*Thallites* sp.	●			
蕨类植物	石松类	*Selaginellites* sp.	●			
	有节类	*Equisetites multidentatus*	●	●		●
		E. ferganensis				●
		E. guojiadianensis				●
		Neocalamites carrerei	●	●	●	●
		N. carcinoides	●	●	●	
		Annulariopsis sp.		●		
		Radicites sp.		●		●
	真蕨类	*Danaeopsis fecunda*		●		
		D. cf. *marantacea*		●		
		Marattiopsis muensteri		●		
		Pecopteris (Asterotheca) cottoni		●		
		Pecopteris concinna		●		
		Todites goeppertianus	●	●	●	●
		T. shensiensis	●			
		T. denticulata		●		●
		T. princeps		●		
		Phlebopteris brauni		●		
		P. cf. *polypodioides*		●		
		P. sp.				●
		P. angustiloba		●		
		Cladophlebis raciborskii		●		●
		C. ichunensis		●		
		C. nebbensis		●		
		C. kaoiana	●		●	
		C. cf. *raciborskii*	●	●		
		C. shansiensis				●
		C. cf. *kaoiana*				●
		C. haiburensis				●
		Dictyophyllum exile	●	●	●	●
		D. nathorsti	●	●	●	●
		D. nilssoni	●	●	●	●
		D. muensteri			●	●
		Clathropteris meniscioides	●	●	●	●
		C. platyphylla	●	●		
		C. polygona			●	
		Thaumatopteris fujianensis				●
		T. cf. *elongata*		●		
		T. brauniana				●
		Hausmannia (Protorhipis) leeiana		●		●
		H. sp.		●	●	●
		Goeppertella sp.	●	●	●	
		Spiropteris sp.		●	●	●
		Coniopteris hymenophylloides				●
		C. tatungensis				●
		C. cf. *szeiana*				●
		C. sp.				●
	种子蕨	*Lepidopteris ottonis*	●	●		
		Ptilozamites chinensis		●	●	
		P. nilssoni	●	●		
		Thinnfeldia rhomboidalis		●		●
		T. sp.				●
		Pachypteris lopingensis		●		
		P. sp.		●		
	开通类	*Sagenopteris* sp.		●		●
	苏铁类	*Pterophyllum aequale*	●	●	●	
		P. subaequale	●	●		
		P. nathorsti		●		●
		P. ptilum		●	●	
		P. bavieri		●	●	
		P. exhibens		●		
		P. sinense	●	●		
		P. ctenoides		●		
		P. astartense	●	●		
		P. pinnatifidum		●		
		P. schenki		●		
		P. jaegeri		●		
		P. sp.	●	●		●
		Anomozamites inconstans		●		
		A. nitida	●	●		
		A. minor	●	●	●	
		A. major	●	●		
裸子植物	苏铁类	*A. loczyi*		●		
		A. giganteus		●		
		A. sp.				●
		Otozamites goeppertianus		●		●
		O. bengalensis				●
		O. minor				●
		O. sp.				●
		Ptilophyllum sp.		●		
		Zamites truncatus		●		
		Z. sinensis			●	●
		Sinoctenis calophylla		●		
		S. breuis		●		
		Nilssonia acuminata		●		●
		N. pterophylloides		●		●
		N. compta		●		
		N. princeps		●		
		N. linearis		●		●
		N. brevis	●	●		
		N. orientalis	●	●		●
		N. cf. *furcata*		●		
		N. gigantea				●
		Ctenis chaoi		●		
		C. japonica		●		
		C. anomozamioides		●		
		C. chinensis				●
		C. sp.	●			
		Pseudoctenis sp.		●	●	
		Anthrophyopsis crassinervis		●		
		A. venulosa			●	
		Ctenozamites sarrani		●		
		C. ptilozamioides		●		
		C. cycadea		●		
		Drepanozamites nilssoni		●		
		D. chinensis		●		
	银杏类	*Ginkgoites* cf. *marginatus*				●
		G. cf. *obovata*		●		
		G. sp.				●
		Baiera elegans	●			
		B. minuta	●	●		
		B. cf. *muensteriana*	●	●		
		B. guilhaumati	●	●	●	●
		B. multipartita		●		●
		B. cf. *gracilis*				●
		B. longifolia				●
		Sphenobaiera spectabilis	●	●		
		S. longifolia				●
		S. sp.				●
		Glossophyllum shensiense	●	●	●	●
		Phoenicopsis sp.				●
		P. angustifolia				●
		Czekanowskia sp.				●
		C. rigida				●
	松柏类	*Stachyotaxus elegans*		●		
		Podozamites lanceolatus	●	●	●	●
		P. schenki		●	●	
		P. distans				●
		Cycadocarpidium erdmanni	●	●	●	●
		Elatocladus sp.				●
	形态属	*Taeniopteris tenuinervis*		●		
		T. obliqua	●	●		
		T. immersa		●		
		T. cf. *lanceolatus*		●		
		T. cf. *abnormis*		●		
		T. cf. *groenladica*	●	●		
		T. richthofeni			●	
		T. sp.	●			●
		Cheirolepis? sp.	●			●
		Cycadolepis corrugata	●			
		C. johanssoni		●		
		Strobilites sp.		●		
		Williamsonia sp.		●		
		Carpolithus sp.	●	●		
		Conites sp.		●		

极为丰富多采，以裸子植物中的苏铁类植物极为繁盛，构成本组合的主体。其中又以本内苏铁最为丰富，其次是银杏类及种子蕨类植物。蕨类植物中以真蕨类双扇蕨科分子最为发育，此外，有节类亦很繁盛，其中大部分为前一组合之上延分子。本组合中出现的种子蕨类 *Lepidopteris ottonis*，*Ptilozamites chinensis*，以及真蕨类座莲蕨科的 *Danaeopsis fecunda* 等分子并达到鼎盛，为本组合增添新的色彩，也是本组合的显著特征。

本组合与欧洲晚三叠世瑞替期植物面貌和越南鸿基煤系的植物化石组合相似。*Danaeopsis fecunda* 是最早发现于瑞典 Scania 瑞替期的重要化石，*Goeppertella* 最先发现于越南鸿基植物群中，*Lepidopteris ottonis* 和 *Ptilozamites nilssoni* 是东格陵兰、瑞典、德国等地晚三叠世瑞替期常见的最重要分子或带化石，*Pterophyllum ptilum* 是东格陵兰 *Lepidopteris* 带的重要分子，*Drepanozamites nilssoni*，*Anthrophyopsis crassinervis* 等是东格陵兰鳞羊齿带的分子。它们一般被认为是晚三叠世瑞替期的重要植物。此外，*Mironeura* 的出现，亦为本植物组合增添了新的内容。银杏类植物主要为一些较小的细裂片型的 *Baiera* 之叶部印痕，叶子形态变化不大。松柏类植物较为单调，最常见的有 *Podozamites* 和 *Cycadocarpidium erdmanni*，后者也是格陵兰、瑞典、日本、越南晚三叠世的重要分子。总之，本植物组合面貌与越南鸿基植物群、日本的成羽植物群、东格陵兰的 Scoresby-Sound 植物群(*Lepidopteris* Zone)、北美的维吉尼亚植物群，以及德国、瑞典晚三叠世植物群面貌相似，所属地质时代与其大致相当，为晚三叠世瑞替期。

本植物组合主要分布在闽西南文宾山组，闽西北焦坑组亦有与其相似的组合面貌，但属种的丰度不及文宾山组。

③*Coniopteris-Phoenicopsis* 组合

本组合为周统顺(1978)所命名。组合中常见分子有蕨类植物的有节类 *Equisetites ferganensis*，*E. guojiadianensis*，*E. multidentatus*，*Neocalamites carrerei*，*Radicites* sp.；真蕨类 *Coniopteris hymenophylloides*，*C. tatungensis*，*C. szeiana*，*Phlebopteris* sp.，*Todites denticulata*，*T. goeppertianus*，*Cladophlebis shansiensis*，*C. kaoiana*，*C. haiburensis*，*C. raciborskii*，*C. beijingensis*，*C. argutula*，*Clathropteris meniscioides*，*Dictyophyllum* cf. *muensteri*，*D. nilssoni*，*D. nathorsti*，*Thaumatopteris fujianensis*，*T. brauniana*，*Hausmannia*(*Protorhipis*) sp.，*H.*(*P.*) *leeiana*，*Spiropteris* sp.；裸子植物的开通类 *Sagenopteris* sp.；种子蕨 *Thinnfeldia* sp.；苏铁类 *Otozamites bengalensis*，*O. minor*，*Nilssonia gigantea*，*N. orientalis*，*N. pterophylloides*，*N. acuminata*，*N. complicatis*，*N. linearis*，*Pterophyllum nathorsti*，*Anomozamites* sp.，*Zamites sinensis*，*Ctenis chinensis*；银杏类 *Baiera* cf. *gracilis*，*B. guilhaumati*，*B. longifolia*，*B. multipartita*，*Sphenobaiera longifolia*，*Phoenicopsis angustifolia*，*Czekanowskia rigida*，*Ginkgoites* cf. *marginatus*；松柏类 *Podozamites lanceolatus*，*P. distans*，*Elatocladus* sp.；形态属 *Taeniopteris* sp.，*Chirolepis* sp. 等。

本植物组合与 *Lepidopteris-Ptilozamites* 组合相比，不论是属种的分异度，还是个体的丰度均表现出明显的衰退现象，虽然真蕨类双扇蕨科的 *Dictyophyllum*，*Clathropteris*，*Hausmannia*，*Thaumatopteris*，*Marattiopsis* 以及苏铁类的 *Anomozamites minor*，*Nilssonia*，*Ptilophyllum*，*Pterophyllum* 等在本组合中依然繁衍，但其数量已大为减少，特别是种子蕨类植物已趋灭绝，仅 *Thinnfeldia*。取而代之的是银杏类、松柏类植物异军突起，十分繁盛，在组合中占有重要地位。特别是 *Phoenicopsis*，*Czekanowskia* 等新生属种的出现，增添了新的色彩。真蕨类蚌壳蕨科的锥叶蕨 *Coniopteris* 的出现，也是本组合显著特征和标志。总之，本组合中种子蕨类植物已趋灭绝，苏铁类植物衰退，陆生高等植物银杏类更加繁盛，是本植物组合最显著特征。

本组合主要发育于梨山组，其中较具时代意义的分子有 *Phoenicopsis angustifolia*，*Czekanowskia rigida*，*Coniopteris hymenophylloides*，*C. tatungensis* 等，它们都是国内外早、中侏罗世植物群中常见分子，而 *Coniopteris hymenophylloides*，*C. tatungensis* 则是这时期的重要分子。此外，作为晚三叠世重要分子的 *Lepidopteris*，*Ptilozamites*，*Danaeopsis*，*Anthrophyopsis* 已不复存在。这些特征显示，本植物组合主要发育于早侏罗世，其中少量分子继续上延至中侏罗世。

双壳类

双壳类主要见于文宾山组、梨山组、下村组、藩坑组及漳平组中，既有海相双壳类分子，亦有淡水双壳类分子。海相双壳类主要分布于下村组、藩坑组，淡水双壳类则主要发育于梨山组、漳平组及下村组、藩坑组的陆相夹层中，但化石分布多不连续且较零星。根据福建省地质矿产局(1985)、曹宝森(1983)及普宝森等(1986,1987,1989)的研究，将晚三叠世—中侏罗世双壳类分别建立如下 6 个组合。

①*Bakevelloides-Jiangxiella* 组合

该组合仅见于永定堂堡、南靖油甘坪及安溪格口等局部地区文宾山组中，组合中属种较单调，为一些个体较小的 *Bakevelloides* sp.，*Jiangxiella* sp.，*Modiolus* sp.，*Mytilus* sp.，*Unionites* sp.，*Ostrea* sp.，*Myophoriopis* sp. 等。这一组合中，以 *Bakevelloides* 和 *Jiangxiella* 的出现为特征，它们都是晚三叠世瑞替期的特征分子。

②*Parainoceramus-Camptonectes*(*Hunanonectes*)组合

本组合主要见于闽西南局部地区的海相、海湾泻湖相的地层中，以藩坑组较常见，主要分子有 *Parainoceramus* sp.，*Camptonectes* sp.，*Plagiostoma xiaoshuiense*，*Cardinia* cf. *hennoghi*，*Palaeoneilo* sp.，*Oxytoma bifurcata*，*Plicatula* sp.，*Hiatella* sp.，*Pseudolimea* sp.，*Mytilus lamellosus*，*Nuculana* sp.，*Lilingella* sp.，*Pleuromya* sp.，*Retroceramus heyuanensis*，*Modiolus* sp. 等。

该组合的特征是 *Parainoceramus* 和 *Camptonectes* 分子大量出现，构成组合的主体。但在半咸水相的地层中，组合中的 *Camptonectes*(*Hunanonectes*)，*Cardinia*，*Plagiostoma*，*Oxytoma*，*Retroceramus* 等分子减少或不出现，而 *Lilingella*，*Pleuromya* 及 *Hiatella* 等分子增多。

本组合与辛涅缪尔期菊石 *Arietites*，*Coroniceras* 混生，其分布时限主要为早侏罗世赫塘—辛涅缪尔期，可能延续至普林斯巴期。

③*Qiyangia* 组合

本组合以半咸水相的 *Qiyangia* 特别丰富为特征，并伴生有少量 *Pleuromya* sp.，*Hiatella* sp.，*Lilingella* sp.，*Unionites* sp. 等分子。本组合分布于永定象牙、大田大才、永泰下砾、龙岩适中、漳平南洋等地下村组、藩坑组中。地质时限为早侏罗世中晚期的辛涅缪尔期或更晚些。在永定象牙地区，本组合出现于藩坑组含菊石 *Arietites* 层位之上。

④*Ferganoconcha-Sibireconcha* 组合

本组合为淡水双壳类，属种单调，延续时间较长。主要分子为 *Ferganoconcha* sp.，*Sibireconcha* sp.，及少量 *Pseudocardinia* sp. 等。其分布时间主要为早侏罗世，少数分子如 *Pseudocardinia* 向上延续至中侏罗世。

⑤*Pseudocardinia-Tutuella* 组合

本组合为陆相淡水双壳类，属种的分异度较低，但丰度较高，主要分子有 *Tutuella rotunda*，*T. iraidae*，*T.* cf. *crassa*，*T. chachlori*，*Pseudocardinia elongatiformis*，*P. elliptica*，*P. hupehensis*，*P. minuta*，*P. tetragonalis*，*P. busimensis*，*P. ventricosa*，*Sibireconcha* sp.，*Ferganoconcha* sp. 等。本组合主要分布于漳平组，各地多有见及。但数量以中侏罗世早期为丰，晚期渐趋减少。

⑥*Cuneopsis-Psilunio-Eolamprotula* 组合

本组合仅分布于漳平城郊、平和及长汀馆前等地漳平组的中、下部，主要分子有 *Cuneopsis* sp.，*Psilunio impensis*，*P. thailandicus*，*Eolamprotula* sp.，及少量 *Sibireconcha* sp.，*Ferganoconcha* sp.。地质时限大致为中侏罗世早、中期。

叶肢介

叶肢介见于大坑村组、文宾山组、梨山组、藩坑组及漳平组中，分布零星、数量少，且具有浓厚的地区性色彩。根据近年福建区调队(1989)①、曹宝森(1986)、及曹宝森等(1987，1989)研究结果，大致可划分如下 4 个组合。

①*Euestheria indiana-Anyuanestheria* 组合

该组合仅见于漳平大坑文宾山组，组合分子较单一，主要为 *Euestheria indiana*，*E. mupangensis*，*Anyuanestheria* sp.，*Eulimnadia* sp. 等。其中 *Euestheria mupangensis* 见于云南祥云沐滂上三叠统，*Anyuanestheria* sp. 则广泛分布于湖南、江西、四川、安徽等地的晚三叠世地层中。该组合地质时限主要为晚三叠世。

②*Palaeolimnadia houjiensis-Euestheria shandanensis* 组合

本组合分子全部由 *Palaeolimnadia* 和 *Euestheria* 两属的分子组成，有 *Euestheria shandanensis*，*E. dakengensis*，*Palaeolimnadia houjiensis*，*P.* cf. *guangxiensis* 等。地质时限主要为早侏罗世早-中期。本组合主要见于德化曾坂梨山组下段。

③*Eosolimnadiopsis-Asiolimnadiopsis* 组合

组成本组合的分子为 *Eosolimnadiopsis fuanensis*，*Asiolimnadiopsis wuhuaensis*。其特征是壳瓣一般为中等大小，生长线后端与背缘相交时明显向后反转弯曲，背缘上有时见有锯齿状突起。该叶肢介群广泛分布于广东、湖南及陕北早侏罗世晚期地层中，在本省亦有较广泛分布。在永定一带本组合位于含菊石 *Arietites* sp.，*Coroniceras* sp. 及双壳类 *Parainoceramus* sp. 等的海相层之上。其时代应晚于辛涅缪尔期，属早侏罗世晚期。

④*Euestheria yanjiawanensis-Euestheria complanata* 组合

本组合属种比较单调，目前仅见有 *Euestheria yanjiawanensis* 与 *E. complanata* 两个分子，但其数量比较丰富，而且分布范围也比较广泛，主要见于漳平组中、下部。该组合分子属 *Euestheria ziliujingensis* 叶肢介群(陈丕基等，1982)中的常见分子，地质时限主要为中侏罗世巴柔期。

介形类

介形类化石目前所见不多，仅少数地区于梨山组和漳平组中见及，根据其分布的地层序列及组成分子，可分为 2 个组合。

①*Gomphocythere*? *rhomboidalis-G.*? *yubacunensis* 组合

本组合分子中以 *Gomphocythere*? 为主，并含有少量的 *Darwinula* 和 *Eolimnocythere*。所

---

① 福建区调队，1989，福建省侏罗—白垩纪生物地层初步研究。专题调查研究报告，第 6 号。

出现的分子有 *Gomphocythere? guanganensis*, *G.? yubacunensis*, *G.? rhomboidalis*, *G.? urbana*, *G.? mirifica*, *G.? subtriangulata*, *G.? exornata*, *G.? reticulata*, *Darwinula megacontracta*, *Eolimnocythere* sp. 等。这些分子大部分是 *Gomphocythere-Darwinula* 动物群(陈丕基等,1982)中的分子，地质时代大致为早侏罗世早、中期。

本组合目前仅见于长汀湖口梨山组中。

②*Darwinula sarytirmenensis-Darwinula magna* 组合

本组合分子主要由 *Darwinula* 属的许多种所组成，常见分子有 *Darwinula sarytirmenensis*, *D. magna*, *D. macilenta*, *D. lufengensis*, *D. changxinensis*, *D. impudica*, *D. incurva* 等，属种单调，大部分分子亦为 *Darwinula* 动物群(陈丕基等,1982)中的分子。*Darwinula* 动物群有着广泛分布，在中亚里海地区出现在海相卡洛期地层之下，有些分子曾见于英国巴通期地层中。据此分析，*Darwinula sarytirmenensis-D. magna* 组合的延续时间为中侏罗世巴柔—巴通期。

本组合主要分布于漳平城郊漳平组下段中、下部。

菊石

菊石化石仅在永定堂堡地区藩坑组下部见及，目前仅发现 *Coroniceras* sp.，*Arietites* sp. 两属，与双壳类 *Parainoceramus* sp.，*Camptonectes* sp. 等分子共生。此菊石分子与粤北早侏罗世金鸡组所产菊石相类似，其时代属早侏罗世辛涅缪尔期。

（二）年代地层与岩石地层划分、对比

（1）福建晚三叠世—中侏罗世的岩石地层单位均属于年代地层单位的上三叠统—中侏罗统。由于目前国内中生界尚未建阶，本文暂沿用欧洲之阶名(王鸿祯等,1990)，即上三叠统—中侏罗统自下而上划分为卡尼阶、诺利阶、瑞替阶、赫塘阶、辛涅缪尔阶、普林斯巴阶、托尔阶、巴柔阶、巴通阶、卡洛阶。其下与中三叠统拉丁阶的分界年龄为 235.0 Ma，其上与上侏罗统牛津阶分界年龄为 157.0 Ma，侏罗系与三叠系(即赫塘阶与瑞替阶)分界年龄为 208.0 Ma。

福建晚三叠世—中侏罗世多为陆相盆地沉积，仅闽西南部分地区有晚三叠世—早侏罗世少量海相、海陆交互相碎屑沉积。岩石地层单位依地层序列自下而上划分为大坑村组、文宾山组、焦坑组、下村组、藩坑组、梨山组、漳平组。

大坑村组在地层序列上为整合或平行不整合覆于安仁组之上，整合伏于文宾山组之下，属陆相盆地初期沉积，盆地面积小，分布局限，仅见于漳平大坑及其附近地区。其中所产生物化石以植物为主，属 *Glossophyllum-Todites* 组合。虽然该组合中所出现的分子大部分为晚三叠世常见分子，但尚未出现 *Lepidopteris ottonis*，*Ptilozamites chinensis*，*Danaeopsis fecunda* 等欧洲及国内瑞替期的特征分子。根据地层序列、生物群组合特征分析，大坑村组大致为晚三叠世早中期沉积，大致相当于上三叠统卡尼—诺利阶。

文宾山组是继大坑村组之后的继承性陆相盆地沉积，两者多为整合接触，只在盆地边缘与下伏更老地层呈不整合接触。主要分布于闽西南，零星见于闽东。其中所含生物化石亦以植物为主，属 *Lepidopteris-Ptilozamites* 组合，大部分为大坑村组上延分子，但本组合中新出现的 *Lepidopteris ottonis*，*Ptilozamites chinensis*，*Danaeopsis fecunda* 等分子为欧洲及国内晚三叠世瑞替期的特征分子。根据文宾山组中植物化石所显示的时代面貌，文宾山组的沉积可能始于诺利晚期，主要为瑞替期，文宾山组即相当于上三叠统诺利阶上部及瑞替阶。应当指出，永定堂堡地区文宾山组中已发现双壳类 *Bakevelloides-Jiangxiella* 组合中若干重要分子，说明诺利期海侵即已到达闽西南局部地区。

焦坑组为闽北地区陆相盆地沉积，其下不整合于不同时代老地层之上。焦坑组所含生物化石亦为植物，其组合面貌与文宾山组相似，属 *Lepidopteris-Ptilozamites* 组合，但组合中植物属种的分异度与丰度都不及文宾山组，这可能与沉积环境及化石的埋藏条件有关。根据植物组合中亦含有 *Lepidopteris ottonis*，*Ptilozamites chinensis*，*Danaeopsis fecunda* 等特征分子分析，焦坑组沉积时限应与文宾山组大致相似，层位与上三叠统诺利阶上部—瑞替阶相当。

梨山组为继承文宾山组、焦坑组之后的陆相盆地沉积，在闽西南、闽西北及闽东局部地区皆有分布，与其下之文宾山组、焦坑组呈整合或平行不整合接触。梨山组所含生物化石有植物、双壳类及叶肢介等。其中植物属 *Coniopteris-Phoenicopsis* 组合。该组合中既有晚三叠世上延的分子，亦有侏罗纪新生分子，而繁盛于晚三叠世的特征分子 *Lepidopteris* sp.，*Ptilozamites chinensis*，*Danaeopsis fecunda* 等已不复存在，新出现了本组合的特征分子有 *Phoenicopsis angustifolia*，*Czekanowskia rigida*，*Coniopteris hymenophylloides*，*C. tatungensis* 等，这些分子都是国内外早、中侏罗世植物群中的常见分子。双壳类属 *Ferganoconcha-Sibireconcha* 组合，主要为淡水类分子。叶肢介属 *Palaeolimnadia houjiensis-Euestheria shandanensis* 组合，主要分子全由 *Palaeolimnadia*，*Euestheria* 两属组成，产出时代为早侏罗世早、中期。综合分析梨山组所产各门类化石组合面貌及特征，其沉积时限为早侏罗世，大致相当于下侏罗统赫塘—托尔阶。

下村组是闽西南以陆相为主的海陆交互相沉积，其下呈平行不整合覆于文宾山组之上，其上为藩坑组喷发不整合覆盖。下村组所产生物化石有双壳类、植物。双壳类属 *Parainoceramus-Camptonectes*（*Hunanonectes*）组合，其分布时限为赫塘—辛涅缪尔期。植物化石主要产自下村组之陆相夹层中，化石比较稀少。根据双壳类组合特征及其与早侏罗世辛涅缪尔期菊石 *Coroniceras* 混生，下村组沉积时限大致为赫塘—辛涅缪尔期，部分可能延续至普林斯巴期。因而大致相当于下侏罗统赫塘—辛涅缪尔阶。

藩坑组为继承下村组之后的火山喷发-沉积岩系，其下与下村组呈喷发不整合接触，其上为漳平组平行不整合覆盖。岩性为以中基性和中酸性火山岩为主夹海相砂、泥岩。沉积层中产有双壳类、菊石及少量植物。菊石有 *Arietites* sp.，*Coroniceras* sp.，其时代属早侏罗世辛涅缪尔期。双壳类化石面貌与下伏下村组大致相似，属 *Parainoceramus-Camptonectes*（*Hunanonectes*）组合。此外，藩坑组下段同阶段花岗斑岩测得 Rb-Sr 全岩等时线年龄值为 188 Ma①，上段顶部流纹岩、斜长流纹岩 Rb-Sr 全岩等时线年龄值为 179 Ma②。因此，根据藩坑组的地层序列，以及所产菊石、双壳类化石组合面貌和同位素年龄值，藩坑组沉积时限大致为早侏罗世辛涅缪尔—托尔期，大致相当于下侏罗统辛涅缪尔—托尔阶。

漳平组为继梨山组、藩坑组之后的内陆盆地杂色细碎屑沉积，其下与梨山组呈整合接触，与藩坑组呈平行不整合接触，其上被园盘组不整合覆盖。漳平组所产化石有植物、双壳类、叶肢介及介形类等。双壳类属 *Pseudocardinia-Tutuella* 组合，局部尚见 *Cuneopsis-Psilunio-Eolamprotula* 组合，所反映的时代具有浓厚的中侏罗世早、中期色彩。该组合多见于漳平组下段的中、下部。叶肢介属 *Euestheria yanjiawanensis-Euestheria complanata* 组合。介形类属 *Darwinula sarytirmenensis-Darwinula magna* 组合。植物化石稀少，为 *Coniopteris-Phoenicopsis* 组合的上延分子。根据漳平组的地层序列及其中所产生物化石组合面貌分析，漳平组沉积时限

---

① 福建省地质科学研究所，1992，上杭—云霄成矿带构造-岩浆-成矿活动及其演化规律。
② 福建省区调队，1991，1∶5万永定县幅、湖雷幅区域地质调查报告。

为中侏罗世，相当于中侏罗统巴柔—卡洛阶中下部。

综上所述，福建晚三叠世—中侏罗世岩石地层单位与年代地层划分对比如图 4-27 所示。

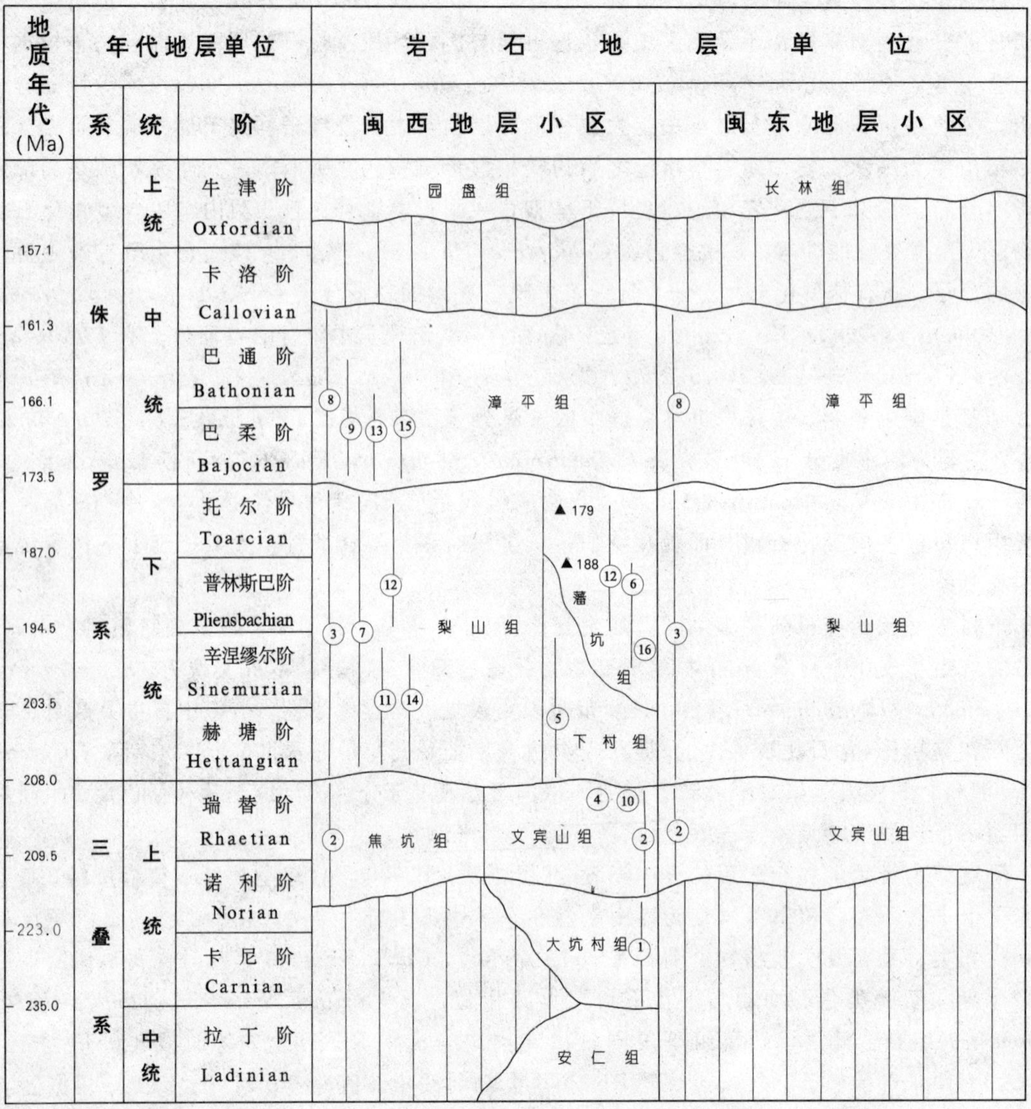

图 4-27　福建晚三叠世—中侏罗世年代地层单位与岩石地层划分对比图

生物组合：植物①*Glossophyllum-Todites* 组合，②*Lepidopteris-Ptilozamites* 组合，③*Coniopteris-Phoenicopsis* 组合；双壳类④*Bakevelloides-Jiangxiella* 组合，⑤*Parainoceramus-Camptonectes*（*Hunanonectes*）组合，⑥*Qiyangia* 动物群，⑦*Ferganoconcha-Sibireconcha* 组合，⑧*Pseudocardinia-Tutuella* 组合，⑨*Cuneopsis-Psilunio-Eolamprotula* 组合；叶肢介⑩*Euestheria indiana-Eulimnadia* 组合，⑪*Palaeolimnadia houjiensis-Euestheria shandanensis* 组合，⑫*Eosolimnadiopsis-Asiolimnadiopsis* 组合，⑬*Euestheria yanjiawanensis-Euestheria complanata* 组合，介形类⑭*Gomphocythere*? *rhomboidalis-G.*? *yubacumensis* 组合，⑮*Darwinula sarytirmenensis-Darwinula magna* 组合；菊石⑯*Coroniceras-Arietites* 组合；▲Rb-Sr 等时线年龄值（Ma）

(2) 晚侏罗世岩石地层单位均属年代地层单位的上侏罗统，唯坂头组上部和小溪组上部与下白垩统相当。目前，就整个中生界而言，统级地层单位之下国内均未建阶，据王鸿祯等

(1990)暂沿用欧洲的阶名，即上侏罗统自下而上划分为牛津阶、基末里阶、提塘阶，三者之间的界线年龄分别为154.7 Ma和152.1 Ma。其下与中侏罗统卡洛阶的分界年龄为157.1 Ma，其上与下白垩统贝里阿斯阶的分界年龄为135(140) Ma。

①闽西地层小区

闽西晚侏罗世岩石地层单位自下而上划分为兜岭群(包括园盘组、下渡组)和坂头组，总体为一套陆相盆地沉积-火山喷发岩系。

园盘组与下渡组因工作程度低，尚未取得可信的古生物及同位素地质年龄资料，但在层序关系上，园盘组呈明显不整合覆于含 *Tutuella* 动物群的漳平组之上是无容置疑的，且大部分地区园盘组是直接不整合于梨山组或更老地层之上，由此说明，在福建西部中侏罗世沉积之后，地壳曾经历了短暂抬升、剥蚀，缺失了晚侏罗世早期的一部分沉积。园盘组仅相当于牛津阶上部至基末里阶下部，而下渡组可能主要相当于基末里阶及提塘阶下部。

坂头组含化石丰富，植物为 *Brachyphyllum-Cupressinocladus* 组合，常见的分子有 *Cladophlebis exiliformis*, cf. *Klukia browniana*, *Ptilophyllum boreale*, *Onychiopsis* sp., *Ruffordia goeppeti*, *Sagenopteris yunganensis*, *Pagiophyllum* sp. 等，永安吉山坂头组上部尚产 *Frenelopsis* sp.。该植物群最早经斯行健(1942)研究，时代定为早白垩世，其后，斯行健等(1964)又改为晚侏罗—早白垩世；鱼类主要为 *Mesoclupea showchangensis*, *Paraclupea* sp.；叶肢介属 *Yanjiestheria sinensis*, *Orthestheria intermedia* 等，此外尚有昆虫 *Ephemeropsis* sp. 及双壳类、介形虫、孢粉等。对此生物群，各门类研究者所持时代归属意见不一，或晚侏罗世，或晚侏罗—早白垩世，或早白垩世。近年，随着不断对“热河生物群”的进一步认识，赞同最后一种意见者逐渐增多，并将坂头组生物群与以 *Lycoptera-Eoseatheria-Ephemeropsis* 为代表的热河生物群对比，从而将坂头组及其以下的下渡组和园盘组均置于早白垩世。

本次清理研究认为，坂头组生物群与热河生物群面貌并不完全相同，除植物出现 *Frenelopsis* 以外，坂头生物群鱼类以 *Mesoclupea* 为主，叶肢介为 *Yanjiestheria* 群，*Ephemeropsis* 在坂头组中极少发现，其它如双壳类、介形虫、腹足类等亦反映出我国南、北沉积盆地古生物属种的差异。即使将坂头生物群与热河生物群对比为同一时代，然而，以产热河生物群为主的义县组，其底部玄武岩的K-Ar等时线年龄为136.9 Ma，Rb-Sr等时线年龄为140 Ma，流纹岩Rb-Sr等时线年龄为125.9±5.3 Ma，总体反映出晚侏罗—早白垩世之间的界线年龄值，若将该生物群全部归属早白垩世恐难接受。因此，考虑到目前多数地层古生物工作者的意见，将坂头组暂置晚侏罗—早白垩世早期较为妥当，大体相当于提塘期及其上延的贝里阿斯期沉积。

显然，省内坂头组各盆地沉积的起始和封闭(结束)的时限是不完全等时的，从目前资料分析，崇安、永安坑边、百步桥等盆地沉积早，而封闭也早，发育坂头组下部以紫红、灰绿、灰黑等杂色砂页岩，盛产鱼类、叶肢介及植物；大田连厝、永春金山寨等盆地沉积晚，而封闭也晚，发育坂头组上部以灰黑色为主的砂页岩，其上为吉山组砾岩整合所覆；永安吉山、宁化岩前盆地则沉积早，而封闭晚，故地层发育完整，其上部植物群中多见 *Frenelopsis*。由此可见，坂头组就单个盆地而言，有些主要为晚侏罗世晚期沉积，有些则可能主要为早白垩世早期沉积，其总体时限当属晚侏罗世晚期—早白垩世早期(图4-28)。

②闽东地层小区

闽东晚侏罗世岩石地层单位称南园群，自下而上划分为长林组、鹅宅组、赤水组和小溪组，总体为一套岩性复杂、厚度巨大的陆相沉积-火山喷发岩系。其西南延入粤东与高基坪群

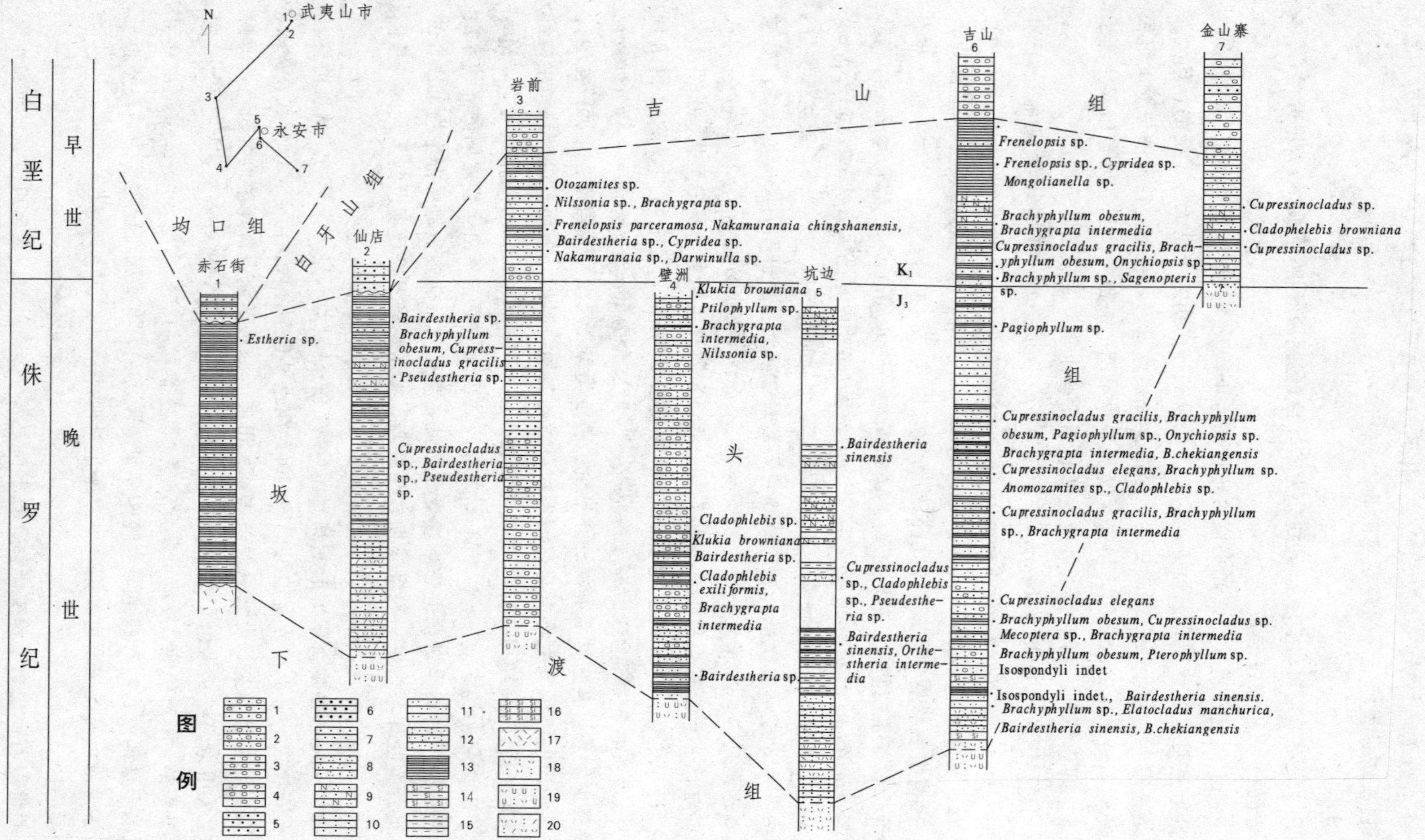

图 4-28　闽西坂头组时空分布图

1. 砂砾岩；2. 石英砾岩；3. 复成分砾岩；4. 凝灰质砾岩；5. 砂岩；6. 粗砂岩；7. 细砂岩；8. 石英砂岩；9. 长石石英砂岩；10. 凝灰质砂岩；11. 粉砂岩；12. 凝灰质粉砂岩；13. 页岩；14. 硅质页岩；15. 粘土岩（泥岩）；16. 硅质岩；17. 流纹岩；18. 凝灰岩；19. 凝灰熔岩；20. 晶屑凝灰岩

可比，向东北延入浙东与磨石山群相当(浙江区调大队,1970,1975)。

前已述及，长林组生物群中，植物以松柏类 *Cupressinocladus-Brachyphyllum* 组合，叶肢介为 *Yanjiestheria* 群，孢粉以裸子植物克拉梭粉(*Classopollis*)占绝对优势，其上的鹅宅组、赤水组古生物稀少，除相似的植物、叶肢介、孢粉等属种外，在政和大溪鹅宅组沉积夹层中尚产脊椎动物 *Rhynchosaurus orientalis*，Trionychoidae，Teleostei 等，鉴定者认为属晚侏罗世。

长林组与下伏漳平组及更老地层呈明显不整合接触，意即中侏罗世沉积之后，与闽西地层小区相似，地壳曾一度抬升、剥蚀，其沉积时限大体与闽西园盘组相近或稍晚。

小溪组下段沉积岩含化石较丰富，以植物为主，属 *Ruffordia-Onychiopsis* 植物群，其中许多重要分子由长林组延续而来，与坂头组植物群相似，但亦出现坂头组上部可见的 *Frenelopsis ramosissima*，*F. hoheneggeri* 及大量 *Manica parceramosa* 等，此外，叶肢介亦以 *Yanjiestheria* 群为主，这一生物群与闽西坂头组生物群基本相似，所不同者未发现中脐鱼类 *Mesoclupea*，且植物群中大量出现 *Manica-Frenelopsis* 等属种，与热河生物群上部的阜新组生物组合更为相近，其总体时限可能比坂头组略晚。

小溪组与下伏赤水组或鹅宅组呈平行不整合接触，但大多数情况是发现小溪组下段直接覆于赤水组下段或鹅宅组上段之上，这里既反映出小溪组各盆地开始沉积的不等时性，同时也可能反映出小溪组的下限年龄比赤水组上限年龄更大，亦即岩石地层单位与年代地层单位的界线呈现出交叉状态。

目前，闽东大面积分布的火山岩所获可信的同位素年龄极少，赤水组下段流纹英安质凝灰熔岩 K-Ar 及 Rb-Sr 全岩等时线年龄值分别为 149±4 Ma 和 151±15 Ma，赤水组上段流纹质晶屑凝灰熔岩 Rb-Sr 全岩等时线年龄值为 147.5±6 Ma；小溪组上段流纹岩 Rb-Sr 全岩等时线年龄值为 142—136 Ma，总体反映出晚侏罗世晚期地质年龄值。

当前，我国尚无统一的标准，现参考《中国同位素地质年代表》(1986)、王鸿祯等(1990)《国际地层时代对比表：中国地层时代表》及程裕淇等(1994)《中国区域地质概论》等资料，结合福建具体情况，确定侏罗纪与白垩纪分界年龄为 140 Ma 较为恰当，相应地晚侏罗世提塘期、基末里期、牛津期及中侏罗世卡洛期之间的界线年龄值分别采用 144、149、157 Ma。

应当指出，陆相盆地沉积地层和火山喷发堆积地层所具有的特殊性，前者往往表现为盆地开启和闭合时限的各不相同，同一岩石地层单位并不意味着其顶、底界限等时，或有规律(方向性)的穿时；后者既表现出同一岩石地层单位顶、底界限的不等时性，同时还反映其成岩过程的不连续性，火山喷发时间的随机性很大，火山活动的喷发与休眠时间可长可短，因此，地层的对比只能是粗略的或示意性的。

从目前福建省晚侏罗世地层所获同位素年龄和古生物资料分析，考虑其上下不整合接触关系，福建晚侏罗世火山活动主要发生在基末里期及其前后，西部火山活动相对微弱，形成下渡组，东部火山活动特强，形成分布面积与厚度巨大的鹅宅组及赤水组，火山岩之下的园盘组和长林组仅相当于牛津阶中上部，可能由于燕山运动Ⅱ幕的兴起，福建全境缺失牛津阶下部沉积，而火山岩之上的坂头组和小溪组则可能相当提塘阶及其上的部分或全部贝里阿斯阶(图 4-29)。

(3) 白垩纪—晚第三纪岩石地层单位即相当于年代地层单位的白垩系—上第三系。目前，中国中、新生代地层尚未建阶，按王鸿祯等(1990)意见，中生代地层沿用欧洲的阶名，新生代地层暂划分到统。白垩系采用二分，下白垩统下界年龄为 140 Ma，自下而上划分为贝里阿斯阶、凡兰吟阶、欧特里阶、巴列姆阶、阿普第阶、阿尔比阶；上白垩统下界年龄为 97 Ma，

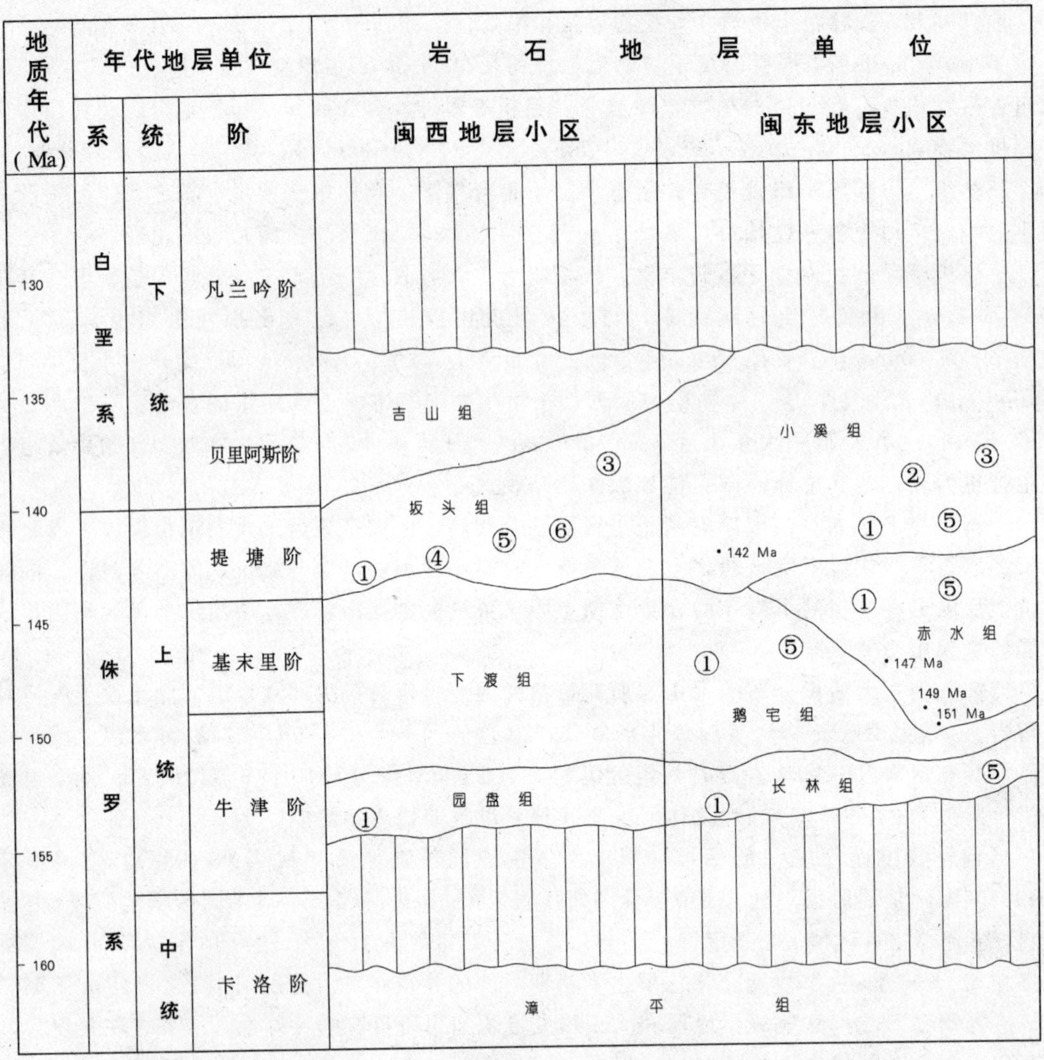

图 4-29　福建省晚侏罗世年代地层与岩石地层单位划分对比图

生物群：①*Cupressinocladus-Brachyphyllum* 组合；②*Ruffordia-Onychiopsis* 组合；③*Frenelopsis-Manica* 组合；④*Mesoclupea* 群；⑤*Yanjiestheria* 群；⑥*Ephemeropsis* sp.

自下而上划分为赛诺曼阶、土仑阶、康尼亚克阶、三冬阶、坎潘阶、马斯特里赫特阶。下第三系下界年龄为 65 Ma，自下而上划分为古新统、始新统、渐新统；上第三系下界年龄为 23.3 Ma，自下而上划分为中新统和上新统，其上与第四系早更新统分界年龄为 2.48 Ma。

①闽西地层小区

闽西白垩纪岩石地层单位自下而上划分为吉山组、白牙山组、赤石群(包括均口组、沙县组和崇安组)，总体为一套陆相红色盆地沉积，伴有中心式火山喷发。

吉山组未获同位素及古生物资料，其下与坂头组为整合接触，属坂头组之后盆地封闭期粗碎屑岩沉积。前已述及，坂头组上部植物属种已由晚侏罗世延续至早白垩世，由此可知，吉山组主体沉积当在早白垩世贝里阿斯期。

白牙山组岩性为一体红色，与下伏吉山组和坂头组迥然不同，除未见与吉山组直接接触外，常与坂头组及更老地层呈明显不整合接触。显然，吉山组沉积后，地壳发生了抬升和剥蚀，沉积环境也发生了重大改观。白牙山组目前未获同位素年龄资料，古生物化石极少，仅漳平基泰产鱼类 *Yungkangichthys* sp.。在浙西，*Yungkangichthys* 为永康群下部馆头组重要分子，并与腹足类 *Brotiopsis* sp. 和双壳类 *T-P-N* 组合共生，据马武平研究，永康群时代属早白垩世中—中晚期①，永康群下界年龄推测为 120～125 Ma，大致相当巴列姆期。

均口组与其上的沙县组为连续沉积，为一套紫红色产膏盐的细碎屑岩建造，化石相对稀少，植物除偶有 *Brachyphyllum* sp.，*Pagiophyllum* sp. 外，主要为 *Manica parceramosa-Changlingia* sp. 组合；介形类以沙县、连城盆地研究较详，主要为 *Darwinula-Cypridea-Lycopterocypris* 组合和 *Mongolocypris-Candona* 组合；轮藻有 *Mesochara* sp.，*Atopochara* sp. 等。该生物群多数研究者认为属早白垩世晚期—晚白垩世早期。沙县组的孢粉组合各盆地略有差异，从沙县、建宁均口、上杭、崇安等盆地统计，以裸子植物花粉为主(57.9%～78%)，其次为蕨类孢子(20%～39.5%)，被子植物极少，约 0.25%～6.7%(其中裸子植物以内环粉 *Classopollis* 为主，隐孔粉 *Exesipollenites* 为次)，其时代为早白垩世晚期—晚白垩世早期，大致相当阿普第—赛诺曼期。此外，上杭盆地沙县组经古地磁测年为 105～70 Ma，与生物群反映的地质时代基本吻合。

崇安组位于沙县组之上，主要由巨厚层紫红色砾岩组成，两者为整合或平行不整合接触，其时代当属晚白垩世，从闽东与之层位相当的石牛山组所获同位素年龄分析，其上界地质年代可延至康尼亚克期。

福建内地分布的佛昙组，在明溪城关上段泥岩中产植物 *Fissistigma* sp.，*Castanopsis* sp.，*Bambusa* sp.，Cupressaceae gen. et sp.，Annonaceae gen. et sp.，*Phillites* sp.。龙岩松洋产 *Loropetalum chinense* 等。明溪城关经多次孢粉分析(郑芬，1989)，均以被子植物花粉占绝对优势，裸子植物花粉次之，被子植物花粉以木本植物为主，如 *Cyclobalanopsis* sp.，*Castanopsis* sp.，*Altingia* sp. 等，时代属上新世—早更新世。除此，明溪中段玄武岩所获 K-Ar 同位素年龄值为：大洋窠玻基辉橄岩为 5.2 Ma，五通凹拉斑玄武岩为 4.0 Ma，翠竹洋玻基辉橄岩为 3.4 Ma，桂林玻基辉橄岩为 1.5 Ma，皆由中南地质矿产研究所测定②，北京铀矿所所测 K-Ar 年龄亦相近，为 2.2～1.8 Ma(池际尚，1988)，与古生物化石所反映的地质时代相当，主要为上新世—早更新世。

②闽东地层小区

闽东白垩纪岩石地层单位称石帽山群，自下而上包括黄坑组、寨下组和石牛山组，总体为一套紫红色沉积-火山喷发岩系。

石帽山群以其紫红、紫灰色沉积-火山岩系与下伏南园群小溪组及更老地层以灰色为主的岩层不整合接触，关系十分清楚。前已述及，小溪组地质时代为晚侏罗—早白垩世早期。无疑，小溪组形成之后，地壳曾发生抬升和剥蚀，沉积环境亦发生较大变化。由此，石帽山群当在早白垩世早期之后形成。

黄坑组与寨下组所获古生物资料较少，植物主要有 *Manica parceramosa*，*Brachyphyllum obesum*，*Cupressinocladus gracilis*，*Pagiophyllum* sp.，*Nageopsis* sp. 等。这一植物群，除部分分子由小溪组上延而来外，其显著特点是大量出现 *Manica* 一属，同时偶见 *Nageopsis* 等广

① 马武平，1992，从浙江中生代晚期三种不同构造盆地的叠加关系论地层划分及时代归属，浙江区调，第 1、2 期(总 38 期)。
② 福建省第二水文地质队，1989，福建省第四纪地质研究报告。

泛见于西欧、北美、日本、朝鲜早白垩世中晚期重要分子。叶肢介量少，属种单调，主要为*Yanjiestheria* sp.，*Orthestheria* sp. 等，时代延续较长，为晚侏罗世—白垩纪皆有出现。介形虫经张志明(1987)对莆田大洋、福鼎城关、闽侯尚干等盆地研究，可划分为下部 *Cypridea* (*Cypridea*)-*C.* (*Morina*)组合和上部 *Mongolocypris-Candona* 组合，并认为前者时代为早白垩世中晚期，后者为晚白垩世早期。莆田利坪黄坑组下段介形虫亦与上述组合相近，并共生有少量轮藻 *Euaclistochara mundula*，*Mesochara symmetrita*，*M. stipitata*，*Charites* sp.，*Obtusochara culmina* 等(梁诗经等,1988)。此外，永泰寨下黄坑组上段安山玄武岩获 K-Ar 同位素年龄为 113.2 Ma，寨下组上段钾长流纹岩 K-Ar 同位素年龄为 106.8 Ma，地质时代为早白垩世阿普第—阿尔比期。

石牛山组在闽东分布局限，仅见仙游菜溪地区本组下段产植物化石 *Manica* cf. *parceramosa*，*Pagiophyllum* sp.，*Otozamites* sp.，*Frenelopsis* sp. 等；叶肢介为 *Yanjiestheria* sp.，*Orthestheria* sp.，均为早白垩世晚期上延分子。孢粉亦以裸子植物花粉为主(72.5%)，蕨类植物孢子次之，但同时伴有相当数量层位偏高的隐孔粉(14%)，主要属种为：*Classopollis annunatus*，*C. classoides*，*C. parrus*，*Schizaeoisporites certus*，*Exesipollenites subsptumulus*，*Ephedripites viesenensis* 等，与闽西沙县组孢粉组合相近，时代为早白垩世晚期—晚白垩世早期。此外，石牛山组上段酸性熔岩及潜火山岩多处获得同位素年龄资料，如闽侯五虎山角砾熔结凝灰岩 Rb-Sr 全岩等时线年龄值介于 88～91±5 Ma，潜火山岩 K-Ar 年龄值为 77.8～78 Ma。唯永泰寨下本组上段霏细流纹岩全岩 K-Ar 年龄值为 107.8 Ma，Rb-Sr 全岩等时线年龄值为 104.1 Ma。由此可见，石牛山组时代主要属于晚白垩世赛诺曼—土伦期，但不排除局部可能起始于早白垩世末阿尔比期，而伴随石牛山组火山喷发之后的潜火山岩则主要为康尼亚克—三冬期及其以后。

沿海地区佛昙组下段粘土岩中已采获碳化木和植物化石 *Liquidambar miosinica*，*Sterculia* sp.，*Fissistigma* sp.，*Paliurus* sp.，*Magnolia miocenica*，*Uvaria* sp.，*Desmos* sp.，*Trapa* sp.，*Ficus* sp.，*Litsea* sp.，*Quercus* sp.，*Cinnamomum* sp.，*Gymnocladus miochinensis* 等；孢粉有 *Liquidambar*，*Dacrydium*，*Quercus*，*Carya*，*Pinus*，*Castanen*，*Symplocos*，*Corylopsis*，*Ulmus*，Polypodiaceae，*Betula*，*Myrica*，Moraceae，*Keteleeria*，*Tsuga*，*Pteris*，*Ilex*，Taxodiaceae，*Corylus*，Geltis，*Podocarpus*，Gramineae，*Picea*，*Lycopodium*，*Lygodium*，*Trapa*，*Fagus*，Meliaceae，*Potamogeton*，*Caesalpinia*，*Hymaophyllum*，*Tilia*，*Trochodendron* 等种属，时代属中新世。此外，佛昙组中段玄武岩所获 K-Ar 同位素年龄值① 有：闽清前洋橄榄玄武岩为 14.5 Ma，龙海港尾拉斑玄武岩为 17.1 Ma，漳浦后陈山玄武岩为 16.6±0.3 Ma，漳浦烟墩东 500 m 海边玄武岩为 1.48±0.03 Ma，时代主要为中新世，个别延至早更新世。

福建省白垩纪—晚第三纪年代地层主要是根据王鸿祯等(1990)《国际地层时代对比表：中国地层时代表》划分的，统与统和阶与阶之间的界限年龄则主要按 Harland 等(1989)推荐的数据而定。

白垩纪—晚第三纪地层与晚侏罗世地层具有同样的特殊性，均为一套陆相盆地沉积地层和火山喷发堆积地层，其特殊性主要表现为同一岩石地层单位并不一定具有顶、底界限的等时性或有规律(方向性)的穿时性，火山堆积地层常反映出成岩过程的不连续性，其间某些短期的时间间断很难查实而将被忽略。因此，岩石地层与年代地层单位的对比只能是粗略的。

① 福建省第二水文地质队，1989，福建省第四纪地质研究报告。

从目前已获同位素和古生物资料分析，考虑其上下不整合接触关系，福建西部早白垩世火山活动主要发生在巴列姆—阿普第期，形成一套以紫红、紫灰色为主的沉积-喷发岩系，但火山活动相对微弱，其后即转入阿普第—阿尔比期正常山间盆地或断陷红色盆地沉积，形成均口组和沙县组一套含膏盐的细碎屑岩。福建东部火山活动较强，形成黄坑组和寨下组两个沉积-喷发旋回，同位素年龄及古生物资料均表现形成于阿普第—阿尔比期，其层位较福建西部火山岩稍高，似有从内地(西北)向沿海(东南)穿时之势。在东西部火山岩系之下，显著而普遍的与下伏地层不整合界面则是燕山运动Ⅲ幕的具体反映，运动发生的主期当在贝里阿斯期之后，由此可知，福建可能缺失了下白垩统凡兰吟阶—巴列姆阶早期沉积。

晚白垩世在福建西部为红色断陷盆地粗碎屑岩沉积，其层位以整合或平行不整合在沙县组之上，形成崇安组，目前虽未获古生物和同位素年龄资料，按层位关系推论主要形成于晚白垩世早期。福建东部局部地区仍具较强的火山活动，形成石牛山组沉积-喷发岩系，其古生物和同位素年龄值主要反映为晚白垩世赛诺曼—土伦期，与火山岩相伴的潜火山岩则延续至康尼亚克期。由此分析，福建省晚白垩世地层大体仅相当于赛诺曼阶—康尼亚克阶，缺失了晚白垩世晚期—早第三纪沉积，此即喜马拉雅运动地壳进一步抬升的结果。

晚第三纪在内地发育佛昙组中段和上段，缺失下段沉积，同位素年龄和古生物资料均反映为上新世—早更新世形成，而沿海则发育佛昙组中段和下段，缺失上段沉积，同位素年龄和古生物资料表明主要形成于中新世，玄武岩层局部可延至早更新世。由此看来，佛昙组从沿海(东南)向内地(西北)略具穿时特点，与白垩纪火山活动产物相反(图4-30)，而岩性亦具由沿海向内地从气孔、拉斑玄武岩逐渐过渡以碱性玄武岩为主的变化。

第三节　火山活动旋回

印支运动后，福建全境地壳由准地台不断向大陆活动阶段转化，地壳的不稳定性导致岩浆活动的不断增强，火山活动亦随之兴起，而至晚侏罗世，火山活动达到鼎盛时期。

按照目前岩石地层单位的划分，福建晚侏罗世反映出火山活动的旋回性十分明显且各具特色。尽管当前对火山活动的韵律和旋回的划分标准与理解尚不一致，但火山活动表现出来的某种周期性变化则是客观存在。例如，沉积(火山休眠)与喷发、火山爆发与溢流、岩浆成分的中(酸)性与酸(偏碱)性等周期性变化则是韵律与旋回的具体反映。

确定一个旋回所形成的岩石地层，其顶底应存在较明显的间断，如平行不整合(假整合)或不整合，同时还应具有较明显的岩石划分标志和野外的可填图性。一般认为，旋回大体相当于岩石地层单位的组，有时也可略大于组或略小于组。对于那些周期性变化快，形成的岩层薄，区域延伸不远的地层，则只能认为是比旋回更次一级的韵律。

根据上述原则，福建西部园盘组和下渡组可划分为一个沉积-喷发旋回，火山活动表现为逐步增强的过程，底部存在明显的不整合面，顶界为坂头组平行不整合覆盖，顶底岩性分界清楚。其上的坂头组则为另一个残缺的沉积-喷发旋回，缺失旋回上部的火山喷发产物。

福建东部晚侏罗世火山活动旋回性更为发育和明显，由下而上包括4个旋回，即长林组本身组成一个沉积-喷发旋回，火山活动逐步增强，上部沉积岩中夹凝灰岩。鹅宅组与赤水组则分别构成一个由中(酸)性—酸性的岩浆演化旋回，翁世劼等(1987)统称为下火山岩系下旋回。冯宗帜等(1991)则主张将长林组及其上部的鹅宅组、赤水组划为一个沉积-喷发旋回，称为晚侏罗世第Ⅰ旋回，显然，在此未考虑到岩浆演化的周期性。小溪组本身亦反映出一个完

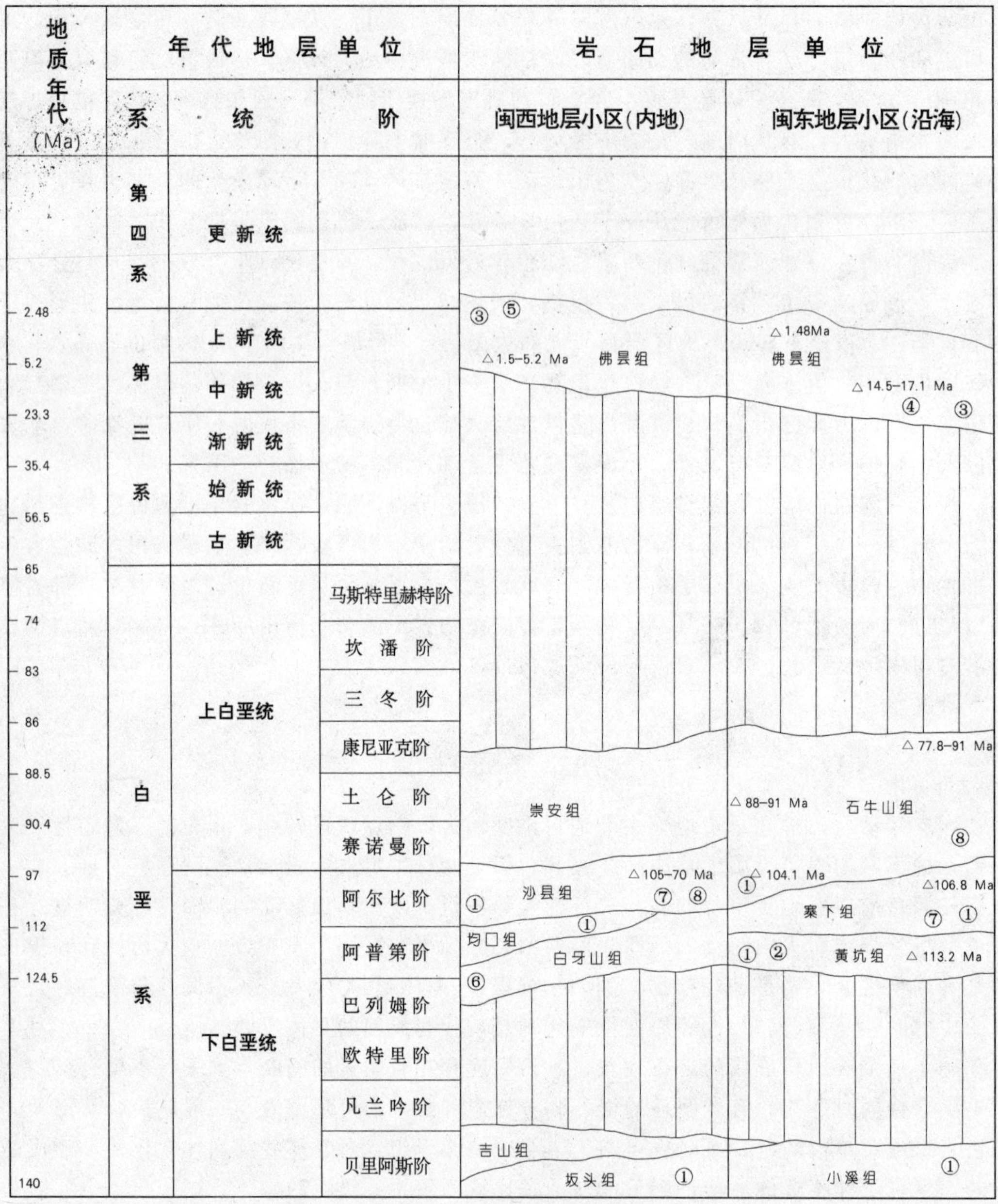

图 4-30 福建省白垩纪—晚第三纪年代地层、岩石地层单位划分对比图

生物群及其分布：①*Frenelopsis-Manica* 组合；②*Nageopsis* sp.；③*Fissistigma* sp. 等；④*Liquidambar* sp. 等；⑤*Cyclobalanopsis* sp. 等；⑥*Yungkangichthys* sp.；⑦*Mongolocypris-Candona* 组合；⑧*Classopollis-Exesipollenites* 组合

整的沉积-喷发旋回，翁世劼等称为下火山岩系上旋回，冯宗帜等称为晚侏罗世第Ⅱ旋回。小溪组下部以沉积岩为主，上部为火山喷发的火山碎屑岩及熔岩，其下与赤水组为平行不整合接触，其上与石帽山群为不整合关系，岩性界线划分清楚。各旋回内尚可进一步划分出若干沉积-喷发、爆发-溢流，中(酸)性-酸性岩浆演化等韵律。

白垩纪—晚第三纪火山活动旋回性极明显，主要表现为沉积喷发的周期性变化，而岩浆演化(中基性—酸偏碱性)则表现为次一级的韵律特征，如酸性熔岩中所夹的(安山)玄武岩和(石英)粗面岩，区域分布不稳定，厚度较薄且变化大，在1：5万区调地质填图中，拟作为非正式地层单位——“层”或舌状体划分填绘较好。

按照火山岩旋回划分的原则①，福建西部早白垩世白牙山组构成一个完整的沉积-喷发旋回，下段以紫红色沉积岩为主，上段以紫红、紫灰色酸性熔岩为主，个别地区(上杭上谷坑)可能包括两个沉积-喷发旋回，而岩浆的演化，晚期可能沿宁化—泰宁—建宁—浦城一带形成较厚的偏碱性(石英)粗面岩。

福建东部火山活动强烈，旋回性明显，黄坑组、寨下组、石牛山组分别构成一个沉积-喷发旋回，各旋回下部均为沉积岩，上部为火山熔岩，但白垩纪火山熔岩总体反映出由中酸性—酸偏碱性岩浆演化特点，如黄坑组上段以英安质熔结凝灰岩为主，寨下组上段以(钾长)流纹岩为主，石牛山组上段以流纹质熔结凝灰岩为主，局部所夹流纹岩中含碱性矿物钠铁闪石。诚然，在各旋回上部火山岩中，尚发育若干由基性—酸性的岩浆演化和沉积-喷发韵律。

在旋回的划分上，存在不同的意见是难免的，翁世劼等(1987)认为白垩纪火山活动(石帽山群)可划分为两个旋回，即相当于黄坑组称之为上火山岩系下旋回，其上之寨下组及石牛山组统称上旋回。冯宗帜等(1991)则将白垩纪火山活动划为4个旋回，即相当于黄坑组称为第Ⅰ旋回，相当于寨下组则划分为第Ⅱ和第Ⅲ旋回，相当于石牛山组称为第Ⅳ旋回。尽管目前各家对旋回有不同的理解和划分原则，但火山活动的旋回性是客观存在并需进一步研究则是当前地质工作者的共识。

晚第三纪火山活动已相当微弱，除沿海佛昙组下段和中段表现为一个沉积-喷发旋回外，内地佛昙组已难进一步划分。

① 中国地质科学院区调处，1993，陆相火山岩岩石地层清理研究基本要求(试行)。

第五章 结 语

长期以来，福建省地层研究都是在传统的“统一地层划分”影响下进行的，强调了岩石、生物和地质年代三者的统一，而地层的对比则主要是年代地层的对比。

通过本次地层多重划分对比研究，根据《中国地层指南及中国地层指南说明书》的原则，按全国地层多重划分对比研究项目办公室的统一部署和要求，对福建省地层进行了较全面系统的清理研究，突破了传统观念的束缚，以岩石地层划分为基础，进行地层多重划分对比研究，开始迈出新的一步，取得了一定的成果，同时也发现一些新的问题。

第一节 地层清理研究的主要成果

一、对石炭纪岩石地层时空分布的探讨

石炭纪地层是我省研究较详的断代地层之一，通过岩石地层、生物地层和年代地层的多重划分对比研究，对经畲组和老虎洞组的确立和时空展布规律取得了某些突破性进展。

（一）经畲组

经畲组自(1977)创建以来，一直作为中石炭世黄龙组相变或弃而不用，或直接用黄龙组替代，地质时代定为晚石炭世黄龙期(福建省地质矿产局，1985)，其分布范围也仅限于龙岩—漳平一带。经本次对比研究后发现，闽西南拗陷几乎都存在经畲组，其范围包括西起武平、上杭、长汀，北至将乐洞前、顺昌洋菇山、南平后谷，东至永春张垄、德化阳山、南靖船场的广大闽西南地区。在时代研究上，通过生物地层与年代地层对比，发现经畲组由西向东具有明显的穿时特征，西部武平—长汀—宁化—将乐一带，主要为晚石炭世达拉期中晚时，龙岩—漳平—永安一带为达拉期晚时，顺昌—南平一带为晚石炭世马平期，大田、永春、永定一带为早二叠世黔南期，南靖船场为栖霞期中晚时。由西往东，由晚石炭世达拉期中晚时，直至早二叠世栖霞期中晚时，具有明显的穿时特征，即经畲组这套海侵早期的沉积，随着海侵由西南往东北不断扩展，经畲组层位不断抬高，由上石炭统下部或威宁统达拉阶抬高至下二叠统栖霞阶。福鼎南溪则可能为另一海域。

经畲组是福建加里东运动后第一个大规模海侵早期的产物，是福建重要的铁、锰、硫铁

和铜、铅锌等多金属矿产的含矿层位，对其分布范围、岩石特征及其穿时性规律的重新认识，必将有助于福建有关矿产的寻找及岩相古地理研究和大地构造性质的正确认识。

（二）老虎洞组

长期来，省内地质界把福建西部船山灰岩下部出露的白云岩、白云质灰岩划归黄龙组，部分划为船山组。本次对比研究认为有必要将其单独划出，并引用东南区普遍采用且层位相当的老虎洞组一名，以代表省内这一白云岩为主的岩石组合。老虎洞组仅分布于武平—长汀—宁化—将乐条带及永安安砂—大湖一带，漳平岭兜钻孔中也有见及。其岩石特征，南部以白云岩为主，向北以白云质灰岩为主，时限由晚石炭世早期—达拉期中时至晚时。沿清流沙芫—永安安砂、大湖直至小陶、漳平双洋分布的老虎洞组，构成一个NNW向伸展海湾，它和武平—长汀—宁化—将乐的NE向海域沟通相连。老虎洞组作为岩石地层单位划分，将有助于锰铁矿床的寻找和便于华南区较大范围内的地层对比。

二、对中生代陆相火山岩地层的划分、对比研究

福建晚侏罗世—白垩纪陆相火山岩地层分布广泛，尤以福建东部呈大面积出露，构成浙、闽、粤沿海中生代火山岩带的主体。长期以来，在“统一地层划分”影响下，将福建东、西部具有明显不同岩石特征的地层，在全省范围内，根据地质年代的对比而划为具有等时界面的统一地层单位名称。通过本次地层清理对比研究，首先是大致以政和-大埔断裂为界划分出闽西和闽东两个地层小区，并分别建立各小区岩石地层单位名称和序列。在闽西小区，重新起用坂头组之下的晚侏罗世兜岭群和下渡组、园盘组，以及坂头组之上的早白垩世白牙山组。闽东小区重新厘定晚侏罗—早白垩世南园群的含义，在小溪组之下建立鹅宅组和赤水组，将白垩纪石帽山群进一步划分并新建黄坑组和寨下组。

通过闽西与闽东岩石地层与年代地层单位的对比，初步认为晚侏罗世闽西下渡组与闽东鹅宅组和赤水组层位相当，早白垩世白牙山组与闽东黄坑组和寨下组相当，岩石组合特征相互可基本对比，都是一套以陆相火山岩为主的岩石地层，而火山活动主要发生在晚侏罗世基末里期和早白垩世阿普第期—阿尔比期，并略具由内地(西北)向沿海(东南)穿时特点。

闽西坂头组与闽东小溪组为火山活动间歇期的陆相盆地沉积，均以一套沉积岩为主，上部有少量火山碎屑岩或熔岩，地质时代由晚侏罗世提塘期跨及早白垩世贝里阿斯期，各盆地沉积顶、底界限不具等时性，但坂头组与小溪组总体时限仍具由闽西向闽东穿时特点。

福建省中生代陆相火山岩地层的分区、岩石地层单位名称及序列的建立和时空展布规律的探讨等成果，亦将为东南沿海中生代陆相火山岩地层研究提供了一个借鉴的典型。

三、对前泥盆纪地层的认识

福建省前泥盆纪变质岩地层研究基础薄弱，地层划分对比意见纷纭，但通过本次岩石地层对比研究，首先按岩石组合将全省划分出5个地层小区，进一步厘定各小区岩石地层单位名称及其序列，同时通过年代地层的对比，划分出前震旦纪、震旦纪及早古生代(包括寒武纪和奥陶纪)三个断代地层，较系统地总结了我省变质岩的新成果、新认识，基本反映了目前研究现状和水平，为1∶5万地质填图和进一步研究打下良好基础。

各断代地层的主要特征及区别可归纳如下：

1. 前震旦纪地层

(1) 岩石变质程度较深，达绿片岩-角闪岩相，多有混合岩化。

(2) 层序关系多不清楚，可能存在较大规模的韧性剪切、断裂及拼贴接触。

(3) 极少孢粉，同位素年龄值多在 1 800～2 600 Ma。

2. 震旦纪地层

(1) 岩石由闽西南向闽西北变质程度加深，火山物质增多，特别是沿建瓯—南平一带中基性岩和宁化—明溪—顺昌一带中酸性火山岩特别发育。

(2) 微古植物多见，以原始光面球藻、光面球藻、穴面球藻为主，闽西北小区同位素年龄值为 649～737 Ma。

(3) 大理岩、硅质岩、绿片岩、黄铁矿层等较发育，可作为划分对比的标志。

3. 早古生代地层

(1) 除沿海地层小区外，岩石变质程度较浅，为砂板岩-千枚岩类，属浅海—次深海砂泥质复理石建造，火山物质极少。

(2) 产少量海绵骨针、笔石等化石，微古植物繁盛，属种较震旦纪地层多，且出现鲛面对弧藻、小刺藻、粗面小刺藻、管刺藻、三角刺球藻等，同时大量出现几丁虫。

(3) 目前资料表明，福建可能缺失志留纪地层或被剥蚀殆尽。

第二节　存在的主要问题及今后工作意见

一、前震旦纪及震旦纪变质岩地层

(1) 关于地层分区及分区界线，目前暂划为 5 个地层小区，除闽西南及闽东南小区外，闽北与闽西北可能归属同一地层小区，若如此，其东侧与闽东地层小区界线将由现划的屏南—古田向西移至松溪—南平一线。由此，本断代地层是否改划为 4 个地层小区较合适，有待研究。

(2) 闽北、闽西北及闽东地层小区含火山岩建造的块状变粒岩组合分布较广，目前所划的天井坪组、回向殿组、卓地组、黄潭组、吴墩组皆有存在，而各地层单位的变粒岩岩石特征又无明显差异，因此，究竟有几套变粒岩组合难以区分定论。此外，该区发育的基性、超基性火山岩建造的绿片岩组合是否属同一时代的地层尚需进一步研究。

(3) 闽北及闽西北区震旦纪变质岩由于所含生物稀少，变质程度较深，其下部地层有部分人认为时代应属中—晚元古代，其时代归属还有待今后进一步研究。

二、东坑口组的层位及时代归属

东坑口组(群)自(1982)创名后作为一个岩石地层单位划分出来，至今各家均无异议，它以一套较单纯的灰至浅灰色厚层变质石英砂岩为主，夹少量薄层灰黑色千枚状页岩及板岩区别于其下的林田组和其上的魏坊组，其时代大致相当晚寒武世。

1988 年 1∶5 万安砂、贡川幅区调时，根据永安市东坑口剖面局部发现的反粒序层理和小构造分析，认为该区整个地层序列倒转，由此将东坑口组置于魏坊组之上，罗峰溪组之下，时代归属中奥陶世。其后，朱玉磷等(1988)持此观点并著文讨论。

本次对比研究从区域地质重新分析东坑口组的上下地层岩性组合特征，根据 1∶5 万泉上、清流、安砂、贡川及长汀地区等实测剖面，东坑口组下伏皆以千枚状粉砂岩或千枚岩分界或与变质砂岩夹千枚状粉砂岩分界，其下伏地层岩石组合与林田组相似，而与上覆发育硅质岩的魏坊组大相径庭。由此，仍将东坑口组置于林田组之上、魏坊组之下，此层序关系在闽西南基本可以对比，但不排除局部地区和东坑口组中的部分岩层发生倒转。

东坑口组的时代，根据长汀丝毛坪采获原始海绵骨针一属，龙岩火德坑、清流茹坑采获微古植物和几丁虫与俄罗斯地台上寒武统微古植物组合很相似，其时代暂置晚寒武世。

三、象牙群的分布范围及其与含火山岩层的梨山组之区分

象牙群为闽西南早侏罗世海相、海陆交互相碎屑沉积，晚期夹有中基性、中酸性火山岩，包括下部下村组和上部藩坑组，以区别于内陆盆地沉积的梨山组。

象牙群的分布范围有多大？这无疑与早侏罗世海侵范围紧密相关。福建西部除永定堂堡地区外，在武平下坝、圆峰、芳洋，龙岩适中，漳平城南、南洋以及中部大田大才等地都相继发现了一些海相双壳类化石，表明早侏罗世海侵曾到达闽西南的上述地区。永定地区发现有正常浅海相的菊石、腕足类和海百合茎等化石，说明该地区当时处于海水较深而宁静的环境。而在武平芳洋、漳平南洋、大田大才、永泰下潈等地虽未见有正常浅海相的菊石、海百合及双壳类的海扇超科分子，但出现以半咸水相的 *Qiyangia* 为主的双壳动物，显示出这些地区不仅海水较浅而且已靠近陆缘。因此大致可以根据 *Qiyangia* 动物群的分布范围来确定早侏罗世海域范围(曹宝森等,1986,1989)。根据海相动物群在区域上的分布特征，表明早侏罗世早期海水由粤东北入侵闽西南，形成以龙岩一带为中心的龙岩海湾，其范围大致为武平、上杭、龙岩、永安、大田、华安、漳州、永定一线以南地区，此即象牙群的大致分布范围。但其具体边界线的确定仍有待于今后进一步工作。

象牙群与含火山岩夹层的梨山组之区分，主要在于象牙群以海相、海陆交互相沉积，后期夹有中基性、中酸性双峰式火山岩的一套碎屑岩沉积，生物群以 *Parainoceramus-Camptonectes*(*Hunannonectes*)为主的海相双壳类组合为特征。

四、福建东、西部中生代陆相火山岩地层划分、对比及时代归属

(一) 岩石地层单位划分

闽西白牙山组据目前资料划分为上、下两个岩性段，反映出一个沉积-喷发旋回，但局部地区(上杭上谷坑及宁化等地)可能包括两个沉积-喷发旋回，果若如此，白牙山组之上需另建组。目前将白牙山组与闽东黄坑组及寨下组进行对比，依据尚感不足。此外，在宁化以北至浦城一带，白牙山组上部可能发育一套偏碱性的(石英)粗面岩类，是否需进一步划分地层小区或归属白牙山组上段之上，作为第三段划出来，尚待进一步研究。闽东小溪组上段一般以酸性凝灰岩类为主，但局部发育较多酸性熔岩，在岩石特征上，如果其下未出露小溪组下段沉积岩，则与赤水组上段酸性火山岩难以区别，极易相混。

(二) 时代归属问题

由于古生物及同位素年龄资料稀缺，特别是闽西下渡组和白牙山组、闽东鹅宅组均未获可信的同位素年龄资料，闽西崇安组亦无古生物资料佐证。由此可知，地层时代的归属尚待进一步探讨。本次对比研究仅从有限的地层古生物、同位素年龄资料，将坂头组和小溪组归属晚侏罗—早白垩世，其下的地层(兜岭群、赤水组、鹅宅组、长林组)归属晚侏罗世，其上划归早白垩世中晚期，崇安组和石牛山组暂置于晚白垩世早期。

五、今后工作意见

福建省地层划分、对比及时代归属问题主要集中在震旦纪及其以前的变质岩和中生代陆

相火山岩地层。通过本次清理对比研究，已初步建立各断代地层小区的岩石地层单位及序列。因此，建议在此基础上，继续按照地层多重划分对比的原理原则，根据上述存在问题，成立专题研究组，有重点地分别对闽西北及闽东变质岩和闽西与闽东中生代陆相火山岩地层进行系统的野外调研，从地层学、岩石学、古生物学和地质年代学、古地磁等方面丰富我省岩石地层的实际资料和多重划分对比内容，进一步与浙、赣、粤邻省求得共识，尽量避免低水平的工作重复。

参考文献

曹宝森，1983，福建西南部和中部地区早侏罗世海相地层。福建地质，2(1)：51—65。

曹宝森，1986，闽西南早中侏罗世叶肢介。古生物学报，25(3)：328—333。

曹宝森、梁诗经，1986，*Qiyangia* 动物群在福建的分布。地层学杂志，10(2)：141—143。

曹宝森、梁诗经、张小勤、张志明，1987，福建中侏罗统漳平组及其生物群特征。地层学杂志，11 (4)：307—309。

曹宝森、梁诗经、张志明、张小勤、马爱双，1989，福建侏罗纪生物地层学初步研究。福建地质，8(3)：198—216。

曹宝森、梁诗经、张小勤、马爱双、张志明，1990，福建永安吉山剖面的再研究。地层学杂志，14(1)：63—69。

陈榜森、李玉林，1991，福建省晚三叠世含煤岩系特征及其主要控制因素初探。福建地质，10(3)：179—190。

陈恺，1943，福建之坂头系及其上下岩层。前福建省地质土壤调查所专报，第 1 号。

陈丕基、黎文本、陈金华、叶春晖、王振、沈炎彬、孙东立，1982，中国侏罗、白垩纪化石群序列。中国科学 B 辑，(6)：558—565。

陈旭、王宠，1941，福建清流宁化连城长汀等县地质矿产。前福建省地质土壤调查所，地质矿产专报，第 2 号。

陈云钊，1987，闽西北前寒武系火山岩建造基本特征。福建地质，6(4)：271—287。

陈云钊，1991，闽北变质岩含矿性及其找矿前景的探讨。福建地质，10(3)：165—178。

陈云钊，1992，对闽北变质岩同位素年代信息合理使用的探讨。福建地质，11(1)：60—68。

程裕淇主编，1994，中国区域地质概论。北京：地质出版社。

池际尚，1988，中国东部新生代玄武岩及上地幔研究(附金伯利岩)。武汉：中国地质大学出版社。

丁保良、兰善先、汪迎平，1989，浙闽赣地区非海相侏罗—白垩纪火山、沉积地层及生物群。南京：江苏科学技术出版社。

冯宗帜、亓润章、黄水兴、李进堂、许美辉、邹永兴、吴志勤、王国金、何文兴，1991，福建永泰—德化地区火山地质及火山岩含矿性。南京地质矿产研究所所刊，增刊，第 9 号。

福建省区域地层表编写组，1979，华东地区区域地层表・福建省分册。北京：地质出版社。

福建省石油地质队地层古生物组，1979，福建西部白垩纪“红层”的划分，华南中、新生代红层。北京：科学出版社。

福建省区域地质测量队变质岩组，1982，福建沿海中生代变质带的基本特征。福建地质，1(2)：29—52。

福建省地质矿产局，1985，福建省区域地质志。北京：地质出版社。

傅树超、陈觉民、林文生，1991，福建建宁西部上太古界天井坪组(Ar_2t)地质特征。福建地质，10(2)：103—113。

甘晓春、李惠明、孙大中、庄建民，1993，闽北前寒武纪基底的地质年代学研究。福建地质，12(1)：17—32。

高振西，1947，福建连城、长汀两县地质矿产。前福建省地质土壤调查所，地质矿产报告，第 10 号。

高振西等，1942，福建安溪、同安、南安、晋江等县地质矿产。前福建省地质土壤调查所，地质矿产报告，第 5 号。

葛如庚、黄德贤，1984，福建清流、宁化泉上地区震旦系上统火山岩分布及其特征。福建地质，3(2)：25—36。

龚世福、林锦雄，1987，试论福建前寒武纪地层的划分对比。福建地质，6(2)：71—107。

赫德伯格 H D，1976，国际地层指南。张守信译，1979。北京：科学出版社。

洪祖寅、蒋家聪、刘庆平，1986，福建沙县富口高地早二叠世栖霞组䗴类动物群。福建地质，5(4)：45—64。

侯德封、王曰伦、张兆瑾，1935，福建厦门、龙岩间地质矿产简报。地质汇报，25 号。

胡联浩、李普、马醒华，1990，闽西上杭白垩纪红层磁性地层学研究。福建地质，9(1)：33—42。

黄辉、扬传夏、李荣安，1988，东山岛变质岩中采到早古生代植物化石。福建地质，7(4)：290。

黄辉、李荣安、扬传夏，1989，平潭—南澳变质岩带的 Sm-Nd 年代学研究及其大地构造意义。福建地质，8(3)：169—180。

黄春鹏、张家元、詹玉亭，1991，福建尤溪梅仙龙北溪组变质火山岩的 Sm-Nd 同位素年龄研究。福建地质，10(2)：150—157。

黄汲清，1945，中国主要地质构造单位。前中央地质调查所，地质专报，甲种第 20 号。

黄仁生，1988，福建省大田大合地区变质地层时代归属的讨论。福建地质，7(3)：205—220。

李根坤，1989，福建基底时代的探讨。福建地质，8(3)：159—168。

李根坤，1991，福建基底构造格局及其特征。福建地质，10(2)：158—164。

李根坤、林亨才，1988，福建省同位素年龄及其区域地质构造意义。福建地质，7(2)：80—118。

李兼海、朱义华、李仁杰，1983，论福建西部早古生代地层的划分及对比。福建地质，2(1)：1—19。

李兼海、王国平、郑铁藩、梁诗经，1994，福建省新建岩石地层单位。中国区域地质，(4)：325—347。

李星学、蔡重阳，1979，中国泥盆纪植物群。地层学杂志，3(2)：90—95。

梁诗经、曹宝森、马爱双，1992，福建白垩纪红层的时序及对比。福建地质，11(4)：263—282。

梁诗经、张志明、张小勤、马爱双，1988，福建“石帽山群”的时代及其对比。地层学杂志，12(2)：151—156。

刘鸿允、董榕生、李建林、扬彦均，1980，论震旦系划分与对比问题。地质科学，(4)：307—321。

刘乃坤，1982，闽北建瓯群几丁虫的发现。福建地质，1(2)：123—126。

骆金锭、吴富宝、郭智勇，1990，福建龙岩经洋晚石炭世—早二叠世早期地层及䗴类分带。古生物学报，29(6)：645—667。

马金清、王文腾，1993，福建永定地区下、中元古界变质岩基本特征及地层时代依据。福建地质，12(4)：268—279。

钱丽君、白清昭、熊存卫、吴景钧、徐茂钰、何德长、王赛仪，1987，中国南方中生代含煤地层。北京：煤炭工业出版社。

邱礼仪、林天宝、蔡祖炳、尤育鸣，1984，福建德化“阳山群”时代的初步探讨。福建地质，3(1)：19—32。

全国地层委员会，1981，中国地层指南及中国地层指南说明书。北京：科学出版社。

任敖培，1983，迪口、夏道幅变质岩的褶皱构造与地层层序。福建地质，2(3)：33—46。

沈渭洲、凌洪飞，1991，对《平潭—南澳变质岩带的Sm-Nd年代学研究及其大地构造意义》一文的几点商榷。福建地质，10(1)：79—84。

盛金章、金玉玕、芮琳、张遴信、郑灼官、王玉净、廖卓庭、赵嘉明，1982，中国二叠系对比表及说明书，中国各纪地层对比表及说明书。北京：科学出版社。

斯行健，1942，福建植物化石之研究。前福建省地质土壤调查所年报，第2号。

斯行健、周志炎，1964，中国中生代陆相地层，全国地层会议学术报告汇编。北京：科学出版社。

陶忠耀，1983，福建政和附近“溪口组(?)”浅变质岩系时代的探讨。福建地质，2(3)：57—64。

王国平，1989，福建的长兴阶。福建地质，8(3)：181—197。

王尔康、张金章、欧阳钟辉、费仕荣、孙伟汉、顾兆祥、钟应洲，1982，福建大田变质岩系中纺缍䗴科化石的首次发现及其地质意义。南京大学学报，第2期（B辑）：578—583。

王恒升、李春昱，1930，京粤铁路线地质矿产。地质汇报，第14号。

王鸿祯、李光岑，1990，国际地层时代对比表。北京：地质出版社。

王命恒、张秀芝，1985，政和县石屯附近变质岩系地质时代的探讨。福建地质，4(2)：39—50。

王绍文，1930，闽西赣南地质矿产。矿冶，4(13)。

翁世劼、孔庆寿、黄海，1987，浙闽赣粤中生代晚期火山地质。北京：地质出版社。

吴歧、李希敏，1982，福建省石炭纪地层划分和对比。福建地质，1(1)：32—48。

项礼文等，1981，中国地层(4)中国的寒武系。北京：地质出版社。

徐一伟、林雪萍，1990，政和“稻香组”地质时代的确定及其变质火山岩岩石成因探讨。福建地质，9(4)：266—280。

杨振翰、唐贵智，1944，福建永安县地质矿产。前福建省地质土壤调查所，地质矿产报告，第7号。

杨遵仪、殷鸿福、吴顺宝、杨逢清、丁梅华、徐桂荣等，1987，华南二叠-三叠系界线地层及动物群。北京：地质出版社。

游天寿，1992，闽中早—中元古代科马提岩。福建地质，11(3)：141—155。

袁忠信、吴良士、张宗清、叶笑江，1991，闽北麻源群Sm-Nd、Rb-Sr同位素年龄研究。岩石矿物学杂志，10(2)：127—131。

张守信，1992，理论地层学——现代地层学概念。北京：科学出版社。

张志明，1987，福建东部白垩系石帽山群及福鼎组介形类。微体古生物学报，4(1)：55—72。

赵金科、郑灼官，1977，浙西、赣东北早二叠世晚期菊石。古生物学报，16(2)：217—254。

赵金科、盛金章、姚兆奇、梁希洛、陈楚震、芮琳、廖卓庭，1981，中国南部的长兴阶和二叠系与三叠系之间的界线。南京地质古生物研究所丛刊，第2号。

赵金科、陈楚震、王义刚、何国雄、陈金华，1982，中国海相三叠系的划分和对比问题，中国各纪地层对比表及说明书。北京：科学出版社。

郑芬，1989，福建明溪组早更新世孢粉组合特征。中国区域地质，(3)：226—231。

宗淳虎，1980，闽北前震旦纪建瓯群细碧角斑岩系的发现及其特征。地质论评，26(3)：217—224。

周仁沾，1950，福建省龙岩、宁洋两县地质矿产。福建省地质土壤调查所，地质矿产报告，第13号。

周统顺，1978，福建中生代含煤地层及其植物化石。地层古生物论文集，第4辑，88—134。北京：地质出版社。

周祖翼，1989，东南沿海基底研究述评。福建地质，8(1)：46—53。

朱玉磷、葛如庚，1986，福建清流—宁化一带震旦系地层同位素年龄测定及其时代归属。福建地质，5(3)：1—14。

朱玉磷、张金塔，1988，对福建西部早古生代地层划分及对比问题的商榷。福建地质，7(2)：142—161。

朱玉磷、邹喜春，1990，论魏坊地区奥陶系沉积特征及其源区构造背景。福建地质，9(1)：14—32。
Grabau A W，1924，Stratigraphy of China. Part I，Paleozoic and Older，Peking，The Geological Survey of Agriculture and Commerce，No，528.

地质图说明书及区测(调)报告

福建省区域地质测量队，1965，1:20万永安幅区域地质矿产调查报告。
福建省区域地质测量队，1966 a，1:20万三明幅区域地质矿产调查报告。
福建省区域地质测量队，1966 b，1:20万南平幅区域地质矿产调查报告。
福建省区域地质测量队，1970，1:20万长汀幅区域地质矿产调查报告。
福建省713队，1970，1:20万顺昌幅区域地质矿产调查报告。
福建省713队，1971，1:20万上杭幅区域地质矿产调查报告。
福建省713队，1972，1:20万宁化幅区域地质调查报告。
福建省区域地质测量队，1972 a，1:20万光泽幅区域地质矿产调查报告。
福建省区域地质测量队，1972 b，1:20万浦城幅区域地质矿产调查报告。
福建省区域地质测量队，1974 a，1:20万建瓯幅区域地质调查报告。
福建省区域地质测量队，1974 b，1:20万漳州幅、东山幅区域地质调查报告。
福建省区域地质测量队，1977 a，1:20万德化幅区域地质调查报告。
福建省区域地质测量队，1977 b，1:20万龙岩幅区域地质调查报告。
福建省区域地质测量队，1977 c，1:20万福安幅、三沙镇幅、浮鹰岛幅区域地质调查报告。
福建省区域地质测量队，1977 d，1:20万福州幅、福清幅、南日岛幅区域地质调查报告。
福建省区域地质测量队，1977 e，1:20万泉州幅、厦门幅区域地质调查报告。
福建省区域地质测量队，1977 f，1:50万福建省地质图说明书。
广东省区域地质调查队，1972，1:20万梅县幅区域地质调查报告。
广东省区域地质调查队，1973，1:20万汕头幅区域地质调查报告。
江西省区域地质调查大队，1969，1:20万于都幅区域地质矿产调查报告。
江西省区域地质调查大队，1973 a，1:20万广昌幅区域地质调查报告。
江西省区域地质调查大队，1973 b，1:20万寻邬幅区域地质矿产调查报告。
江西省区域地质调查大队，1980，1:20万广丰幅区域地质调查报告。

附录Ⅰ　福建省地层数据库的建立及其功能简介

一、前言

地层数据库的研制和建库工作是随地矿部“八五”期间设立“全国地层多重划分对比研究”项目同时开展的，其指导思想和研究内容与全国地层清理工作的有关文件要求基本一致，建立地层数据库的目的就是要为全国区域地质调查和基础地质研究工作服务，巩固地层清理的成果，避免今后建立和使用地层单位的混乱现象，使我国地层研究和管理走向科学化、信息化，并与国际地层学研究工作接轨。

省级地层数据库是地矿部专项地勘科技项目“全国地层数据库”（编号:DZ1992-01)的一个重要组成部分，它既是全国地层数据库的一个基本子库，同时又是一个独立、完整的省级地层数据库。

省级数据库按照全国地层数据库的统一要求，以岩石地层单位为基本单元建库，以全国地层清理项目办统一制定的5张地层剖面数据卡片为数据采集源。其数据采集、数据库信息管理、检索及查询软件是以“全国地层数据库”项目组提供的软件和标准进行的。有关全国地层数据库的情况，请参见李超岭等著《全国地层数据库》一书。

二、地层数据库的建库情况

（一）组织管理

负责本省地层清理的单位：福建省区域地质调查队地层清理研究组。

负责建立本省地层数据库的单位：福建省区域地质调查队总工办微机组和三明地质印刷厂照排车间。

使用的机型：286兼容机、AST-486主机、LQ-1600K 打印机。

参加建立本省地层数据库的人员名单：

李超岭，工程师。

林喜，技术员。

林静，技术员。

进行地层数据库的数据卡片填制、审核校对人员名单：

李兼海，高级工程师，项目负责。

王国平，高级工程师，副项目负责。

郑铁藩，高级工程师。

梁诗经，高级工程师。

（二）工作过程

卡片录入工作始于1993年7月，1994年3月录入并输出了30个建议使用的岩石地层单位，1994年6月全省78个建议使用的岩石地层单位全部录入完毕，同时录入建议废弃的地层单位86个，并打印出一校稿。1994年7月进行一校稿的修改，后期转入486主机，进行二校稿的卡片输出。1994年8月进行二校稿的修改，并打印最终成果卡片，经1994年9月海口会议评审后，于1995年4月修改打印完成。

（三）完成录入工作量

1.建议使用的岩石地层单位78个(其中群级8个，组级67个，段级3个)

各断代(纪、世)地层单位数为：

前泥盆纪断代30个，包括前震旦纪10个，震旦纪13个，寒武纪2个，奥陶纪2个，前泥盆纪3个。

泥盆纪—中三叠世断代20个，包括泥盆纪3个，石炭纪5个，二叠纪7个，早、中三叠世5个。

晚三叠世—晚第三纪断代28个，包括晚三叠世3个，早侏罗世4个，中侏罗世1个，晚侏罗世9个，白垩纪10个，晚第三纪1个。

2.地层剖面489条，其中正层型49条，副层型3条，选层型10条，新层型2条，次层型5条，参考剖面420条。489条剖面均以长剖面形式录入。

3.建议废弃的岩石地层单位86个。

4.累计打印输出卡片封面78张，卡片Ⅰ164张，卡片Ⅱ75张，卡片Ⅲ(剖面分布图)67张，卡片Ⅳ(文字描述表格)489张，卡片Ⅳ(柱状图)489张，卡片Ⅴ78张。

（四）提交数据磁盘清单

占用外存空间约5兆，分放4张1.2 M 软盘(5.25 inch)。

数据软盘清单：

盘号	地层单位起止编号
1#	省级库
2#	0001—0019
3#	0020—0030
4#	0051—0070
5#	0101—0128

三、地层数据库功能介绍

地层数据库主要由三部分组成。1.数据采集系统：包括对原始数据的录入、编辑、查错及地层信息检索、数据库字典查询、文献检索、地层单位数据文件管理等功能；2.数据处理系统：包括地层卡片的输出、地层数据库各类信息的查询检索及汇总制表、岩石地层单位的监控等功能；3.扩充部分接口，为地层数据库以后的进一步开发留有接口。

（一）系统运行环境

1.DOS 版本

(1) 软件支撑环境：DOS 3.30以上，Microsoft C 6.0，PTDOS 2.0，FoxPro 2.0。

(2) 硬件运行环境：286以上主机，VGA 显示器，LQ-1600K 或其它 24针打印机。

2.Windows 版本

(1) 软件支撑环境：Windows 3.1，Borland C++ 3.1，中文之星1.2，FoxPro for Windows 2.5，MS-DOS 5.0以上。

(2) 硬件运行环境：386、486主机(内存≥4M,硬盘≥100M)，VGA 显示器，LQ-1600K 或其它24针打印机。

（二）数据采集模块功能

1.选择“省份”、“地层单位”；

2.地层单位数据录入情况查询；

3.卡片Ⅰ数据录入与修改(可选择按编号、创名时间、汉语拼音等顺序排序)；

4.卡片Ⅱ数据录入与修改；

5.卡片Ⅲ数据录入与修改；

6.卡片Ⅳ剖面信息数据录入与修改；

7.卡片Ⅳ剖面文字描述数据录入与修改；

8.卡片Ⅳ柱状图数据录入与修改；

9.卡片Ⅳ化石数据录入与修改；

10.卡片Ⅳ分布特征数据录入与修改；

11.卡片Ⅳ数据检查整理；

12.卡片Ⅴ数据录入与修改；

13.地层单位数据文件备份；

14.地层单位数据文件入库；

15.地层单位数据文件转换；

16.省级库数据检索；

17.数据库字典查询；

18.省级文献库查询与修改。

（三）卡片输出模块功能

1.选择省份；

2.选择输出的地层单位；

3.卡片封面输出；

4.卡片Ⅰ输出：屏幕或打印机输出卡片Ⅰ；

5.卡片Ⅱ输出(图形)；

6.卡片Ⅲ柱状对比图输出(图形)；

7.卡片Ⅲ岩石地层单位分布图输出：

(1) 可选择绘制地名级别(在地理底图上将标出地名)1—省会，2—地市以上，3—县级以上。

(2) 可选择绘制图框类型：1—经纬框(地理底图上加画经纬框)，2—方框(地理底图上只画图框)，3—不加框(地理底图上不画图框)。图中各剖面的分布位置采用不同的符号表示其层型：三角形代表参考剖面，方形代表新层型剖面，方形中央的“＋”代表正层型、“－”代表副层型、“×”代表选层型。

8.卡片Ⅳ剖面文字描述表格输出；

9.卡片Ⅳ剖面图输出(图形)；

10.卡片Ⅴ输出。

(四) 地层信息检索模块功能

1.检索条件(一级检索条件)

(1) 选择省份——选择检索的区域范围；

(2) 选择大区——选择检索的区域范围；

(3) 选择经纬度——选择检索的区域范围；

(4) 选择断代(纪)地层——选择检索的时间范围；

(5) 地质年代数码转换——地质年代数据进行数码转换是进行时间范围检索的必要条件；

(6) 输出方式选择：

①显示方式：将检索结果显示在屏幕上；

②打印方式：将检索结果在打印机上输出；

③文献表格。

选择以上表格的输出栏目，依使用者的要求挑选所需的制表栏目序号及表格每页的行数。

2.地层单位信息检索(二级检索条件)

(1) 所有地层单位：检索出满足选定时间和区域条件的地层单位；

(2) 正式地层单位：检索出满足选定时间和区域条件的正式地层单位；

(3) 废弃地层单位：检索出满足选定时间和区域条件的废弃地层单位；

(4) 地层单位名称：检索出与指定地层单位名称相同的地层单位；

(5) 地层单位名称(拼音)：检索出与指定拼音相同的地层单位；

(6) 地层单位编号：检索出与指定地层单位编号相同的地层单位；

(7) 地层单位代号：检索出与指定地层单位代号相同的地层单位；

(8) 同物异名：检索出与指定名称相同的同物异名地层单位；

(9) 同名异物：检索出与指定名称相同的同名异物地层单位；

(10) 同物异名/同名异物：检索出有同物异名或同名异物的地层单位；

(11) 输出剖面分布图：输出当前检索内容的地层单位的剖面分布图。

3.剖面信息检索(二级检索条件)

(1) 所有剖面：检索出满足选定时间和区域条件的地层剖面；

(2) 所有正层型：检索出满足选定时间和区域条件的正层型；

(3) 所有副层型：检索出满足选定时间和区域条件的副层型；

(4) 所有选层型：检索出满足选定时间和区域条件的选层型；

(5) 所有新层型：检索出满足选定时间和区域条件的新层型；

(6) 所有次层型：检索出满足选定时间和区域条件的次层型；

(7) 剖面名称：检索出与指定剖面名称相同的地层剖面；

(8) 剖面编号：检索出与指定剖面编号相同的地层剖面；

(9) 剖面化石名称(中文)：检索剖面上化石分类的中文名称；

(10) 剖面其它信息：检索剖面图上已录入的下列信息(注意：不对文字描述的内容进行检索)

①化石(拉丁文)：检索指定化石名称所在的剖面；

②生物地层带：检索指定生物地层带所在的剖面；

③颜色：检索含有指定颜色的剖面；

④磁极性：检索含有磁极性内容的所有剖面；

⑤化学特征：检索含有化学特征内容的所有剖面；

⑥矿物：检索含有矿物内容的所有剖面；

⑦矿产：检索含有矿产内容的所有剖面；

⑧变质相：检索含有变质相内容的所有剖面。

(11) 某地层单位正层型：检索出指定地层单位的正层型，

(12) 输出剖面分布图：输出当前检索内容的剖面分布图。

4.参考文献目录检索(二级检索条件)

(1) 作者：按指定作者检索文献目录；

(2) 时间：按指定发表时间检索文献目录；

(3) 书名（论文题目)：按指定书名检索文献目录；

(4) 作者+时间：按指定作者及发表时间检索文献目录；

(5) 断代(纪)地层：按选定的地质年代范围，检索有关地层单位所涉及的文献目录；

(6) 某地层单位文献：按地层单位检索文献目录；

(7) 文献引用情况：指定某一文献所在的省码及文献库的记录号，检索该文献在本省的引用情况(创名或引用)。

(五) 地层单位监控模块功能

对新建地层单位进行命名监控：

(1) 同名的监控：检索出与指定地层单位名称相同的地层单位；

(2) 同音的监控：检索出与指定地层单位名称发音(拼音)相同的地层单位；

(3) 同编号的监控：检索出与指定地层单位名称编号相同的地层单位；

(4) 同代号的监控：检索出与指定地层单位名称代号相同的地层单位；

(5) 有效性的监控：检索出与新建地层单位的经纬度邻近的剖面，供科研人员进行对比研究。

四、地层数据库的维护与功能扩充

(一) 数据库的维护

省级数据库是全国地层数据库的基础，随着地质工作的深入，必须对地层数据库进行扩充与维护，并及时与全国库进行信息交流，以保证省库与全国库的数据一致性。

负责管理维护地层数据库的单位：福建省区域地质调查队总工办微机室。

(二) 功能扩充

地层数据库的建立，是逐步实现地层学研究和地层单位划分的建立、命名、定义、修订及废弃管理的规范化、现代化。随着科研、生产的实践会对“地层数据库”提出新的功能要求，这就有待继续开发和扩充。

附录Ⅱ 福建省采用的岩石地层单位

附录Ⅱ-1

序号	岩石地层单位名称		编号	代号	地质时代	创名人	创建时间	所在省	在本书页数
	英文	汉文							
1	Anren Fm	*安仁组	35-0070	T*a*	T_2	福建区测队	1965	福建	93
2	Ansha Gr	*安砂群	35-0051	D*A*	D_3	王绍文	1930	福建	64
3	Aojiao Gr	澳角群	35-0028	AnD*A*	AnD	王振民、黄辉	1991	福建	53
4	Baiyashan Fm	*白牙山组	35-0119	K*b*	K_1	福建省713队	1972	福建	151
5	Bantou Fm	*坂头组	35-0112	JK*b*	$J_3—K_1$	陈恺	1943	福建	139
6	Baoshi Fm	*宝石组	35-0013	Z*b*	Z_1	李兼海等	1994	福建	29
7	Changlin Fm	*长林组	35-0114	J*ĉ*	J_3	福建区测队	1966	福建	143
8	Chańgxing Fm	长兴组	35-0065	P*ĉ*	P_2	葛利普(A W Grabau)	1924	浙江	88
9	Chishi Gr	*赤石群	35-0120	K*Ĉ*	K	陈恺	1943	福建	153
10	Chishui Fm	*赤水组	35-0116	J*ch*	J_3	李兼海等	1994	福建	146
11	Chong'an Fm	*崇安组	35-0123	K*ĉ*	K_2	李兼海等	1994	福建	157
12	Chuanshan Fm	船山组	35-0057	CP*ĉ*	$C_2—P_1$	丁文江	1919	江苏	76
13	Cuipingshan Fm	*翠屏山组	35-0063	P*cp*	P_2	侯德封等	1935	福建	85
14	Dajinshan Fm	*大金山组	35-0004	AnZ*dj*	AnZ	闽北地质大队（龚世福等）	1985（1987）	福建	13
15	Dakengcun Fm	*大坑村组	35-0101	T*d*	T_3	福建省303地质队	1964	福建	115
16	Daoxiang Fm	*稻香组	35-0023	Z*dx*	Z_2	陶忠耀	1983	福建	44
17	Dikou Fm	迪口组	35-0006	AnZ*d*	AnZ	福建省地质研究所等	1961	福建	19
18	Dingwuling Fm	*丁屋岭组	35-0012	Z*d*	Z_1	福建省区域地层表编写组	1979	福建	28
19	Dongyan Fm	*东岩组	35-0015	Z*dy*	Z_1	福建省地质三队	1974	福建	32
20	Donghua Fm	*东华组	35-0007	AnZ*dh*	AnZ	福建区调队	1991	福建	20
21	Dongkengkou Fm	*东坑口组	35-0025	∈*d*	$\in_3$	福建区调队（李兼海等）	1982（1983）	福建	47
22	Douling Gr	*兜岭群	35-0109	J*D*	J_3	侯德封等	1935	福建	136
23	Ezhai Fm	*鹅宅组	35-0115	J*e*	J_3	李兼海等	1994	福建	144
24	Fankeng Fm	*藩坑组	35-0106	J*f*	J_1	福建区调队（曹宝森）	1982（1983）	福建	129
25	Fotan Fm	佛昙组	35-0128	N*f*	N	殷维翰（福建304队）	1946（1970）	福建	164
26	Gekeng Fm	*葛坑组	35-0010	AnZ*g*	AnZ	福建区调队	1991	福建	24
27	Huangkeng Fm	*黄坑组	35-0125	K*h*	K_1	李兼海等	1994	福建	159
28	Huanglian Fm	*黄连组	35-0021	Z*h*	Z_2	福建省区域地层表编写组	1979	福建	42
29	Huangtan Fm	*黄潭组	35-0014	Z*ht*	Z_1	李兼海等	1994	福建	30
30	Huixiangdian Fm	*回向殿组	35-0003	AnZ*h*	AnZ	闽北地质大队	1993	福建	12
31	Jiaokeng Fm	*焦坑组	35-0103	T*j*	T_3	福建省301地质队	1963	福建	122
32	Jingshe Fm	*经畲组	35-0055	CP*j*	$C_2—P_1$	福建区调队	1977	福建	71
33	Jishan Fm	*吉山组	35-0118	K*j*	K_1	丁保良等	1989	福建	150
34	Junkou Fm	*均口组	35-0121	K*jk*	K_1	福建省石油地质队地层古生物组	1979	福建	153
35	Lantian limestone Mem	*兰田灰岩段	35-0068	Tx^1	T_1	李兼海等	1994	福建	92

①创名人栏（　　）内为介绍人；创建时间栏（　　）内为介绍时间。
②*表示已查阅原著原始定义的岩石地层单位。

序号	岩石地层单位名称		编号	代号	地质时代	创名人	创建时间	所在省	在本书页数
	英　文	汉　文							
36	Laohudong Fm	老虎洞组	35-0056	*Clh*	C_2	夏邦栋	1959	江苏	74
37	Lindi Fm	*林地组	35-0054	*Cl*	C_{1-2}	福建区测队	1965	福建	70
38	Lintian Fm	*林田组	35-0024	∈*l*	$\in_{1-2}$	福[illegible]区调队 (李兼海等)	1982 (1983)	福建	45
39	Lishan Fm	*梨山组	35-0107	*Jl*	J_1	王恒升、李春昱	1930	福建	132
40	Longbeixi Fm	龙北溪组	35-0018	*Zl*	Z_{1-2}	福建省地质研究所等	1961	福建	37
41	Longtou Fm	*龙头组	35-0022	*Zlt*	Z_2	李兼海等	1994	福建	42
42	Louziba Fm	*楼子坝组	35-0011	*Zlz*	Z_1	福建省区域地层表编写组	1979	福建	25
43	Luofengxi Fm	*罗峰溪组	35-0027	*Ol*	O_{2-3}	王绍文	1930	福建	50
44	Luokeng Fm	*罗坑组	35-0064	*Pl*	P_2	李兼海等	1994	福建	87
45	Mayuan Gr	*麻源群	35-0002	AnZ*M*	AnZ	福建省地质矿产局	1985	福建	11
46	Mingshan Fm	鸣山组	35-0059	P*m*	P_1	刘季辰	1926	江西	79
47	Nanyan Fm	*南岩组	35-0019	Z*n*	Z_2	福建省区域地层表编写组	1979	福建	39
48	Nanshan Fm	*南山组	35-0005	AnZn	AnZ	闽北地质大队 (龚世福等)	1985 (1987)	福建	15
49	Nanyuan Gr	*南园群	35-0113	JK*N*	J_3—K_1	福建区测队	1966	福建	143
50	Pandi Fm	*泮地组	35-0017	Z*p*	Z	李兼海等	1994	福建	35
51	Qinyingshan Fm	*亲营山组	35-0030	AnD*q*	AnD	李兼海等	1994	福建	54
52	Qixia Fm	栖霞组	35-0058	P*q*	P_1	李希霍芬	1912	江苏	78
53	Quanshang Fm	*泉上组	35-0060	P*qŝ*	P_1	李兼海等	1994	福建	80
54	Sanxizhai Fm	*三溪寨组	35-0020	Z*s*	Z_2	李兼海等	1994	福建	40
55	Shaxian Fm	*沙县组	35-0122	K*ŝ*	K_1	福建区测队	1966	福建	155
56	shibixi mudstone Mem	*石碧溪 泥岩段	35-0069	$Tx^{\hat{s}}$	T_1	李兼海等	1994	福建	92
57	Shimaoshan Gr	*石帽山群	35-0124	K*Ŝ*	K	福建区测队	1966	福建	158
58	Shiniushan Fm	*石牛山组	35-0127	K*sh*	K_2	冯宗帜等	1991	福建	162
59	Taoxi Fm.	*桃溪(岩)组	35-0008	AnZ*tx*	AnZ	李兼海等	1994	福建	22
60	Taozikeng Fm	*桃子坑组	35-0053	D*tz*	D_3	福建区测队	1976	福建	68
61	Tianjingping Fm	*天井坪组	35-0001	AnZ*t*	AnZ	福建区调队 (傅树超等)	1990 (1991)	福建	9
62	Tianwadong Fm	*天瓦岽组	35-0052	D*t*	D_3	福建区测队	1976	福建	67
63	Tongziyan Fm	*童子岩组	35-0062	P*t*	P_1	王绍文	1930	福建	82
64	Weifang Fm	*魏坊组	35-0026	O*w*	O_1	福建区调队 (李兼海等)	1982 (1983)	福建	49
65	Wenbinshan Fm	*文宾山组	35-0102	T*w*	T_3	福建省303地质队	1964	福建	119
66	Wenbishan Fm	*文笔山组	35-0061	P*w*	P_1	高振西等	1942	福建	81
67	Wudun Fm	*吴墩组	35-0016	Z*w*	Z_1	福建区测队	1974	福建	34

附录Ⅱ-3

序号	岩石地层单位名称		编号	代号	地质时代	创名人	创建时间	所在省	在本书页数
	英　文	汉　文							
68	Xiacun Fm	*下村组	35-0105	Jx	J_1	福建区调队（曹宝森）	1982 (1983)	福建	126
69	Xiadu Fm	*下渡组	35-0111	Jxd	J_3	福建区域地质测量-普查大队	1960	福建	138
70	Xiangya Gr	*象牙群	35-0104	JX	J_1	陈天祥等	1960	福建	126
71	Xiaoxi Fm	*小溪组	35-0117	JKx	J_3—K_1	福建区测队	1977	福建	148
72	Xikou Fm	*溪口组	35-0066	Tx	T_1	王绍文	1930	福建	90
73	Xinci hornfels Mem	*新祠角岩段	35-0067	Tx^x	T_1	福建省第五地质大队	1960	福建	92
74	Yanya Fm	*岩雅组	35-0029	$AnDy$	AnD	李兼海等	1994	福建	53
75	Yuanpan Fm	*园盘组	35-0110	Jy	J_3	福建省地质研究所	1961	福建	137
76	Zhaixia Fm	*寨下组	35-0126	$K\dot{z}$	K_1	李兼海等	1994	福建	160
77	Zhangping Fm	*漳平组	35-0108	$J\dot{z}$	J_2	福建区测队	1965	福建	134
78	Zhuodi Fm	*卓地组	35-0009	$AnZ\dot{z}$	AnZ	福建区调队	1991	福建	23

附录Ⅲ　福建省不采用的地层名称

附录Ⅲ-1

序号	地层单位名称		编号	地质时代	创名人	创建时间	所在省	不采用的理由
	英　文	汉　文						
1	Anjing Fm	安靖组	35-0407	T—J	陈万福等	1961	福建	层位不清，归入文宾山组
2	Baisha series	白沙系	35-0430	K_1	侯德封等	1935	福建	层位不清，归入园盘组
3	Banxi Gr	板溪群	35-0204	Pt	王晓青等	1931	湖南	与原义不符，归入楼子坝组
4	Baoshan sandstone	宝山砂岩	35-0420	J_{2-3}?	福建省第一地质大队	1959	福建	相当梨山组下部
5	Caoyuan limestone	曹远石灰岩	35-0309	P_1	王绍文	1935	福建	分归船山组和栖霞组
6	Changting Epimetamorphite series	长汀浅变质岩系	35-0209	AnZ	孙大中等	1991	福建	划分粗略，分归楼子坝组、丁屋岭组等
7	Chong'an coal-bearing	崇安煤系	35-0415	J_1	王盛明、赵德明	1961	福建	划分粗略，分归焦坑组和梨山组
8	Chuanshi series (Fm)	川石系(组)	35-0422	J_3	福建省石油大队	1962	福建	层位不清，相当小溪组一部分
9	Dabeishan series	大悲山系	35-0220	Pz	高振西	1947	福建	含义不清，相当罗峰溪组一部分
10	Dahe Fm	大合组	35-0306	C_3	王尔康等	1982	福建	相当经畲组一部分
11	Daling Fm	大岭组	35-0207	AnZ	福建区测队	1974	福建	归入龙北溪组上部
12	Dalong Fm	大隆组	35-0315	P_2	张文佑等	1938	广西	与原义不符，相当罗坑组
13	Dayangke Fm	大洋窠组	35-0441	N	福建省304地质队	1970	福建	归入佛昙组中段
14	Dengying Fm	灯影组	35-0214	Z_2	李四光等	1924	湖北	与原义不符，相当黄连组
15	Doushantuo Fm	陡山沱组	35-0213	Z_2	李四光等	1924	湖北	与原义不符，相当南岩组
16	Fuding Fm	福鼎组	35-0436	K_1	张志明	1987	福建	归入黄坑组
17	Gaodi stage	高地阶	35-0308	P_1	骆金锭等介绍	1990	福建	不符合岩石地层单位定义，现归栖霞组

序号	地层单位名称		编号	地质时代	创名人	创建时间	所在省	不采用的理由
	英　文	汉　文						
18	Gexian coal-bearing	葛仙煤系	35-0417	J_1	王盛明、赵德明	1961	福建	划分粗略，归入梨山组
19	Guanzha red sandstone	官寨红砂岩	35-0429	K	王绍文	1930	福建	划分粗略，分归沙县组和崇安组
20	Guilin Fm	桂林组	35-0418	J_1	福建省第五地质大队	1962	福建	相当梨山组下部
21	Guiling sandstone Bed	龟岭砂岩层	35-0419	J_2	王绍文	1930	福建	相当梨山组一部分
22	Hankeng Fm	旱坑组	35-0210	Z	福建省第二地质队	1977	福建	分归黄潭组和三溪寨组
23	Hekou Fm	禾口组	35-0434	K_1	王梦洲	1979	福建	相当沙县组下部
24	Huangdingqi Fm	黄丁其组	35-0411	J	陈天祥等	1960	福建	层序不清，相当下村组一部分
25	Hukou coal-bearing	湖口煤系	35-0313	P_2	王绍文	1930	福建	归入文宾山组
26	Humangdong gneiss	虎忙崠片麻岩	35-0202	Ar	王绍文	1930	福建	含义不清，可能为花岗片麻岩
27	Jiafu Fm	加福组	35-0311	P_1	福建省区域地层表编写组	1975	福建	改称童子岩组
28	Jian'ou Gr	建瓯群	35-0215	An∈	福建区测队	1960	福建	划分粗略，现归迪口组、龙北溪组等
29	Jimu Fm	吉木组	35-0423	J_3	福建区测队	1966	福建	研究不详，分归梨山组和长林组
30	Jukou Fm	莒口组	35-0218	An∈	龚世福等	1985	福建	改建大金山组
31	Julan Gr(Fm)	举兰群(组)	35-0427	J_3—K_1	福建省地质二团	1973	福建	划分粗略，分归坂头组和白牙山组
32	Liandi schist Fm	连地片岩组	35-0217	An∈	福建区测队	1962	福建	含义不清，相当东岩组和龙北溪组
33	Liuhuishe basalt	柳会社玄武岩	35-0437	E	侯德封等	1935	福建	资料不详，相当佛昙组中段
34	Liyu Fm	鲤鱼组	35-0403	T_3—J_1	蔡应炳	1962	福建	相当大坑村组上部
35	Longyan Fm	龙岩组	35-0314	P_2	福建省第五地质大队	1961	福建	与童子岩组为同物异名

序号	地层单位名称		编号	地质时代	创名人	创建时间	所在省	不采用的理由
	英文	汉文						
36	Longdi schist	龙地片岩	35-0203	Pt	王绍文	1930	福建	含义不清，相当闽西南震旦—早古生代地层
37	Longtan Fm	龙潭组	35-0312	P_2	丁文江	1919	江苏	与原义不符，分归童子岩组和翠屏山组
38	Longzhang coal-bearing	龙漳煤系	35-0307	P	福建省第五地质大队	1958	福建	含义不清，归入童子岩组
39	Luoshan Fm	罗山组	35-0319	T_1	刘鸿麟	1964	福建	归入溪口组石碧溪段
40	Mamianshan Gr	马面山群	35-0211	Z	孙大中等	1991	福建	划分粗略，分归东岩组和龙北溪组
41	Maokou Fm	茅口组	35-0310	P_1	乐森璕	1929	贵州	归入栖霞组上部
42	Mashan horefels	马山角页岩	35-0317	T_1或P—T	周仁沾等	1950	福建	相当溪口组新祠段
43	Meishukeng Fm	梅树坑组	35-0205	Pt_2	闽北地质大队	1993	福建	划分不详，相当吴墩组和龙北溪组
44	Mingxi Bed(Fm)	明溪层(组)	35-0438	N	周仁沾等	1946	福建	归入佛昙组上段
45	Moshi Fm	磨石组	35-0410	J	陈天祥等	1960	福建	相当象牙群下部
46	Nanjing quartzite	南靖石英岩	35-0302	C	侯德封等	1935	福建	相当安砂群
47	Nantianpu Bed	南田铺层	35-0221	$\in$—Pz_1	王绍文	1930	福建	含义不清，相当兜岭群一部分
48	Nantuo Fm	南沱组	35-0212	Z_1	Blackwelder	1907	湖北	相当丁屋岭组
49	Niuweiji sandstone	牛尾岌砂岩	35-0301	D_1	王绍文	1930	福建	含义不清，相当天瓦岽组一部分
50	Pantian series	潘田系	35-0318	Mz	谢家荣等	1936	福建	分归林地组和经畲组
51	Qianping Fm	前坪组	35-0408	T—J	陈万福	1961	福建	相当梨山组下部
52	Quekeng Fm	确坑组	35-0406	T—J	陈天祥等	1960	福建	相当文宾山组一部分
53	Ruitangshan Fm	瑞堂山组	35-0412	J	陈天祥等	1960	福建	相当下村组一部分

序号	地层单位名称		编号	地质时代	创名人	创建时间	所在省	不采用的理由
	英 文	汉 文						
54	Shakeng Fm	沙坑组	35-0440	N	福建省304地质队	1961	福建	归入佛昙组中段
55	Shangfeng Fm	上凤组	35-0219	An∈	龚世福等	1985	福建	归入龙北溪组
56	Shanggan Fm	尚干组	35-0426	J_3	福建省地质研究所	1961	福建	相当寨下组和黄坑组一部分
57	Shan'guan series	杉关系	35-0201	Ar	潭锡畴、王绍文	1930	福建	含义不清，分归麻源群各组
58	Shaowu Gr	邵武群	35-0223	An*D*	福建省地科所	1961	福建	相当闽西北震旦纪地层
59	Shijiakeng Fm	石夹坑组	35-0413	J	陈天祥等	1960	福建	相当文宾山组一部分
60	Shizhong Fm	适中组	35-0414	J_1	福建省第五地质大队	1960	福建	归入文宾山组
61	Shoushan series	寿山统	35-0431	K_1	福建省水文队	1959	福建	相当小溪组
62	Shuangxi Fm	双溪组	35-0425	J_3	福建省地质研究所	1961	福建	相当黄坑组下部
63	Songyang Fm	松洋组	35-0439	N	福建区测队	1965	福建	相当佛昙组上部
64	Songyuan Fm	松源组	35-0208	AnZ	福建区测队	1974	福建	与粤北松源组同名现为麻源群
65	Suban Fm	苏坂组	35-0405	$T_3—J_2$	福建省第五地质大队	1962	福建	与大坑村组下段相当
66	Wanbaoshan Fm	万宝山组	35-0401	T_{2-3}	福建省第一地质大队	1959	福建	相当焦坑组火山岩夹层
67	Wugeshan Fm	吴格山组	35-0409	J	兰高忠	1960	福建	相当文宾山组下部
68	Wuhushan series	五虎山统	35-0432	K_1	福建省水文队	1959	福建	相当寨下组
69	Wuyi Bed(Gr)	武夷层(群)	35-0428	K	王恒升等	1930	福建	划分粗略，相当坂头组和赤石群
70	Xiaji Fm	下漈组	35-0424	J_3	福建省地质研究所	1961	福建	相当鹅宅组和赤水组
71	Xiaoqiao gneiss Fm	小桥片麻岩组	35-0216	An∈	福建区测队	1962	福建	相当迪口组

序号	地层单位名称		编号	地质时代	创名人	创建时间	所在省	不采用的理由
	英 文	汉 文						
72	Xiayang Fm	下洋组	35-0402	T_3	福建省第五地质大队	1962	福建	归入安仁组
73	Xiwei Fm	溪尾组	35-0320	T_1	福建区测队	1965	福建	与溪口组石碧溪泥岩段相当
74	Xiyuan Fm	西园组	35-0404	T_3—J	蔡应炳	1962	福建	相当梨山组上部
75	Xuefeng Fm	雪峰组	35-0442	N	福建省304地质队	1970	福建	归入佛昙组上段
76	Yanfang Bed	严坊层	35-0421	J_3	王绍文	1930	福建	含义不清，相当漳平组一部分
77	Yangguluan shale series	羊牯卵页岩系	35-0222	S	王绍文	1930	福建	含义不清，相当闽西南早古生代地层
78	Yangping shale	洋坪页岩	35-0321	T	侯德封等	1935	福建	相当溪口组石碧溪段
79	Yangshan Gr	阳山群	35-0305	C_{2-3}	福建省冶金地质一队	1975	福建	相当经畲组
80	Yangzhuang coal-bearing Fm	洋庄含煤组	35-0416	J_1	王盛明、赵德明	1961	福建	归入焦坑组
81	Yanshi Fm	雁石组	35-0316	P_2	杨遵仪等	1987	福建	以生物划界，现归入罗坑组
82	Yulin series	玉廪统	35-0433	K_1	福建省水文队	1959	福建	相当黄坑组
83	Zhengwei Fm	郑魏组	35-0206	AnZ	福建省307地质队	1968	福建	相当龙北溪组
84	Zhongdun Fm	中墩组	35-0435	K_1	闽北地质大队	1993	福建	相当寨下组上段
85	Zhongjia stage	中甲阶	35-0304	C_2	骆金锭等	1990	福建	与岩石地层单位定义不符，现归船山组
86	Zishan Fm	梓山组	35-0303	C_{1-2}	王绍文	1930	江西	相当林地组上部

附录Ⅳ 福建省岩石地层单位层型与参考剖面总表

附录Ⅳ-1

编号	单位名称	剖面编号	剖面名称	剖面类型
0001	天井坪组	27	建宁县天井坪村实测剖面	正层型
		1215	浦城县丘源村实测剖面	参考剖面
		23	建宁县渠村—杉溪实测剖面	参考剖面
		24	建宁县落马地—芝峰实测剖面	参考剖面
		25	建宁县礤头实测剖面	参考剖面
		26	建宁县林家墹实测剖面	参考剖面
0003	回向殿组	1204	浦城县九牧—杉坊实测剖面	正层型
		1214	浦城县陈源村实测剖面	参考剖面
0004	大金山组	33	建阳县大金山—碗厂实测剖面	正层型
		1204	浦城县九牧—杉坊实测剖面	参考剖面
		1213	浦城县山下实测剖面	参考剖面
		6	武夷山市桃棋大寺实测剖面	参考剖面
		7	建阳县麻沙—杜潭实测剖面	参考剖面
		8	建阳县莒口实测剖面	参考剖面
		9	武夷山市村尾—后山实测剖面	参考剖面
		68	建瓯县洽历—禾呈实测剖面	参考剖面
0005	南山组	12	建阳县南山—莒口—麻沙实测剖面	正层型
		1206	浦城县里公桥实测剖面	参考剖面
		1213	浦城县山下实测剖面	参考剖面
		1217	武夷山市叶坑实测剖面	参考剖面
		7	建阳县麻沙—杜潭实测剖面	参考剖面
		33	建阳县大金山—碗厂实测剖面	参考剖面
		34	顺昌县华家山—岚下路线剖面	参考剖面
		49	顺昌县岚下—大历口—南平市杜溪修测剖面	参考剖面
		140	尤溪县上阩—后潦实测剖面	参考剖面
		1209	浦城县后洋实测剖面	参考剖面
0006	迪口组	85	建瓯县可建—星田实测剖面	选层型
		56	建瓯县大历实测剖面	参考剖面
		100	建瓯县后坪—苦竹实测剖面	参考剖面
		156	南平市高村实测剖面	参考剖面
0007	东华组	184	德化县小岭实测剖面	正层型
		210	安溪县华地修测剖面	参考剖面
0008	桃溪岩组	170	武平县湘村—桃溪实测剖面	正层型
		171	武平县湘坑—相全坑实测剖面	参考剖面
		169	武平县贤坑—下湖—铺里实测剖面	参考剖面
		1249	上杭县稔田长滩实测剖面	参考剖面

编号	单位名称	剖面编号	剖　面　名　称	剖面类型
0009	卓地组	180	德化县坑口—葛坑实测剖面	正层型
		183	尤溪县东华村—牛隔岭实测剖面	参考剖面
0010	葛坑组	180	德化县坑口—葛坑实测剖面	正层型
		183	尤溪县东华村—牛隔岭实测剖面	参考剖面
		182	尤溪县溪坪实测剖面	参考剖面
0011	楼子坝组	164	长汀县楼子坝—曹屋实测剖面	正层型
		198	上杭县同康—彩坑实测剖面	参考剖面
		199	上杭县再口实测剖面	参考剖面
0012	丁屋岭组	165	长汀县丁屋岭—黄连实测剖面	正层型
		200	上杭县碧砂坑实测剖面	参考剖面
		202	上杭县张芬实测剖面	参考剖面
		203	上杭县许竹坑实测剖面	参考剖面
		204	永定县长塘里实测剖面	参考剖面
		207	漳平市上堺实测剖面	参考剖面
0013	宝石组	29	泰宁县宝石实测剖面	正层型
		28	邵武市桂林—登高实测剖面	参考剖面
		30	泰宁县大元—上浒墇实测剖面	参考剖面
0014	黄潭组	44	将乐县黄潭—西溪实测剖面	正层型
		4	建阳县交溪—苦竹坪步测剖面	参考剖面
		28	邵武市桂林—登高实测剖面	参考剖面
		29	泰宁县宝石实测剖面	参考剖面
		124	明溪县楼前—寒塘实测剖面	参考剖面
		122	明溪县三溪寨—雷西—张地实测剖面	参考剖面
		1245	宁化县方田实测剖面	参考剖面
		1237	宁化县龙头—济村实测剖面	参考剖面
0015	东岩组	82-1	建瓯县东岩实测剖面	正层型
		82	建瓯县东岩铜矿区0线 ZK008钻孔地层剖面	参考剖面
		17	政和县马面山—富竹庄实测剖面	参考剖面
		54	建瓯县水南—溪口路线剖面	参考剖面
		84	建瓯县龙北溪—东岩实测剖面	参考剖面
		92	建瓯县赤溪实测剖面	参考剖面
		94	南平市北山实测剖面	参考剖面
		96	建瓯县龙岗—龙源实测剖面	参考剖面
		147	南平市凤池—店口实测剖面	参考剖面
		157	南平市前小杜—墓湾实测剖面	参考剖面

编号	单位名称	剖面编号	剖　面　名　称	剖面类型
0016	吴墩组	51	顺昌县吴墩—上凤实测剖面	正层型
		17	政和县马面山—富竹庄实测剖面	参考剖面
		62	顺昌县大历口—南平市杜溪西段实测剖面	参考剖面
		62-1	顺昌县大历口—南平市杜溪东段实测剖面	参考剖面
		76	建瓯县大岭—坊牌实测剖面	参考剖面
		92	建瓯县赤溪实测剖面	参考剖面
		147	南平市凤池—店口实测剖面	参考剖面
		157	南平市前小杜—墓湾实测剖面	参考剖面
		159	南平市西山实测剖面	参考剖面
		1206	浦城县里公桥实测剖面	参考剖面
		142	大田县元沙—苏桥实测剖面	参考剖面
0017	泮地组	1228	屏南县黛溪北境—泮地实测剖面	正层型
		1223	周宁县首章—上后地实测剖面	参考剖面
		1225	周宁县梧桐坑—吾凤楼实测剖面	参考剖面
0018	龙北溪组	17	政和县马面山—富竹庄实测剖面	选层型
		1206	浦城县里公桥实测剖面	参考剖面
		51	政和县水磊头—梅坡实测剖面	参考剖面
		54	建瓯县水南—溪口路线剖面	参考剖面
		62-1	顺昌县大历口—南平市杜溪东段实测剖面	参考剖面
		84	建瓯县龙北溪—东岩实测剖面	参考剖面
		88	建瓯县龙北溪矿区0线实测剖面	参考剖面
		96	建瓯县龙岗—龙源实测剖面	参考剖面
		150	南平市芹山磷矿10线实测剖面	参考剖面
0019	南岩组	165	长汀县丁屋岭—黄连实测剖面	正层型
		200	上杭县碧砂坑实测剖面	参考剖面
		202	上杭县张芬实测剖面	参考剖面
		204	永定县长塘里实测剖面	参考剖面
		207	漳平县上坪实测剖面	参考剖面
0020	三溪寨组	122	明溪县三溪寨—雷西—张地实测剖面	正层型
		4	建阳县交溪—苦竹坪实测剖面	参考剖面
		10	邵武市王亭实测剖面	参考剖面
		29	泰宁县宝石实测剖面	参考剖面
		31-2	泰宁县坪上—儒家坪中段实测剖面	参考剖面
		31-1	泰宁县坪上—儒家坪西段实测剖面	参考剖面
		44	将乐县黄潭—西溪实测剖面	参考剖面
		107	明溪县枫溪—邓家实测剖面	参考剖面
		124	明溪县楼前—寒塘实测剖面	参考剖面
		115	宁化县行洛坑选矿厂—硐口实测剖面	参考剖面
		123	明溪县王坊地区实测剖面	参考剖面
		1243	宁化县社下实测剖面	参考剖面

编号	单位名称	剖面编号	剖　面　名　称	剖面类型
0021	黄连组	165	长汀县丁屋岭—黄连实测剖面	正层型
		168	长汀县横坑地区实测剖面	参考剖面
0022	龙头组	114	宁化县龙头—清流县北坑实测剖面	正层型
		122	明溪县三溪寨—雷西—张地实测剖面	参考剖面
		40	将乐县万安大源—增源实测剖面	参考剖面
		44	将乐县黄潭—西溪实测剖面	参考剖面
		107	明溪县枫溪—邓家实测剖面	参考剖面
		118	清流县岭下—拔口实测剖面	参考剖面
0023	稻香组	22	政和县稻香—高堀实测剖面	正层型
		18	政和县星溪实测剖面	参考剖面
		46	顺昌县曲村实测剖面	参考剖面
		186	尤溪县溪玲实测剖面	参考剖面
0024	林田组	167	长汀县林田—茜坑实测剖面	参考剖面
		32	泰宁县香岭实测剖面	参考剖面
		40	将乐县万安大源—增源实测剖面	参考剖面
		106	宁化县治平实测剖面	参考剖面
		110	宁化县肖坊实测剖面	参考剖面
		120	清流县茹坑实测剖面	参考剖面
		128	永安市曲丰实测剖面	参考剖面
		134	永安市李坊矿区37线实测剖面	参考剖面
		163	长汀县大源坝—丝毛坪实测剖面	参考剖面
		173	永安市涓坑—伏台坑实测剖面	参考剖面
		208	龙岩市火德坑实测剖面	参考剖面
0025	东坑口组	132	永安市东坑口实测剖面	正层型
		5	建阳县五福羊实测剖面	参考剖面
		110	宁化县肖坊实测剖面	参考剖面
		120	清流县茹坑实测剖面	参考剖面
		161	清流县廖坊实测剖面	参考剖面
		163	长汀县大源坝—丝毛坪实测剖面	参考剖面
		177	永安市张家山实测剖面	参考剖面
		179	龙岩市湖营—小连坑实测剖面	参考剖面
		208	龙岩市火德坑实测剖面	参考剖面
0026	魏坊组	137	永安市魏坊实测剖面	正层型
		128	永安市曲丰实测剖面	参考剖面
		130	永安市龙头实测剖面	参考剖面
		161	清流县廖坊实测剖面	参考剖面
		162	长汀县大源坝—坝下实测剖面	参考剖面
		177	永安市张家山实测剖面	参考剖面
		179	龙岩市湖营—小连坑实测剖面	参考剖面
		208	龙岩市火德坑实测剖面	参考剖面

编号	单位名称	剖面编号	剖　面　名　称	剖面类型
0027	罗峰溪组	162	长汀县大源坝—坝下实测剖面	新层型
		130	永安市龙头实测剖面	参考剖面
		128	永安市曲丰实测剖面	参考剖面
		137	永安市魏坊实测剖面	参考剖面
		177	永安市张家山实测剖面	参考剖面
0029	岩雅组	240	东山县亲营山—岩雅实测剖面	正层型
		234	龙海县港尾深澳实测剖面	参考剖面
		236	云霄县礁尾—院前实测剖面	参考剖面
		1188	龙海县深垵—岛美实测剖面	参考剖面
		217	晋江县石刀山实测剖面	参考剖面
		218	晋江县灵源山实测剖面	参考剖面
0030	亲营山组	240	东山县亲营山—岩雅实测剖面	正层型
		229	莆田市港里—下南山实测剖面	参考剖面
		234	龙海县港尾深澳实测剖面	参考剖面
		1188	龙海县深垵—岛美实测剖面	参考剖面
0052	天瓦岽组	960	龙岩市桃子坑—天瓦岽实测剖面	正层型
		918	永定县笔架山实测剖面	参考剖面
		873	上杭县官庄瓦山下实测剖面	参考剖面
		890	连城县芷溪将军山实测剖面	参考剖面
		628	长汀县龙头坊实测剖面	参考剖面
		528	大田县广平地区实测剖面	参考剖面
0053	桃子坑组	960	龙岩市桃子坑—天瓦岽实测剖面	正层型
		918	永定县笔架山实测剖面	参考剖面
		873	上杭县官庄瓦山下实测剖面	参考剖面
		890	连城县芷溪将军山实测剖面	参考剖面
		628	长汀县龙头坊实测剖面	参考剖面
		528	大田县广平地区实测剖面	参考剖面
0054	林地组	658	漳平县林地村实测剖面	正层型
		622	长汀县陂角实测剖面	参考剖面
		628	长汀县龙头坊实测剖面	参考剖面
		887	连城县芷溪实测剖面	参考剖面
		909	上杭县太古实测剖面	参考剖面
		457	宁化县石洞夹实测剖面	参考剖面
		297	将乐县洞前实测剖面	参考剖面
		528	大田县广平地区实测剖面	参考剖面
		807	永春县张垄实测剖面	参考剖面
		1102	南靖县高杵门—下岭实测剖面	参考剖面

编号	单位名称	剖面编号	剖　面　名　称	剖面类型
0055	经畲组	989	龙岩市经畲村实测剖面	正层型
		622	长汀县陂角实测剖面	参考剖面
		628	长汀县龙头坊实测剖面	参考剖面
		297	将乐县洞前实测剖面	参考剖面
		327	顺昌县洋菇山实测剖面	参考剖面
		415	福鼎县南溪杉柴山实测剖面	参考剖面
		807	永春县张垄实测剖面	参考剖面
		506	永安市坑边黑风洞实测剖面	参考剖面
		497	永安市安砂清村炉滩实测剖面	参考剖面
		959	龙岩市雁石实测剖面	参考剖面
		442	宁化县泉下石灰窑下实测剖面	参考剖面
		904	武平县岩前实测剖面	参考剖面
		905	永定县三坝萍滩实测剖面	参考剖面
		1102	南靖县高杵门实测剖面	参考剖面
		319	将乐县玉华洞实测剖面	参考剖面
0056	老虎洞组	442	宁化县泉下石灰窑下实测剖面	次层型
		904	武平县岩前实测剖面	参考剖面
		622	长汀县陂角实测剖面	参考剖面
		628	长汀县龙头坊实测剖面	参考剖面
		454	宁化县湖村实测剖面	参考剖面
		506	永安市坑边黑风洞实测剖面	参考剖面
		497	永安市安砂清村炉滩实测剖面	参考剖面
		297	将乐县洞前实测剖面	参考剖面
0057	船山组	989	龙岩市经畲村实测剖面	次层型
		896	龙岩市小池实测剖面	参考剖面
		923	永定县燕子岩实测剖面	参考剖面
		904	武平县岩前实测剖面	参考剖面
		628	长汀县龙头坊实测剖面	参考剖面
		506	永安市坑边黑风洞实测剖面	参考剖面
		442	宁化县泉下石灰窑下实测剖面	参考剖面
		454	宁化县湖村实测剖面	参考剖面
		297	将乐县洞前实测剖面	参考剖面
		319	将乐县玉华洞实测剖面	参考剖面
		327	顺昌县洋菇山实测剖面	参考剖面
		529	大田县广平地区实测剖面	参考剖面

编号	单位名称	剖面编号	剖　面　名　称	剖面类型
0058	栖霞组	989	龙岩市经畲村实测剖面	次层型
		942	龙岩市苏邦实测剖面	参考剖面
		896	龙岩市小池实测剖面	参考剖面
		954	龙岩市佛格山实测剖面	参考剖面
		923	永定县东中实测剖面	参考剖面
		935	永定县东中实测剖面	参考剖面
		970	漳平市阷顶实测剖面	参考剖面
		659	漳平市岭兜实测剖面	参考剖面
		454	宁化县湖村实测剖面	参考剖面
		449	宁化县泉上实测剖面	参考剖面
		319	将乐县玉华洞实测剖面	参考剖面
		533	南平市埂头厂实测剖面	参考剖面
		529	大田县广平地区实测剖面	参考剖面
		794	尤溪县龙门场实测剖面	参考剖面
0059	鸣山组	529	大田县广平地区实测剖面	次层型
		896	龙岩市小池实测剖面	参考剖面
		942	龙岩市苏邦实测剖面	参考剖面
		954	龙岩市佛格山实测剖面	参考剖面
		935	永定县东中实测剖面	参考剖面
		970	漳平市阷顶实测剖面	参考剖面
		660	漳平市岭兜实测剖面	参考剖面
		959	漳平市雁石实测剖面	参考剖面
		313	将乐县城东实测剖面	参考剖面
		533	南平市埂头厂实测剖面	参考剖面
		777	德化县湖头实测剖面	参考剖面
0060	泉上组	449	宁化县泉上实测剖面	正层型
		989	龙岩市经畲村实测剖面	参考剖面
		659	漳平市岭兜实测剖面	参考剖面
		794	尤溪县龙门场实测剖面	参考剖面
		1008	安溪县霞春实测剖面	参考剖面
0061	文笔山组	942	龙岩市苏邦实测剖面	选层型
		896	龙岩市小池实测剖面	参考剖面
		970	漳平市阷顶实测剖面	参考剖面
		660	漳平市岭兜实测剖面	参考剖面
		926	永定县马东庵实测剖面	参考剖面
		635	连城县罗坊实测剖面	参考剖面
		469	清流县罗口煤矿实测剖面	参考剖面
		450	宁化县泉上实测剖面	参考剖面
		313	将乐县城东实测剖面	参考剖面
		565	尤溪县小坂面实测剖面	参考剖面
		529	大田县广平地区实测剖面	参考剖面
		777	德化县湖头实测剖面	参考剖面

编号	单位名称	剖面编号	剖　面　名　称	剖面类型
0062	童子岩组	980	龙岩市毛桃坑实测剖面	选层型
		942	龙岩市苏邦实测剖面	参考剖面
		970	漳平市阺顶实测剖面	参考剖面
		500	永安市下早一峰海实测剖面	参考剖面
		635	连城县罗坊实测剖面	参考剖面
		469	清流县罗口煤矿实测剖面	参考剖面
		446	宁化县甘木潭实测剖面	参考剖面
		313	将乐县城东实测剖面	参考剖面
		562	尤溪县小坂面实测剖面	参考剖面
		777	德化县湖头实测剖面	参考剖面
		806	永春县上姚实测剖面	参考剖面
0063	翠屏山组	980	龙岩市毛桃坑实测剖面	选层型
		901	龙岩市船巷实测剖面	参考剖面
		1033	永定县西坑实测剖面	参考剖面
		970	漳平市阺顶实测剖面	参考剖面
		500	永安市下早一峰海实测剖面	参考剖面
		469	清流县罗口实测剖面	参考剖面
		450	宁化县泉上实测剖面	参考剖面
		562	尤溪县小坂面实测剖面	参考剖面
		669	大田县沈口—雄峰实测剖面	参考剖面
		806	永春县上姚实测剖面	参考剖面
0064	罗坑组	644	清流县罗坑实测剖面	正层型
		1035	永定县山仔尾实测剖面	参考剖面
		1033	永定县西坑实测剖面	参考剖面
		980	龙岩市毛桃坑实测剖面	参考剖面
		901	龙岩市船巷实测剖面	参考剖面
		958	龙岩市雁石实测剖面	参考剖面
		970	漳平市阺顶实测剖面	参考剖面
		1012	华安县草坂实测剖面	参考剖面
		669	大田县沈口—雄峰实测剖面	参考剖面
		495	永安市峰海—掘前实测剖面	参考剖面
		501	永安市鸬鹚溪实测剖面	参考剖面
		311	将乐县老虎山实测剖面	参考剖面
0065	长兴组	700	大田县崆峒山地区实测剖面	次层型
		692	大田县东坑实测剖面	参考剖面
		724	漳平市灵地实测剖面	参考剖面
		665	大田县桃源谷口村南实测剖面	参考剖面
		666	大田县桃源泼水北实测剖面	参考剖面

编号	单位名称	剖面编号	剖　面　名　称	剖面类型
0066	溪口组	1026	龙岩市陈坑尾—兰田实测剖面	选层型
		938	永定县石碧溪实测剖面	参考剖面
		966	漳平市罗山实测剖面	参考剖面
		1012	华安县草坂实测剖面	参考剖面
		701	大田县上京崆峒山实测剖面	参考剖面
		501	永安市鸬鹚溪实测剖面	参考剖面
		311	将乐县老虎山实测剖面	参考剖面
0070	安仁组	725	漳平市安仁地区实测剖面	正层型
0101	大坑村组	1248	漳平市大坑井田27线公路及钻孔剖面	正层型
		968	漳平市高明坑实测剖面	参考剖面
		1013	华安县马寮实测剖面	参考剖面
		1047	华安县高层实测剖面	参考剖面
0102	文宾山组	1248	漳平市大坑煤矿27线公路剖面	正层型
		968	漳平市高明坑实测剖面	参考剖面
		994	漳平市华口营实测剖面	参考剖面
		1013	华安县马寮实测剖面	参考剖面
		1047	华安县高层实测剖面	参考剖面
		1014	安溪县后田实测剖面	参考剖面
		1004	安溪县潘田实测剖面	参考剖面
		1028	龙岩市白石歧实测剖面	参考剖面
		1030	龙岩市洋邦实测剖面	参考剖面
		920	永定县外龙潭实测剖面	参考剖面
		1250	永定县五湖实测剖面	参考剖面
		1044	安溪县下西坑实测剖面	参考剖面
0103	焦坑组	1216	邵武市焦坑矿区剖面	正层型
		271	建阳县焦岚实测剖面	参考剖面
		368	建瓯县杨梅坪实测剖面	参考剖面
		359	建瓯县官焙实测剖面	参考剖面
		298	邵武市晒口实测剖面	参考剖面
		255	光泽县半山墪实测剖面	参考剖面
		1251	邵武市晒口富屯溪西岸公路剖面	参考剖面
0105	下村组	929	永定县下村实测剖面	正层型
		930	永定县藩坑实测剖面	副层型
		1028	龙岩市白石歧实测剖面	参考剖面
		1060	永定县乌石岽实测剖面	参考剖面
		919	永定县礁下实测剖面	参考剖面
		1030	龙岩市洋邦实测剖面	参考剖面
		1250	永定县五湖实测剖面	参考剖面

编号	单位名称	剖面编号	剖　面　名　称	剖面类型
0106	藩坑组	927	永定县下村实测剖面	正层型
		930	永定县藩坑实测剖面	副层型
		1029	龙岩市上溪柄实测剖面	参考剖面
		1250	永定县五湖实测剖面	参考剖面
0107	梨山组	968	漳平市高明坑实测剖面	选层型
		994	漳平市华口营实测剖面	参考剖面
		266	邵武市龙斗实测剖面	参考剖面
		298	邵武市晒口实测剖面	参考剖面
		320	将乐县高塘实测剖面	参考剖面
		331	建瓯县前岚伐木场实测剖面	参考剖面
		1014	安溪县后田实测剖面	参考剖面
		625	长汀县长汀师范南西实测剖面	参考剖面
0108	漳平组	952	漳平市城郊实测剖面	正层型
		275	浦城县李村实测剖面	参考剖面
		266	邵武市龙斗实测剖面	参考剖面
		321	将乐县高塘实测剖面	参考剖面
		291	建宁县谢家第实测剖面	参考剖面
		625	长汀县长汀师范南西实测剖面	参考剖面
		627	长汀县黄馆实测剖面	参考剖面
		930	永定县藩坑实测剖面	参考剖面
0110	园盘组	522	永安市大龙逢—荆山实测剖面	选层型
		253	光泽县谢家坪实测剖面	参考剖面
		269	崇安市月积坑实测剖面	参考剖面
		294	泰宁县鸡笼山实测剖面	参考剖面
		336	建瓯县来龙岗实测剖面	参考剖面
		517	永安市坑边李公亭实测剖面	参考剖面
		524	沙县湖源实测剖面	参考剖面
		949	龙岩市易家邦实测剖面	参考剖面
		483	明溪县桃支坑实测剖面	参考剖面
0111	下渡组	742	永安市下渡村北一公里实测剖面	正层型
		504	永安市鸬鹚坪—福溪实测剖面	参考剖面
		329	建阳县后塘—黄坝实测剖面	参考剖面
		483	明溪县桃支坑实测剖面	参考剖面
		721	龙岩市官洋实测剖面	参考剖面
		1208	崇安市赤石街之东剖面	参考剖面
		514	永安市坑边百步桥实测剖面	参考剖面
0112	坂头组	1208	崇安市赤石街之东剖面	正层型
		268	崇安市仙店实测剖面	参考剖面
		438	宁化县岩前实测剖面	参考剖面
		514	永安市坑边百步桥实测剖面	参考剖面
		648	永安市吉山实测剖面	参考剖面
		641	连城县壁洲实测剖面	参考剖面
		740	永春县金山寨实测剖面	参考剖面

编号	单位名称	剖面编号	剖　面　名　称	剖面类型
0114	长林组	760	尤溪县永坑实测剖面	新层型
		677	大田县高才实测剖面	参考剖面
		736	永春县川后埔实测剖面	参考剖面
		749	尤溪县玉园实测剖面	参考剖面
		777	德化县湖头实测剖面	参考剖面
		845	长乐县西埔实测剖面	参考剖面
		859	莆田市荻芦溪实测剖面	参考剖面
		1000	安溪县格口实测剖面	参考剖面
		1016	安溪县陈村—竿花仑实测剖面	参考剖面
		1088	仙游县园庄大埔实测剖面	参考剖面
		1097	南安县土掘内实测剖面	参考剖面
		1140	平和县坂仔—斑鸠飞实测剖面	参考剖面
0115	鹅宅组	571	闽侯县鹅宅—南园实测剖面	正层型
		353	建瓯县田源—忠溪实测剖面	参考剖面
		585	古田县前墘实测剖面	参考剖面
		765	德化县西坑实测剖面	参考剖面
		853	福清市黄塘—纱帽山实测剖面	参考剖面
		1054	华安县西坑—长泰县春风实测剖面	参考剖面
		1070	泉州市白石格实测剖面	参考剖面
		1097	南安县土掘内实测剖面	参考剖面
		1157	平和县大芹山(Ⅰ)实测剖面	参考剖面
		1195	诏安县五洞实测剖面	参考剖面
0116	赤水组	798	德化县赤水实测剖面	正层型
		396	霞浦县湖头—长坑实测剖面	参考剖面
		611	福州市八一水库—叶洋实测剖面	参考剖面
		766	德化县狮子山实测剖面	参考剖面
		787	永泰县南尾实测剖面	参考剖面
		831	仙游县田庄—芹山实测剖面	参考剖面
		860	福清市凤迹实测剖面	参考剖面
		1019	安溪县紫云山实测剖面	参考剖面
		1076	泉州市建兴山实测剖面	参考剖面
		1093	同安县尾厝—虎梅坪实测剖面	参考剖面
		1116	南靖县金竹—白叶林尾山实测剖面	参考剖面
		1175	云霄县大坑—吊膝峰实测剖面	参考剖面

编号	单位名称	剖面编号	剖面名称	剖面类型
0117	小溪组	582	古田县小溪实测剖面	正层型
		389	柘荣县仙源里—五蒲实测剖面	参考剖面
		407	屏南县棠口—牛母石山实测剖面	参考剖面
		580	古田县宝桥—笔架山实测剖面	参考剖面
		591	罗源县湖头实测剖面	参考剖面
		593	罗源县霍口实测剖面	参考剖面
		614	连江县龙沙实测剖面	参考剖面
		824	仙游县游洋实测剖面	参考剖面
		847	莆田市后厝—瑞云实测剖面	参考剖面
0118	吉山组	648	永安市吉山实测剖面	正层型
		438	宁化县岩前实测剖面	参考剖面
		734	大田县连厝实测剖面	参考剖面
		740	永春县金山寨实测剖面	参考剖面
0119	白牙山组	292	泰宁县举兰白牙山实测剖面	正层型
		290	建宁县伊家湾—石牛嶂实测剖面	参考剖面
		303	泰宁县余坊牙各山实测剖面	参考剖面
		489	沙县半坑—大佑山实测剖面	参考剖面
		711	永安市张家山实测剖面	参考剖面
		877	上杭县下坑实测剖面	参考剖面
		878	武平县金狮礤实测剖面	参考剖面
		880	上杭县上谷坑实测剖面	参考剖面
		721	龙岩市官洋实测剖面	参考剖面
0121	均口组	436	建宁县严池坑实测剖面	选层型
		433	建宁县均口实测剖面	参考剖面
		1247	沙县盆地实测剖面	参考剖面
		455	宁化县禾口实测剖面	参考剖面
0122	沙县组	487	沙县地区实测剖面	正层型
		1247	沙县盆地实测剖面	参考剖面
		267	武夷山市武夷宫实测剖面	参考剖面
		296	泰宁县朱口实测剖面	参考剖面
		650	永安市下渡实测剖面	参考剖面
		633	连城县黄坊实测剖面	参考剖面
		881	上杭县元逕实测剖面	参考剖面
		636	连城县李屋实测剖面	参考剖面
		455	宁化县禾口实测剖面	参考剖面

编号	单位名称	剖面编号	剖面名称	剖面类型
0123	崇安组	263	武夷山市慧宛实测剖面	正层型
		267	武夷山市武夷宫实测剖面	参考剖面
		650	永安市下渡实测剖面	参考剖面
		296	泰宁县朱口实测剖面	参考剖面
		636	连城县李屋实测剖面	参考剖面
0125	黄坑组	850	福清市黄坑实测剖面	正层型
		422	福鼎县碘厂—百胜大山实测剖面	参考剖面
		603	罗源县梅花—高鼻实测剖面	参考剖面
		791	莆田市屋里实测剖面	参考剖面
		792	永泰县寨下—柄湾尾实测剖面	参考剖面
		843	闽侯县溪兜实测剖面	参考剖面
		849	莆田市利坪—鼎坞塞实测剖面	参考剖面
		1153	平和县安厚新寨—尖尾山实测剖面	参考剖面
		1158	平和县洋坑—灵通山实测剖面	参考剖面
0126	寨下组	792	永泰县寨下—柄湾尾实测剖面	正层型
		352	建瓯县仁山实测剖面	参考剖面
		378	政和县仙顶岗实测剖面	参考剖面
		384	政和县禾坪实测剖面	参考剖面
		400	屏南县龙潭里实测剖面	参考剖面
		604	罗源县新澳实测剖面	参考剖面
		610	闽侯县滑溪实测剖面	参考剖面
		826	莆田市歧西实测剖面	参考剖面
		840	永泰县葛岭实测剖面	参考剖面
		850	福清市黄坑实测剖面	参考剖面
		1158	平和县洋坑—灵通山实测剖面	参考剖面
0127	石牛山组	823	仙游县象溪菜溪实测剖面	正层型
		790	永泰县坵演实测剖面	副层型
		817	德化县枣坑实测剖面	参考剖面
		839	闽侯县尚干实测剖面	参考剖面
0128	佛昙组	1192	龙海县流会实测剖面	选层型
		452	宁化县下埠村实测剖面	参考剖面
		484	明溪县大洋窠实测剖面	参考剖面
		485	明溪县雪峰实测剖面	参考剖面
		1178	漳浦县下美钻孔剖面	参考剖面
		1189	漳浦县大岭山实测剖面	参考剖面
		1193	龙海县香山实测剖面	参考剖面